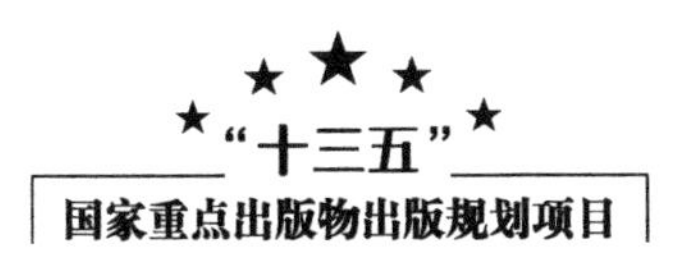

高效毁伤系统丛书·智能弹药理论与应用

引信与武器系统信息交联理论与技术

Theory and Technology of Information Interaction between Fuze and Weapon System

张合 李长生 周晓东 著

内 容 简 介

引信与武器系统信息交联是武器系统信息化的关键环节，也是现代灵巧引信发展中必备的功能之一。本书是作者带领的国防科技创新团队多年科研成果的总结，以多个型号项目和国防预研课题为基础，系统论述了电磁感应、光学、射频、共底火有线四种信息交联方式涉及的基本理论、能量与信息传输通道模型、信息编码及调制解调方法、发送和接收电路设计等，并对信息交联中常用的总线接口进行了总结和介绍，为信息交联的发展和创新奠定了坚实基础。

本书可作为从事引信专业、弹药专业、武器系统专业研究人员的参考书，也可作为武器类专业的研究生的指导书。

图书在版编目(CIP)数据

引信与武器系统信息交联理论与技术 / 张合，李长生，周晓东著. -- 北京：北京理工大学出版社，2021.6

(高效毁伤系统丛书. 智能弹药理论与应用)

ISBN 978 - 7 - 5682 - 9949 - 7

Ⅰ. ①引… Ⅱ. ①张… ②李… ③周… Ⅲ. ①武器引信 - 系统分析 Ⅳ. ①TJ43

中国版本图书馆 CIP 数据核字(2021)第 118214 号

出版发行 / 北京理工大学出版社有限责任公司
社　　址 / 北京市海淀区中关村南大街 5 号
邮　　编 / 100081
电　　话 / (010) 68914775（总编室）
　　　　　(010) 82562903（教材售后服务热线）
　　　　　(010) 68944723（其他图书服务热线）
网　　址 / http：//www. bitpress. com. cn
经　　销 / 全国各地新华书店
印　　刷 / 北京捷迅佳彩印刷有限公司
开　　本 / 710 毫米 × 1000 毫米　1/16
印　　张 / 29
彩　　插 / 2
字　　数 / 503 千字
版　　次 / 2021 年 6 月第 1 版　2021 年 6 月第 1 次印刷
定　　价 / 142. 00 元

责任编辑 / 陈莉华
文案编辑 / 陈莉华
责任校对 / 周瑞红
责任印制 / 王美丽

#《高效毁伤系统丛书·智能弹药理论与应用》
编写委员会

丛书序

智能弹药被称为“有大脑的武器”，其以弹体为运载平台，采用精确制导系统精准毁伤目标，在武器装备进入信息发展时代的过程中发挥着最隐秘、最重要的作用，具有模块结构、远程作战、智能控制、精确打击、高效毁伤等突出特点，是武器装备现代化的直接体现。

智能弹药中的探测与目标方位识别、武器系统信息交联、多功能含能材料等内容作为武器终端毁伤的共性核心技术，起着引领尖端武器研发、推动装备升级换代的关键作用。近年来，我国逐步加快传统弹药向智能化、信息化、精确制导、高能毁伤等低成本智能化弹药领域的转型升级，从事武器装备和弹药战斗部研发的高等院校、科研院所迫切需要一系列兼具科学性、先进性，全面阐述智能弹药领域核心技术和最新前沿动态的学术著作。基于智能弹药技术前沿理论总结和发展、国防科研队伍与高层次高素质人才培养、高质量图书引领出版等方面的需求，《高效毁伤系统丛书·智能弹药理论与应用》应运而生。

北京理工大学出版社联合北京理工大学、南京理工大学和陆军工程大学等单位一线的科研和工程领域专家及其团队，依托爆炸科学与技术国家重点实验室、智能弹药国防重点学科实验室、机电动态控制国家级重点实验室、近程高速目标探测技术国防重点实验室以及高维信息智能感知与系统教育部重点实验室等多家单位，策划出版了本套反映我国智能弹药技术综合发展水平的高端学术著作。本套丛书以智能弹药的探测、毁伤、效能评估为主线，涵盖智能弹药目标近程智能探测技术、智能毁伤战斗部技术和智能弹药试验与效能评估等内容，凝聚了我国在这一前沿国防科技领域取得的原创性、引领性和颠覆性研究成果，这些成果拥有高度自主知识产权，具有国际领先水平，充分践行了国家创新驱动发展战略。

经出版社与我国智能弹药研究领域领军科学家、教授学者们的多次研讨，《高效毁伤系统丛书·智能弹药理论与应用》最终确定为12册，具体分册名称如下：《智能弹药系统工程与相关技术》《灵巧引信设计基础理论与应用》《引信与武器系统信息交联理论与技术》《现代引信系统分析理论与方法》《现代引信地磁探测理论与应用》《新型破甲战斗部技术》《含能破片战斗部理论与应用》《智能弹药动力装置设计》《智能弹药动力装置试验系统设计与测试技术》《常规弹药智能化改造》《破片毁伤效应与防护技术》《毁伤效能精确评估技术》。

《高效毁伤系统丛书·智能弹药理论与应用》的内容依托多个国家重大专项，汇聚我国在弹药工程领域取得的卓越成果，入选“国家出版基金”项目、“‘十三五’国家重点出版物出版规划”项目和工业和信息化部“国之重器出版工程”项目。这套丛书承载着众多兵器科学技术工作者孜孜探索的累累硕果，相信本套丛书的出版，必定可以帮助读者更加系统、全面地了解我国智能弹药的发展现状和研究前沿，为推动我国国防和军队现代化、武器装备现代化做出贡献。

《高效毁伤系统丛书·智能弹药理论与应用》
编写委员会

序

引信技术一直是世界各军事强国重点发展与封锁的核心技术，体现了武器系统价值的“临门一脚”，是体积与重量最小、技术密度最高的武器技术之一。引信与武器系统信息交联技术是一门新兴多学科交叉融合、事关武器系统信息化发展的科学，通过有线或者无线传输，将装定信息快速传送至弹药引信，实现弹道信息、战场环境信息初始加载与引信作用方式预设的功能，是实现精确打击、提高弹药毁伤效能的关键技术。

武器平台将捕获到的目标信息、战场环境信息实时传输给引信，可大幅度提高弹药毁伤能力。引信与武器系统的信息交联可追溯到药盘时间引信，发射前手工调整药盘的有效燃烧长度。随着引信毁伤控制能力增强，出现了通过对发火机构调整或传火通道的切换，从而实现引信作用方式选择的引信。电引信的出现，需传输的数据增多，催生了接触式有线装定。随着战场竞争加剧、武器系统自动化程度的提高，引信与武器系统信息交联技术也由手工装定向自动装定发展，由接触式装定向非接触式装定发展。目前信息交联技术已逐渐成熟并得到工程应用，主要有接触式有线传输、近距离电磁感应传输、中距离光学及射频传输，并正在发展远距离网络化交联。传输数据也从最初的时间信息、作用方式等，发展为战场环境信息（气温、气压、海拔高度等）、目标信息（种类、距离等）、卫星导航初始信息等。

该书内容新颖，理论性强。张合教授带领团队自 1998 年开始从事电磁感应无线能量传输的理论与应用研究，突破了高速动态能量与信息一体化传输技术难题，填补了近程防御信息化弹药的空白，2007 年获国家科技进步二等奖。随后将无线交联技术拓展至光学、射频领域。2010 年，针对坦克炮弹药精确打击、首发命中的作战需求，国内首创共底火有线装定方法，并用作我军装甲兵武器第一型信息化弹药引信型号，填补了我国坦克炮弹药膛内交联的技术空白。

该书是对张合教授团队完成的多个灵巧引信型号项目和预研课题成果的总结，这些成果已应用于我军多个武器型号装备，相关理论和设计方法已经装备研制和部队演训验证。各篇内容按照从理论到工程应用的顺序展开，全面介绍了系统建模、理论分析、方案优化、设计实例，对从事相关技术科研人员具有重要的参考价值。

该书内容丰富、全面，涵盖了目前信息交联领域主要技术内容。系统全面地论述了从接触型共底火有线装定，到近距离电磁感应装定、中距离光学及射频装定，再到目前正在发展的网络化远距离交联，最后介绍了信息交联常用的总线技术。全书层次清晰、逻辑性强。该书是在 2010 年出版的《引信与武器系统交联理论及技术》专著基础上，经内容扩充和修订后的再版，将丰富完善引信与武器系统信息交联理论体系，对用引信新技术提高武器毁伤效能具有普遍意义和重要的理论与实用价值，可大幅推动我国灵巧引信技术的发展。

2021 年 6 月于南京

前　言

本书是在作者2010年出版的《引信与武器系统交联理论及技术》专著基础上，结合近年团队科研成果及国内外发展趋势，对原有内容进行了扩充和完善。

引信作为武器系统的终端控制系统，在武器系统的信息化作战中不再是一个孤立系统。现代战争中需要引信与武器系统平台进行信息、能量等的交互传输（也称引信装定技术），以便进行作战状态、作战时机、作战模式的调整与控制。现代战场状态瞬息万变，目标种类多样，而同样多样化的武器系统平台已基本实现信息化，具有很强的战场态势感知能力。引信与武器平台的信息接口可为引信进行作战模式等的调整提供硬件平台与传输通道，是灵巧化引信必须具有的功能模块。现代武器系统可通过雷达或其他探测设备方便获取目标信息，为追求最大的毁伤效能，要求引信在正确的时间与空间起爆战斗部，火控系统能及时地把目标信息或起爆时机信息传输给引信是武器系统或平台的关键所在，在火控中增加与引信的接口是武器系统的重要内容。目前，引信与武器平台的信息交联广泛采用有线与无线信息交联方式，在不采用近炸原理的情况下，采用信息交联方式实现空炸已在多个项目中得到应用，这样的引信成本可大幅度降低，并可节省更多的空间提升战斗部的性能。通过信息交联，弹引系统可获得更多的弹道信息，为弹药或战斗部的修正提供有用数据。引信与武器系统信息交联接口将成为引信设计的新常态，是灵巧引信的主要功能之一。

本书是作者在引信与武器系统交联领域科研工作研究成果的汇集，源于张合教授带领的国防科技创新团队研制的多项引信型号项目和国防预研课题，也是团队全体成员的工作结晶，相关技术成果已应用于海军舰炮、坦克炮、战车炮、单兵武器等多项重点型号。全书共分为四部分：第一篇电磁感应信息交联技术部分，介绍了引信能量和信息非接触传输系统设计理论、分离式变压器模型及设计方法、小口径火炮电磁感应交联系统设计等。第二篇光学信息交联技术部分，主要内容包括引信光学装定系统设计、光学装定系统数据传输理论、脉冲光信号发射与接收技术，以及引信激光能量装定技术。第三篇射频信息交联技术部分，介绍了射频装定信息传输和装定系统的电路设计、弹载天线设计、射频装定数据传输技术及装定窗口设计等，并对网络化弹药引信组网通信原理进行了简介。第四篇共底火有线信息交联技术部分，包括共底火有线交联基础理论、功率约束下能量和信息同步传输系统模型、能量流串扰抑制方法及某灵巧引信共线装定系统设计实例。文中最后，介绍了引信装定器与武器系统常用的通信总线，包括1553B总线、MIC总线、CAN总线、FlexRay总线以及RS－232/422/485总线几个部分。

芮筱亭院士审阅了全书，提出了宝贵修改意见，并作序。参加本书编撰的还有李豪杰、丁立波、杨伟涛、陈光辉、曹成茂、王莉、廖翔、原红伟、张绪欢等同志。肖永康、彭军伟、马浩然、续俸凯、胡越等研究生参与了书稿的校对工作。在此一并表示衷心感谢。

本书涵盖了目前引信与武器系统交联领域常用的有线、无线方法，涉及交联系统理论模型、信息调制/解调方法、设计实例及接口技术等，可作为从事引信等相关学科和领域的科学工作者和工程技术人员的设计用书，也可作为高等院校相关专业的研究生教材或参考用书。由于书中的部分深层次技术细节涉及已经装备的型号和正在预研的内容，不便给出，如需进一步探讨，可联系作者，敬请谅解。但由于作者水平有限，书中难免有错误和不妥之处，敬请读者批评指正。

作　者

2021年6月

目　录

第二篇 光学信息交联技术

第三篇 射频信息交联技术

第四篇 共底火有线信息交联技术

第 1 章 绪　　论

新军事变革下的战争是信息战争，是具有高度信息化的武器系统（或体系）的互为对抗。引信作为武器系统实施终端毁伤的控制核心，在武器系统（或体系）对抗中具有十分重要的作用，性能好的引信是弹药对敌目标毁伤的“倍增器”，差的引信是造成弹药意外起爆的“灾害源”。针对目前网络信息化的高速发展，马宝华教授提出了网络技术时代的引信新概念，指出引信不再是一个独立的起爆控制单元，而是综合利用来自各武器平台的目标信息、环境信息，选择最佳的攻击点、起爆时机、起爆方式，按照预定策略完成起爆控制。

在陆、海、空、天、信未来战场的体系对抗中，引信处于武器系统终端毁伤“生与死”对抗的第一线，引信与武器系统的信息交联是信息战争下急需发展的关键技术。正是在这种背景下，经过十多年科研与成果的积累，本书作者以创新性的科研成果为主形成了该书的主要内容，希望能为我国在新军事变革下的武器系统的信息化发展作出贡献。

1.1 引信与武器系统信息交联的定义与目的

引信是利用目标信息、环境信息、平台信息和网络信息，按预定策略引爆或引燃战斗部装药，并可选择攻击点、给出续航或增程发动机点火指令以及毁伤效果信息的控制系统。引信这一定义反映了引信要使弹药达到最大的毁伤效果，与载体或外界信息的交联功能是必不可少的。这里的载体是指运载平台，如弹丸、火箭、导弹等；外界是指发射平台、指控平台、飞行平台、空间飞行器平台，如火炮、火箭发射车、军舰、潜艇、飞机、航天飞机、卫星等。针对引信而言，为不失一般性，这些平台在本书中统称为武器系统。这一定义也是基于目前的大量研究成果，是针对运载平台、发射平台、飞行平台与引信的信息交联。空间网络信息平台与引信、引信间的信息交联已有大量的研究成果。

信息交联指的是从系统 A 把要求的信息 H 通过接触式或非接触式传递给系统 B，系统 B 接收到信息后，经过确认返回给系统 A，告知信息 H 传递成功。在本书中，系统 A 为武器系统或引信，系统 B 为引信。所要求的信息 H 指的是引信作用时间、飞行距离、起爆方位、目标坐标、作用方式、气象诸元、发动机分离、子弹抛散信息等。信息交联过程如图 1.1 所示。

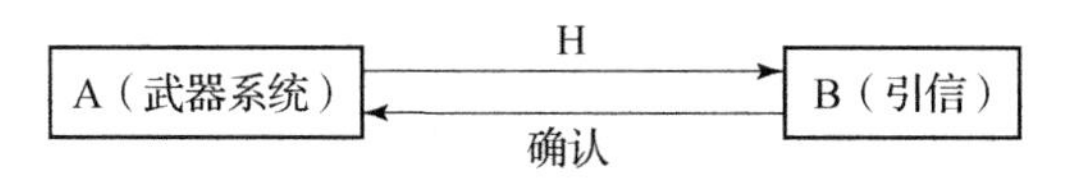

图 1.1　信息交联示意图

引信与武器系统信息交联的目的是在引信被发射前、发射过程中或发射后、飞行时，为使弹药或战斗部达到最大毁伤效果或实现最佳作战模式，将所需要的信息或参数由武器系统适时通过有线或无线传输的方式传输给引信，以便引信在最佳的距离、时间、方位处起爆弹药或控制战斗部以最佳方式作用。

1.2 引信与武器系统信息交联的基本原理与分类

引信与武器系统信息交联的基本原理是：由武器系统从各种探测设备获取目标信息和环境信息等，通过处理变成引信所需的信息，经过特定的装置调理发送给引信；引信端有相应的接收模块，处理并存储武器系统给出的信息，必要时以某种方式反馈到武器系统端，以确认信息交联成功。

探测设备为各种雷达、红外瞄准仪和激光测距仪等。目标信息包括：目标的方位、距离、速度等。引信所需的信息为：起爆时间、起爆距离、作用方式等。在引信与武器系统信息交联过程中，将信息传输给引信的过程又称为对引信的装定过程。联系引信与武器系统之间的装置常称为引信装定装置或装定器。

引信与武器系统信息交联的种类，按自动化程度分为接触式装定和非接触式装定（包括手工非接触式和自动非接触式）。在不同的信息交联方式下，相继出现了不同的装定装置，目前已经装备的主要有发射前的手工接触式装定装置、手工非接触式装定装置，适用于发射过程中或发射后装定的非接触式自动装定装置。

（一）接触式装定

接触式装定是指引信装定器与引信之间存在物理接触的装定方式，包括使用装定器的接触式装定和直接手工装定。使用装定器的接触式装定主要应用于机械时间引信和早期的电子时间引信。如 M36E1 引信装定器是一种典型的接触式电子引信装定器，它适用于美军 M587/M724 电子时间引信。接触式装定存在装定时间长，在雨雪天气、沙尘环境等恶劣条件下装定器和引信电接触可靠性差等缺点。直接手工装定则是操作人员直接用手操作引信上的装定装置（装定按钮或装定环等）进行装定，如美国 M904E2 弹头引信。

（二）非接触式装定

非接触式装定是指装定系统和引信不发生直接物理接触的装定方式，包括人工非接触式装定和自动装定。非接触式装定可以提高武器系统的射速、简化操作程序、减少反应时间，使武器系统的灵活性得到充分发挥，从而提高武器系统的战斗力和生存力。根据装定时间不同，包括弹链感应装定、炮口感应装定、弹道上的光学和射频装定等自动装定。由于非接触式是利用各种物理场特性实现收发端非接触的信息交联，依据物理场的不同，非接触式装定又分为电磁式、光电式、射频式、超声波式（水下）等，本书仅对前三项技术进行详细论述。

根据引信接收端电路的工作电源不同，引信感应装定可分为外能源装定和内能源装定。

1. 外能源装定

外能源装定是指装定过程中引信电源尚未激活，需要外界为引信装定电路提供工作电源的装定方式。目前，外能源装定系统主要有两种供电方式。一种方式是采用接触方式供电，通过装定系统的电触点与引信接触环的物理接触供电。但由于引信与装定器间存在物理接触，可靠性较差。尤其是当前我国材料和工艺水平相对落后，制造能够在长存储寿命、恶劣环境条件下保持可靠接触的接触环（点）存在一定的技术难度，而且成本高。另一种方式则是利用变压器原理，感应线圈不仅传输信息，而且在信息传输前，为引信装定电路感应传输能量，驱动装定电路。该方法不存在任何物理接触，提高了传输可靠性，适合我国现有国情，尤其适用于海上、沙漠等条件下作战的武器系统。

2. 内能源装定

内能源装定指由引信电源为引信装定电路供电的装定方式。内能源装定要求引信内部电源已经激活，所以只能在发射过程的中后阶段或发射后进行装定，如炮口感应装定或外弹道射频装定。

根据装定时机不同，引信感应装定又可以分为发射前装定、发射过程中装定、发射后装定和飞行过程中装定。

(1) 发射前装定。

以手工装定为主，发射前完成对引信的装定过程。美军的迫弹电子时间引信 M984，根据装定线圈的摆放位置不同，有边沿装定和顶部装定两种感应装定方案，如图 1.2 所示，均属于发射前感应装定方式。

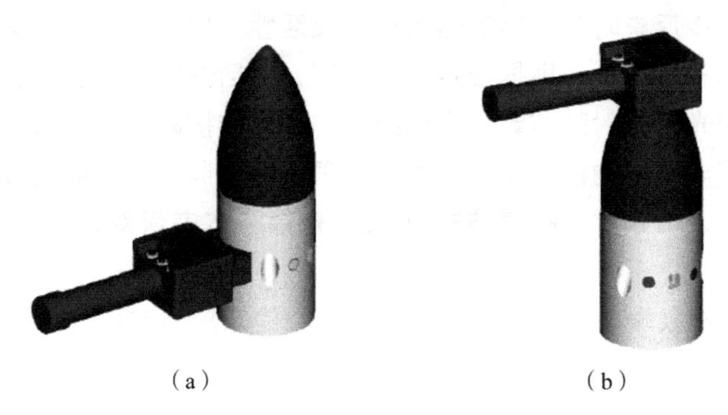

(a) (b)

图 1.2 M984 迫弹引信装定方案

(a) 边沿装定；(b) 顶部装定

(2) 发射过程中装定。

发射过程是从自动供弹机使弹丸高速入膛，到火药在身管内燃烧，生成的高温高压燃气膨胀做功，推动弹丸向膛口加速运动，并在膛口获得最大抛射速度的过程。发射过程的主要特征是引信随弹丸高速运动，并与发射平台之间存在很小间隙的动态物理接触。以发射过程为界，发射过程之前的阶段称为发射前，弹丸飞离炮口之后的阶段称为发射后。

AHEAD 弹药在出炮口瞬间，完成感应装定（称之为炮口感应装定），因此属于发射过程中的感应装定。

(3) 发射后装定。

发射后装定即弹丸飞离发射平台后，通过具有长距离传输特性的物理介质进行数据传输的装定过程。如弹道初始段的射频装定或光学装定等。

(4) 飞行过程中装定。

网络化弹药以无线通信网络为媒介，将由多个相同结构的弹药节点组成一个或多个作战网络群体，数据链技术实现弹药节点间战场态势、弹目交会等信息的共享。分布式作战节点进行多点协同机动显著提高了突防能力与作战过程中的攻击效费比，通过协同攻击方式提供了灵活、智能的多类型目标打击途径，成为灵巧弹药的重点发展方向之一。

1.3 引信与武器系统信息交联研究的历史与现状

引信与武器系统的信息交联可追溯到时间引信作用时间的装定。最早的药盘时间引信，需要在发射前根据起爆或点火时间的要求对药盘的有效燃烧长度进行调整，一般是采用手工方式进行，后来为了操作方便，设计了药盘时间引信的手工装定器。随着引信多种作用方式的出现与复合，射击前需要对引信的作用方式（如瞬发、惯性或延期）进行调整，于是出现了可对引信作用方式进行装定的引信。早期的引信作用方式的装定一般是进行发火机构调整或传火通道的切换。以上的装定都是有人参与的装定过程，而且只能在发射前进行装定。

随着电引信的出现，为了对电引信的作用参数和作用方式的数据进行传输，出现了导线式装定。导线式装定是将信息传输方式简化为一根或几根导线，直接将装定信息传输到引信系统，主要应用于航空弹药引信或火箭弹引信。相关文献中介绍了某航空飞机综合火控系统实现航空弹药导线式装定。它采用双层总线结构方案，即系统总线和武器总线。武器总线使外挂物子系统与航空弹药发射/投放装置进行信息交联，具有向航空弹药的导引头、动力装置等分系统进行机上遥控装定指令和部分参数的功能，实现引信系统的机上遥控装定功能。美军 AN/AWW－1、AN/AWW－2、AN/AWW－4 通过航空弹药上的电气接口进行机上遥控装定的方法，根据装定弹上引信不同电压值而确定引信作用方式（近炸、延时等）。导线式装定技术解决了作战飞机必须在起飞前完成航空弹药引信作用方式、特征参数的地面手动装定问题，但它装定的数据有限，数据传输时受外部环境影响较大。

随着引信技术的发展以及武器系统自动化程度的提高，需要在探测、攻击、起爆整个过程中实现自动化与信息化，将目标信息及时进行解算，并将起爆等信息准确地发送给引信。于是以引信装定为主的引信与武器系统信息交联技术就由手工装定向自动装定发展，由发射前静态装定向发射中或发射后动态装定发展，同时也由接触式装定向非接触式装定发展。

非接触式装定是实现动态装定和自动装定的前提。非接触式装定是以电、磁、光等为介质进行能量和信息传递的，下面分别介绍几种主要的非接触式装定技术的发展情况。

1.3.1 电磁感应装定技术

引信电磁感应装定，简称引信感应装定，是应用电磁感应原理，利用装定发送线圈（初级线圈）和装定接收线圈（次级线圈）的电磁耦合，实现装定信息由装定器到引信的非接触传输。装定信号发生器输出装定信号，控制初级线圈驱动电路的运行方式，达到改变发送线圈端电压参数的变化，如频率、幅值或者相位变化；根据电磁感应原理，接收线圈能够感知这种变化，并且体现在其端电压中，引信接收电路对接收线圈端电压进行处理，将端电压的参数变化转换为数字信号，即可得到装定信息。通过电磁、磁电变换实现信号传递，初、次级线圈相距很近，不易受外界干扰。另外，装定器与引信间没有物理接触，可靠性高，而且装定速度快，能提供对多种威胁迅速反应的能力，是世界各国主要采用的一种引信装定方式。例如，美国等国家目前列装的大中口径电子引信均具有可感应装定功能，包括 M767/M762 电子时间引信、M782 多用途榴弹引信，德国的 DM84 多选择引信、南非 M9801/M9804 电子时间引信等，如图 1.3 所示。为了满足海军需求，美国正在对 M762A1 和 M782 引信进行改进，特别是改进引信感应装定部分以适用于舰炮，改进后的引信型号分别是 MK432MOD0 和 EX437。

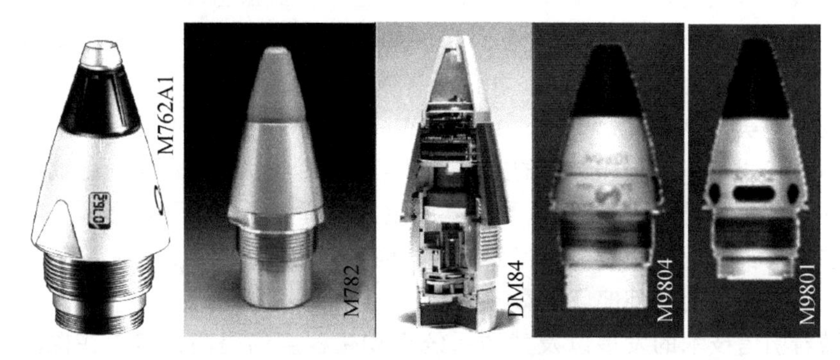

图 1.3 几种可感应装定电子引信

引信感应装定包括手工感应和自动感应两种形式。

手工感应装定由操作员在发射前（弹药装填前）手持便携式感应装定器进行装定，装定器与引信之间相对位置存在静态停靠的关系，装定结束后两者分离开。M1155 是针对十字军（Crusader）武器系统的需求而研制出的便携式感应装定器，如图 1.4 所示，能为美军现有大口径电子引信进行装定，包括 M782、M762/M767 和 M773 等。虽然 Crusader 计划已被中止，但是 M1155 却已定型且装备部队，并且发展了适用于精确制导炮弹、弹道修正引信的增强改进型，其工作原理如图1.5所示，通过增加一套发射平台综合工具箱（PIK，Platform Integration Kit），装定参数除引信作用方式、作用时间等外，还包括火炮和目标位置GPS参数，除适用于M782、M762/M767、M773等外，还支持具有弹道修正功能的M982引信，用于“亚瑟王之剑”武器系统。

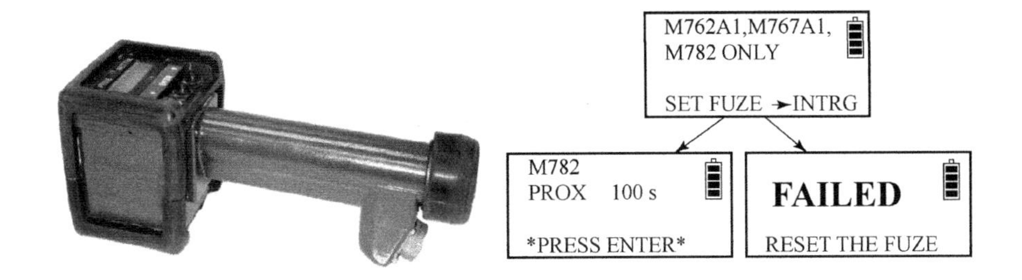

图1.4 M1155便携式感应装定器及其操作界面

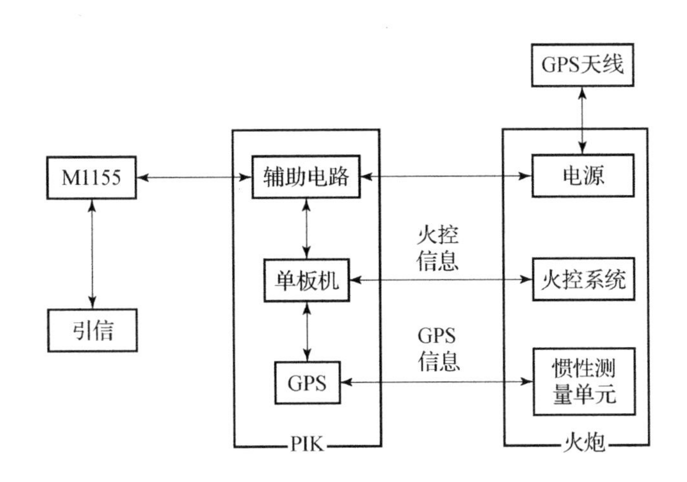

图1.5 M1155的工作原理

自动感应装定系统一般安装在发射器上，在发射过程中依靠引信相对装定器的运动完成信号的电磁耦合与信息的传输，属于自动装定过程。随着火炮从手工装填向全（半）自动装填的方向发展，引信自动感应装定技术得到深入的研究和发展。例如，2000年艾连特技术系统公司（Alliant Techsystems Inc.）研制了用于Crusader武器系统的引信自动感应装定系统原理样机，如图1.6所示。再如，美军通过简单改进，将便携式感应装定器M1155集成到火炮自动装填机上，从而实现引信发射前自动感应装定。

图 1.6　Crusader 火炮的自动感应装定系统原理样机

1.3.2　射频装定技术

射频装定是发射后在弹道上进行遥控装定的过程，射频装定系统由射频遥控装定器和引信体两部分组成，系统利用发射天线和接收天线实现信息的非接触传输。射频无线电装定具有装定距离远（弹丸或战斗部与发射平台分离距离处于十米至百米级）、装定速度快、弹内电源已激活、不需对武器系统进行大的改动等优点，但它的抗电磁干扰能力较差。图 1.7 为遥控定距引信装定示意图。在图 1.7 中，激光测距仪测得目标距离数据，此数据通过传输线送入可变脉冲频率控制器，通过距离脉冲数据发送装置（脉冲发射器），将引信所需的装定信息通过发射天线发射。炮弹在出炮口时，由弹头引信的接收天线接收距离信息，从而实现起爆距离信息传输。

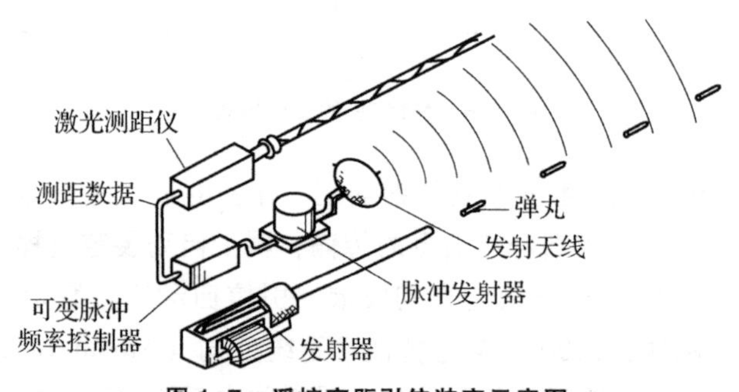

图 1.7　遥控定距引信装定示意图

图 1.8 为遥控装定引信的信息传输示意图。由传感器获取目标参数（如目标的范围、速度、方向、环境的温度和湿度等）送入火控计算机，由火控计算机计算引信所需的引爆数据。引信装定所需的引爆数据被耦合到引信装定器

产生二进制数，经编码调制器后，通过遥控装定发射机的天线发射出去。图1.8（b）给出了装定引信的信息传输方式，图中探针5穿过炮膛的内壁，因此射频调谐器的射频信号可通过探针5经由炮膛6的内壁9传输，弹体8与引信7装填在炮膛6内，引信7所需的装定信息借助炮膛6进行传输。

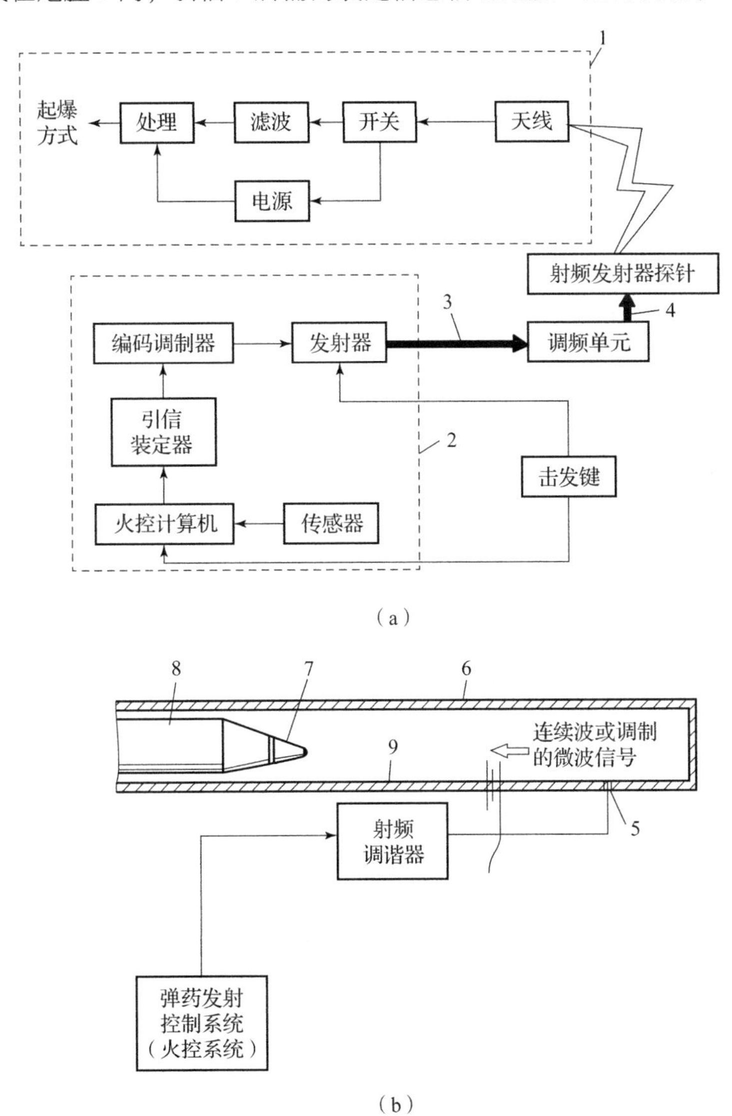

图1.8 遥控装定引信的信息传输示意图

（a）遥控装定引信原理；（b）遥控装定引信的信息传输方式

1，7—引信；2—火控系统；3，4—同轴电缆传输线；5—探针；

6—炮膛；8—弹体；9—炮腔内壁

由于无法解决电磁干扰问题，直至21世纪初，引信射频装定技术均没有得到深入研究。但是随着弹药尤其是弹道修正弹（引信）对小体积、高适时性、便于加改装的装定系统的迫切需求，近年来世界各国又重新开展了出炮口后装定技术研究。

2010年，美国NAMMO公司提出一种用于40 mm榴弹发射器的出炮口后射频装定技术，如图1.9（a）所示，射频装定器安装在武器发射平台上。其作用原理如图1.9（b）所示，火控计算机根据目标距离解算弹道诸元后，传输至发射器上的射频发射装置，弹丸发射后，通过射频的方式将装定数据传输至引信，在弹道飞行过程中完成引信装定。另外，该公司研制了一种用于引信射频装定的信号处理器，并进行了原理验证。

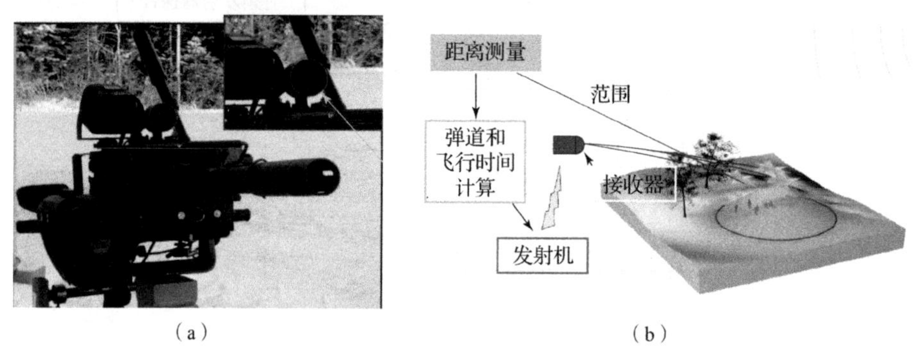

（a）　　　　　　　　　　　　　　（b）

图1.9　40 mm榴弹发射器射频装定原理

（a）榴弹发射器射频装定；（b）作用原理

2011年美国武器装备研究发展工程中心在追弹拦截系统中采用射频装定方式对弹道修正弹进行指令修正，如图1.10所示，指令制导站将雷达跟踪的弹道数据与理想弹道进行对比，形成遥控指令，并经射频信道传输至弹道修正弹；弹上修正机构根据指令对弹道进行修正。近年来，德国Junghans公司持续开展射频装定研究，并将其应用于非GPS体制的一维修正引信，如图1.11所示，发射后，火控计算机根据炮口测速雷达测量的弹丸飞行速度，解算出空气阻尼环的启动时间，并采用射频装定的方式，装定至修正引信。引信计时至预定时间，张开阻尼环，实现距离修正。

网络化弹药，是在小型灵巧弹药的基础上，通过弹药节点间的组网通信，实现分布式协同打击的新型弹药类型，如图1.12所示。网络化弹药采用集群发射、空投、子母弹远程抛撒等途径进行投送，各节点陆续建立飞行姿态后，完成组网并保持密集编队飞行，至目标区域后，完成基于网络的区域态势感知与共享、目标识别、打击方案制定、攻击路径规划和任务分发，在网络协同下对目标进行协同打击，在需要二次攻击的情况下，进行打击任务迭代，直至打击任务完成，部分剩余节点弹药或进行自毁，或按计划进行回收，在此过程中，发生脱网、坠落的节点弹药，应按照三自（自毁、自失能、自失效）要求进行无害化处置。

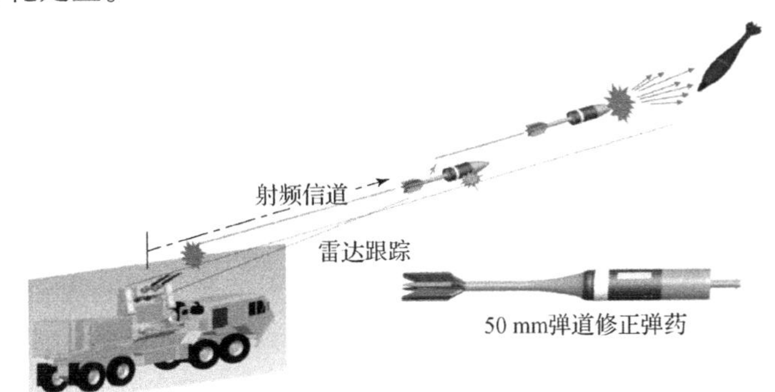

图 1.10　射频装定在弹道修正弹中的应用

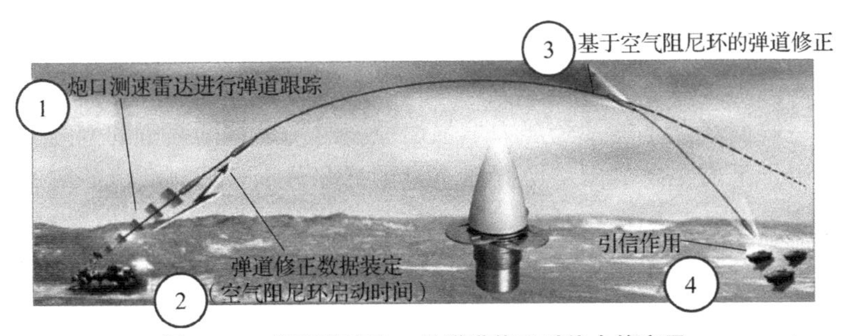

图 1.11　射频装定在一维弹道修正引信中的应用

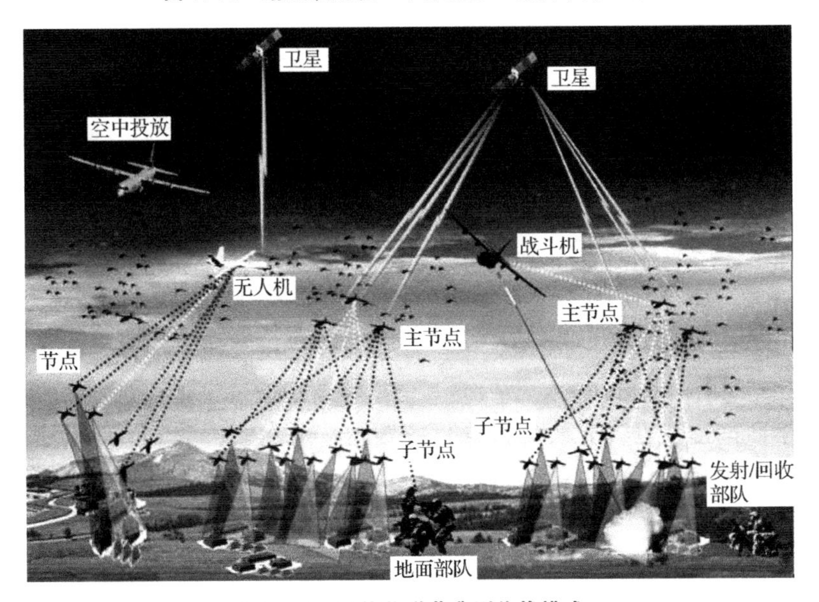

图 1.12　网络化弹药典型作战模式

2015年4月，美国海军研究局报道了美国海军的“低成本无人飞行器蜂群战术（Low Cost UAV Swarming Technology，LOCUST）”，利用多管发射装置发射大量成本低于1万美元的“郊狼（Coyote）”巡飞弹。“郊狼”可在自主或有限人为干预的状态下集群协同编队飞行，执行战场侦察监视、假目标诱骗吸引火力、通信干扰或集群攻击等任务，以瘫痪敌方高价值目标或防御体系。2016年8月，LOCUST项目在墨西哥湾进行了由30枚“郊狼”巡飞弹组成的“蜂群”自主协同飞行试验，验证了“蜂群”编队的智能算法、感知、通信、自动避障、解构与重构以及自动返回等能力。2017年，美国军方公布了微小型巡飞器“山鹑”（Perdix）的一次飞行演示，利用三架海军F/A-18F战斗机，以0.6 *Ma* 飞行速度投放了103枚“山鹑”巡飞器，测试了“山鹑”自适应编队飞行、集体决策等群体智能行为。“山鹑”是麻省理工学院设计并用3D打印技术制作的，轮廓尺寸仅有4.9 cm×6.2 cm×18 cm，质量不到500 g，利用电动力螺旋桨推进飞行，用锂电池作为动力源。

国内自“十一五”起开始关注网络化弹药技术的发展，“十二五”期间开始关注网络协同环境下的弹药能力增强途径，对用于地面封锁的网络化智能封控弹药、用于区域空防的网络协同浮空封锁弹药分别开展了概念研究和部分关键技术预研。随着我国在云计算、人工智能、无人机技术领域的爆发型发展，巡飞弹技术已经趋于实用化，网络化巡飞弹药的概念也迅速具备了演示能力。

1.3.3 光学装定技术

光学装定是信号由电到光，通过光的传输，在接收端又由光到电的传输过程。最早开始引信光学装定研究是在1966年，美国Rodney E. Grantham等人在对航空弹药通信装置上进行改进时（原系统中飞机与航弹是通过电缆连接的）考虑到了光学装定引信方法，通过激光器有选择地导通电池能量，选择装定两种不同的引信作用方式（近炸引信和时间引信）。

1978年，美国Redmond等人为改变航弹上的导线装定方式（见图1.13），研究了另外一种应用于航空弹药引信上的光学装定装置（见图1.14）。这种装置相比于1966年在技术上有很大提高，实现了飞机与航空炸弹之间在发射前的遥控装定（作用距离20英寸①）。其信息的装定通过机上近红外线光束和引信上光学数据接收器（光敏二极管）等接收电路完成，由于弹丸释放前引信内置电源没有激活，装定系统需在信息装定前为引信装定电路提供电源，激活引信装定电路。为了解决引信装定电源问题，Redmond等人采用由机上一个

① 1英寸=2.54厘米。

80 W 的石英灯照射贴在航弹外表面的光电池组来完成供能，安装此光学装定装置的航弹外形如图 1.14 所示。此装置虽然能够实现光学装定，但在系统实现上均采用分立元件和功能单一的小规模集成电路，装定速度慢、电路功耗大、功能灵活性差。

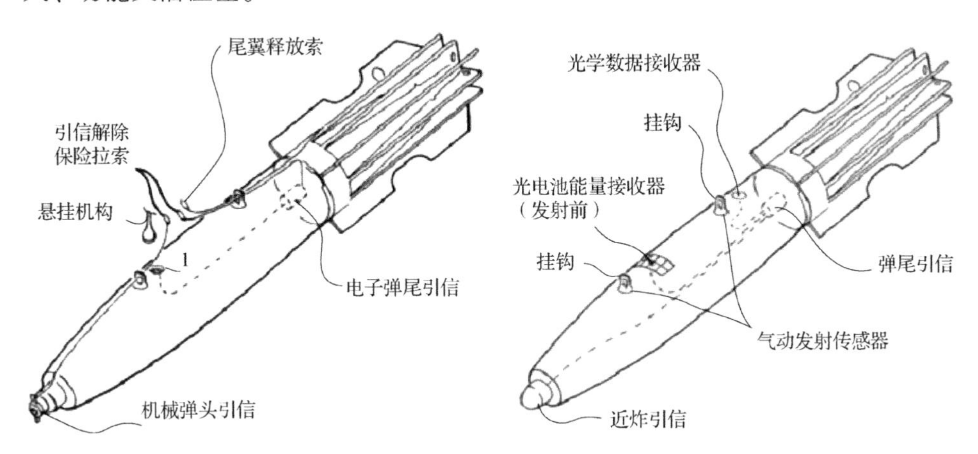

图 1.13 导线式装定的航弹示意图　　图 1.14 安装光学装定装置的航弹

Chandler 和 Charles E. 于 1982 提出了一种新颖的火炮弹药发射前光学装定方法。图 1.15 为光学装定时间引信示意图。图中 1 为光电池组，环形等间隔贴于引信体 2 表面，5 为装定器上 LED 发光二极管组，也等间隔分布，6 为透镜，每一次装定过程只有一组 LED 发光二极管通过透镜照射在一组光电池上完成装定数据传输，光电池后接有电子数据存储电路。不同 LED 发光二极管组及对应的光电池组代表不同的装定时间。3 也为光电池组，与 7 一起为引信装定电路提供所需电能。4 与 8 等装置用来完成引信装定前装定器和引信体的校正对准工作。这种装定方式可在炮弹发射前装定时间引信，但它装定的数据有限，装定过程比较烦琐、耗时。

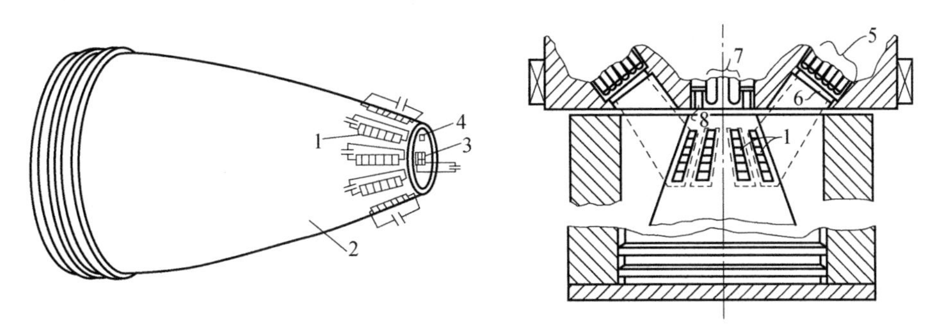

图 1.15 光学装定时间引信示意图

1.3.4 共底火有线装定技术

为适应现代战争中存在的立体威胁，提高坦克的信息反应和火力反应能力，需要使用信息化多功能坦克炮弹药替代传统单一毁伤模式弹药。这一类多功能弹药改变了传统弹药毁伤功能单一，难以对各种复杂环境条件下的敌对目标进行打击的缺陷。为实现多功能弹药的多种毁伤效果，必须对弹药引信进行信息装定。对于坦克炮，其供弹过程相对缓慢，且弹药入膛后还需等待发射时机，若在供弹过程中装定则无法保证其信息实时性。弹药入膛后，身管金属环境对近场和射频信号有很强的屏蔽作用，无法采用近场耦合或射频耦合的方法直接从膛外向膛内发送信息，发射过程中装定技术无法使用。弹丸发射后会在炮口处产生等离子场和烟尘场，对射频信号和光信号产生强干扰，发射后装定只能等待等离子场和烟尘场散去后才能进行，当目标距离较近（目标处于视距内）时，无法采用发射后无线装定技术。

膛内技术是一种介于发射前装定和发射过程中装定之间的新型装定技术。相比于其他发射前装定技术，膛内装定技术的信息实时性更好，能够对膛内已有弹药进行装定，相比于发射过程中装定技术和发射后装定技术，其具有不受环境干扰，且拥有能量传输能力，能够为引信提供能源等优势。该技术根据是否对火炮炮闩进行改造，可以分为分线式膛内装定和底火共线式膛内装定两种。

分线式膛内装定技术最早出现于德国莱茵金属公司与美军合作对 M256 型滑膛炮的信息化改造项目，该火炮主要配用于西方主战坦克，如 M1 系列和豹 2 系列等。莱茵金属在 2001 年提出了坦克炮对空炸弹药的需求，并设计了坦克炮膛内信息传输方案，如图 1.16 所示。图中，装定器通过坦克控制系统获取激光瞄具和火控计算机的信息，并通过炮闩装定给引信。

为了保证弹丸在装定过程中不被击发，莱茵金属公司和美军对炮闩进行了改造，其中，莱茵金属公司设计了单向导通开关，如图 1.17（a）所示，单向导通开关的一端连接底火发射击针，另一端连接信息装定接口，即图 1.17（b）中北约接口。美军认为，莱茵金属公司所设计的方案存在信息传输速率限制等问题，于是重新对炮闩接口和通信协议进行了设计，在炮闩处增加了两个专门用于通信的触点，最终设计完成的炮闩同时兼容美军和德军两种协议，如图 1.17（b）所示。美军还提供了信息化药筒的标准改造方案，在药筒底部嵌入数据转接电路板，通过电路板上的转接环与炮闩接口接触实现信息传输，如图 1.17（c）和（d）所示。在弹药内部，信号通过缠绕在底火传火管上的软线和弹丸底部的插针传输进引信中，如图 1.17（e）所示。

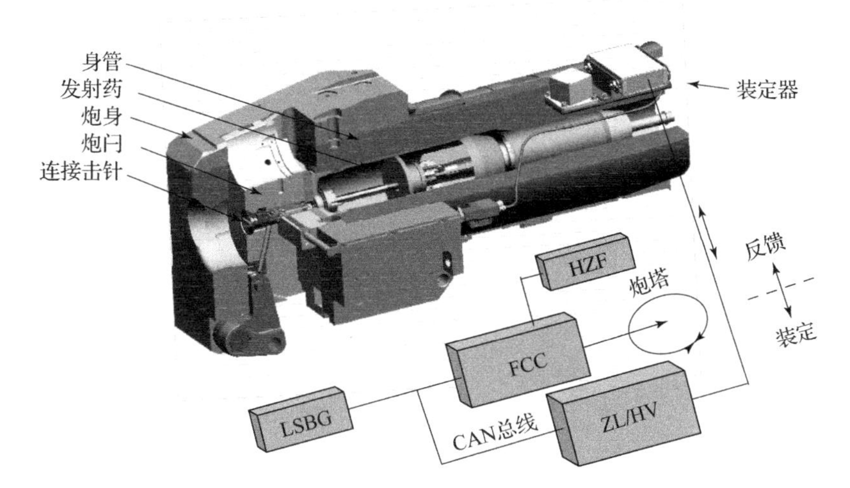

图 1.16 TGIB 能量和信息同步传输技术方案

HZF—带激光瞄具的观瞄器；FCC—火控计算机；LSBG—装填控制盒；ZL/HV—坦克控制系统/电源

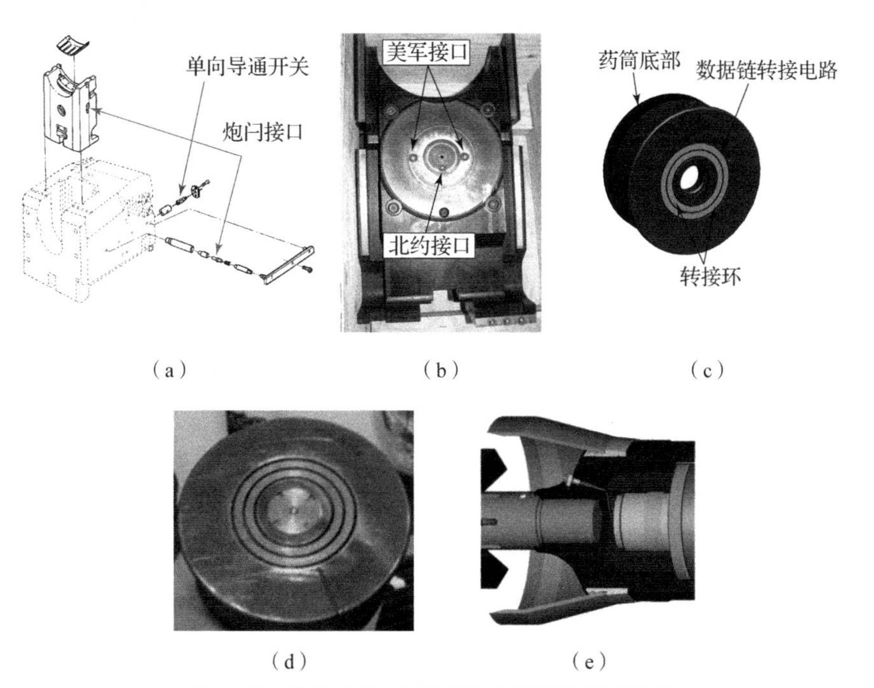

图 1.17 分线式膛内装定炮闩和弹药改造结构图

(a) 炮闩改造示意图；(b) 炮闩改造实物图；(c) 药筒改造示意图；(d) 药筒改造实物图；(e) 弹药内电气连接结构图

2008 年美国通用动力公司提出针对 105 mm 坦克炮的底火共线式膛内装定方案，其主要特点是对炮闩和药筒不做改造，信息直接通过原有火炮击发线传输，只需改造火控系统、底火和弹丸。装定系统从底火触点引出一根导线，连接入弹头引信中，如图 1. 18（a）和（b）所示。

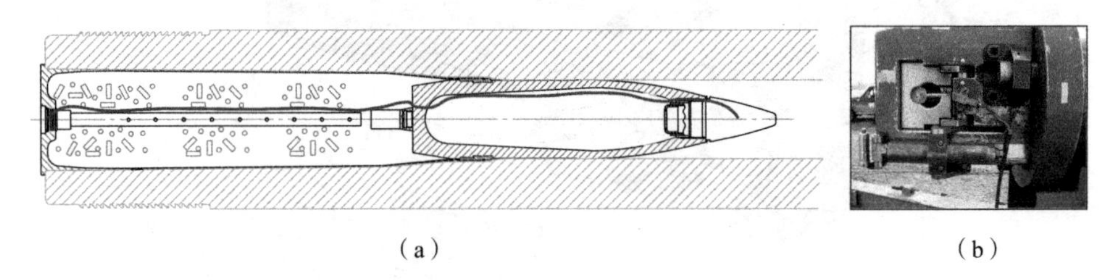

（a）　　（b）

图 1. 18　底火共线式膛内装定结构图

（a）底火共线式膛内装定示意图；（b）火炮击发线

1.4　引信与武器系统信息交联的系统构成

无论何种引信与武器系统的信息交联方式，根据信息交联的原理与过程，其系统构成均基本相同，包括装定信息发送系统与装定信息接收系统两部分。装定信息发送系统通常由与火控系统连接的装定信息解算模块、装定信息处理模块、装定信息发送器三部分组成。装定信息接收系统则由装定信息接收模块与装定信息存储模块以及确认反馈模块三部分组成，如图 1. 19 所示。

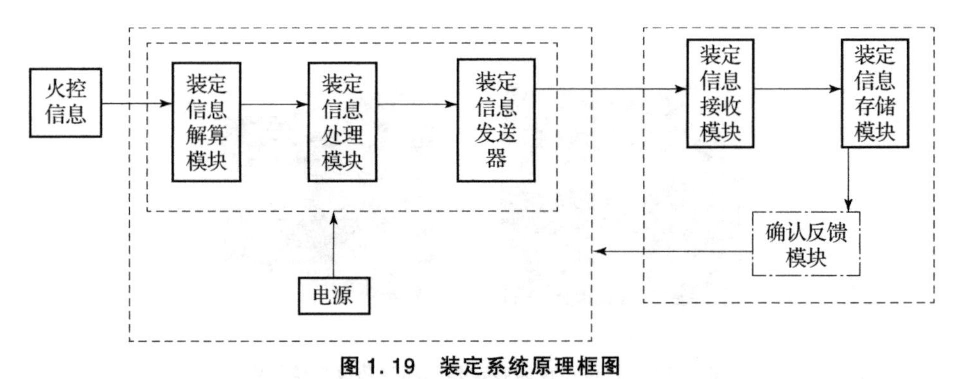

图 1. 19　装定系统原理框图

图中各部分功能如下：装定信息解算模块根据火控系统传送的目标信息，解算出与未来弹目相遇点对应的弹药作用距离所需的装定信息，并传输给装定信息处理模块；装定信息处理模块对此数据进行编码、调制处理，送至装定信息发送器进行发送。装定接收系统的信息接收模块通过与装定信息发送器之间的耦合关系接收信息，并进行数据处理。装定信息存储模块接收装定信息并完成存储。确认反馈模块负责信息的确认并反馈回装定发送系统。

以上构成中的反馈模块不是必需的，但完整的信息交联过程应该是双向传输的，信息的反向传输包括装定信息的反馈确认以及作战效果的反馈，以便进行效果评估。目前一般实现的功能是装定信息的反馈确认，将来的引信与武器系统的信息交联将会包括作战效果的反馈等数据的反向传输过程。

以电磁式感应装定为例，装定系统的具体构成如图 1.20 所示。装定信息处理模块的电路主要由振荡电路、调制电路、功率放大电路以及数据处理控制单元组成，装定信息发送器由装定发送线圈、磁芯等组成。

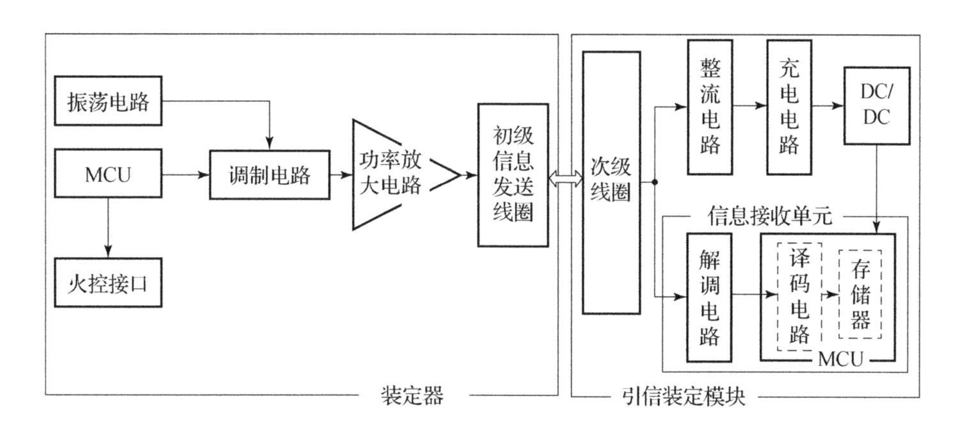

图 1.20 自动装定系统装定控制装置的电路框图

在装定信息接收端，位于引信上的装定接收系统包括次级线圈、整流电路、充电电路构成的能量接收模块，以及由解调电路、译码电路构成的信息接收模块，由存储器构成的信息存储模块。反馈模块从解调电路中获取接收信息，经过调制后从次级线圈回传给初级线圈。

1.5 本书的结构

本书以引信与武器系统信息交联为主线，分为四篇。第一篇包括第 2 ~ 4 章，介绍电磁感应信息交联的设计理论，非接触式传输通道的工作原理，分离式变压器以及装定系统设计方法。第二篇包括第 5 ~ 8 章，介绍引信光学装定系统设计、数据传输理论、脉冲光信号的发射与接收、激光能量装定技术等。第三篇包括第 9 ~ 14 章，介绍射频信息交联的理论、弹载天线设计、数据传输技术等。第四篇包括第 15 ~ 18 章，介绍共底火有线交联理论、能量与信息传输同步传输理论、能量流串扰抑制及系统设计。

第一篇　电磁感应信息交联技术

第2章

引信能量和信息非接触传输系统设计理论

引信与武器系统的信息交联技术本质是武器系统将信息传输给引信，引信将信息反馈给武器系统。在引信内部电源未激活或激活后能量不足时，信息交联过程中必须伴随系统到引信的能量传输，特别是发射前引信内部能源未激活的感应装定、能量传输尤为重要。为适应武器系统快速、灵活作战的需要，非接触式信息交联将成为信息交联的主要形式。本章结合引信与武器系统信息交联的需要，以基于电磁耦合的能量与信息非接触同步传输技术为基础，构建出引信能量和信息非接触传输的设计理论。以引信为对象详细分析和描述其工作原理、技术特点，给出系统技术方案、设计准则和设计程式等。

2.1　引信能量和信息非接触传输系统工作原理

2.1.1　基本定义

德国科学家科勒曾经指出，机器、仪器和设备均是一种通过任意方法实现能量、信息和物料转变和形成一种能量流、信息流和物料流为主要目的的技术系统。但包括科勒在内的众多学者认为，当研究的是驾于这些具体对象之上的共性规律时，无论是机器、仪器和设备，甚至更多的名词，一律可统称为“系统”。任何系统可以视为这三种流的处理系统，三流可以并存，也可以只包含其中的两种或一种。

针对引信的特点，根据科勒“依照流和功能进行定义”的方法，引信能量和信息非接触传输系统可以定义为：

一个由装定器和引信装定模块有机结合而成的总体，两者之间通过光、电、磁等耦合而不存在物理接触，具有将外界输入的能量和信息有效可靠地传输给引信的功能。引信能量和信息非接触传输系统的工作原理如图 2.1 所示，它是武器系统的一部分，是引信与发射平台间的信息和能量交互通道，由分别隶属于发射平台的装定器和隶属于引信的引信装定模块两部分组成。

为了便于叙述和理解，从技术层面上给出如下定义。

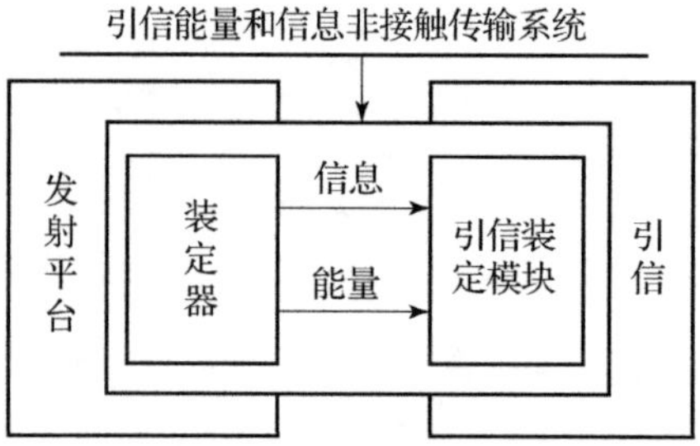

图 2.1　引信能量和信息非接触传输系统工作原理

分离式传输器：初、次级子系统之间相互分离，甚至相对运动，不存在物理接触的一类传输器，称为分离式传输器。

引信能量和信息非接触传输技术：利用光、电、磁等感应原理，通过分别置于装定器和引信上的耦合器间的耦合，在装定器和引信间以非接触方式传输能量和信息的技术，是基于分离式传输器的能量和信息非接触传输技术的简称。引信能量和信息非接触传输技术包括两个方面：

(a) 能量非接触传输；

(b) 信息非接触传输。

前者为引信电路提供电能，后者实现引信信息装定，两者之间是按一种时序进行的，即系统只有在获得足够的能量后，才能进行信息传输；但这种时序又是相对的，信息传输过程也继续保持传输能量。

从定义可知，能量和信息非接触传输技术是引信感应装定的一种技术途径，不仅适用于发射前的引信及其装定系统，而且可以应用于发射过程中或发射后的引信感应装定系统。

引信能量和信息非接触传输技术等同于基于感应供电的引信感应装定技术，前者从“流”的角度进行描述，注重系统实现方法，而后者更加强调系统功能。由于与发射后进行装定的引信相比，引信发射前感应装定系统的技术难度更大。因此，本章主要针对引信发射前以电磁感应装定系统开展引信能量和信息非接触传输技术研究。

2.1.2　技术特点

与其他引信感应装定系统（如炮口感应装定系统和接触式供电装定系统）不同，引信能量和信息非接触传输系统既要进行信息装定，又要感应供电，为引信装定电路提供电源，甚至取代引信电源。

引信能量和信息非接触传输技术是能量和信息非接触传输技术在引信中的应用技术。与其他民用领域的应用不同，由于引信自身的特点，引信能量和信息非接触传输技术具有诸多显著特点。

（1）要求可靠性高。

安全性和可靠性是不可分割的，是引信整个寿命周期的一个强制性标准。引信装定可靠性的高低决定着弹药是否能够按照预期条件攻击目标，装定失效不仅延误战机，降低毁伤概率，影响作战系统或发射平台的生存，甚至导致战斗或战役失败。例如，延期方式的一次误装定可能降低一发弹丸的有效性，而在空炸时间上 1 ~ 2 s 的错误装定，则可能杀伤友邻部队。因此，可靠性在引信能量和信息非接触传输系统的设计中具有特殊的重要性。

（2）小型化。

引信尤其是小口径引信可利用的空间小，预留给装定系统的空间更小。另外，引信质量也受限制，小口径引信一般只有 20 ~ 60 g，个别的甚至只有 10 g 左右。因此，要求引信能量和信息非接触传输系统的体积必须足够小。

（3）分离式传输器结构的设计余地小。

由图 2.1 可知，引信能量和信息非接触传输系统是发射平台与引信间信息和能量的交互系统，不仅有引信部分的设计，而且也涉及发射平台的设计。但在现有的研制体制中，弹药发射系统和弹丸基本上是与武器系统研制同步或同时起步。但引信则不然，往往是在弹丸强度、精度、弹道性能等所有关键技术都已基本解决、弹丸总体设计基本确定的情况下，才提出引信与弹丸战斗部的接口尺寸、引信外形尺寸、引信质量和引信性能，开始引信研制。此时，引信装定系统作为引信的一个子系统才被提出和研制。在此情况下，弹丸战斗部和武器系统研制可能已经接近尾声，发射平台甚至已定型并已配用多种已有弹种，引信外形尺寸已定，留给引信装定系统的分离式变压器的设计余地很小。因此，与其他应用领域相比，其分离式传输器的初、次级的间隙更大。

（4）工作时间窗口小。

目前用于反导的小口径武器系统常采用感应装定技术，射速一般在 1 000 ~ 5 000 发/分，发射前装定系统的装定时间窗口小于 30 ms，炮口处装定时间只有 30 ~ 50 μs。因此，对于每发引信而言，能量或信息传输的时间非常有限。

（5）工作环境恶劣。

包括高温、高压、高冲击、强电磁干扰等。小口径引信膛内承受的载荷很大，可达到 7×10^4 g，而大口径引信承受的载荷相对较小，一般小于 3×10^4 g。

（6）应具有低成本特性和良好的可生产性。

引信产品需求量大，战时更是如此。因此必须考虑经济性，引信设计应尽可能采用低成本技术；考虑到便于战时组织生产，应具有良好的可生产性。

2.2 能量和信息非接触传输系统组成

根据引信能量和信息非接触传输系统的定义，可给出系统结构框图，如图2.2所示。按照逻辑功能，整个系统可进一步划分为装定器信息模块、装定器能量模块、引信信息模块、引信电源模块和分离式传输器。

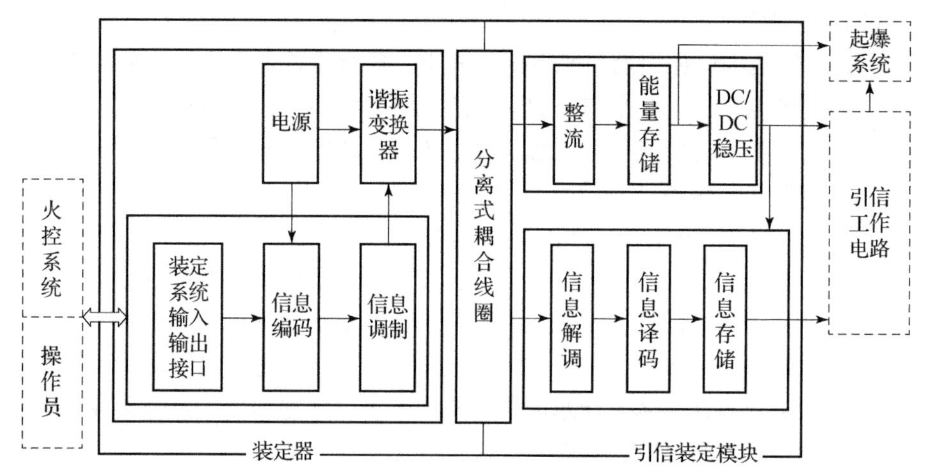

图2.2　引信能量和信息非接触传输系统原理框图

1. 装定器信息模块

装定器信息模块主要完成装定信息生成、发送功能，它由以下功能单元组成：

（1）装定系统输入输出接口。装定器输入输出接口包括键盘、液晶显示屏和火控系统接口等，是装定器与火控系统及操作员间的信息交互通道。装定信息由火控系统或者操作员通过计算产生，然后通过输入输出接口将计算结果送至信息编码电路。

（2）信息编码单元。信息编码单元将装定信息变换成数字基带信号。

（3）信息调制单元。信息调制模块将数字基带信号调制成适合非接触信道传输的数字频带信号。

2. 装定器能量模块

装定器能量模块主要由以下功能单元组成：

（1）谐振变换器。谐振变换器以信息调制单元的输出作为驱动信号，将电源输入的直流电压变换成高频交流电压，驱动分离式变压器的初级线圈。但是采用调制后的载波作为驱动信号，将装定信息调制到谐振变换器输出的高频交流功率载波中。

（2）电源。负责为整个系统提供所需的电能。

3. 引信信息模块

引信信息模块主要完成接收装定信息的功能。其主要功能单元有：

（1）信息解调单元。负责将次级线圈接收到的调制载波解调为数字基带信号。

（2）信息译码模块。它对信息解调模块输出的数字基带信号进行译码还原出装定信息，然后传输并存储在信息存储器中。

（3）信息存储器。

（4）引信系统输入输出接口。引信系统输入输出接口是引信信息模块与引信其他电路模块的信息交互通道。通过引信系统输入输出接口，引信控制模块对存储器中的装定信息进行处理判断，准确控制引信的功能操作，如起爆电雷管等。

4. 引信电源模块

由系统工作原理可知，引信电源单元为引信装定电路提供工作电能。其主要由以下功能单元组成：

（1）整流单元。次级线圈的感应电压是高频交流电压，因此必须对其进行整流。

（2）能量存储单元。它主要对引信储能电容充电，存储电能。

（3）电压调理单元。它主要是对能量存储模块的输出进行 DC/DC 变换和稳压处理，为引信工作电路提供所需的工作电压和电流。

5. 分离式传输器

分离式传输器的初、次级分别位于装定器和引信上。如前所述，在引信能量和信息装定系统中，由单一的分离式传输器（即一组分离式耦合系统）为核心构建的非接触传输通道既是能量非接触传输通道，也是信息双向传输通道。

2.3 引信发射前感应装定系统

引信感应装定系统是能量与信息非接触传输系统的最直接应用对象。特别是对引信的发射前感应装定是一种典型的能量与信息非接触传输系统。本章以引信进行发射前非接触感应装定为实例展开分析与讨论。首先做如下的定义：

引信发射前感应装定，属于引信感应装定方式的一种，是引信发射前外能源快速（自动）感应装定的简称，在发射前，通过安装在自动机上的装定器，首先为引信装定电路提供工作电源，激活引信装定电路，然后利用感应原理，实现引信信息自动快速装定。

引信发射前感应装定具有以下特征：

（1）装定对象为可编程电子引信。对象的特性，决定了相应装定技术的特性。这类弹药的一个重要战术使命是对付空中快速运动的目标，因此弹药具有射速高、初速高、体积小等特点，相应地，引信装定系统也应具有体积小、装定速度快的特性。

（2）在发射前完成装定。装定器一般安装在自动机的供/输弹机构上，在供/输弹过程中完成引信装定。

（3）外能源装定。发射前，引信电源尚未激活，需要由装定器为引信装定电路提供所需电能。第 1 章已经详细介绍了外能源感应装定的两种供电方式，由于采用接触式供电存在许多缺点，因此本章对感应供电方式进行研究。如无特别说明，本章所述引信发射前感应装定均指基于感应供电的引信发射前感应装定。

（4）感应装定。装定器和引信间的耦合，不仅传输装定信息，而且为引信装定电路传输工作电能。

（5）自动装定，装定速度快。与火炮的射速相匹配，引信装定速度需达到 1 000～5 000 发/分，因此小口径引信发射前感应装定基本采用自动装定方式。

引信发射前感应装定技术具有装定速度快、装定可靠、无须在身管上放置装定发送器、无须等待引信电源激活等优点，可适用于小口径转管火炮，但存在以下技术难点：

（1）装定窗口小。如小口径火炮的射速一般在 1 000～5 000 发/分，假设在供弹系统上进行装定，装定窗口通常小于 30 ms，而大口径引信的装定时间通常在 1 s 左右。在如此短的时间内，既要为引信装定电路提供足够的能量，又要实现信息可靠装定，尚有许多技术难点需要解决。

（2）初、次级耦合效率低。与大口径火炮相比，用于小口径火炮装定系统的初、次级线圈间隙更大，相对运动速度更快，因此耦合效率要小得多。

（3）小型化。主要是引信装定模块的小型化，与大口径引信相比，小口径引信可利用的内部空间很小。

（4）高冲击。小口径引信膛内承受的载荷很大，可达到 7×10^4 g，而大口径引信承受的载荷相对较小，一般小于 3×10^4 g。

正是因为存在上述难点，引信发射前感应装定的设计理论具有通用性与代表性。

2.4　系统设计准则

引信能量和信息非接触传输系统不是一个孤立的实体，它处于“人－武器系统－环境”的大系统中，属于武器系统的一部分，它的运转实质上是整个大系统的运转。系统设计应从需求出发，以大系统的观点统一处理设计中的问题，把引信能量和信息非接触传输系统置于武器系统中、置于“人－武器系统－环境”构建的大系统中，考虑它与其他系统之间的关联性，考虑人的因素和战场（环境）因素，构建非接触传输系统内部功能模块，以辩证的、动态的和综合的分析方法，去研究该系统与其他系统之间及各功能模块之间的信息和能量传递关系，并运用可行的技术手段去实践，以求得整体最优的设计方案（技术系统）。因此，引信能量和信息非接触传输系统设计是一个复杂的反复求解和决策的过程，必须在一定的设计原则指导下进行。根据系统科学理论，根据武器系统和引信的宏观设计思想，结合引信能量和信息非接触传输系统的自身特点，提出下列设计准则。

2.4.1　技术可实现性准则

技术可实现性准则主要包含两个方面：

（1）引信能量和信息非接触传输技术的可行性。在现有条件下，该技术自身应该是可行的，不仅原理可行，而且软硬件都应具有可实现性。

（2）引信能量和信息非接触传输系统所采用的相关技术，必须是切实可行的。例如，由于可以大大降低整流损耗，同步整流技术已经广泛应用于低压DC/DC变换器。但其需要增加控制部分，结构复杂，试验表明在引信接收模块中应用同步整流技术是不可行的。因此，一般还是采用二极管整流，通常选用正向压降较小的肖特基二极管。

2.4.2 可靠性准则

可靠性是引信能量和信息非接触传输系统的重要指标，可以通过作用可靠度$R(S)$来表征，即系统在规定条件下和规定时间内能正确地完成引信装定的概率。根据系统的工作原理可知

$$R(S)=R(P)\cdot R(I) \tag{2.1}$$

式中，$R(P)$为能量传输可靠度；$R(I)$为$R(P)$等于1时的信息传输可靠度。

宏观上，基于能量传输的系统失效状态可以归结为两种：欠额型和超额型。

（1）欠额型：在规定条件下和规定时间内，引信装定模块接收的能量W小于驱动其正常工作，进行信息装定所需的最小能量W_{Fmin}，即

$$W<W_{Fmin} \tag{2.2}$$

（2）超额型：在规定条件下和规定时间内，引信装定模块接收的能量超过了其所能承受的最大能量W_{Fmax}，导致电路损坏。

$$W>W_{Fmax} \tag{2.3}$$

由于电子元器件的特性值随环境应力的变化而变化。例如，影响电容器的最重要的应力为电压和环境温度，其中固体钽电容的漏电流随电压和温度的增高而加大。这些电子元器件与机械零部件构成一部整机投入使用时，环境的改变会使整机不能稳定工作，甚至出现故障。另外，引信能量和信息非接触传输系统的工作环境变化很大。因此，当W_{Fmin}和W_{Fmax}一定时，为了增大$R(P)$，使系统在客观使用环境中能够可靠地工作，应采用降额设计和动态设计方法，设计时必须留有余量，即

$$k_1W_{Fmin}\leqslant W\leqslant k_2W_{Fmax} \tag{2.4}$$

式中，k_1、k_2为由试验得到的常数。

由式（2.4）可知

$$R(P)=P\{W\geqslant k_1W_{Fmin}\}\cdot P\{W\leqslant k_2W_{Fmax}\}=P_1(W)\cdot P_2(W) \tag{2.5}$$

式中，$P_1(W)$为在规定条件下和规定时间内$W\geqslant k_1W_{Fmin}$的概率；$P_2(W)$为$W\leqslant k_2W_{Fmax}$的概率。

信息装定过程可以分为数据的发送、接收和存储三个阶段，相应阶段的作用可靠度分别为$R_1(I)$、$R_2(I)$和$R_3(I)$，则

$$R(I) = R_1(I) \cdot R_2(I) \cdot R_3(I) \tag{2.6}$$

其中 $R_3(I)$ 主要取决于存储器自身的可靠性。

根据现代通信原理有

$$R_1(I) \cdot R_2(I) = P_b \cdot P_r \tag{2.7}$$

式中，P_b 为信息传输的误比特率；P_r 为信息传输电路的作用可靠度。P_b 主要由编码方式、调制解调方法和信噪比等决定。例如，单极性非归零码—二进制幅值调制非相干解调的误比特率为

$$P_b = Q(S/N) \cdot \frac{1}{2}\exp\left(\frac{-E_b}{2n_0}\right) \tag{2.8}$$

其中，Q 函数表示为

$$Q(a) = \int_a^{\infty} \frac{1}{\sqrt{2\pi}} e^{-\frac{y^2}{2}} dy \tag{2.9}$$

式中，S 为基带信号平均功率；N 为基带传输通道噪声平均功率；E_b 为单位比特的平均信号能量；n_0 为噪声的单边功率谱密度。

P_r 主要由电路自身特性决定，包括 PCB 布局、元器件选择和系统结构等。

由上述计算过程可以看出，为了提高系统作用可靠度，通常应采用以下设计措施。

（1）提高平均强度。

例如，在具体实践中，通常 $W \leqslant k_2 W_{Fmax}$ 易于保证，如增大储能电容的耐压值和稳压电路的最大输入额定值等。因此，由式（2.5）可知，增大 $R(P)$ 的关键是满足 $W \geqslant k_1 W_{Fmin}$ 以增大 $P_1(W)$，包括：

1）在 W 一定时，减小 W_{Fmin}。如电路低功耗设计等。

2）W_{Fmin} 一定时，增大 W。在其他条件不变的情况下，提高能量非接触传输效率可以提高 W 的平均值。如改进和优化分离式变压器设计，提高耦合系数。

另外，耦合系数的提高，也增大了信噪比，由式（2.6）~式（2.8）可知 $R(I)$ 也相应增大。

（2）减小强度变化。

强度变化的减小，同样可以提高系统可靠性。如前所述，采用降额设计和动态设计方法，增大 W 的最小阈值，减小最大额定阈值，减小了 W 变化范围，减小了系统失效概率。又如，通过严格的优选和筛选，不仅可以提高元器件（零部件）的平均强度，而且可以保证样本的一致性，减小强度变化。再如，保持初、次级线圈间相对运动的平稳性，减小耦合系数和互感的变化，可以使 W 和信噪比的变化减小。

(3) 降低平均应力。

在环境应力一定时，提高平均强度，可以提高系统的可靠性；而在强度不变的情况下，环境应力或其变化的减小（降低），也可以提高系统可靠性。例如，采用流动性较好的灌封材料对组装好的引信装定电路进行灌封，使其固化成模块，不仅可以有效地减小勤务、供弹、发射过程中元器件承受的冲击载荷，提高系统电路及零部件的抗冲击能力，而且可以减少电路在弹丸飞行过程中的温升以及相应的特性改变，如漏电流的增大，从而提高了系统可靠性。

(4) 减小应力变化。

例如，对于来自公共电网的尖峰脉冲干扰，或系统电源本身产生的噪声尖刺，虽然尖峰持续时间短，能量不大，但是瞬时电压或电流很大，会给各种数字器件造成逻辑功能紊乱，引起误动作。为了减小电源的纹波和噪声，应采用包括滤波、接地、布局、缓冲回路及电路设计等措施抑制噪声尖峰。又如，利用缓冲体的弹塑性变形以及阻尼作用，起到缓冲减振作用，能有效地隔离和吸收发射过程中的冲击应力波。

引信能量和信息非接触传输系统可靠性工程设计的基本内容包括系统可靠性设计、结构可靠性设计、环境适应性设计、可靠性设计分析和评审等。其中，系统可靠性设计包括系统简化设计、系统冗余设计以及系统可靠性预计和分配等；结构可靠性设计又包括元器件的选择和控制、元器件降额设计、人机工程设计、安全性设计和维修性设计等；环境适应性设计又包括缓冲减振设计、三防设计、电磁兼容性设计等。尽管这些内容涉及技术和管理两个方面，贯穿系统研制各阶段，但其主要目的不外乎是上述四种。

2.4.3 协调性原则

系统协调性设计是现代武器系统的一个重要设计思想和设计原则。能量和信息感应装定系统的协调性设计原则可以分为以下三种。

(1) 与武器系统的协调性设计。

既然是协调性设计，装定系统与整个武器系统之间就不是单向性的，不能仅仅作为“三级配套”系统，被动地接受设计要求，而必然存在反馈和匹配，不仅相关子系统要对感应装定系统提出要求，感应装定系统也要根据实际需要对相关子系统提出要求。

例如，为了提高某小口径弹药的毁伤效能，拟配用可感应装定的电子引信，为了实现装定，对引信提出了装定时的引信电源问题，当采用引信体外射频电源时，为了满足其需求，必须降低引信功耗、应用低能起爆电雷管、增大火控系统电源的输出功率等，如图 2.3 所示。

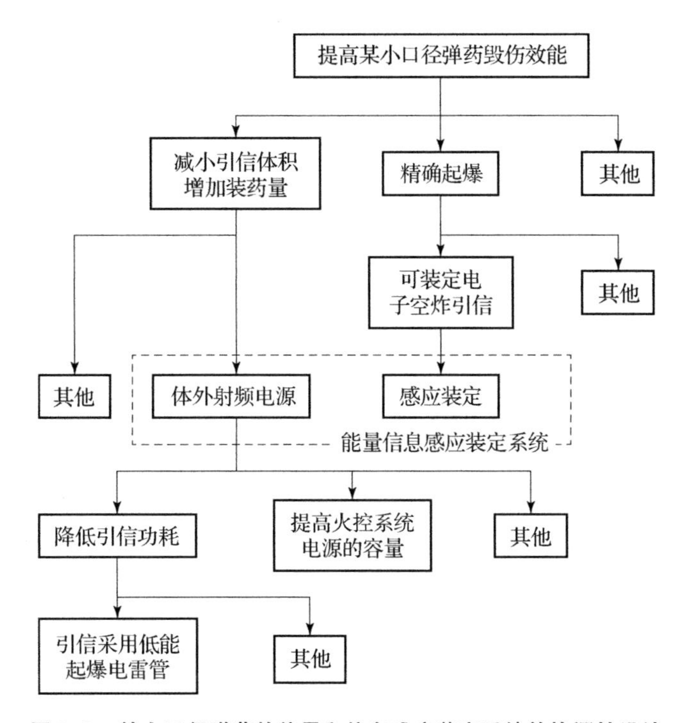

图 2.3　某小口径弹药的能量和信息感应装定系统的协调性设计

(2) 能量传输子系统和信息装定子系统间的协调性设计。

能量传输和信息传输之间不是相互孤立、并行的，而是统一、互动的。能量传输为信息传输电路提供能量，而信息传输又制约能量传输。两者之间应该进行协调性设计，提高系统的整体性能。

装定时间 T_{Set} 是引信感应装定系统的主要性能指标，由能量传输时间 T_{Pow} 和信息传输时间 T_{Inf} 决定，有

$$T_{\mathrm{Set}} = T_{\mathrm{Pow}} + T_{\mathrm{Inf}} \tag{2.10}$$

在现有技术条件下，采用分离式变压器，每发引信的能量传输时间 T_{Set} 为 10 ~ 100 ms，而信息传输时间 T_{Inf} 一般可小于 1 ms。故

$$T_{\mathrm{Set}} \approx T_{\mathrm{Pow}} \tag{2.11}$$

即 T_{Set} 主要由 T_{Pow} 决定。

由式 (2.10) 和式 (2.11) 可知，提高系统的装定速度，重点要提高能量传输速度，即提高能量传输效率。在信息传输通道设计时，要以提高能量传输效率为基本原则之一，但是又不能简单地为提高而提高，能量传输最终要为信息传输 (装定) 服务。

另外，将信息调制在能量载波上，通过单一的分离式变压器既传输能量又传输信息，简化了耦合结构，也体现了协调性设计原则。

（3）人因工程。

人因工程是指在工程设计中充分考虑“人”的因素，使机的设计更好地与人的特点相匹配，使人/机系统更好地发挥功效，与操作人员的协调性设计。

尽管人因工程的许多方面依赖于普通常识，但是作为武器系统的一部分，在引信能量和信息非接触系统设计中，常常难以描绘预期的用途、战场条件以及由于粗心大意或周围压力所造成的困难，而这些都会影响到用户。因此，设计中必须充分考虑用户思维以及诸如操作习惯等身体特性，了解人在不同力量、心理素质、视力和听力条件下的能力，可以帮助系统设计提高性能，并消除或减少人员差错。例如，未来战争中，作战部队可能暴露于化学与生物战剂中，防护面具会歪曲显示。因此，引信能量和信息非接触传输系统的状态指示（显示）应该是显而易见的，并且在穿戴不同级别的面向任务的防护状态的服装和手套时，应保证未来控制的可操作性。再如，当引信能量和信息非接触传输系统应用于手持式装定时，应该充分考虑操作员在变化着的战场条件下，每分钟能对多少发引信进行装定或改变装定，而不应盲目地提高系统装定速度，盲目地认为速度越快越好。

这些协调性设计又可分别从系统功能、结构、线路及接口、能量和参数等方面进行。协调性设计的目的，是为了以低的经济承受力来提高武器系统的整体效能，特别是武器系统对目标作用的有效性、安全性和操作使用的方便性，而非孤立地提高能量信息装定子系统的效能。

2.4.4 兼容性原则

如前所述，引信能量和信息非接触传输系统是发射平台和弹药间的能量和信息交互系统，装定器通常是武器发射平台的一部分，甚至与发射平台融合为一体，而引信装定模块属于引信的一部分。因此，引信能量和信息非接触传输系统的兼容性原则是它与发射平台和弹药之间的相互关系原则，主要包括结构兼容性、电磁兼容性和力学兼容性等。

1. 结构兼容性

引信能量和信息非接触传输系统应与发射平台和弹药的结构兼容，不得干扰或改变武器发射平台和弹药的工作过程、运动状态等，或者这种影响是在允许的范围内。例如，在设计分离式变压器时，应该充分考虑弹药的装填方式和运动状态，因此次级线圈应该尽量径向放置，而不是轴向放置，以免线圈失配，或者强制性规定装填时的弹药放置方向。

在结构上，引信装定模块与其他零部件应该相互协调、优化设计，以便充分利用有限的空间。引信装定模块结构尺寸和质量必须足够小，这样才有实用价值。次级线圈应具有合适的结构形状，以便于在引信上安装和固定，当线圈外置时，既要保护走线，保证连接可靠，又要保证引信密封。

2. 电磁兼容性

电磁兼容性（EMC，Electromagnetic Compatibility）是指系统在其电磁环境中能正常工作且不对该环境中任何事物构成不能承受的电磁干扰的能力。EMC包含两个方面的含义：一是不污染设备所处的电磁环境；二是不受电磁环境的影响，即抗干扰。污染有两个途径：一是直接向环境辐射电磁能量；二是沿公共线路，如地线、电源线传导给公共设备，并在传导过程中再次辐射。

引信能量和信息非接触传输系统自身也是一种射频发射设备，且工作频率高、驱动功率较大，如果不考虑电磁兼容性，可能会干扰发射平台中的其他电子设备的正常工作，如火控系统等。

在寿命期内，在电磁干扰条件下，引信能量和信息非接触传输系统必须安全可靠地工作，这些电磁干扰包括无线电和雷达场、电子干扰、雷电、电磁脉冲和静电放电等。如果不加防护，电磁环境就有毁坏电路器件、引起电路误动作的潜在可能性。对于武器系统而言，尤其是引信，电路在性能特征方面的变化可能导致安全性和可靠性的严重下降。

提高引信能量和信息非接触传输系统的电磁兼容性，要从系统结构、内部布局、走线等方面减小电磁串扰，并采取空间方位分离、频率划分、去耦、屏蔽等有效措施降低内外电磁环境的相互作用，减小系统对外部的干扰，同时使自身抗干扰能力得到提高。

3. 力学兼容性

引信装定模块设计时，不能改变引信自身的弹道特性和力学环境，或者将其影响降至最小。例如，为了提高耦合效率，充分利用引信空间，有时在引信体上加工线圈槽，将次级线圈置于引信体的外表面。设计时应充分考虑线圈的保护，涂抹防护层，保证引信外表面形状不变。否则，高速运动过程中，在高温高压气体的冲刷下，线圈脱落线圈槽外露，将改变引信的外表面形状，从而影响外弹道特性。

2.5 系统设计程式

同其他技术系统一样，引信能量和信息非接触传输系统的设计也可以分为概要设计、细节设计和系统评价三个阶段。

如图2.4所示，系统概要设计首先是选择感应装定技术方案。通过分析武器系统战技指标，提出几种大致可行的技术方案。通过比较分析，从中选取最优方案。当确定选用引信能量和信息非接触传输系统方案时，对其可行性和技术指标进行分析。

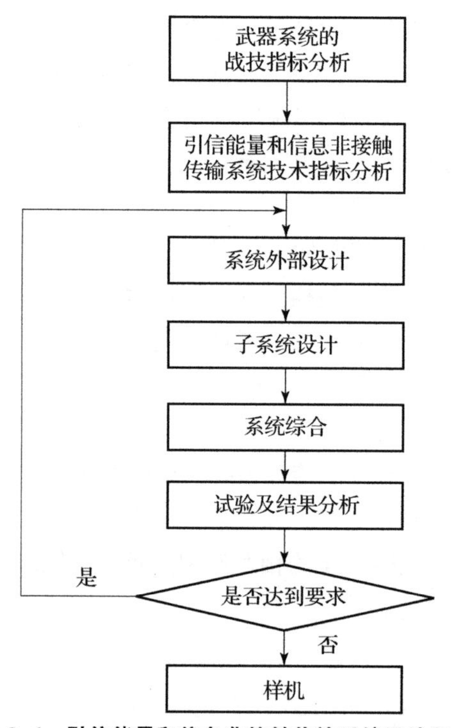

图2.4 引信能量和信息非接触传输系统设计程式

细节设计中，首先是进行系统的外部设计，即把引信能量和信息非接触传输系统分解为能量、信息两个非接触传输子系统，对子系统结构、输入输出条件等提出具体的设计要求，并把系统的总指标分配到子系统中。其次是子系统设计，包括结构设计、硬件电路设计和软件设计等。最后是系统综合设计，把各子系统有机地结合在一起。

系统评价主要是对所设计的功能和可靠性等进行审查，看是否达到预期的各项指标，主要包括静态试验、动态试验以及相应的结果分析等。

在具体实践中，这三个阶段并不是绝对独立的。例如，子系统设计时，需要大量的试验对子系统进行修改和完善。再如，系统评价的结果，将导致系统技术指标的细微调整。

第3章

引信电磁感应装定技术

在引信能量和信息非接触传输系统设计理论指导下，完成引信能量和信息非接触传输通道的设计十分重要，可使系统在一定的条件下性能最优。引信能量和信息非接触传输通道的技术实现可以有不同的方式，其中基于电磁感应方式的引信装定是目前国内外在引信非接触装定研制中最常用的一种技术。本章以电磁耦合为信息交联方式，介绍如何进行能量和信息传输通道的设计，以实现引信与武器系统信息交联的功能。

3.1　概述

根据电磁感应原理，可知变化电流产生变化的磁场，变化的磁场又致使处于其内部的导体产生感生电动势，从而产生感生电流。于是可利用电磁感应原理实现非接触的能量或信息的传输过程。大家所熟悉的线圈式变压器就是典型的电磁耦合回路。当在变压器初级线圈增加信号调制后，可在次级线圈中将信息解调出来。引信电磁感应装定就是利用以上过程作为基本原理进行工作的。

基于电磁感应的引信装定系统就实现了能量和信息非接触传输通道，该通道又包括能量通道和信息通道两部分，两者相互统一又相互对立。在电路实现上，两者实际是同一通道，即一个以分离式变压器为核心的电磁感应耦合通道。在理论设计上，两者相互制约又相互平衡，由于基于分离式变压器的能量传输是制约整个系统性能的瓶颈，因此引信能量非接触传输通道设计是关键，引信信息非接触传输通道设计既要保证信息传输的高效性，又要充分考虑有利于能量的非接触传输。

3.2 能量非接触传输通道

3.2.1 能量非接触传输通道模型

传统引信感应装定系统设计方法，主要从信息传输方面进行研究，而没有涉及能量和信息共同通道的设计，特别是弱耦合条件下信息与能量传输的关系；而能量和信息非接触传输方面，尚未建立完善的理论，没有考虑引信自身特性，如小型化需求等。这对于开展引信能量和信息非接触传输通道的设计来说，是远远不够的。

由图 3.1 可知，引信能量非接触传输通道包括两部分：装定器与引信装定模块。

(1) 装定器：装定器电源提供的直流电压被变换成高频交流电压，驱动初级线圈。

(2) 引信装定模块：次级线圈的高频交流感应电压通过整流存储到储能电容，然后再经稳压处理，输出引信电路所需的直流电压。

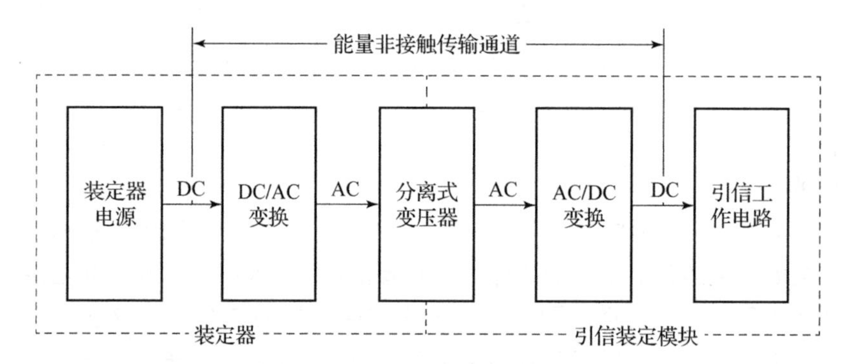

图 3.1 能量非接触传输通道模型

因此，引信能量非接触传输过程可等效为一种隔离式 DC/DC 变换过程，能量非接触传输通道则等效于隔离式 DC/DC 变换器，由逆变器（DC/AC）、分离式变压器和二次整流平滑电路（AC/DC）组成。需要指出的是，“隔离”是指电气隔离，即输入输出是通过分离式变压器分离隔开的，而分离式变压器所指的“分离”是指变压器初、次级线圈间不存在物理接触。

评价引信能量非接触传输通道性能的质量指标主要包括：

（1）传输效率：指输入功率为额定值时，输出有功功率与输入有功功率的比值。由图 3. 1 可知，引信能量非接触传输效率为

$$\eta = P_0/P_\mathrm{I} = \eta_\mathrm{d} \times \eta_\mathrm{trf} \times \eta_\mathrm{a} \tag{3.1}$$

式中，P_0 表示系统输出有功功率；P_I 表示系统输入有功功率；η_d 表示 DC/AC 变换效率；η_a 表示 AC/DC 变换效率；η_trf表示基于分离式变压器回路的传输效率。

传输效率是最基本的质量指标。根据定义可知，当输入功率一定时，输出功率与传输效率成正比，传输效率越高，输出功率越大，电容充电电流也越大，则相同的时间内电容端电压越高，储能越多。

（2）电容充电时间 t_C；指储能电容 C 一定时，充电至额定电压（满足引信所需能量 W_F）所需的时间。对引信而言，引信能量非接触传输实质上是一个储能电容充电的过程，总是期望能在尽量短的时间内存储尽量多的能量。t_C 越小，当 W_F 一定时，装定速度越快；当装定速度一定时，则电容存储的能量越大，可靠性越高。

（3）最大次级输出电压 V_C；定义为次级线圈的最大端电压值，也即储能电容最大端电压。

在系统的具体设计时，还要考虑其他输入输出技术指标，包括装定器电源的工作电压和最大输出功率、引信电路工作电压等。

3. 2. 2　谐振逆变电路

1. 逆变电路简介

逆变电路是 DC/DC 变换器的核心，如图 3. 2 所示，通过控制开关 S 重复通断，把直流电压或电流变换为高频交流电压或电流。半导体开关器件的导通与关断状态之间的转换是逆变电路的基本要求。当端电压不为零时开关器件导通称为硬导通，在电流不为零时开关器件关断称为硬关断，两者统称为硬开关。在硬开关过程中，开关器件在较高电压下承载有较大电流，因此产生很大的开关损耗。

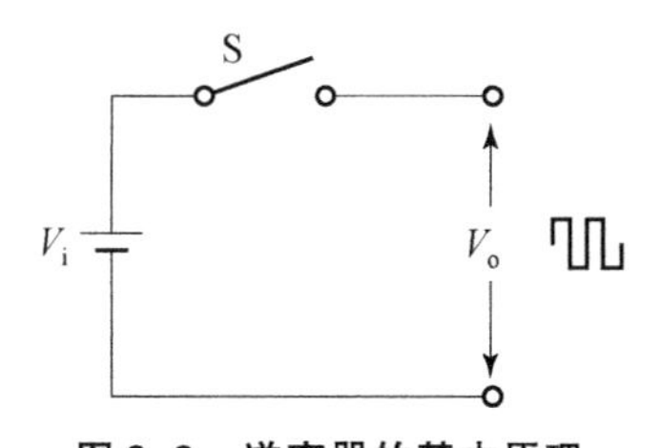

图 3. 2　逆变器的基本原理

开关频率的高频化可以使逆变电路体积更小、质量更轻、滤波电路更简单。但在硬开关过程中，开关损耗随开关频率的提高成正比增加，不仅降低变换效率，而且严重的发热温升将急剧缩短开关器件的寿命，还会产生严重的电

磁干扰噪声。为了能够大幅度降低开关损耗，谐振开关技术被提出，在开关电路中接入电感与电容的谐振电路，利用电路发生谐振时，电流或电压周期性地过零点，使开关器件在零电流或零电压条件下开关。理论上，它的开关损耗为零。如图 3.3 所示，谐振开关分为电压谐振开关和电流谐振开关。

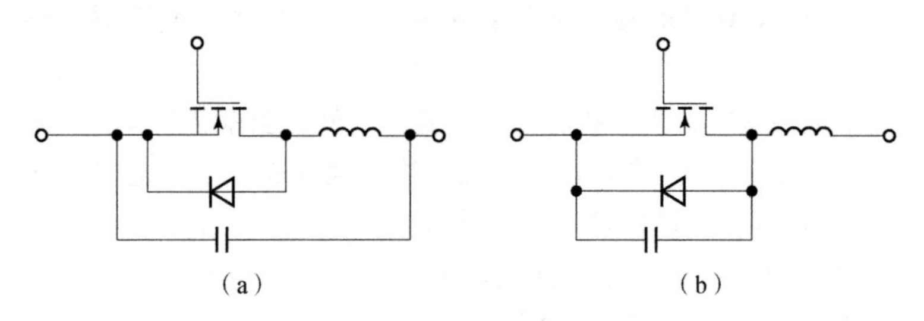

图 3.3　谐振开关

(a) 电压谐振开关；(b) 电流谐振开关

但开关管进行零电压通/断时，会给二极管加上急剧变化的电压，由于二极管的反向恢复特性而导致寄生振荡。为此，在二极管两端也接入谐振电容，构成使之与开关管、二极管进行开关工作的电路结构，这种利用多个谐振的结构称为复谐振开关。

N. O. Sokal 等提出了 E 类调谐开关和 E 类调谐功率放大器的概念；而 R. Redle 等人成功地将其应用于 DC/DC、DC/AC 变换器中。E 类谐振开关是复谐振开关的一种，E 类谐振逆变电路具有电路结构简单（单开关管）、变换效率高、工作可靠（不存在死区时间的限制）、工作频率高（在功率管相同开关时间的条件下，比桥式电路的输出频率提高近一倍）等优点。

本质上，E 类谐振逆变电路和 E 类功率放大器是同一个电路，只是由于应用的领域不同而有不同的称呼，前者用于电源领域，强调能量变换和传输，后者用于通信领域，强调信息的放大和传输。本章研究内容既有信息传输，又有能量传输，为了便于描述，统一使用 E 类功率放大器。

2. E 类功率放大器

图 3.4 所示为 E 类功率放大器的基本电路，其中 C_1 为开关管 M 的输入电容与电路的分布电容之和，C_2 为外接电容，L_1 为高频扼流圈，LC 为串联回路，但并不谐振于激励信号的基频，R_L 为等效负载电阻。

E 类放大器的等效电路如图 3.5 所示，图 3.4 中开关管 M 等效于一个开关 S，C_0 为 C_1 和 C_2 之和，$L'C'$ 为理想串联谐振回路，谐振频率等于输入信号的基波频率，Z 是频率为基频时的回路阻抗与 $L'C'$ 回路阻抗之差。

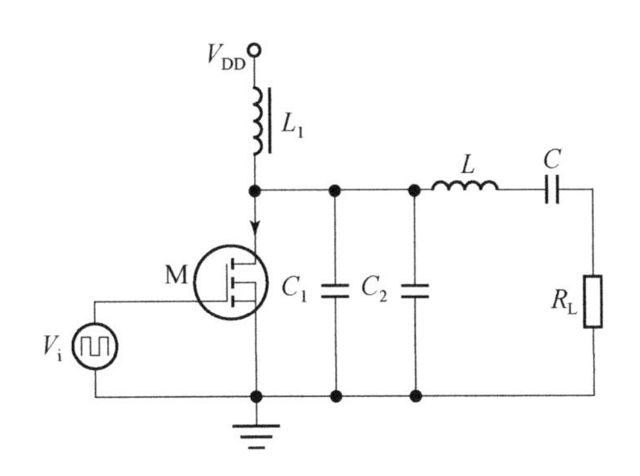

图3.4 E类功放基本电路

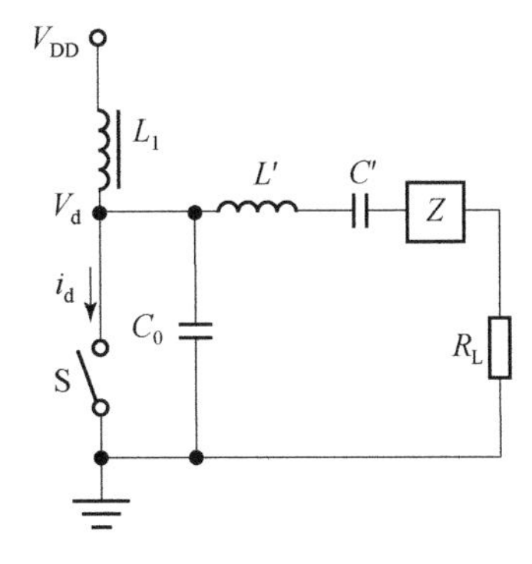

图3.5 E类功放的等效电路

在分析时，有如下几点假设：

（1）扼流圈的阻抗足够大，因而流经它的 I_{CC} 为恒定值。

（2）串联谐振回路的 Q_L 值足够高（考虑了 R_L 的影响），因而输出电流和输出电压为正弦波形，有

$$v_o = V_o\sin(\omega t+\varphi) = V_o\sin(\theta+\varphi) \tag{3.2}$$

$$i_o = I_o\sin(\theta+\varphi) = \frac{V_o}{R_L}\sin(\theta+\varphi) \tag{3.3}$$

式中，V_o 和 φ 是待定参数，$\theta=\omega t$。

（3）S为理想开关。

（4）电容 C 与电压无关。

当M饱和导通时，相当于开关S闭合，漏极电压 $V_d(\theta)$ 为零，因此通过电容 C 的电流 $i_C(\theta)$ 也等于零，由于负载网络的影响，漏极电流 I_d 有一个上升和下降的过程，即

$$i_d(\theta) = I_{CC} - i_o(\theta) \tag{3.4}$$

当功率开关管截止时，相当于S断开，有

$$i_C = I_{CC} - \frac{V_o}{R_L}\sin(\theta+\varphi) \tag{3.5}$$

i_C 对电容 C_0 充电，建立起漏极电压 V_d。则

$$V_d = \frac{1}{\omega C_0}\int_0^{\theta} i_C(\theta)\,d\theta = \frac{1}{\omega C_0}\left[I_d\theta + \frac{V_o}{R_L}\cos(\theta+\varphi) - \frac{V_o}{R_L}\cos\varphi\right] \tag{3.6}$$

合理地设计负载网络的参数，可以使得 V_d 和 I_d 不同时出现，V_d 的波形如图3.6所示。即当开关S闭合时，I_d 流过M而 V_d 为零；当S断开时，I_d 为零而 V_d 不为零。这样在任一时刻 V_d 与 I_d 的乘积均为零，M的功耗亦为零，从而使功率放大器的效率达到100%。在上述最佳情况下，有

$$V_{dmax} \approx 3.56 V_{DD} \tag{3.7}$$

$$I_{dmax} \approx 2.86 I_{DD} \tag{3.8}$$

式（3.7）和式（3.8）是选用功率开关管 M 时的重要条件。

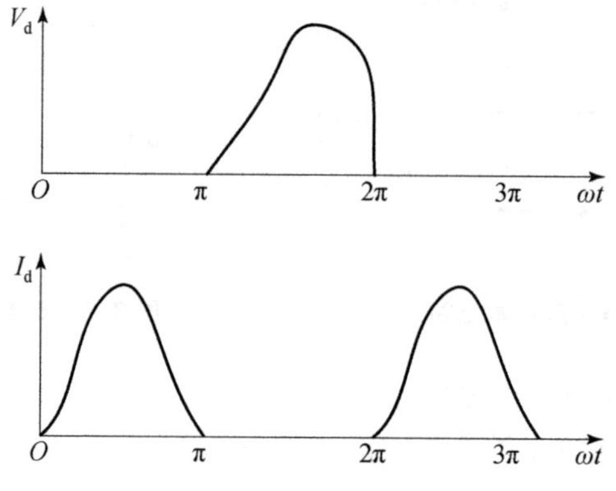

图 3.6　漏极电压 V_d 和电流 I_d 的波形

在图 3.4 所示电路中，当开关器件 M 截止时，负载网络是一个衰减的二阶系统，由 L、R_L、C_1、C_2 和 C 组成，漏极电压波形由其瞬变响应来决定。在瞬变过程中，存储于 C_0、C、L 中的能量供给负载电阻 R_L，R_L 是网络的阻尼电阻。电容 C_0 主要是保证在截止时间里使 M 的漏极电压 V_d 保持相当低，直到漏极电流 I_d 减少到零为止。漏极电压 V_d 的延迟上升，是 E 类功率放大器高效率工作的必要条件。

在实际调试工作中，由于电感 L 和负载 R_L 通常无法改变，所以往往通过调节 C_0 和 C 的值来改变负载网络，从而改善漏极电压的波形。当 L 和 R_L 已知时（由耦合线圈决定），选定驱动信号频率 f 和品质因数 Q_L，则 C_0 和 C 的数值计算如下：

$$C_0 = \frac{0.1836}{2\pi f R_L}\left[1 + \frac{0.81 Q_L}{Q_L^2 + 4}\right] \tag{3.9}$$

$$C = \frac{1}{2\pi f Q_L R_L}\left[1 + \frac{1.110}{Q_L - 1.7879}\right] \tag{3.10}$$

高频扼流圈 L_1 应起到恒流作用，所以 L_1 应足够大，一般可按

$$\omega L_1 \geqslant 10\,\frac{1}{\omega C_0} \tag{3.11}$$

计算，即

$$L_1 \geqslant 10\,\frac{1}{(2\pi f)^2 C_0} \tag{3.12}$$

3. 基于E类功率放大器的DC/DC变换器

引信能量非接触传输通道实际上是一个基于E类功率放大器的DC/DC变换电路，如图3.7所示。直流电压（电流）经过E类功率放大器（E类逆变器）后变成高频交流电压（电流），经过分离式变压器后，通过二极管整流与电容平滑处理后变为直流电压（电流），驱动负载工作。

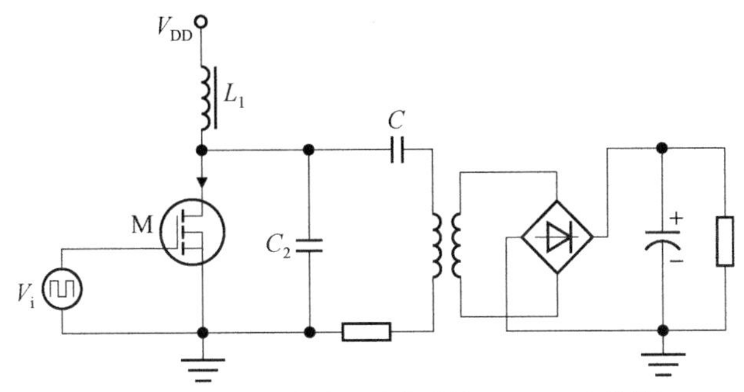

图3.7 基于E类功率放大器的DC/DC变换器

3.2.3 基于分离式变压器的AC/AC非接触传输特性分析

由式（3.1）可知，为了提高能量传输效率 η，应该努力提高 η_d、η_a 和 η_{trf}。标准变压器的传输效率一般高达98%～99%，而由于初、次级线圈间存在较大的空气间隙和相对运动，分离式变压器的耦合系数很小。分离式变压器的传输效率 η_{trf}成为制约 η 的重要因素，提高 η_{trf}成为提高系统传输效率 η 的关键。

1. 电流传输特性分析

基于分离式变压器的AC/AC非接触传输回路可以等效于分离式耦合回路，如图3.8所示，其中 L_1、L_2 分别是初、次级线圈的电感，R_1、R_2 分别是初、次级线圈的内阻，C_1 为初级串联电容，R_L 为等效负载；M 为互感。C_2 为次级谐振电容，当其与次级线圈串联时，称为电感耦合串联型回路，如图3.8（a）所示；并联时，称为电感耦合并联型回路，如图3.8（b）所示。

另外，设 $\alpha=\omega R_L C_2$，称为负载品质因子。$Q_1=\omega L_1/R_1$、$Q_2=\omega L_2/R_2$ 分别为初、次级线圈的品质因子。

图3.8（a）所示的初、次级回路电压方程为：

$$\begin{cases} Z_1\dot{I}_1-\mathrm{j}\omega M\dot{I}_2=\dot{V}_1 \\ Z_2\dot{I}_2-\mathrm{j}\omega M\dot{I}_1=0 \end{cases} \tag{3.13}$$

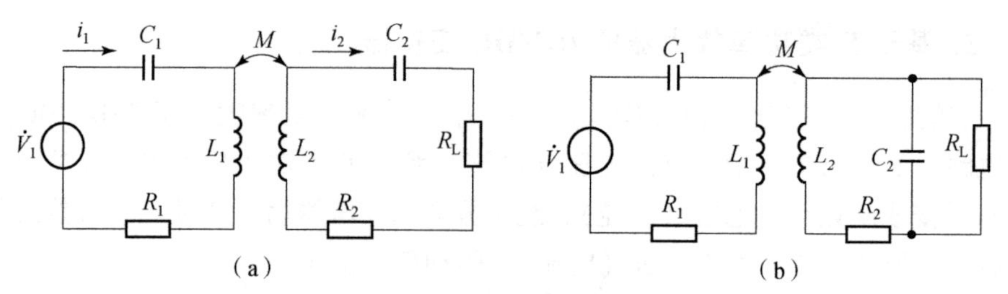

图 3.8　分离式电感耦合回路

(a) 电感耦合串联型回路；(b) 电感耦合并联型回路

其中 M 为耦合线圈的互感，Z_1、Z_2 为初、次级回路的阻抗，分别有：

$$Z_1 = R_1 + \mathrm{j}\left[\omega L_1 - \left(\frac{1}{\omega C_1}\right)\right] = R_{11} + \mathrm{j}X_{11} \tag{3.14}$$

$$Z_2 = (R_2 + R_L) + \mathrm{j}\left[\omega L_2 - \left(\frac{1}{\omega C_2}\right)\right] = R_{22} + \mathrm{j}X_{22} \tag{3.15}$$

其中

$$\begin{cases} R_{11} = R_1 \\ X_{11} = \omega L_1 - \dfrac{1}{\omega C_1} \\ R_{22} = R_2 + R_L \\ X_{22} = \omega L_2 - \dfrac{1}{\omega C_2} \end{cases} \tag{3.16}$$

由式 (3.13) 可得

$$\dot{I}_1 = \frac{\dot{V}_1}{Z_1 + \dfrac{(\omega M)^2}{Z_2}} = \frac{\dot{V}_1}{Z_1 + Z_{f1}} \tag{3.17}$$

$$\dot{I}_2 = \frac{\mathrm{j}\omega M\dfrac{\dot{V}_1}{Z_1}}{Z_2 + \dfrac{(\omega M)^2}{Z_1}} = \frac{\mathrm{j}\omega M\dfrac{\dot{V}_1}{Z_1}}{Z_2 + Z_{f2}} = \frac{\dot{V}_2}{Z_2 + Z_{f2}} \tag{3.18}$$

其中，$\dot{V}_2$ 为次级开路电压，且

$$\dot{V}_2 = \mathrm{j}\omega M\frac{\dot{V}_1}{Z_1} \tag{3.19}$$

$$\begin{cases} Z_{f1} = \dfrac{(\omega M)^2}{R_{22} + \mathrm{j}X_{22}} = \dfrac{(\omega M)^2}{R_{22}^2 + X_{22}^2}R_{22} + \mathrm{j}\dfrac{-(\omega M)^2}{R_{22}^2 + X_{22}^2}X_{22} = R_{f1} + \mathrm{j}X_{f1} \\ Z_{f2} = \dfrac{(\omega M)^2}{R_{11}^2 + \mathrm{j}X_{11}^2} = \dfrac{(\omega M)^2}{R_{11}^2 + X_{11}^2}R_{11} + \mathrm{j}\dfrac{-(\omega M)^2}{R_{11}^2 + X_{11}^2}X_{11} = R_{f2} + \mathrm{j}X_{f2} \end{cases} \tag{3.20}$$

式中，Z_{f1}、Z_{f2}分别称为次级回路对初级回路的反射阻抗和初级回路对次级回路的反射阻抗，其中 R_{f1}、R_{f2}和 X_{f1}、X_{f2}分别为反射电阻和反射电抗。根据式（3.17）~式（3.20）可得图 3.9 所示耦合回路的等效电路。在初、次级回路中，并不存在实体的发射阻抗。所谓反射阻抗，只是用来说明一个回路对另一个相互耦合回路的影响。例如，Z_{f1}表示次级电流 $\dot{I}_2$ 通过线圈 L_2 时，在初级线圈 L_1 中所引起的互感电压 $j\omega M\dot{I}_2$ 对初级电流 $\dot{I}_1$ 的影响，且该电压用一个在其上通过电流的阻抗来代替，这就是反射阻抗的物理意义。

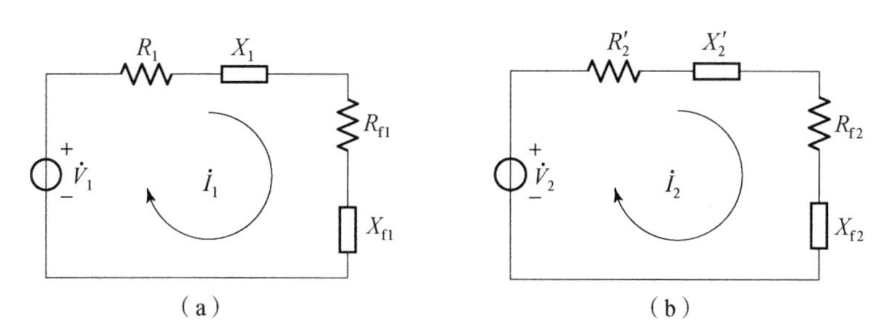

图 3.9　电感耦合串联型回路的等效电路

(a) 初级等效电路；(b) 次级等效电路

根据图 3.9 所示等效电路，可以得到次级电流幅度 I_{2m}的表达式：

$$I_{2m}=\frac{V_{1m}\omega M}{\sqrt{\left[R_{22}+\frac{(\omega M)^2}{R_{11}^2+X_{11}^2}R_{11}\right]^2+\left[X_{22}-\frac{(\omega M)^2}{R_{11}^2+X_{11}^2}X_{11}\right]^2}}\cdot\frac{1}{\sqrt{R_{11}^2+X_{11}^2}} \tag{3.21}$$

由式（3.21）可知，当电路处于最佳全谐振状态，即满足

$$\begin{cases}R_{f1}=\dfrac{(\omega M)^2}{R_{22}}=R_{11}\\X_{11}=0\\R_{f2}=\dfrac{(\omega M)^2}{R_{11}}=R_{22}\\X_{22}=0\end{cases} \tag{3.22}$$

时，次级回路的电流达到最大，有

$$I_{2\mathrm{mmax}}=\frac{V_{1m}}{2\sqrt{R_{11}R_{22}}}=\frac{V_{1m}}{2\sqrt{R_1(R_2+R_L)}} \tag{3.23}$$

当 $X_{11}=0$、$X_{22}=0$ 时，称为全谐振状态。由式（3.21）~式（3.23）可得串联谐振电路（全谐振状态）的负载电流计算公式：

$$I_{Lm}=\lambda_L I_{2\mathrm{mmax}} \tag{3.24}$$

其中

$$\lambda_L = \frac{2\sqrt{(1+Q_2\alpha)k^2Q_1Q_2}}{1+Q_2\alpha+k^2Q_1Q_2} \tag{3.25}$$

称为负载电流比例系数。

由上讨论可知，为了获得相同的次级电流，初、次级回路处于最佳全谐振工作状态时所需的互感最小，耦合结构尺寸最小。有

$$M_c = \frac{\sqrt{R_{11}R_{22}}}{\omega} = \frac{\sqrt{R_1(R_2+R_L)}}{\omega} \tag{3.26}$$

$$\alpha_c = \frac{k^2Q_1Q_2-1}{Q_2} \tag{3.27}$$

当次级回路处于并联谐振时，如图 3.8（b）所示，有

$$C_2 /\!/ R_L = R'_L - \mathrm{j}\frac{1}{\omega C'_2} \tag{3.28}$$

其中，$R'_L = \dfrac{R_L}{\alpha^2+1}$，$C'_2 = \dfrac{1+\alpha^2}{\omega\alpha R_L}$。

由式（3.28）可得到其等效电路，如图 3.10 所示，相当于串联 C'_2 和 R'_L。当

$$\omega L_2 = \frac{1}{\omega C'_2} = \frac{\alpha R_L}{\alpha^2+1} \tag{3.29}$$

时，次级回路处于谐振状态。

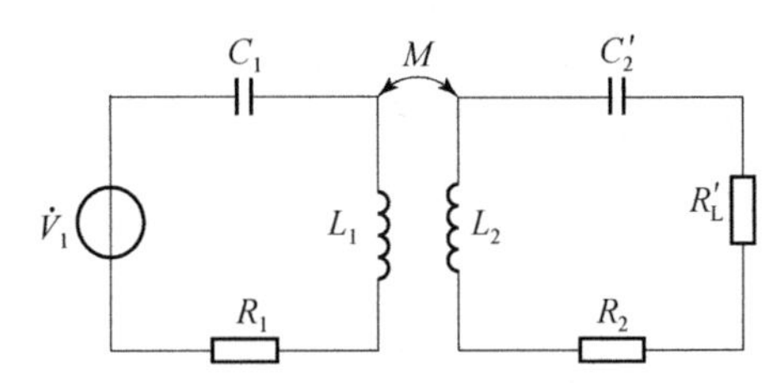

图 3.10 电感耦合并联型回路的等效电路

设流经 R_L 的电流为 $\dot{I}_L$，幅值为 I_{Lm}，根据能量守恒原理，有

$$|\dot{I}_L|^2 R_L = |\dot{I}_2|^2 R'_L \tag{3.30}$$

因此

$$I_{Lm} = I_{2m}\sqrt{\frac{R'_L}{R_L}} = I_{2m}\sqrt{\frac{1}{1+\alpha^2}} \tag{3.31}$$

与串联谐振电路同理，耦合回路处于最佳全谐振时，I_{2m} 达到最大值 $I_{2m\max}$，由式（3.28）~式（3.31）可得

$$M = \sqrt{R_1\left(R_2 + \frac{R_L}{1+\alpha_c^2}\right)}\Big/\omega \tag{3.32}$$

$$\alpha_c = \frac{Q_2}{k^2 Q_1 Q_2 - 1} \tag{3.33}$$

$$I_{2\mathrm{mmax}} = \frac{V_{1\mathrm{m}}}{2\sqrt{R_1\left(R_2 + \dfrac{R_L}{1+\alpha_c^2}\right)}} \tag{3.34}$$

相应地

$$I_{\mathrm{Lmc}} = \frac{V_{1\mathrm{m}}}{2\sqrt{R_1\left(R_2 + \dfrac{R_L}{1+\alpha_c^2}\right)}} \cdot \frac{1}{\sqrt{1+\alpha_c^2}} = \frac{V_{1\mathrm{m}}}{2\sqrt{\beta R_1 R_2 + R_1 R_L}} \tag{3.35}$$

其中

$$\beta = 1 + \alpha_c^2 \tag{3.36}$$

根据式（3.21）可知，当耦合回路处于全谐振状态时，有

$$I_{\mathrm{Lm}} = \frac{k^2 Q_1 Q_2 I'_{\mathrm{Lm}}}{\left(1 + \dfrac{Q_2}{\alpha} + k^2 Q_1 Q_2\right)\sqrt{1+\alpha^2}} \tag{3.37}$$

其中

$$I'_{\mathrm{Lm}} = \frac{V_{1\mathrm{m}}}{\omega M} = 2\sqrt{\frac{\alpha\beta + (1+\alpha^2)Q_2}{k^2 Q_1 Q_2 \alpha}} I_{\mathrm{Lmc}} \tag{3.38}$$

将式（3.38）代入式（3.37），可得并联全谐振状态的负载电流计算公式：

$$I_{\mathrm{Lm}} = \lambda_L I_{\mathrm{Lmc}} \tag{3.39}$$

其中

$$\lambda_L = \frac{2\sqrt{\left[\beta + (1+\alpha^2)\dfrac{Q_2}{\alpha}\right] k^2 Q_1 Q_2}}{\left(1 + \dfrac{Q_2}{\alpha} + k^2 Q_1 Q_2\right)\sqrt{1+\alpha^2}} \tag{3.40}$$

需要指出的是，与串联谐振回路不同，并联电容由于 C_2 的分流作用，$I_{2\mathrm{m}}$ 与 I_{Lm} 不是线性关系。因此，式（3.39）只是描述了以 I_{Lmc}（不随 α 变化而变化）为参考基准时，I_{Lm} 随 α 的变化规律。但 I_{Lmc} 不一定为负载电流的最大值 I_{Lmmax}，当 k、Q_1 或 Q_2 小于一定的数值时，I_{Lmmax} 将大于 I_{Lmc}，即 $\max\{\lambda_L\} > 1$。图3.11 验证了上述结论，当 $k = 0.02$，$Q_1 = Q_2 = 100$ 时，$\max\{\lambda_L\} = 1.269$，如图3.11（a）所示；当 $k = 0.2$，$Q_1 = Q_2 = 10$ 时，$\max\{\lambda_L\} = 1.105$，如图3.11（b）所示。

另外，为使式（3.27）和式（3.33）有意义，必须

$$k > \frac{1}{\sqrt{Q_1 Q_2}} \tag{3.41}$$

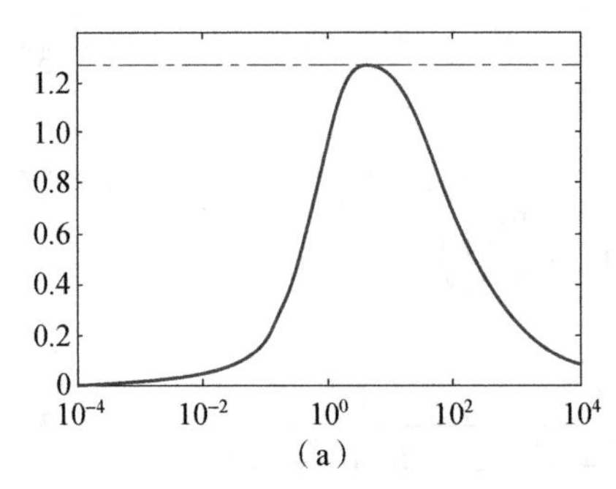

(a)

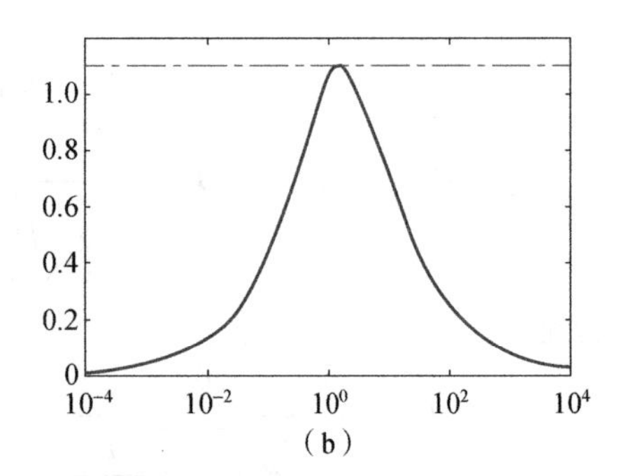

(b)

图 3.11　λ_L 随 α 的变化曲线

(a) $k=0.02$，$Q_1=Q_2=100$；(b) $k=0.2$，$Q_1=Q_2=10$

2. 功率传输特性分析

由图 3.9 可知，通过耦合线圈次级回路获得的平均功率为

$$P_o = |\dot{I}_1|^2 R_{f1} \tag{3.42}$$

则耦合回路间的功率传输效率 η_{12} 为

$$\eta_{12} = \frac{P_o}{P_i} = \frac{|\dot{I}_1|^2 R_{f1}}{|\dot{I}_1|^2 (R_1 + R_{f1})} = \frac{R_{f1}}{R_{11} + R_{f1}} \tag{3.43}$$

设 η_{22} 为次级回路中负载消耗的功率与次级回路总功率的比值，称为次级回路功率传输效率。由图 3.9 可知有

$$\eta_{22} = \frac{|\dot{I}_2|^2 R_L}{|\dot{I}_2|^2 R_{22}} = \frac{R_L}{R_{22}} = \frac{R_L}{R_2 + R_L} \tag{3.44}$$

则通过耦合回路，负载在整个传输系统中获得的功率传输效率 η 为

$$\eta = \eta_{12}\eta_{22} = \frac{R_L(\omega M)^2}{R_{11}(R_{22}^2 + X_{22}^2) + R_{22}(\omega M)^2} \tag{3.45}$$

当次级回路工作在谐振状态，即 $X_{22}=0$ 时，由式（3.16）和式（3.45）可算得

$$\eta = \frac{k^2 Q_1 Q_2}{\dfrac{1}{\alpha Q_2} + 2 + \alpha Q_2 + \dfrac{k^2 Q_1}{\alpha} + k^2 Q_1 Q_2} \tag{3.46}$$

式（3.46）是在次级回路处于串联谐振条件下的传输效率公式。当

$$\alpha_{opt} = \frac{\sqrt{1 + k^2 Q_1 Q_2}}{Q_2} \tag{3.47}$$

时，传输效率最大。

当次级回路处于并联谐振时，其电路如图 3.10 所示。由式（3.28）和式

(3.45)，有

$$\eta = \frac{R'_{\mathrm{L}}(\omega M)^2}{R_1(R_2 + R'_{\mathrm{L}})^2 + (R_2 + R'_{\mathrm{L}})(\omega M)^2} = \frac{k^2 Q_1 Q_2}{\dfrac{Q_2}{\alpha} + \dfrac{\alpha}{Q_2} + 2 + k^2 Q_1 \alpha + k^2 Q_1 Q_2} \tag{3.48}$$

当

$$\alpha_{\mathrm{opt}} = \frac{Q_2}{\sqrt{1 + k^2 Q_1 Q}} \tag{3.49}$$

时，传输效率最大。

3. 计算结果及其分析

设 $Q_1 = Q_2 = 100$，根据式 (3.24)、式 (3.39)、式 (3.46) 和式 (3.48) 对不同的 k 值和不同谐振方式条件下的负载电流系数 $\lambda_{\mathrm{L}}(\alpha)$ 和传输效率 $\eta(\alpha)$ 进行计算，根据计算结果绘制了不同初始条件下的 $\lambda_{\mathrm{L}}(\alpha)$、$\eta(\alpha)$ 变化曲线，如图 3.12 ~ 图 3.14 所示。

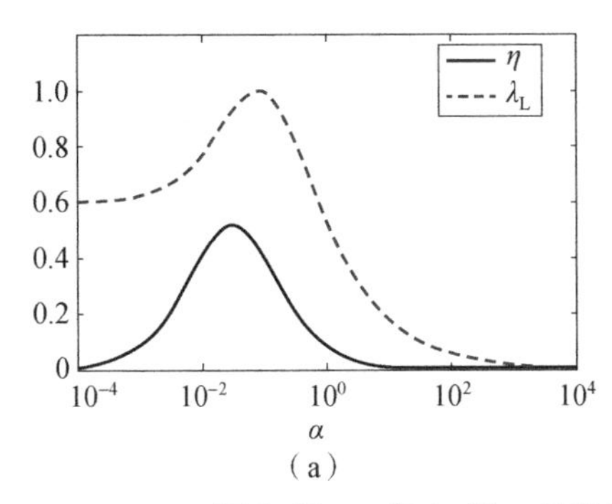

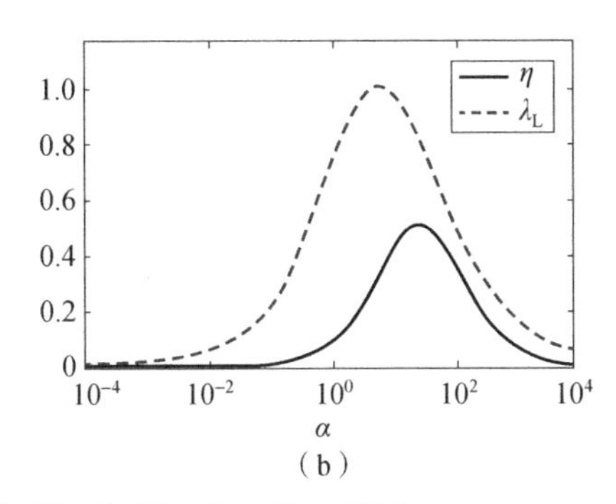

图 3.12　η 和 λ_{L} 随 α 的变化曲线 ($k = 0.03$、$Q_1 = Q_2 = 100$)

(a) 串联谐振回路；(b) 并联谐振回路

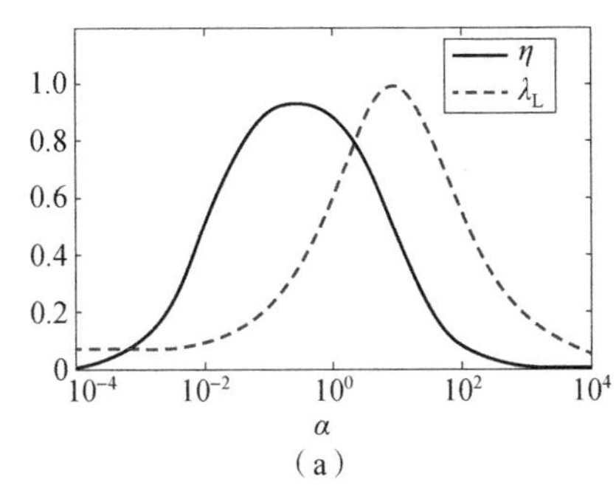

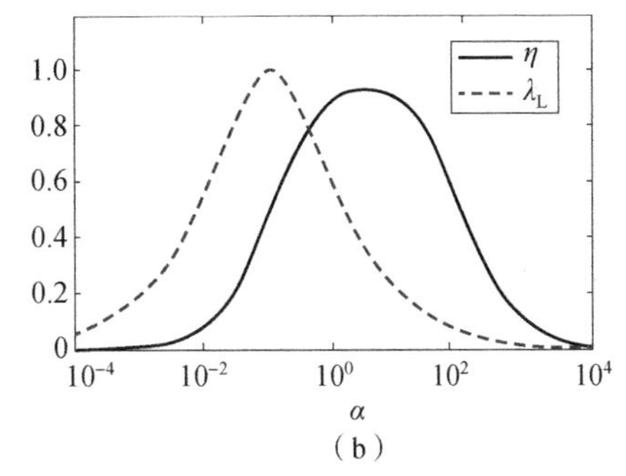

图 3.13　η 和 λ_{L} 随 α 的变化曲线 ($k = 0.3$、$Q_1 = Q_2 = 100$)

(a) 串联谐振回路；(b) 并联谐振回路

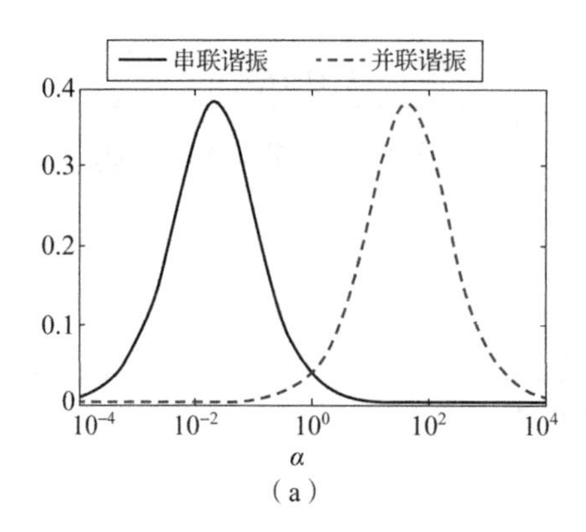

（a）

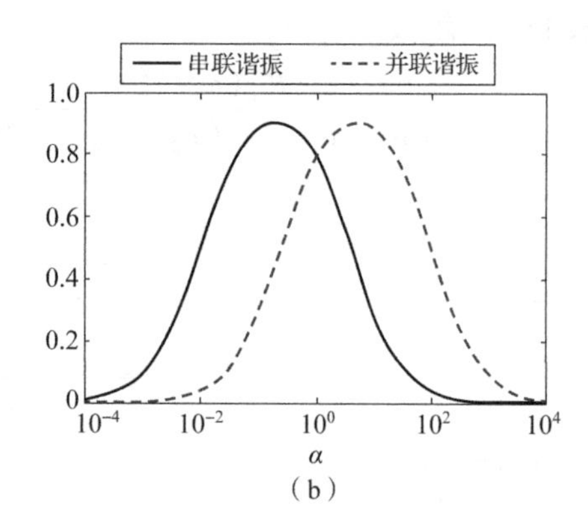

（b）

图 3.14　η 随 α 的变化曲线

（a）$k=0.02$、$Q_1=Q_2=100$；（b）$k=0.2$、$Q_1=Q_2=100$

图 3.12 所示为 $k=0.03$、$Q_1=Q_2=100$ 时，传输效率 η、负载电流系数 λ_L 随 α 的变化规律，其中图 3.12（a）为串联谐振回路；图 3.12（b）为并联谐振回路。

图 3.13 所示为 $k=0.3$、$Q_1=Q_2=100$ 时，传输效率 η、负载电流系数 λ_L 随 α 的变化规律，其中图 3.13（a）为串联谐振回路；图 3.13（b）所示为并联谐振回路。

图 3.14 所示为 η 随 α 的变化曲线，其中图 3.14（a）所示为 $k=0.02$，$Q_1=Q_2=100$ 时的 η 曲线；图 3.14（b）所示为 $k=0.2$，$Q_1=Q_2=100$ 时的 η 曲线。

根据图 3.12 ~ 图 3.14，可以得到如下结论：

（1）一般情况下，负载电流达到最大值时，耦合回路传输效率并非最大。因此，系统设计时应根据实际情况选定设计准则。具体地说，对于装定速度要求苛刻的快速感应装定系统，设计时应该优先考虑增大负载电流；而对于便携式感应装定系统，由于电源容量有限，应该在满足一定负载电流的条件下，努力提高系统传输效率。

（2）耦合系数对耦合回路传输效率有重要影响，为了提高传输效率，应该首先优化耦合结构设计，增大耦合系数。

（3）在相同电路参数条件下，采用不同的谐振方式，耦合回路的最大传输效率相同，但是 α_{opt} 取值不同。其中串联谐振时的 α_{opt} 远远小于并联谐振时的 α_{opt}。在系统设计时，应根据负载和次级电感情况，选用适当的谐振方式。

（4）与（3）同理，采用不同的谐振方式，最大负载电流基本相同，但是 α_c 不同。在系统设计时，也可根据 α_c 选择不同的谐振方式。

（5）由式（3.41）可知，为了提高负载电流，应增大耦合系数；或在耦合系数一定的条件下，增大初、次级线圈的品质因子，保证耦合回路处于强耦合条件下。否则，考虑到负载的影响，耦合回路难以调整到最佳全谐振状态，即次级电流难以达到可能的最大值。

3.2.4　感应供电自适应频率控制方法建模

如图 3.8 所示，设初、次级耦合回路谐振频率均为 ω_0，初、次级耦合回路的广义失谐量 ξ_1、ξ_2 分别为：

$$\begin{cases} \xi_1 = Q_1\left[1 - \dfrac{\omega_0^2}{\omega^2}\right] \\ \xi_2 = Q_2\left[1 - \dfrac{\omega_0^2}{\omega^2}\right] \end{cases} \tag{3.50}$$

根据式（3.16）和式（3.50）可得

$$\begin{cases} X_{11} = \xi_1 R_{11} \\ X_{22} = \xi_2 R_{22} \end{cases} \tag{3.51}$$

定义耦合回路互感的等效品质因子为 η，其中 k 为耦合系数，有

$$\eta = \frac{\omega M}{\sqrt{R_{11}R_{22}}} = k\sqrt{Q_1 Q_2} \tag{3.52}$$

将式（3.50）~式（3.52）代入式（3.21），则

$$|\dot{I}_2| = \frac{\eta|\dot{V}_1|}{\sqrt{R_{11}R_{22}}\sqrt{(1-\xi_1\xi_2+\eta^2)^2+(\xi_1+\xi_2)^2}} = \lambda_1 I_0 \tag{3.53}$$

当初、次级电路元件参数一定时，$I_0 = \dfrac{|\dot{V}_1|}{\sqrt{R_{11}R_{22}}}$为定值，则

$$\lambda_1 = \frac{\eta}{\sqrt{(1-\xi_1\xi_2+\eta^2)^2+(\xi_1+\xi_2)^2}} \tag{3.54}$$

表征了能量非接触传输能力。

由式（3.53）可知，$|\dot{I}_2|$不仅与耦合回路互感的等效品质因子 η（即耦合传输系数 k）有关，而且与初、次级回路的广义失谐量 ξ_1、ξ_2 密切相关。

（1）假设 $\xi_1 = \xi_2 = \xi$，η 随机取不同值，得到装定效率 λ_1 随广义失谐量 ξ 的变化曲线，如图 3.15 所示。其中，ξ 的范围取 $-10 \sim +10$；η 分别取 0.3、0.5、1、1.5、2、3、5。

（2）假设 $\xi_1 \neq \xi_2$，由式（3.50）可知，ξ_1、ξ_2 具有对称性，因此只分析 ξ_2 固定，而 $\xi_1 = \xi$ 变化的情况。当 η 随机取不同值，得到装定效率 λ_1 随广义失谐

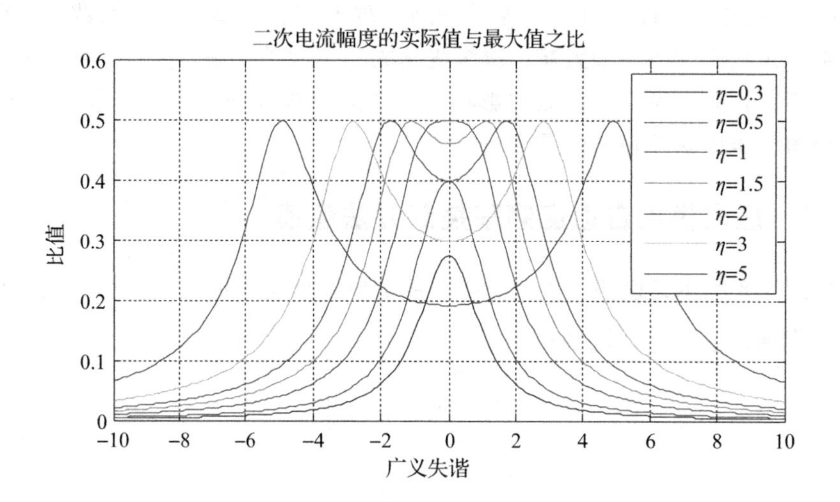

图 3.15　λ_{I} 随 ξ_1、ξ_2 的变化曲线（$\xi_1=\xi_2=\xi$）

量 ξ_1 的变化曲线，如图 3.16 所示。

由图 3.15 和图 3.16 所示可得如下规律：

（1）对任意耦合回路互感的等效品质因子 η，λ_{I} 随 ξ_1 和 ξ_2 的变化而变化，并有极大值。在极大值附近，$\frac{\mathrm{d}I}{\mathrm{d}\xi}$近似线性，即$\frac{\mathrm{d}I}{\mathrm{d}\xi}$等于常数 K。

（2）在 λ_{I} 的极大值处$\frac{\mathrm{d}I}{\mathrm{d}\xi}=0$。

基于上述规律，可得到 ξ 自适应控制模型：

$$\xi_{n+1}=\xi_n+\operatorname{sgn}\left(\frac{\mathrm{d}I}{\mathrm{d}\xi}\right)\Delta\xi \tag{3.55}$$

式中，$\Delta\xi$ 为 ξ 的控制步长。

通过实时检测$\frac{\mathrm{d}I}{\mathrm{d}\xi}$，当$\frac{\mathrm{d}I}{\mathrm{d}\xi}$为负值时，使 ξ 按 $\Delta\xi$ 逐渐减小；当$\frac{\mathrm{d}I}{\mathrm{d}\xi}$为正值时，使 ξ 按 $\Delta\xi$ 逐渐增大，直至$\frac{\mathrm{d}I}{\mathrm{d}\xi}$趋近于 0，则 λ_{I} 和 $|\dot{I}_2|$趋近于极大值。由广义谐振量 ξ 的定义，可知：

$$\xi_1=Q_1\left[1-\frac{\omega_0^2}{\omega^2}\right]=\frac{\omega L_1}{R_{11}}\left[1-\frac{1}{\omega^2L_1C_1}\right] \tag{3.56}$$

$$\xi_2=Q_2\left[1-\frac{\omega_0^2}{\omega^2}\right]=\frac{\omega L_2}{R_{22}}\left[1-\frac{1}{\omega^2L_2C_2}\right] \tag{3.57}$$

因此，改变 ξ 的方法主要有以下两种。

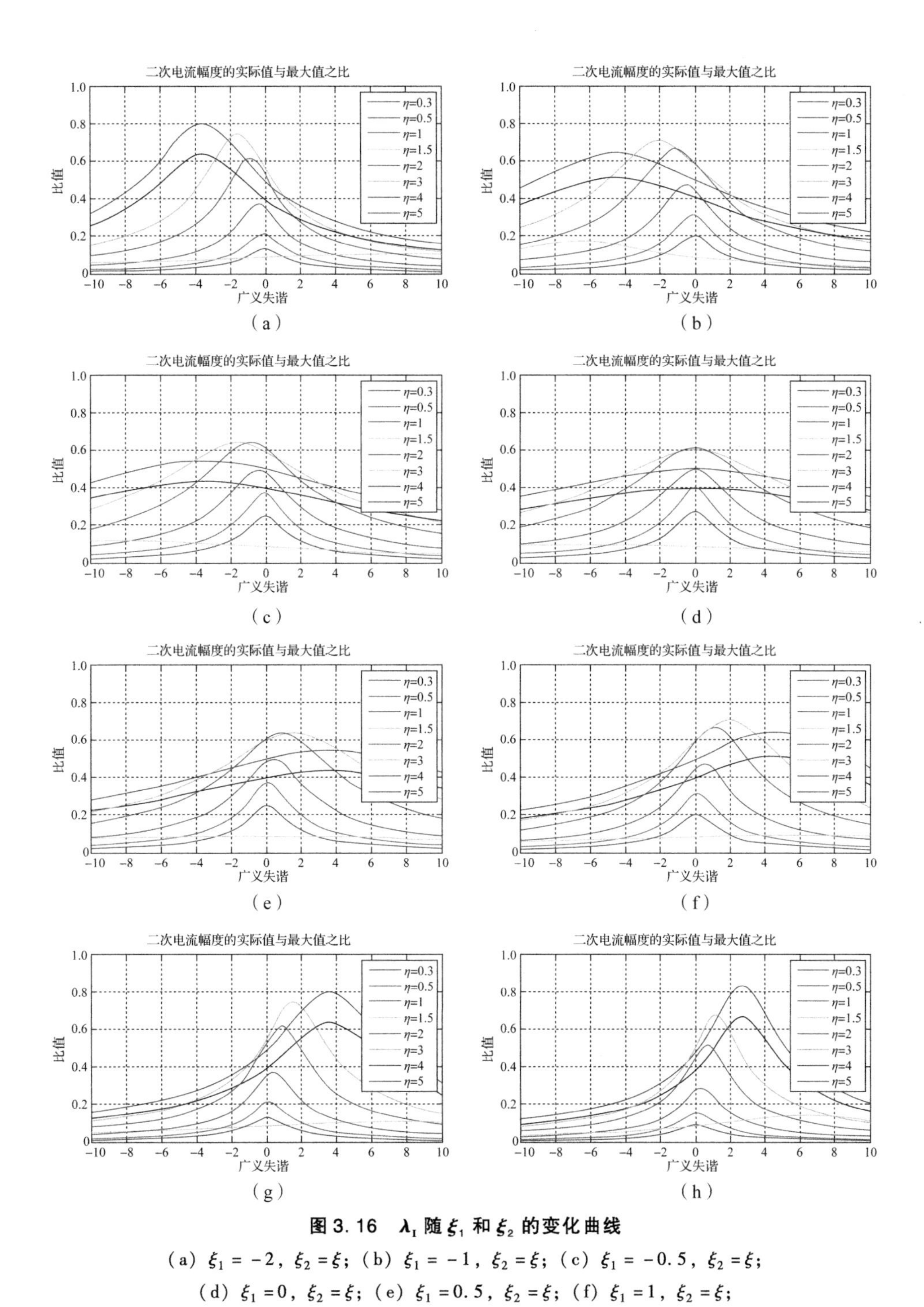

图3.16　λ_I 随 ξ_1 和 ξ_2 的变化曲线

(a) $\xi_1=-2$，$\xi_2=\xi$；(b) $\xi_1=-1$，$\xi_2=\xi$；(c) $\xi_1=-0.5$，$\xi_2=\xi$；
(d) $\xi_1=0$，$\xi_2=\xi$；(e) $\xi_1=0.5$，$\xi_2=\xi$；(f) $\xi_1=1$，$\xi_2=\xi$；
(g) $\xi_1=2$，$\xi_2=\xi$；(h) $\xi_1=3$，$\xi_2=\xi$

（1）控制 ω 的变化。

当电路元件参数一定时，ξ 只与电路工作频率 ω 有关，因此可通过改变 ω 控制 ξ 的变化。

基于$\frac{\mathrm{d}I}{\mathrm{d}\xi}$的工作频率 ω 自适应控制原理如图 3.17 所示，电流传感器将回路工作电流转换为电压信号 $U(i)$，低通滤波和微分后得到$\frac{\mathrm{d}U(i)}{\mathrm{d}t}$；另外将压控振荡器的控制信号 $U(\xi)$，低通滤波和微分后得到$\frac{\mathrm{d}U(\xi)}{\mathrm{d}t}$；将上述两路信号相除，得到$\frac{\mathrm{d}U(i)}{\mathrm{d}U(\xi)}$，经过零比较、方向控制和放大，得到 $U(\xi)$ 控制变量$\Delta U(\xi)$。

$$\Delta U(\xi) = \mathrm{sgn}\left[\frac{\mathrm{d}U(i)}{\mathrm{d}U(\xi)}\right]\Delta U_0 \tag{3.58}$$

式中，ΔU_0 是控制电压单位变化量（步长）。

读取已存储的控制信号 $U_n(\xi)$，并与控制变量 $\Delta U(\xi)$ 累加，得到压控振荡器的频率控制信号：

$$U_{n+1}(\xi) = U_n(\xi) + \Delta U(\xi) \tag{3.59}$$

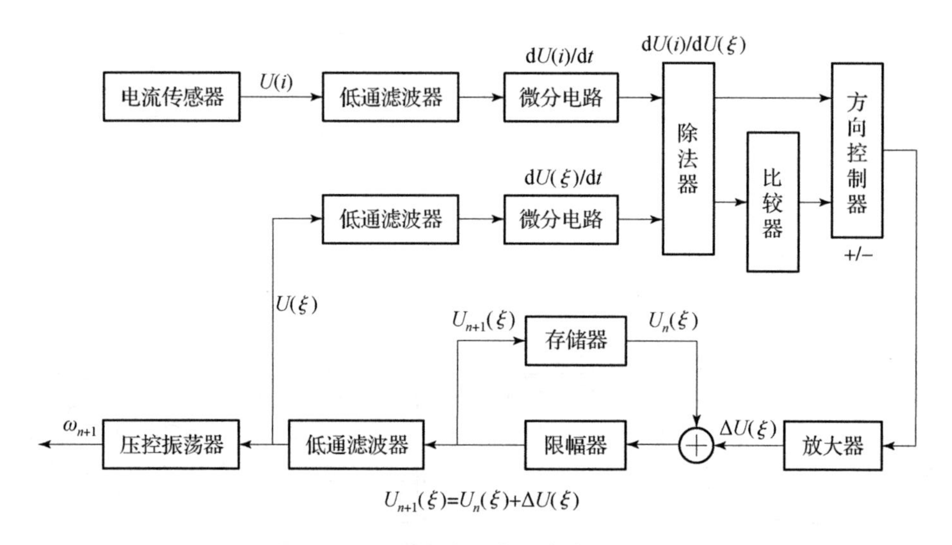

图 3.17　工作频率 ω 自适应控制原理图

（2）控制 ω_0 的变化。

当电路工作频率 ω 一定时，可通过改变电路阻抗，从而改变电路谐振频率 ω_0，控制 ξ 的变化。由式（3.56）和式（3.57）可知，调整谐振电容 C_1、C_2 比调整谐振电感 L_1、L_2 简单，且电路上易于实现。

基于$\frac{dI}{d\xi}$的谐振频率 ω_0 自适应控制原理如图3.18所示，可变谐振电容由数字式电容开关阵列实现。

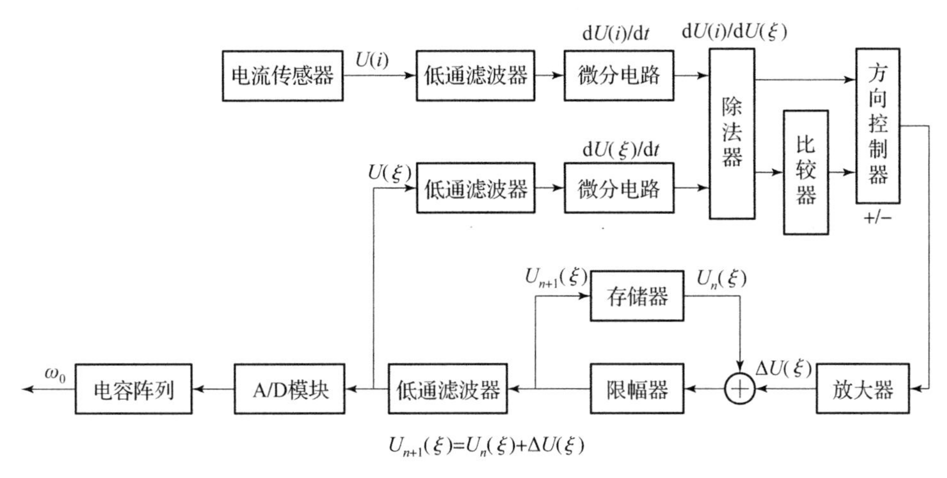

图3.18　谐振频率 ω_0 自适应控制原理图

电流传感器将回路工作电流转换为电压信号 $U(i)$，低通滤波和微分后得到$\frac{dU(i)}{dt}$；另外电容开关阵列的控制信号 $U(\xi)$ 微分后得到$\frac{dU(\xi)}{dt}$；将上述两路信号相除，即可得到$\frac{dU(i)}{dU(\xi)}$，即$\frac{dI}{d\xi}$。经过零比较、方向控制和放大，得到 $U(\xi)$ 控制变量 $\Delta U(\xi)$，则

$$\Delta U(\xi) = \text{sgn}\left[\frac{dU(i)}{dU(\xi)}\right]\Delta U_0 \tag{3.60}$$

式中，ΔU_0 是控制电压单位变化量（步长）。

读取已存储的控制信号 $U_n(\xi)$，并与控制变量 $\Delta U(\xi)$ 累加，得到

$$U_{n+1}(\xi) = U_n(\xi) + \Delta U(\xi) \tag{3.61}$$

经 A/D 转换后，可得到电容开关阵列控制信号。

由式（3.40）可知，耦合回路互感的等效品质因子 η 与电路工作频率 ω 成正比。另外，由式（3.53）可知，$|\dot{I}_2|$不仅与初、次级回路的广义失谐量 ξ_1、ξ_2 密切相关，而且与耦合回路互感的等效品质因子 η 相关。因此，第一种控制方法只适用于广义失谐量 ξ_1、ξ_2 较小的情况，即工作频率 ω 调整范围较小。此时，可认为 η 近似不变。而在第二种控制方法中，工作频率 ω 不变，自变量为谐振电容，因此 η 恒定不变，可实现广义失谐量 ξ_1、ξ_2 宽范围调整。

3.3 信息非接触传输通道

3.3.1 信息非接触传输通道模型

一、数字通信模型

根据数字通信的特点以及所完成的功能，信息非接触传输系统可以抽象为如图 3.19 所示的一个典型的数字通信模型。它由信源、数字信道和信宿三部分组成，与之对应的是装定器、分离式变压器和引信装定模块。引信信息非接触传输过程，就是信源如何不失真地通过信道到达信宿的过程。

本章研究的信息非接触通道主要是指如图 3.19 所示的数字信道。

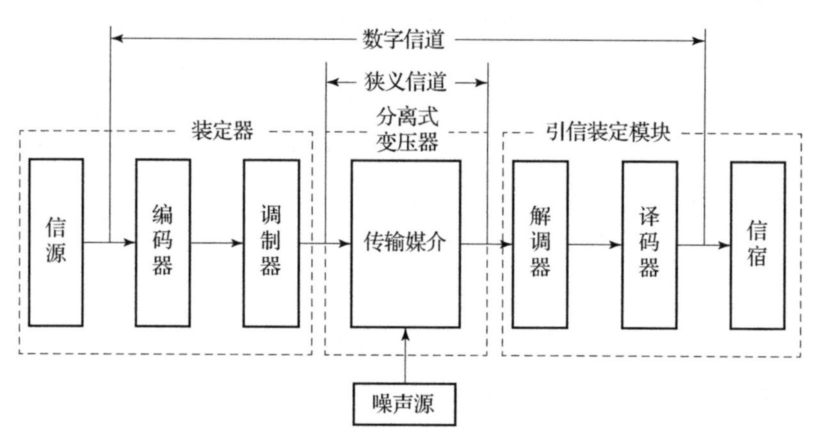

图 3.19　数字通信系统模型

二、质量指标

与其他通信系统一样，在评价引信信息非接触传输的质量时，主要考虑有效性和可靠性两个方面。度量有效性和可靠性的质量指标主要包括传输速率、差错率、功率利用率和频带利用率等。

1. 传输速率

传输速率是衡量系统传输能力的质量指标，反映了系统的有效性，有信号速率、信息速率和消息速率三种衡量标准。其中，信息速率定义为单位时间内传输的平均信息量，单位是比特/秒（简称比特率），被广泛使用。

2. 差错率

传输差错率是衡量系统传输质量的一种主要指标，一般可用码元差错率、比特差错率和码字差错率表示，通常用比特差错率（误比特率）表示。误码率定义为

$$P_e = \frac{\text{bit}_{\text{err}}}{\text{bit}_{\text{all}}} \tag{3.62}$$

其中，bit_{err}为接收差错的比特数；bit_{all}为总的传输比特数。

3. 功率利用率和频带利用率

功率利用率和频带利用率是从不同侧面来反映系统有效性的指标。其中，功率利用率以比特差错率小于某一规定值时所要求的最低归一化信噪比（每比特的信号能量和噪声单边功率谱密度的比值）衡量。所要求的信噪比越低，则功率利用率越高。而频带利用率是描述数据传输速率和带宽之间关系的一个指标，也是衡量系统有效性的指标，是单位频带内所能传输的信息速率，其表达式为

$$\eta_B = \frac{R_b}{B} = \frac{\log_2 M}{BT} \tag{3.63}$$

式中，B 是系统频带宽度，R_b 是系统比特率，M 是调制的状态数，T 为每个码元宽度。在频带宽度相同的条件下，比特传输速度越高，频带利用率也越高。

功率利用率和频带利用率主要都取决于调制解调方式，在选择调制解调方式时应该兼顾两者。

3.3.2　数字调制与解调

因为在引信能量和信息非接触传输系统中，频带信号的调制解调方式对数据编码方式的选择有重要影响，所以为了便于描述和被理解，本文首先分析讨论了信息非接触传输通道的调制解调方式，再描述编码方法。

基带数字信号一般都含有低频率成分，甚至是直流分量，很难直接在非接触信道中传输。因此，在引信能量和信息非接触传输系统中数字基带信号必须经过数字调制，将数字基带信号的频谱搬移到适当的高频处，才能在以分离式变压器为核心的非接触信道中传输。

一、几种基本的数字调制方法

数字调制是用载波信号特征参量的某些离散状态来表征所传送的信息。当

调制信号为二进制数字信号时，载波参量只有两种变化状态，称为二进制数字调制。根据所使用的载波信号参量的不同，二进制数字调制可以分为二进制幅度键控（2ASK）、二进制频移键控（2FSK）和二进制相移键控（2PSK）。

1. 2ASK

2ASK 又称为通断键控（OOK，On Off Keying）。在幅度键控中载波幅度随调制信号的变化而变化。其时域表达式为

$$S(t) = \left[\sum_n a_n g(t - nT_s)\right]\cos\omega_c t \tag{3.64}$$

式中，T_s 为二元基带信号间隔；$g(t)$ 为调制信号的时间波形；ω_c 为载波频率；a_n 为二进制数字，有

$$a_n = \begin{cases} 0, & \text{概率为 } p \\ 1, & \text{概率为 } 1-p \end{cases}$$

2ASK 信号之所以称为 OOK 信号，这是因为振幅键控的实现可以用开关电路来实现，开关电路是以数字基带信号为脉冲选通载波信号，从而在开关电路输出端得到 2ASK 信号。

OOK 信号有两种基本的解调方法：非相干解调（包络检波）和相干解调，相应接收系统的组成方框如图 3.20 所示。相干解调需要在接收端产生一个本地载波，因此增加了接收设备的复杂性。

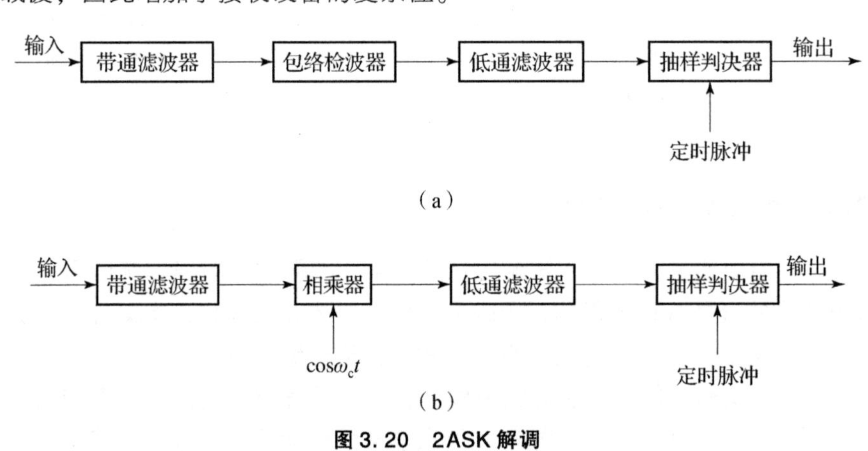

图 3.20　2ASK 解调

（a）非相干解调；（b）相干解调

当 $p=0.5$ 时，2ASK 的功率谱密度为

$$P_{\text{ASK}}(f) = \frac{T_s}{16}\left[\,|Sa(\pi(f+f_c)T_s)|^2 + |Sa(\pi(f-f_c)T_s)|^2\right] + \frac{\delta(f+f_c)+\delta(f-f_c)}{16} \tag{3.65}$$

式中，$Sa(x)=\sin x/x$。

由式（3.65）可知，2ASK 信号的频谱是将基带信号的频谱搬移到载波频率 $\pm f_c$ 处，所以 2ASK 信号功率谱密度由连续谱和离散谱两部分组成，如图 3.21 所示，其中连续谱取决于数字基带信号的频谱，离散谱是位于 $\pm f_c$ 处的一对频域冲击函数，这意味着 2ASK 信号适合于工作频率稳定的调谐回路。2ASK 信号的频带宽度 B 是二进制基带信号的频带宽度 B_s 的两倍。

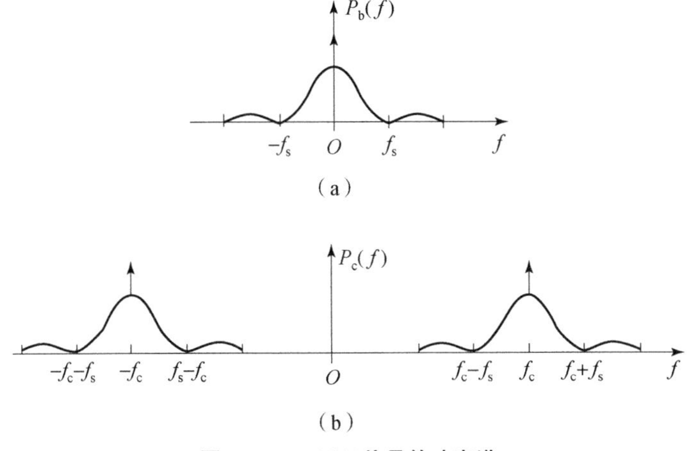

图 3.21　2ASK 信号的功率谱

（a）基带信号；（b）已调信号

2. 2FSK

2FSK 是用数字基带信号控制载波信号的频率，“1”对应于载波频率 f_1，“0”对应于载波频率 f_2。其时域表达式为

$$S(t)=\left[\sum_n a_n g(t-nT_s)\right]\cos\omega_1 t+\left[\sum_n \bar{a}_n g(t-nT_s)\right]\cos\omega_2 t \tag{3.66}$$

式中，$\omega_1=2\pi f_1$，$\omega_2=2\pi f_2$，$\bar{a}_n$ 是 a_n 的反码，有

$$a_n=\begin{cases}0, & \text{概率为 } p\\ 1, & \text{概率为 } 1-p\end{cases}\qquad \bar{a}_n=\begin{cases}1, & \text{概率为 } p\\ 0, & \text{概率为 } 1-p\end{cases}$$

当 $p=0.5$ 时，2FSK 的功率谱密度为

$$\begin{aligned}P_{\mathrm{FSK}}(f)=&\frac{T_s}{16}\left[\,|Sa(\pi(f+f_1)T_s)|^2+|Sa(\pi(f-f_1)T_s)|^2\right]+\\&\frac{T_s}{16}\left[\,|Sa(\pi(f+f_1)T_s)|^2+|Sa(\pi(f-f_1)T_s)|^2\right]+\\&\frac{\delta(f+f_1)+\delta(f-f_1)}{16}+\frac{\delta(f+f_2)+\delta(f-f_2)}{16}\end{aligned} \tag{3.67}$$

由式（3.67）可知，2FSK 信号的功率谱与 2ASK 信号的功率谱相似，同样由离散谱和连续谱两部分组成，其中，连续谱由两个双边谱叠加而成，而离散谱出现在两个载频位置上，这表明 2FSK 信号中含有载波 f_1 和 f_2 分量。连续谱的形状随着 $|f_2-f_1|$ 的大小而异，若 $|f_2-f_1|>f_s$，出现双峰，若 $|f_2-f_1|<f_s$，出现单峰。

在最简单也是最常用情况下，$g(t)$ 为单个矩阵脉冲。二进制频移键控信号的频带宽度为

$$B=2B_s+|f_2-f_1| \tag{3.68}$$

3. 2PSK

二进制相移键控中，载波的相位随调制信号“1”或“0”而改变，通常用相位0°和180°来分别表示“1”或“0”。其时域表达式为

$$S(t)=\left[\sum_n a_n g(t-nT_s)\right]\cos\omega_c t \tag{3.69}$$

式中，ω_c 为载波频率；a_n 为二进制数字，有

$$a_n=\begin{cases}0, & 概率为\ p\\ 1, & 概率为\ 1-p\end{cases}$$

若 $g(t)$ 为幅度为 1、宽度为 T_s 的矩形脉冲，则有

$$S(t)=\pm\cos\omega_c t=\cos(\omega_c t+\phi_i)\qquad \phi_i=0\ 或\ \pi \tag{3.70}$$

相对调相是用前后码元的相对相位变化传送数字信息，而不是利用载波相位的绝对数值。

当 $p=0.5$ 时，2PSK 的功率谱密度为

$$P_{PSK}(f)=\frac{T_s}{16}[\,|Sa(\pi(f+f_c)T_s)|^2+|Sa(\pi(f-f_c)T_s)|^2\,] \tag{3.71}$$

2PSK 的频谱成分与 2ASK 信号相同，当基带脉冲幅度相同时，其连续谱的幅度是 2ASK 连续谱幅度的 4 倍。当 $p=0.5$ 时，无离散分量。与 2ASK 相同，2PSK 的信号带宽 B 是基带信号的频带宽度 B_s 的两倍。

二、二进制数字调制方法的性能比较

数字调制系统的主要性能包括频带宽度、设备复杂程度、误码率等，下面对三种基本数字调制方法的性能做简要比较。

1. 频带宽度

当二进制基带信号的频带宽度为 B_s 时，2ASK 和 2PSK 系统的频带宽度都

为 $2B_s$，而2FSK系统的带宽为 $2B_s + |f_2 - f_1|$。因此，2FSK的频带宽度最大，频带利用率最小。

2. 设备复杂程度

对于2ASK、2PSK和2FSK来说，发送设备的复杂程度相差不多，而接收设备的复杂程度与调制和解调方式相关。对于同一种调制方式，相干解调的设备要比非相干解调设备复杂，而且相干解调需要在接收端产生一个本地载波。而同为非相干解调时，2PSK的设备最复杂，2FSK次之，2ASK最简单。

3. 误码率

数字频带传输性能也可以用误码率衡量。对于各种调制方式及不同的解调方式，系统误码率性能如图3.22所示，可得如下结论：

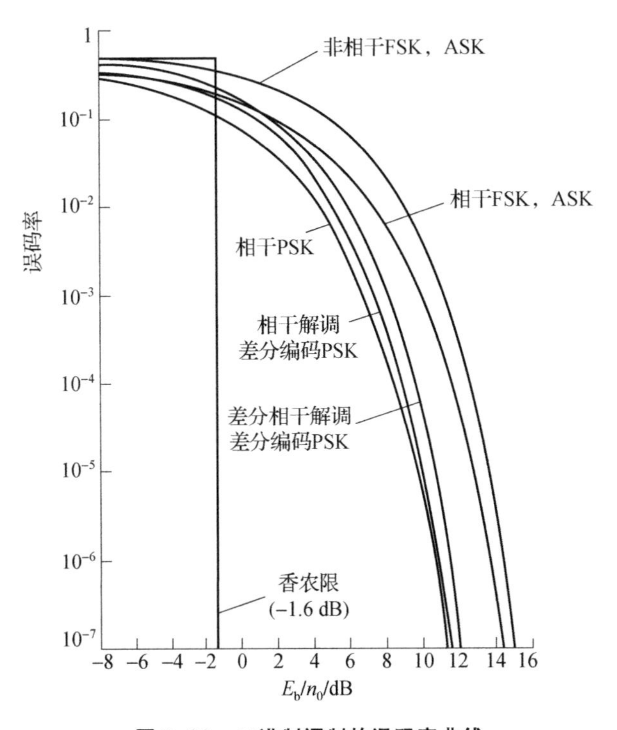

图3.22　二进制调制的误码率曲线

（1）二进制数字传输系统的误码率与下列因素有关：调制方式（信号形式）、噪声统计特性、解调方式。但无论采用何种调制、解调方式，在输入信噪比增大时，系统的误码率降低，反之误码率增大。

（2）对于同一调制方式不同解调方法，相干解调的抗噪声性能优于非相干解调。但是随着信噪比 r 的增大，相干与非相干误码性能差别减小。

（3）对于同一解调方式，在相同误码率的条件下，信噪比 r 的要求是 2PSK 比 2FSK 小 3 dB，而 2FSK 比 2ASK 小 3 dB。

三、调制和解调方法的选择

在引信能量和信息非接触传输系统中，调制和解调方法的选择，应该考虑以下因素。

1. 载波频率稳定

由于 E 类功率放大器的 *RLC* 调谐电路的阻抗对开关频率较敏感，为了保证功放始终工作在最佳状态下，开关频率应保持稳定，在较窄范围内变化较好。2PSK 和 2ASK 载波频率固定不变，2FSK 信号存在两个载波频率，因此 2FSK 不适宜用于基于 E 类功放的能量和信息非接触传输通道，而宜选用 2ASK 或 2PSK。

2. 必须有利于能量非接触传输

由于 2ASK 通过控制载波的通断实现数字调制，所以载波是间断传输，能量传输过程中存在一定的零电平区，称为零区。设在一个装定周期 T_S 内，零区的总时间为 T_0，则

$$P_O = \frac{T_S - T_0}{T_S} P_S \tag{3.72}$$

式中，P_S 为 $T_0 = 0$ 时系统的输出功率。

而 2PSK 的载波没有间断，即 T_0 为 0。

由式（3.72）可知，从是否有利于能量传输的角度来看，2PSK 优于 2ASK。但是通过适当的编码方式，可以大大减小 2ASK 的 T_0 值，特别是当数据传输速率很大时，T_0 将远远小于 T_S。

3. 解调设备尽量简单

如前所述，小型化和微功耗设计是引信电路设计的关键，因此解调设备越简单越好。相干解调的设备要比非相干解调设备复杂，而且相干解调需要在接收端产生一个本地载波。而同为非相干解调时，2PSK 的设备最复杂，2FSK 次之，2ASK 最简单。

所以考虑到解调设备的复杂性，2ASK 比 2PSK 性能好。

4. 调制电路应易于实现

虽然各种数字调制系统的发送端设备的复杂程度相差不大，但是 2ASK 与 2PSK 相比较，更容易采用逻辑开关电路实现信息的功率载波调制。

所以考虑到调制电路实现的难易性，2ASK 优于 2PSK。

5. 误码率小

在能量和信息非接触传输系统中，信息被调制在载波上进行传输，信噪比 r 很大，一般大于 20 dB。如图 3.22 所示，当 r 达到一定的数值，各种调制解调方式的误码率趋于一致。所以，在引信能量和信息非接触传输系统中，无论采用何种调制解调方式，一般均能达到系统设计的误码率指标。

在具体设计中，应该根据系统设计要求，综合考虑上述因素，并且抓住决定系统性能的最主要因素，才能得到比较满意和折中的方案。一般来说，对于小口径电子引信，由于引信体内可利用空间狭小，通常采用 2ASK 调制解调方式，使引信电路微型化成为可能，而对于中大口径引信，则两种方式皆可采用。

3.3.3 编码技术

信源编码是把信源发出的消息转换成为二进制形式的信息序列。在引信感应装定系统中，消息即是待装定的引信指令，包括定时时间、工作模式等。为了抗击传输过程中的各种干扰，通常要人为地增加一些多余度，使其具有自动检错或纠错能力，这种功能由信道编码完成。由于信道编码对能量传输效率没有影响，因此侧重研究信源编码，而对信道编码方法不做深入研究。

一、码型设计的基本原则

数字基带信号是数字信息的电脉冲表示形式，用不同电位或脉冲来表示相应的数字信息，是一种没有经过调制的表示数字信息代码的电信号。通常把数字信息的电脉冲表示形式称为码型。

在引信能量和信息非接触传输系统中，设计选择码型时，应该遵循以下原则。

(1) 应该综合考虑调制方法，保证信息非接触传输通道有利于功率传输。如前所述，分离式变压器是能量和信息的同一传输通道。在弱耦合条件下，提高功率传输效率是系统的关键和难点。因此，在设计码型时需要考虑有利于能量传输，不允许由于信号编码和调制方法的不适当组合而长时间中断能量传输。对于 2ASK 调制方式，宜选用一种宽脉冲的码型，减小零区时间 T_0。

（2）对任何信源均具有透明性，即与信源的统计特性无关。

（3）便于从基带信号中提取定时信息。在基带传输系统中，位定时信息是接收端再生原始信息所必需的。在某些应用中，位定时信息可以用单独的信道与基带信号同时传输，但是在引信能量和信息非接触传输系统中，由于体积的限制和成本的制约，这是不可行的。因而需要从基带信号中提取位定时信息，这就要求基带信号能产生位定时线谱。

（4）误码增殖小。

（5）编码、译码设备应尽量简单。

二、基带信号编码方法

基带信号的种类很多，根据各种数字基带信号中每个码元的幅度取值不同，可以归纳分类为二元码、三元码和多元码。在数字信号载波传输系统中一般只适用二元码，而三元码广泛应用于脉冲编码调制的线路，多元码则应用于基带信号传输系统。因此下面只对二元码进行介绍。

常用的二元码有以下几种，它们的波形示于图 3.23。

（1）单极性非归零码：用高电平和低电平（常用零电平）分别表示二进制信息“1”和“0”，在整个码元期间电平保持不变。

（2）双极性非归零码：用正负电平分别表示“1”和“0”，整个码元期间电平保持不变，因而不存在零电平。

（3）单极性归零码：发送“1”时在整个码元期间高电平只持续一段时间，在码元的其余时间则返回到零电平。

（4）数字双相码：又称为曼彻斯特码（Manchester），用码元周期中点处出现负跳变表示“1”，而正跳变表示“0”。

（5）密勒码：又称延迟调制码，码元周期中点处出现跳变时表示“1”，而对于“0”则有两种情况：当出现单个“0”时，在码元周期内不出现跳变，但是若遇到连“0”时，则在前一个“0”结束（也就是后一个“0”开始）时出现电平跳变。

（6）变形密勒码：这是密勒码的一种改型，每个边沿都为一个“负”脉冲所取代。

（7）占空比调制（编码）：这是脉冲宽度调制的一种变形，用脉冲占空比来表示数字信息的编码方式，脉冲周期和脉冲幅值固定不变。图 3.23 介绍了一种占空比编码方式，其中占空比为 50% 的脉冲波形表示“0”，而占空比为 75% 的脉冲波形表示“1”。目前，该编码方式已经成为北约标准的唯一的和

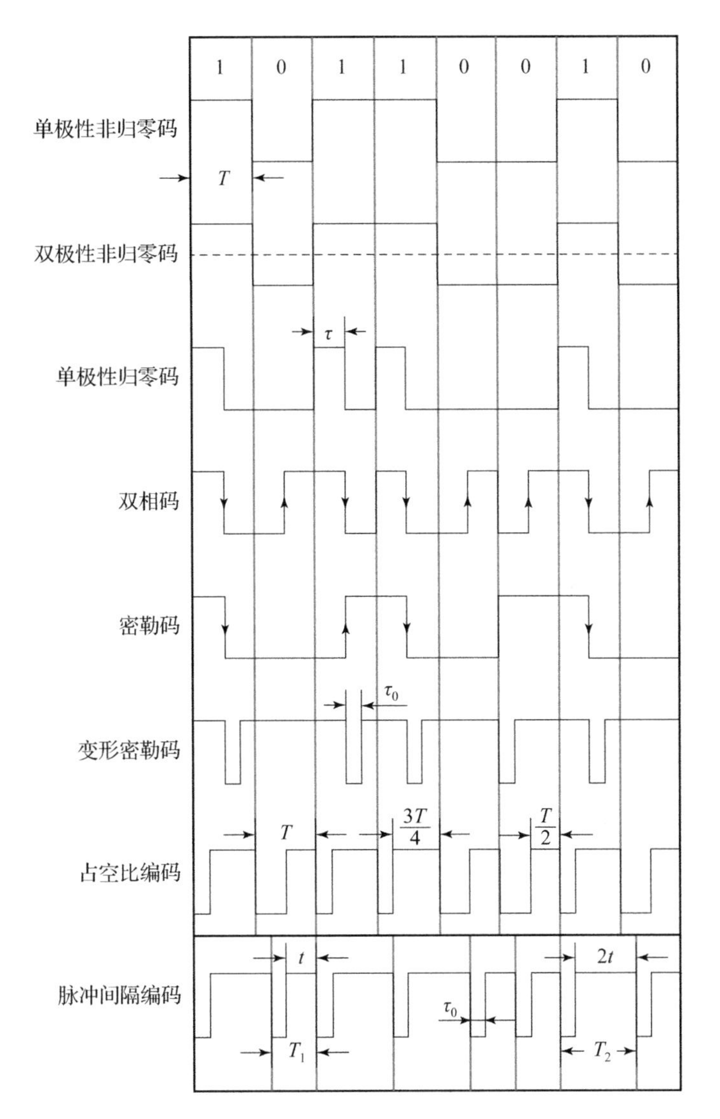

图 3.23　几种常用的编码形式

强制性的大口径电子引信感应装定信息的编码方式，在北约大口径电子引信中得到广泛应用。

（8）脉冲间隔调制（编码）：是用两个连续脉冲间的时间间隔表示二进制信息“0”和“1”。例如，一个在射频识别系统中用于从阅读器到应答器间数据传输的脉冲间隔编码方式如图 3.23 所示，在两个负脉冲间的持续时间为 $2t$ 时表示“1”，而持续时间为 t 时表示“0”。

三、脉冲幅值概率

二元码的脉冲幅值 a_n 只有 0 和 A，定义 $r(A)$ 为幅值 A 在一个信码序列中所占的比例。由于装定信号是一个二元随机序列，脉冲幅值概率 $P(A)$ 定义为随机序列中 $a_n = A$ 的出现概率，则有

$$P(A) = P\{r_1(A) \quad r_2(A) \quad \cdots \quad r_n(A)\} \tag{3.73}$$

假设单极性非归零码对应于输入信码“0”和“1”的幅度取值分别为 0 和 A，输入信源为各态历经随机序列，0、1 的出现统计独立，且概率分别为 0.5。a_n 表示基带信号在 $nT \leqslant t \leqslant (n+1)T$ 时间间隔内的幅度值，用 $P(A)$ 描述序列中 $a_n = A$ 的出现概率，有

$$P(A) = \frac{1}{2} \times 1 = \frac{1}{2} \tag{3.74}$$

同理可以算得，双极性非归零码的 $P(A) = 0.5$，单极性归零码的 $P(A) = 0.25$，双相码的 $P(A) = 0.5$。

而在占空比编码中，假设对应于高、低电平幅度取值分别为 $+A$ 和 0，输入信码为各态历经随机序列，0、1 的出现统计独立，且概率分别为 0.5。有

$$P(A) = \frac{1}{2} \times \frac{1}{2} + \frac{1}{2} \times \frac{3}{4} = 0.625 \tag{3.75}$$

对于脉冲间隔调制（编码），由于 0、1 的码元周期不同，假设负脉冲周期 τ_0 固定为 $T_1/4$，且 $T_1 = T$，则有 $T_1 = 4t/3$、$T_2 = 7t/6$。

假设输入信码为各态历经随机序列，0、1 的出现统计独立，且概率均为 0.5。有

$$P(A) = \frac{1}{2} \times \frac{3}{4} + \frac{1}{2} \times \frac{6}{7} = 0.804 \tag{3.76}$$

变形密勒码中“0”的取值与前一个码元相关，因此 $P(A)$ 不能用简单的独立统计方法计算。我们不妨对 $P(A)$ 的取值范围进行计算。假设 $\tau_0 = T/4$，根据变形密勒码定义可知：

（1）当信息全为“1”时，幅值 A 在信码序列中所占比例 $r(A)$ 最小，为 0.75。

（2）当信息全为“10”组合时，$r(A)$ 最大，为 0.875。

故当 $\tau_0 = T/4$ 时，$0.75 \leqslant P(A) \leqslant 0.875$。

根据式（3.72）可知，在以 2ASK 为调制方式的信息传输过程中，当码元周期相同时，信码序列的 $r(A)$ 越大，则次级输出平均功率也越大。因此，我

们可以用 $P(A)$ 描述码型对传输能量的影响，即码型的 $P(A)$ 越大，越有利于能量传输。

为了验证上述结论的正确性，可以进行编码脉冲幅值概率 $P(A)$ 影响能量传输的测试试验。试验电路的工作原理如图 3.24 所示，其中各种编码信号由信号发生电路产生，负载由储能电容通过稳压电路驱动。首先，信号发生器持续输出高电平，不间断地为储能电容充电，同时储能电容释放电能驱动负载，使储能电容端电压 V_c 保持稳定不变。然后发送一段编码信号，由于编码信号的影响，储能电容的充电将出现断续，而释放能量不变，则 V_c 被拉低。因此，通过比较不同编码条件下 V_c 幅值变化 ΔV_c（实际为 ΔV_c^2）的大小，可以判定各种编码方式对能量传输影响的差异。在实际试验中，编码信息一定，所以只能用 $r(A)$ 来表征 $P(A)$。

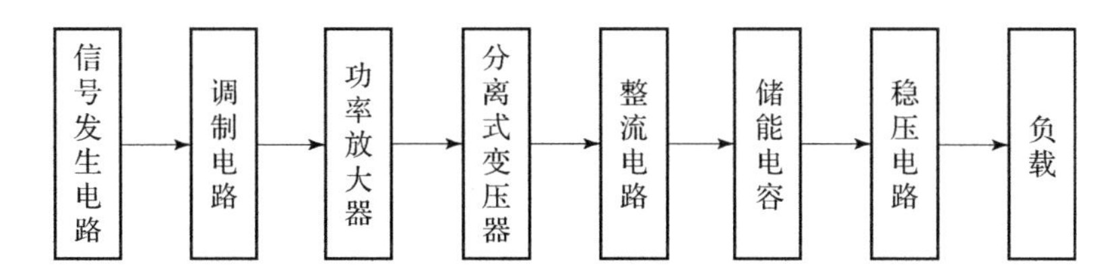

图 3.24　脉冲幅值概率与能量传输关系的测试电路

不同编码信号的储能电容端电压 V_c 和信号波形如图 3.25 所示，图 3.25（a）~（h）分别为单（双）极性非归零码、单极性归零码、双相码、密勒码、变形密勒码（全为“10”）、变形密勒码（全为“1”）、占空比编码和脉冲间隔编码时的储能电容端电压 V_c 和信号的波形，其中曲线 1 均为 V_c 波形，曲线 2 为编码信号波形，除特别注明外，所有编码信息均为“1010…10”。表 3.1 为几种编码的测试试验结果，其中 ΔV_c 表示电容端电压 V_c 的下降幅值。

由图 3.26 所示的 $\Delta V_c^2 - r(A)$ 曲线可知，在信息传输过程中 ΔV_c^2 随 $r(A)$ 的增大而线性减小。

试验结果证明了上述结论的正确性。

综上所述，在 2ASK 调制信道中采用变形密勒码、脉冲间隔编码和占空比编码有利于能量非接触传输。当然，在具体应用中，选择何种编码方式，还需综合考虑码型设计基本原则和具体系统的各项设计指标。

数字基带信号的编码方式有多种多样，本书仅对最基本的以及常用于能量和信息非接触传输系统的几种编码方式进行介绍和分析。

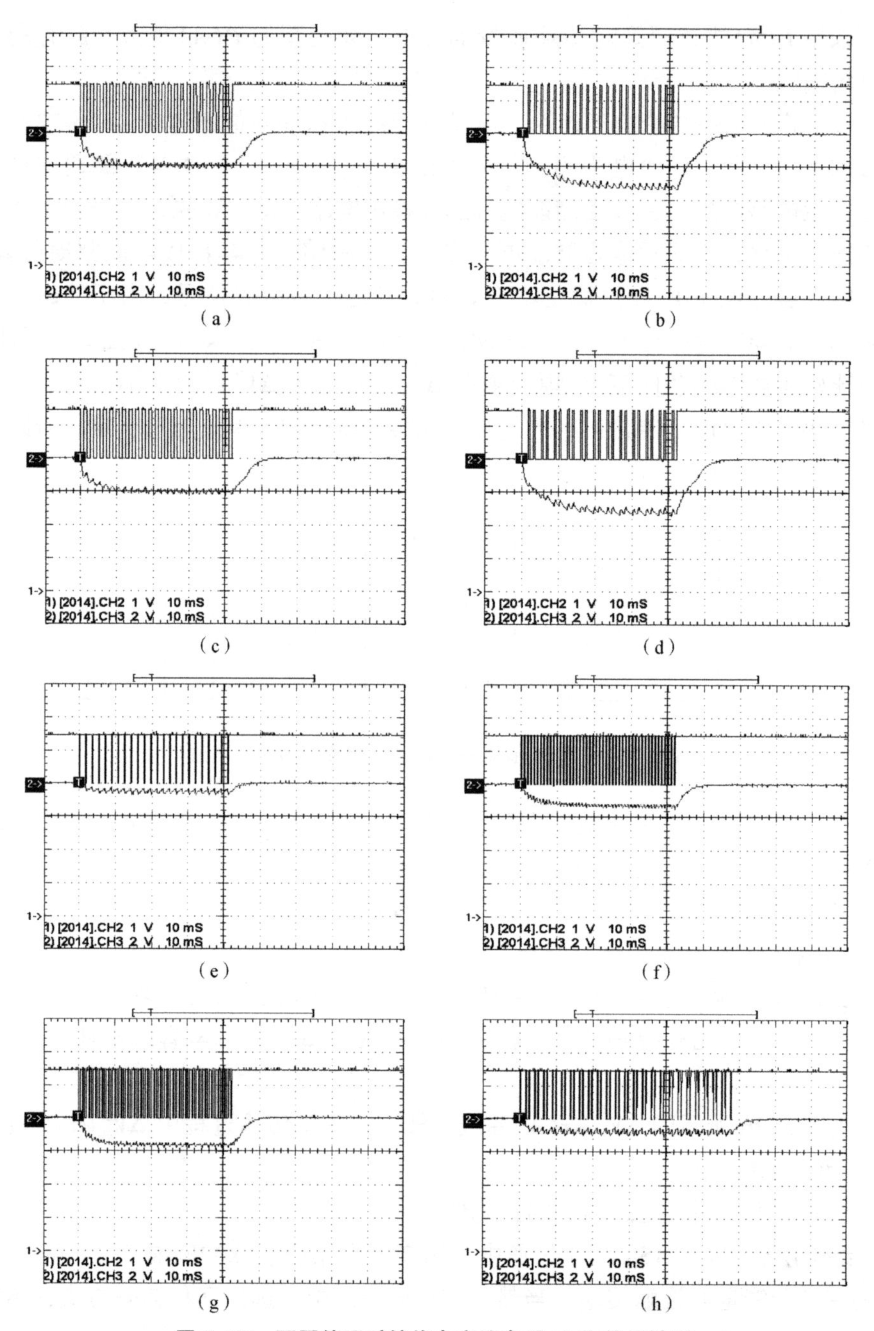

图 3.25　不同编码时储能电容端电压 V_c 和信号波形

(a) 单（双）极性非归零码；(b) 单极性归零码；(c) 双相码；

(d) 密勒码（全为“10”）；(e) 变形密勒码编码（全为“10”）；

(f) 变形密勒码（全为“1”）；(g) 占空比编码；(h) 脉冲间隔编码

表3.1　测试试验结果

编码方式	$r(A)$	$\Delta V_c/V$	$\Delta V_c^2/V^2$
单（双）极性非归零码	0.5	1	1
单极性归零码	0.25	1.6	1.96
双相码	0.5	1	1
密勒码	0.25	1.6	1.96
变形密勒码	0.875	0.25	0.062 5
变形密勒码（全为“1”）	0.75	0.6	0.36
占空比编码	0.625	0.8	0.64
脉冲间隔编码	0.804	0.4	0.16

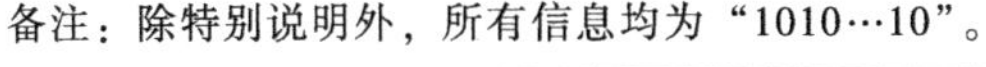
备注：除特别说明外，所有信息均为“1010…10”。

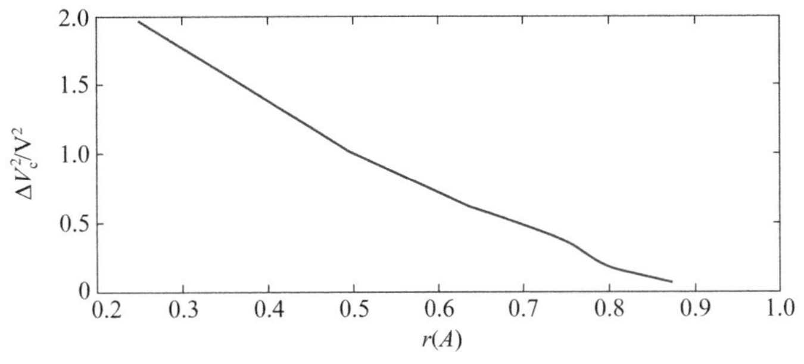

图3.26　ΔV_c^2 随 $r(A)$ 的变化曲线

3.4　关键技术

由于应用对象（引信）的特殊性，引信能量和信息非接触传输通道应具有微功耗、小型化和抗高过载的性能。概括地说，引信能量和信息非接触传输通道，尤其是引信装定模块，软硬件实现的关键技术有微功耗技术、小型化技术和抗高过载技术。

3.4.1 微功耗技术

由前面介绍的内容可知，减小系统功耗，尤其是引信装定电路的功耗，不仅可以提高装定速度，而且可以提高系统的可靠性。在设计过程中，可以通过以下技术途径实现引信能量和信息非接触传输系统的微功耗。

（1）采用低功耗器件。综合各种典型数字电路的电气性能，CMOS 功耗最低，抗干扰性能优良，不仅适用于中、小规模集成电路，而且在大规模集成组件中应用也很普遍。对于同类芯片，如果用 CMOS 器件取代 TTL 器件，其功耗可以降低 10 倍以上。

（2）在保证系统能正常工作的前提下，尽量降低系统的工作频率。例如，使用软件自适应控制系统的工作频率，在数据通信前使系统工作在最低的工作频率，在数据通信过程中根据实际需要控制系统的工作频率。因为大多数芯片的功耗随工作频率的增加而增大，对于 CMOS 器件，如果工作频率降低 50%，其功耗将降低 25% 以上。

（3）采用单一电压供电，并尽可能使工作电压低。随着电子技术的发展，芯片的工作电压越来越向低电压方向发展，因为对于一个工作范围较宽的芯片，其消耗的能量随着工作电压的降低而减少。在实际应用中，如果把芯片的工作电压从 5 V 降低到 3 V 或者更低一些，该芯片的能耗将降低 50% 或者更多。

（4）利用“节电”工作方式。现在很多器件都有低功耗的“节电”方式，如单片机的闲置、掉电工作方式，DC/DC 器件的停机工作方式等。

（5）合理处理器件的空余引脚。大多数数字电路的输出端在输出低电平时，其功耗远大于输出高电平时的功耗，设计时应控制低电平的输出时间，闲置时使其处于高电平输出状态。

3.4.2 小型化技术

由于引信自身的小体积特性，要求引信装定模块应尽可能地小，这就大大提高了引信接收系统的设计难度。引信能量和信息非接触传输系统的小型化可以通过以下几个技术途径实现。

（1）引信能量和信息非接触传输系统的自身特性为引信装定模块的小型化提供了可能。通过优化设计和多功能复用技术，系统只需要一组线圈，既可以传输能量，又可以传输装定信息，大大减少了线圈结构空间。另外，当采用引信体外射频电源，取代引信电源，可以增大引信可利用空间。

（2）引信装定电路尽量选用大规模或超大规模的微封装芯片，减小单位逻辑控制门的体积，尽量选用贴片元器件。对于电阻、电容等贴片元件，宜选用 0402、0603 等微小封装。对于有多种封装形式的器件，则优先选用窄体封装。

（3）对引信装定电路进行优化设计。优化电路拓扑，在满足设计指标、保证系统功能和可靠性的前提下，采用所需器件最少的电路。选用多功能器件，在满足设计指标、保证系统功能和可靠性的前提下，减少冗余器件。

（4）微功耗设计。如前所述，通过微功耗设计，可减小储能电容容量和体积。

（5）如果同一功能既可以通过硬件电路实现，也可以通过软件实现，则优先采用软件方式。例如，装定信息译码模块既可以采用硬件电路实现，也可以通过微处理软件实现。采用软件译码，在不增加附加硬件电路的条件下，可以实现译码功能。

（6）对分离式变压器进行优化设计。尽可能简化分离式变压器次级结构，提高线圈功率密度，减小磁芯尺寸。

3.4.3　抗高过载技术

具体设计中，必须考虑引信能量和信息非接触传输系统的抗过载能力，特别是要采用一定的技术途径保障引信装定模块的抗高过载能力，主要包括以下几个方面。

（1）选用抗冲击性能较好的元器件。比如选用贴片集成芯片及贴片电阻电容，不仅可以缩小元器件布局的体积，而且可以大大提高抗冲击能力；储能电容选用贴片钽电容，试验表明贴片钽电容比铝电解电容抗冲击能力强。

（2）对元器件在电路板上采用合理的布局，尽量把电路板置于旋转体的轴心，以减小其运动过程中所承受的离心过载。

（3）采取强化措施，采用灌封技术，通过在一定的温度条件下，选用流动性较好的灌封材料对引信装定电路和控制电路进行灌封，使其与引信壳体固化成一体，从而大大提高系统的抗冲击性能。

（4）选择非易失性数据存储器，可使装定数据不会因为系统瞬时掉电而丢失。

第4章

分离式变压器模型及装定系统设计方法

上一章给出了基于分离式变压器的传输回路的调谐特性和功率传输特性。根据最大传输效率和最大次级电流计算公式可知，分离式变压器的特性直接影响能量和信息的传输效率，并取决于耦合系数的大小。为此，本章对用于引信能量和信息非接触传输系统的分离式变压器的设计方法进行研究，包括分离式变压器的数学模型、结构设计、有限元模拟以及耦合参数测试等，最后以炮口感应装定系统为例给出设计方法。

4.1 分离式变压器的数学模型

4.1.1 分离式变压器模型及漏感影响分析

如果磁芯磁导率无穷大，激磁电流为零，同时初、次级线圈全耦合，且线圈电阻为零，也不考虑磁芯损耗和饱和，这种变压器称为理想变压器。理想变压器除传输能量和变换电压外，还可以获得阻抗匹配，但自身并不消耗能量。

初、次级绕组相互分离，甚至存在相对运动的变压器，称为分离式变压器。基于电磁感应的引信装定系统就是典型的分离式变压器系统。在分离式变压器中，由于磁芯和线圈并不是理想的，存在许多寄生参数，在分离式变压器建模时，应当考虑到以下因素：

（1）磁芯不是无限大，有一定电感量，即激磁电感，它与理想变压器并联连接。

（2）初、次级线圈间存在空气间隙，不是全耦合。例如，次级包围的磁通 Φ_{12} 只是总磁通 Φ_{11} 的一部分。根据电磁感应定律，有

$$U_1 = N_1 \frac{\mathrm{d}\Phi_{11}}{\mathrm{d}t} = N_1 \frac{\mathrm{d}\Phi_S}{\mathrm{d}t} + N_1 \frac{\mathrm{d}\Phi_{12}}{\mathrm{d}t} = u_S + u_1 \tag{4.1}$$

$$u_2 = N_2 \frac{\mathrm{d}\Phi_{12}}{\mathrm{d}t} \tag{4.2}$$

式中，u_1 为产生互感磁通 $\boldsymbol{\Phi}_{12}$ 的压降；u_2 为次级电压；$\boldsymbol{\Phi}_{\mathrm{S}}$ 为漏磁通；而 u_{S} 为漏感电压降，有

$$u_{\mathrm{S}} = N_1 \frac{\mathrm{d}\boldsymbol{\Phi}_{\mathrm{S}}}{\mathrm{d}t} = L_{\mathrm{S}} \frac{\mathrm{d}i_1}{\mathrm{d}t} \tag{4.3}$$

因此，初级的漏感

$$L_{\mathrm{S}} = \frac{\boldsymbol{\Phi}_{\mathrm{S}}}{i_1} \tag{4.4}$$

由式（4.1）可知，漏感 L_{S} 与理想变压器串联。

（3）初、次级线圈有导线电阻损耗，磁芯也有损耗。

（4）线圈对地之间以及线圈之间存在寄生电容，高频时可忽略。

综合以上各种寄生参数，分离式变压器等效电路如图4.1所示。将次级折算到初级，且不考虑寄生电容的影响，等效电路可进一步简化为如图4.2所示的T形等效电路，且有

$$\begin{cases} U_1 = L_{\mathrm{S1}} \dfrac{\mathrm{d}i_1}{\mathrm{d}t} + L_M \dfrac{\mathrm{d}(i_1 + i_2)}{\mathrm{d}t} + R_1 i_1 \\ U_2 = L_{\mathrm{S2}} \dfrac{\mathrm{d}i_2}{\mathrm{d}t} + L_M \dfrac{\mathrm{d}(i_1 + i_2)}{\mathrm{d}t} + R_2 i_2 \end{cases} \tag{4.5}$$

式中，R_1、R_2 为初、次级的等效电阻；L_{S1}、L_{S2} 为初、次级漏感，L_M 为互感，即与励磁磁通对应的励磁电感。且有

$$L_{\mathrm{S1}} + L_M = L_1 \tag{4.6}$$

$$L_{\mathrm{S2}} + L_M = L_2 \tag{4.7}$$

其中，L_1、L_2 为初、次级线圈的自感。

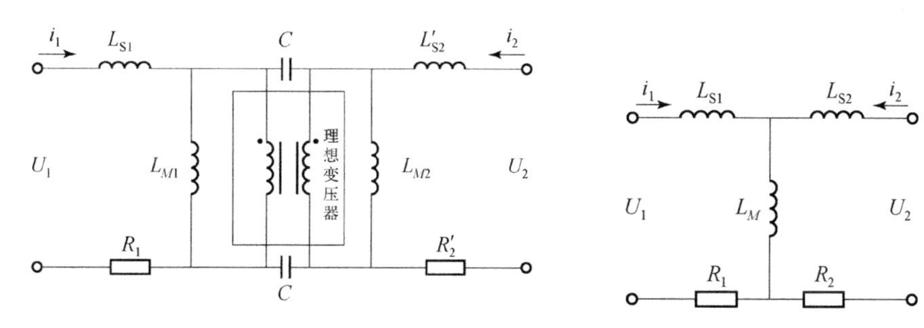

图4.1　分离式变压器等效电路

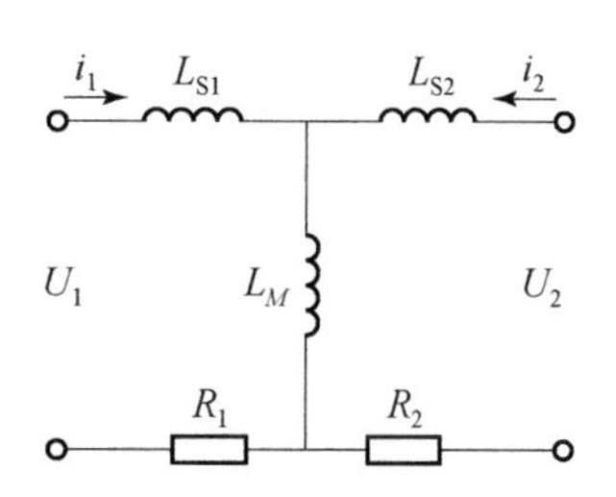

图4.2　分离式变压器等效电路的简化

将式（4.6）和式（4.7）代入式（4.5），且写成矩阵形式为

$$\begin{bmatrix} U_1 \\ U_2 \end{bmatrix} = \begin{bmatrix} L_1 D + R_1 & L_M \\ L_2 D + R_2 & L_M \end{bmatrix} \begin{bmatrix} i_1 \\ i_2 \end{bmatrix} \tag{4.8}$$

其中，D 表示 d/dt。式（4.8）即为分离式变压器的数学模型。由该式可知，

互感越大，次级输出电压越大；漏感越大，次级输出电压越小。

虽然考虑到寄生参数的影响，传统的变压器也可等效于如图 4.2 的电路模型，但由于其初、次级间近似全耦合，漏感通常很小，在实际设计和使用过程中通常可以忽略。而对于分离式变压器，由于空气间隙较大，甚至存在相对运动，漏感很大，通常耦合系数在 1%～30% 范围。因此，大漏感、低耦合系数是分离式变压器的基本电路特征，也是它与传统变压器的根本区别。

4.1.2 漏感对分离式变压器效率的影响

分离式变压器的输出功率 P_2 与输入功率 P_1 之比称为分离式变压器的效率，即

$$\eta=\frac{P_2}{P_1}=\frac{P_2}{P_2+P_m+P_c} \tag{4.9}$$

其中，P_m 表示磁芯损耗（铜损），包括磁滞损耗和涡流损耗以及剩余损耗；P_e 为线圈损耗（铁损），包括直流损耗和高频损耗。

虽然漏感是储能元件，自身不消耗电能，但是漏感对分离式变压器的效率有决定性的影响，主要因为：

（1）分离式变压器的漏感很大。

（2）存储在漏感中的能量不能传输到相应的次级，即漏感不参与能量传输。为了获得一定的次级输出功率，在其他条件固定不变时，当漏感越大，所需的总磁通越大，即励磁电流越大，漏磁通也越大，相应地，铁损和铜损也越大。例如，在漏磁通经过的所有铁磁介质中，均产生涡流损耗和磁滞损耗，并且涡流损耗起决定性作用。

（3）在电路工作状态切换时，漏感存储的能量就要释放，产生很大的尖峰电压，不仅容易造成电路器件损坏和电磁干扰，而且将产生较大的功率损耗。

4.2 分离式变压器的结构设计

4.2.1 分离式变压器结构设计的主要内容

在开始引信装定系统研制时，引信和发射平台的结构通常都已基本确定。分离式变压器的初、次级线圈分别位于装定器和引信上，相互分离且存在相对

运动，标准的磁芯往往无法满足分离式变压器的要求。因此，为了减小漏感，提高耦合效率，分离式变压器的结构设计十分重要。分离式变压器结构设计主要包括：

（1）引信和发射平台的结构分析，不仅包括两者的外形尺寸等，而且要分析两者之间的相对运动状态，确定分离式变压器最佳安放位置和工作时机。

（2）初、次级磁芯的结构设计，包括外形、尺寸、材料等。

（3）线圈结构设计，主要是确定线圈的线径、材料和绕制方式等。

4.2.2　分离式变压器结构设计的基本原则

由上述可知，分离式变压器的结构与引信和发射平台的结构密切相关，不同的武器系统，分离式变压器的结构也不尽相同，但与系统宏观设计准则（详见第 2 章）相对应，分离式变压器的结构设计应该遵循如下基本原则：

（1）可行性。设计的结构不仅在原理上是切实可行的，而且应易于实现加工，尤其是分离式变压器的次级部分。

（2）分离式变压器的结构应该与引信和发射平台的结构相兼容。分离式变压器不能改变已有发射平台和引信的力学、电磁环境，或者这种改变是武器系统所能接受的。线圈应易于安装和固定。次级线圈应结构简单、体积小。

（3）分离式变压器的结构强度必须满足系统设计要求。

（4）有利于提高耦合效率。初、次级线圈间的空气间隙越小越好，且间隙变化越小越好。显然，若两者之间存在相对运动，应尽量保证相对运动的平稳性，或者在相对运动趋于平稳时工作。

（5）尽量减小分离式变压器的线圈损耗和磁芯损耗。随着工作频率的增加，高频电流在线圈中流通时会产生严重的高频效应，如集肤效应、涡流等。这要求减小分离式变压器的高频寄生参数，如采用扭绞的多根小直径导线并联。

（6）为了提高传输效率，尤其是采用 E 类放大器时，初、次级线圈的 Q 值应该足够大。

（7）装定时间窗口（即次级可接收能量与信息的时间段）尽量长。

4.2.3　磁芯材料及选用方法

根据磁路设计原理，在线圈中加入磁芯后，将磁通限制在低磁阻的磁芯内，可以为两个或多个磁单元间的磁通耦合提供容易通过的路径，从而提高磁单元间的耦合效率。另外，加入磁芯后可用较小的激励电流，产生比没有磁芯时大得多的磁通，这将大大减小磁元件的体积。

4.2.3.1 软磁材料简介

磁芯通常采用高磁导率材料（软磁材料），即由较低的外部磁场强度就可获得大的磁化强度及高密度磁通量的材料。可供选用的软磁材料有铁氧体、磁粉芯、非晶态合金及硅钢片等。

1. 电工软铁

纯铁的特点是饱和磁感应强度 B_s 较高，具有较高磁导率和低矫顽力。但由于其电阻率小，涡流损耗较大。

2. 低碳钢

低碳钢是含碳量小于0.1%的铁碳合金，磁性能良好，在较强磁场（2～4 kA/m）下磁感应强度高，价格低廉，机械加工性能好。但是电阻率小，涡流损耗大。

3. 硅钢片

硅钢片是一种在铁中有小于5%硅含量的硅铁合金磁性材料。其电阻率比电工纯铁高好几倍，具有磁滞损耗小、磁导率高的优点。根据轧制工艺不同，分为热轧和冷轧两种，其中冷轧晶粒取向硅钢片的电磁性能最好。在低频场合，硅钢片是最广泛应用的磁芯材料。

4. 铁镍软磁合金

铁镍软磁合金通常称为坡莫合金，是一种在铁中加入30%～80%的镍，经真空冶炼而成的软磁材料。它的特点是起始磁导率和最大磁导率都非常高（100 000～600 000），且矫顽力小（0.1～0.86 A/m），低磁场下磁滞损耗相当低，电阻率又比硅钢片高，因此可用于频率较高的场合。

坡莫合金的价格比较昂贵，一般机械应力对磁性能影响显著，且难以进行精密机械加工。高温回火处理后，产生塑性变形，硬度减小。

5. 铁氧体材料

铁氧体一般由氧化铁和其他金属组成（$MeFe_2O_3$），其中 Me 表示一种或几种2价过渡金属，如锰、锌、镍等。最常用的组合是锰和锌（MnZn）或镍和锌（NiZn），再加入其他金属，达到所希望的磁特性。将这些金属研磨成粉末，加入适当的黏结剂经均匀混合、成型，再经过高温（1 000 ℃以上）烧结，然后进行表面磨削清洗烘干处理，形成各种形状的磁芯。

铁氧体在居里温度下，表现出良好的磁特性，具有很高的磁导率和较高的饱和磁感应强度（0.5 T），并且电阻率高，高频损耗小，如镍锌铁氧体的微晶态的直流电阻率为30 Ω·m，体电阻率达10^4～10^6 Ω·m。另外，铁氧体还具有材料和磁芯规格多、价格低廉的优点，在高频变压器、电流互感器以及电磁兼容滤波电感中得到广泛应用。但铁氧体的材质脆，不耐冲击。

6. 磁粉芯

通常将磁性材料极细的粉末和黏结剂的复合物混合在一起，通过模压、固化形成环状的粉末金属磁芯。其有效磁导率为15～200。由于磁粉芯中存在大量非磁物质，相当于磁芯中分布许多气隙，在磁化时，存储相当大的能量，因此通常用于电感和反激变压器的磁芯。

磁粉芯的制造工艺决定了其机械性能差，结构松散，难以承受较大的冲击。

7. 非晶态合金和微晶合金

非晶态合金是20世纪70年代问世的一种新兴材料，在Fe、Ni、Co中加入Si、B、C等元素从熔融态急冷制得。由于采用超急冷凝固，原子来不及有序排列结晶，得到的固态合金是长程无序结构，没有晶态合金的晶粒、晶界存在，故称为非晶态合金，具有磁导率高、矫顽力低、电阻率高、高饱和磁通密度等优点。

由于制备方法所限，目前制备的非晶态合金主要为薄带、细丝、粉末等。对薄带材而言，很难利用薄带非晶态合金制备大块状的非晶态金属材料，常用的是由非晶态合金粉末冲压连接而得到。

表4.1列出了主要的软磁材料。

表4.1　常用软磁材料

材料			磁导率		饱和磁通密度/T	矫顽力/(A·m^{-1})	电阻率/(μΩ·m)	居里温度/℃
系统	材料名称	组成(质量比)	初始 μ_i	最大 μ_{max}				
铁及铁系合金	电工纯铁	Fe	300	8 000	2.15	64	0.11	770
	硅钢	Fe－3Si	1 000	30 000	2.0	24	0.45	750
	铁铝合金	Fe－3.5Al	500	19 000	1.51	24	0.47	750

续表

<table>
<tr><th colspan="3">材料</th><th colspan="2">磁导率</th><th rowspan="2">饱和磁通密度/T</th><th rowspan="2">矫顽力/($A \cdot m^{-1}$)</th><th rowspan="2">电阻率/($\mu\Omega \cdot m$)</th><th rowspan="2">居里温度/℃</th></tr>
<tr><th>系统</th><th>材料名称</th><th>组成(质量比)</th><th>初始 μ_i</th><th>最大 μ_{max}</th></tr>
<tr><td rowspan="2">坡莫合金</td><td>坡莫合金</td><td>Fe-78.5Ni</td><td>8 000</td><td>100 000</td><td>0.86</td><td>4</td><td>0.16</td><td>600</td></tr>
<tr><td>超坡莫合金</td><td>Fe-79Ni-5Mo</td><td>100 000</td><td>600 000</td><td>0.63</td><td>0.16</td><td>0.6</td><td>400</td></tr>
<tr><td rowspan="3">铁氧体化合物</td><td>Mn-Zn 系</td><td>32MnO，7ZnO，51Fe_2O_3</td><td>1 000</td><td>4 250</td><td>0.425</td><td>19.5</td><td>$10^4 \sim 10^5$</td><td>185</td></tr>
<tr><td>Ni-Zn 系</td><td>15NiO，35ZnO，51Fe_2O_3</td><td>900</td><td>3 000</td><td>0.2</td><td>24</td><td>$10^9 \sim 10^{13}$</td><td>70</td></tr>
<tr><td>Cu-Zn 系</td><td>22.5CuO
27.5ZnO
50Fe_2O_3</td><td>400</td><td>1 200</td><td>0.2</td><td>40</td><td>$10^9\ \Omega \cdot m$</td><td>90</td></tr>
<tr><td rowspan="2">非晶合金</td><td>2605SC</td><td>Fe-3B-2Si-0.5C</td><td>2 500</td><td>300 000</td><td>1.61</td><td>3.2</td><td>1.25</td><td>370</td></tr>
<tr><td>2605S2</td><td>Fe-3B-5Si</td><td>5 000</td><td>50 000</td><td>1.26</td><td>2.4</td><td>1.30</td><td>415</td></tr>
</table>

4.2.3.2 磁芯材料的选用准则

与结构设计原则相对应，分离式变压器磁芯材料的选用准则如下。

(1) 磁导率 μ 要高。

(2) 具有很小的矫顽力和狭窄的磁滞回线。矫顽力越小，材料磁化和退磁越容易，磁滞回线狭窄，在交变磁场中磁滞损耗就越小。

(3) 电阻率要高。在交变磁场中工作的磁芯具有涡流损耗，电阻率越高，涡流损耗越小。

(4) 次级磁芯（压螺）材料的机械强度和硬度必须能够满足引信设计要求。

(5) 材料磁性对机械应力钝感。在勤务运输、供弹等过程中，次级磁芯所受的机械应力不应改变其磁性，减小耦合效率。而初级磁芯，主要考虑火炮发射和勤务处理时所受的机械应力。

（6）弹药是一次性的消耗品，因此在保证满足设计要求的前提下，尽量选用价格低的材料。

（7）良好的机械加工性能，易于加工成型。

另外，由于原理设计过程中的材料消耗量小，因此应尽可能地选用在市场上易于购买的材料。

从上述分析可看出，每种材料都存在一定的不足，其中铁氧体和磁粉芯不耐冲击；坡莫合金经热处理后可获得最佳磁性，但是受到机械应力时磁性容易恶化；非晶态合金目前难以获得块状材料；而电工纯铁、低碳钢、硅钢片高频损耗大。因此，选择一种各项性能都理想的材料是不现实的，只能在一定原则指导下，通过各种材料的对比试验，获得综合性能最优的材料。

4.3　分离式变压器的有限元分析

分离式变压器的设计是一个往复求解和寻优的过程，结构设计和特性分析密不可分，前者为后者提供了分析研究对象，后者为前者提供理论指导，而且可以求证几种方案（结构）中的最优方案（结构）。

分离式变压器通过交变电磁场进行能量和信息传输，其电磁场特性直接影响能量和信息的传输效率。电磁场分析一般可归结为求解势函数的边值问题，分析方法大体分为解析法、图解法和数值分析法三类。随着计算机技术的普及和发展，数值分析法在电磁场分析领域获得日益广泛的应用，可分为微分方程法和积分方程法两类，前者又包括有限差分法、有限元法等。其中，有限元法以变分原理为基础，首先将边值问题转化为等价的变分问题，再利用剖分插值把变分问题离散为普通多元函数的极值问题，最终归结为一组代数方程组。有限元法能够灵活对场域进行剖分，具有较大的适应性，可求解对多介质、非线性及具有复杂边界条件的边值问题。

4.3.1　分离式变压器的电磁场有限元方程

根据边值问题与变分问题的等价性质，采用有限元法求解电磁场问题的过程通常可以归纳为以下几步：

（1）根据电磁场理论列出与偏微分方程边值问题等价的条件变分问题。

（2）用有限单元剖分场域，并选定单元插值函数，形成系数矩阵。

（3）将能量泛函的极值问题转化为能量函数的极值问题，建立线性方程组。

（4）将第一类边界条件代入，修改系数矩阵。

（5）借助计算机求解线性代数方程组。有限元方程组的系数矩阵是一大型稀疏阵，可采用稀疏阵存储技术进行存储，并用追赶法求解。

（6）进行后处理，根据电磁场中的相关公式，计算出其他物理量。

4.3.1.1 位函数的边值问题

在平面线性稳定电磁场中，标量电位、标量磁位和矢量磁位的边值问题可以统一等效于

$$\left.\begin{aligned}&\Omega:\ \frac{\partial^2 u}{\partial x^2}+\frac{\partial^2 u}{\partial y^2}=-\frac{f}{\beta}\\&\Gamma_1:\ u=u_0\\&\Gamma_2:\ \frac{\partial u}{\partial n}=-\frac{q}{\beta}\end{aligned}\right\}\tag{4.10}$$

其中，Ω 为待求解场域，它的边界为 Γ，u 为变量。

泛定方程与边界条件构成的边值问题是待求物理问题的数学模型，其要解决的问题是：在给定的求解区域和边界条件下，根据已知的物理规律，求解某个物理量 u 随坐标（x，y）的变化规律。根据变分原理，边值问题可转化为条件变分问题，即在给定的区域和边界条件下，求出使能量泛函 $\Pi(u)$ 达到最小值时的函数 $u(x,y)$。

4.3.1.2 有限元方程的建立

建立分离式变压器的有限元方程主要包括单元分析和整体分析两部分。

1. 单元分析

假设采用三角形单元，将待求解场域 Ω 离散成 E 个三角形单元，单元的三个顶点为 i、j、m，选取单元位移函数

$$u(x,y)=\alpha_1+\alpha_2 x+\alpha_3 y\tag{4.11}$$

则单元内位移函数的表达式为

$$u=\sum_k N_k u_k\qquad(k=i,j,m)\tag{4.12}$$

单元 e 能量泛函可表示为

$$\boldsymbol{F}_e(u)=\boldsymbol{F}_{eA}(u)+\boldsymbol{F}_{e\Gamma}(u)\tag{4.13}$$

式中

$$\boldsymbol{F}_{eA}(u)=\iint_A\left\{\frac{\beta}{2}\left[\left(\frac{\partial u}{\partial x}\right)^2+\left(\frac{\partial u}{\partial y}\right)^2\right]-fu\right\}\mathrm{d}x\mathrm{d}y \tag{4.14}$$

$$\boldsymbol{F}_{e\Gamma}(u)=\int_{\Gamma_2}qu\mathrm{d}l+\int_{\Gamma^e/\Gamma_2}qu\mathrm{d}l \tag{4.15}$$

其中，$\boldsymbol{\Gamma}^e/\boldsymbol{\Gamma}_2$——属于单元边界 $\boldsymbol{\Gamma}^e$，但不属于 $\boldsymbol{\Gamma}_2$ 的边。

将式（4.12）分别代入式（4.14）和式（4.15），对面积分和线积分进行离散化处理，有

$$\begin{aligned}\boldsymbol{F}_{eA}(u)&=\iint_A\left\{\frac{\beta}{2}\left[\left(\frac{\partial}{\partial x}\sum_k N_k u_k\right)^2+\left(\frac{\partial}{\partial y}\sum_k N_k u_k\right)^2\right]-f\sum_k N_k u_k\right\}\mathrm{d}x\mathrm{d}y\\&=\iint_A\left\{\frac{\beta}{2}\left[\left(\sum_k\frac{\partial N_k}{\partial x}u_k\right)^2+\left(\sum_k\frac{\partial N_k}{\partial y}u_k\right)^2\right]-f\sum_k N_k u_k\right\}\mathrm{d}x\mathrm{d}y\end{aligned} \tag{4.16}$$

$$\boldsymbol{F}_{e\Gamma}(u)=\int_{\Gamma_2}q\sum_k N_k u_k\mathrm{d}l+\int_{\Gamma^e/\Gamma_2}q\sum_k N_k u_k\mathrm{d}l \tag{4.17}$$

对单元中每一顶点的位函数 $u_l(l=i,j,m)$ 求一阶偏导数，得

$$\begin{aligned}\frac{\partial\boldsymbol{F}_e(u)}{\partial u_l}=&\iint_A\left\{\beta\left[\left(\sum_k\frac{\partial N_k}{\partial y}u_k\right)\frac{\partial N_l}{\partial x}+\left(\sum_k\frac{\partial N_k}{\partial x}u_k\right)\frac{\partial N_l}{\partial y}\right]-fN_l\right\}\mathrm{d}x\mathrm{d}y+\\&\int_{\Gamma_2}qN_l\mathrm{d}l+\int_{\Gamma^e/\Gamma_2}qN_l\mathrm{d}l\end{aligned} \tag{4.18}$$

记

$$k_{lk}=\iint_A\beta\left(\frac{\partial N_l}{\partial x}\frac{\partial N_k}{\partial x}+\frac{\partial N_l}{\partial y}\frac{\partial N_k}{\partial y}\right)\mathrm{d}x\mathrm{d}y$$

$$R_l=\iint_A fN_l\mathrm{d}x\mathrm{d}y+\int_{\Gamma_2}qN_l\mathrm{d}l+\int_{\Gamma^e/\Gamma_2}qN_l\mathrm{d}l$$

则式（4.18）可简化为

$$\frac{\partial\boldsymbol{F}_e(u)}{\partial u_l}=\sum_k k_{lk}u_k-R_l\quad(l=i,j,m;\quad k=i,j,m) \tag{4.19}$$

也可以表示为矩阵形式

$$\begin{bmatrix}\dfrac{\partial\boldsymbol{F}_e(u)}{\partial u_i}\\\dfrac{\partial\boldsymbol{F}_e(u)}{\partial u_j}\\\dfrac{\partial\boldsymbol{F}_e(u)}{\partial u_m}\end{bmatrix}=\begin{bmatrix}k_{ii}&k_{ij}&k_{im}\\k_{ji}&k_{jj}&k_{jm}\\k_{mi}&k_{mj}&k_{mm}\end{bmatrix}\begin{bmatrix}u_i\\u_j\\u_m\end{bmatrix}-\begin{bmatrix}R_i\\R_j\\R_m\end{bmatrix} \tag{4.20}$$

即

$$\frac{\partial\boldsymbol{F}_e(u)}{\partial u}=\boldsymbol{K}^e\boldsymbol{u}^e-\boldsymbol{R}^e \tag{4.21}$$

式中，$\boldsymbol{u}^e$ 和 $\boldsymbol{R}^e$ 为列向量，$\boldsymbol{K}^e$ 为三阶方阵，各向量与矩阵右上角的标号 e 代表单元 e。

2. 整体分析

在场域 S 内，能量函数由每个单元的能量函数叠加而成，有

$$\frac{\partial \boldsymbol{F}(u)}{\partial u}=\sum_{e=1}^{E}\left[\frac{\partial \boldsymbol{F}_e(u)}{\partial u}\right] \tag{4.22}$$

根据函数的极值理论，应有

$$\frac{\partial \boldsymbol{F}(u)}{\partial u}=0 \tag{4.23}$$

由式（4.21）~式（4.23）可得

$$\sum_{l=1}^{E}\boldsymbol{K}^e\boldsymbol{u}^e-\sum_{l=1}^{E}\boldsymbol{R}^e=0 \tag{4.24}$$

以矩阵形式表示

$$[K][u]=[R] \tag{4.25}$$

式（4.25）称为分离式变压器的有限元方程，其中［K］为系数矩阵，［u］为待求的位函数列向量，［R］为右端已知列向量。

4.3.2 基于 ANSYS 的分离式变压器电磁场分析计算

ANSYS 软件是最通用的商用有限元软件之一，具有功能丰富、用户界面好、前后处理和图形功能完备、简单易用等优点，在我国各工程领域得到广泛应用。

ANSYS 电磁场分析从 Maxwell 方程出发，采用基于变分原理的有限元方法生成离散方程组，其电磁场分析模块可以进行二维、三维磁场的静态分析、谐波分析等，也可以进行电流传导、静电分析和电路分析。

ANSYS 自身提供了丰富的线性和非线性材料的表达式，包括各向同性或各向异性的磁导率、介电常数，材料的 $B-H$ 曲线和永磁体的退磁曲线。后处理功能允许用户显示磁力线、磁通密度并进行力、端电压和其他参数的计算。ANSYS 具有耦合场分析功能，磁场分析的耦合载荷可被自动耦合到结构、流体及热单元上。在对电路耦合器件的电磁场分析时，电路可被直接耦合到导体或电源，同时也可计及运动的影响。

根据电磁场来源不同，ANSYS 可以分为静态磁场分析、谐波磁场分析和瞬态磁场分析。分离式变压器的初级线圈上加载的信号是一个调制信号，由于高频载波呈周期性变化，其产生的磁场也呈周期性变化，因此可用谐波磁场进行分析。

应用 ANSYS 软件进行分离式变压器电磁场分析，主要由以下 5 个主要步骤组成。

1. 创建物理环境

主要包括选择剖分单元形状、设置节点自由度、输入材料的磁导率和电导率等物理特性参数。在谐波分析时，应考虑铁磁材料磁化曲线的非线性，以确保计算精度。

2. 建立模型、剖分网格

由于初级线圈所形成的磁场有漏磁现象，为了分析磁场的泄漏，需要为初级线圈周围的空气建立有限元模型。

在剖分网格时应注意剖分单元的形状，以确保计算结果的准确性。对于四边形剖分单元，其长与宽的比例不能太大。选择三角形单元，则应注意不能出现钝角三角形。

3. 边界条件和激励载荷

网格剖分完成后，还需要加载计算磁场所需的边界条件和激励载荷。在 ANSYS 磁场分析模块中，相对于给定磁流平行或垂直边界条件而言，应用远场单元可以得到更高精度的计算结果。分离式变压器的边界外是空气，在边界处铁芯材料的磁导率远远大于空气的磁导率，故可认为边界处磁力线平行于边界线，即在边界线上的节点处采用强加磁力线平行边界条件，设定边界处节点的磁矢势 $A_Z=0$。在应用中，分离式变压器的激励源是初级线圈中的输入电流，然而用于磁场分析的泊松方程中所需激励条件为电流密度，故在加载激励条件时应先将输入电流转化为电流密度 J_S，有

$$J_S=\frac{NI}{S} \tag{4.26}$$

式中，S 是初级线圈的横截面面积；N 是线圈匝数；I 是每匝中的电流，且按正弦规律变化。

4. 计算

求解有限元方程组过程由软件自动完成。

5. 后处理

计算出节点的磁矢势 A_Z 后，应用相应的公式进行后处理，可进一步求出

耦合回路中的磁感应强度、涡流、电磁力、涡流损耗。通过后处理，可得到分析对象的磁力线和磁场强度的量化分布，并对计算结果进行分析。

4.4 耦合系数的测量

在电磁场分析研究中，试验研究与理论计算具有同样重要的意义，特别是耦合系数 k 可以依靠试验快速测得。

其原理如图 4.3（a）所示，将 L_1 和 L_2 的同极性端正向串联起来。设这时的总电感为 L_a，则有：

$$L_a = L_1 + L_2 + 2M \tag{4.27}$$

然后把 L_1 和 L_2 反向串联，如图 4.3（b）所示，设总电感为 L_b，则有：

$$L_b = L_1 + L_2 - 2M \tag{4.28}$$

由式（4.27）和式（4.28）可以解出

$$M = (L_a - L_b)/4 \tag{4.29}$$

则

$$k = M/\sqrt{L_1 L_2} \tag{4.30}$$

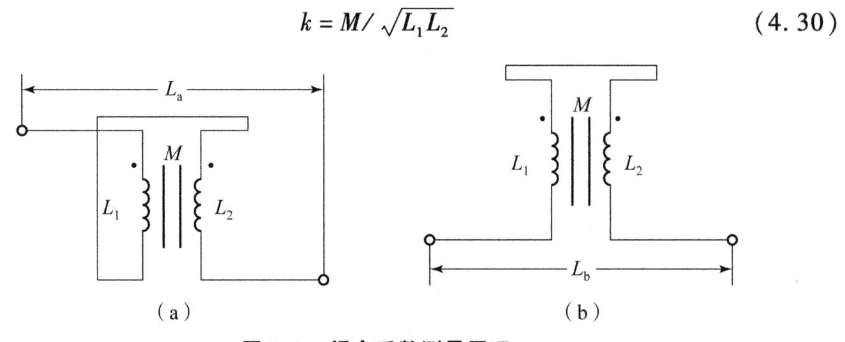

图 4.3 耦合系数测量原理

（a）正向串联；（b）反向串联

4.5 炮口感应装定系统电路设计方法

炮口感应装定是实现信息交联的一种主要方式。该技术可结合每一发弹丸出炮口的速度测量结果，并通过位于炮口的感应装定装置将引信所需要的信息快速装定到引信电路里，从而弥补了由于弹丸初速散布引起的炸点距离误差，具有很高的炸点控制精度。该技术装定时间极短，以信息传输为目的。最先实现这一技术的是瑞士“天盾”防空系统，该系统的关键技术主要有高精度炮口测速技术、速度－时间修正技术、感应耦合信道优化技术、数据可靠传输技术、精确定时技术等。

本节对炮口感应装定系统的数据传输技术与电路设计进行了研究，基于装定的快速性要求，直接利用基带信号进行数据传输，给出了炮口快速感应装定及引信解码与精确定时电路模块，并进行了动态试验。

4.5.1　炮口快速感应装定系统的构成与特点

炮口快速感应装定系统主要由装定器、信号发送线圈、接收线圈、引信电路四部分组成，其结构如图4.4所示。线圈A、C分别是接收线圈和发送线圈，B为引信电路，D为发送线圈与装定器的接口。发送线圈固定在炮口装置上，通过接口D与装定器相连。发送线圈一般绕成具有一定长度的螺线管形状，以增加与接收线圈的耦合时间。接收线圈绕在弹体上，位置可以根据引信的位置进行调整，当采用弹底引信时，接收线圈位于弹丸底部。接收线圈感应到的信号由引信电路进行处理，从而获取装定信息。

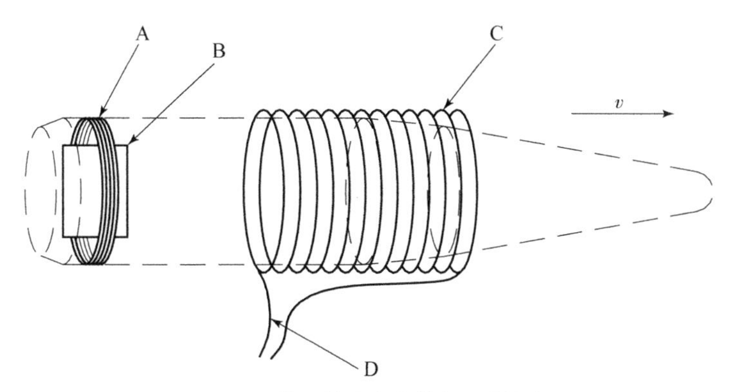

图4.4　炮口快速感应装定系统构成

系统的工作原理如下：当弹丸发射后运动至发送线圈附近时，火控系统将该发弹丸的装定数据发送给装定器，装定器对装定数据进行处理后，通过驱动电路给发送线圈输入一个交变激励电流，该电流会在线圈内部形成沿轴线方向的磁场。由毕奥－萨伐尔定律可知，该磁场的磁感应强度的大小和方向将随线圈内激励电流的变化而变化。由于引信在穿过发送线圈的过程中，接收线圈平面始终保持与磁感应强度方向垂直，因此接收线圈平面上的磁通量也按照与激励电流同样的规律变化。由法拉第电磁感应定律可知，在接收线圈两端将会感应出与发送线圈内部激励电流同样变化规律的感生电动势，即装定器发送的信号。引信电路对接收到的信号进行相应的处理即可重现装定数据，从而完成从装定器到引信的数据传输。

感应装定系统的发送线圈与接收线圈之间是通过磁场耦合实现数据传输的，由于发送线圈产生的磁感应强度较强的区域主要集中在螺线管内部及端面附近有限的区域内，而弹丸又是高速穿过这一区域的，因此发送线圈和接收线圈之间能够有效地进行数据传输的时间非常短，一般为微秒级。这是感应装定系统最突出的一个特征。

感应装定系统中，发送线圈和接收线圈之间能够有效地进行数据传输的时间段称为装定时间窗口（简称装定窗口）。全部装定数据传输都必须在装定窗口内完成，窗口越小，要求数据传输的频率越高，系统实现的难度就越大。因此，装定窗口的大小直接决定了感应装定系统的最低工作频率，是感应装定系统设计的一个重要参数。显然，加长发送线圈螺线管长度，可以增大装定窗口，降低系统设计的难度，但是在实际应用中，发送线圈要通过一定的装置固定在炮口，其长度和重量均要受到炮口装置的限制，太长太重都会影响火炮的性能。一般来讲，对于小口径高炮，发送线圈螺线管的长度取 1 ~ 2 倍口径比较合适。

装定窗口的大小可以根据发送线圈磁场的范围和弹丸的速度计算出来，图 4. 5 是计算载流直螺线管轴线上任意点磁感应强度的示意图。

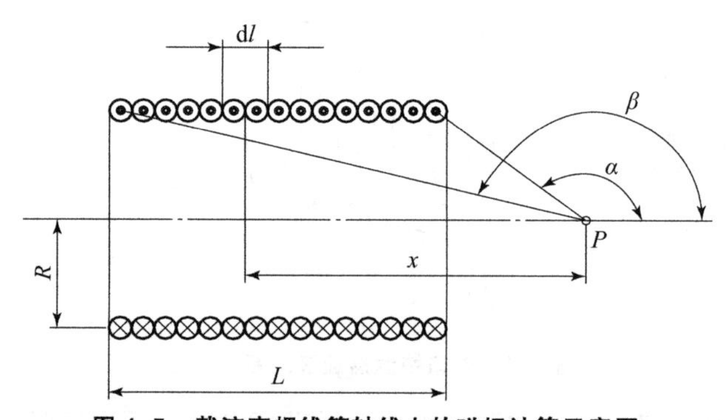

图 4. 5　载流直螺线管轴线上的磁场计算示意图

图中所示螺线管的半径为 R，长度为 L，单位长度上绕有 n 匝线圈，通有电流强度 I。在螺线管轴线方向上任取一小段 $\mathrm{d}l$，则该段线圈的匝数为 $n\mathrm{d}l$，它的电流强度为 $\mathrm{d}I = nI\mathrm{d}l$，则 $\mathrm{d}l$ 在轴线上任意一点 P 处产生的磁场强度为：

$$\mathrm{d}B = \frac{\mu_0 R^2 \mathrm{d}I}{2r^3} = \frac{\mu_0}{2} \cdot \frac{R^2 In\mathrm{d}l}{(R^2 + x^2)^{\frac{3}{2}}} \tag{4.31}$$

式中，r 为 P 点到 $\mathrm{d}l$ 边缘的距离；x 为 P 点到 $\mathrm{d}l$ 圆心的距离；μ_0 为真空磁导率。由于各小段在 P 点所产生的磁感应强度的方向相同，所以整个线圈在 P 处所产生的总磁感应强度为上式的积分。为了便于积分可引入参变量 α、β，由图4.5可知，$R=r\sin\beta$，$x=R\cot\beta$，从而得到

$$\mathrm{d}l=-R\csc^2\beta\mathrm{d}\beta \tag{4.32}$$

$$R^2+x^2=R^2\csc^2\beta \tag{4.33}$$

所以

$$B=\int\mathrm{d}B=\int_{\beta_1}^{\beta_2}-\frac{\mu_0}{2}nI\sin\beta\mathrm{d}\beta \tag{4.34}$$

即

$$B=\frac{\mu_0 nI}{2}(\cos\beta_2-\cos\beta_1) \tag{4.35}$$

磁感应强度的方向与电流流向间的关系遵从右手螺旋定则。

以上推导的是真空中载流直螺线管轴线上任意点磁感应强度，实际接收线圈内部的磁感应强度的计算公式应将上式中的真空磁导率 μ_0 置换为弹体上接收线圈截面上的磁导率 μ_r。在这里，我们关心的主要是磁感应强度在轴线方向上的变化趋势，因此仍可按照上式计算，只要将结果归一化就可以了。取螺线管的长度为1.5倍口径（$L=3R$）时的计算结果如图4.6所示，图中 B、C 点为螺线管两端面圆心，A、D 点位于螺线管外侧轴线上且到端面的距离为 R。

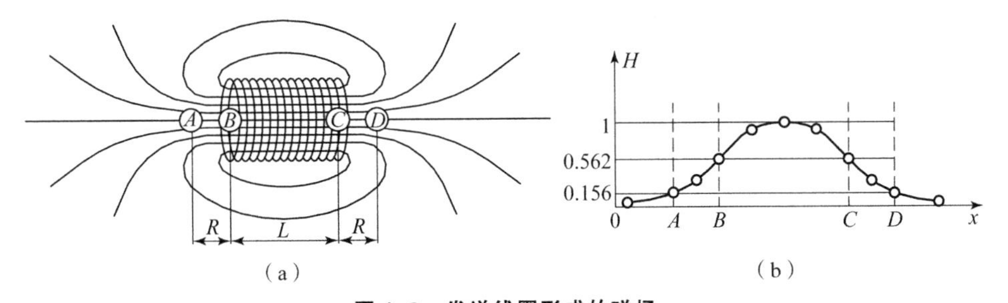

图4.6　发送线圈形成的磁场

（a）螺线管示意图；（b）$H-x$ 关系曲线

从图4.6中可以看出，螺线管中心部位的磁感应强度最大，越靠近两端磁感应强度越小，两端面圆心（B、C 两点）处的磁感应强度已经衰减为中心部位磁感应强度的0.562 T，而端面以外 R 处的磁场强度仅为0.156 T。由于接收线圈中感生电动势的大小与磁感应强度成正比，因此弹丸穿过相应的接收线圈随弹丸穿过螺线管过程中产生的感生电动势也按同样的规律变化。可见，BC 段内接收信号的信噪比最大，信号传输可靠性最高；BA、CD 段内信号强度加快衰减，信噪比快速降低；A、D 点以外区域信噪比已经恶化，信号无法传

输。为了保证装定的可靠性，引信电路在 BC 段内对接收信号进行处理比较合适，因此可以选择接收线圈在 B、C 点处的信号强度作为阈值，当接收信号强度高于阈值时再启动解码电路读取装定信息。以某口径为 37 mm 高炮为例，其弹丸初速为 1 000 m/s，取发送线圈直径为 40 mm，绕制长度为 60 mm（约 1.5 倍口径），则其装定窗口为：

$$\Delta t = \frac{L}{v} = \frac{60 \times 10^{-3}}{1\ 000} = 60(\mu s) \tag{4.36}$$

炮口干扰区的噪声频带较宽，能量较高，引信电路不容易滤除。在感应装定系统中，数据的传输只能在装定窗口中进行，所以只有提高信噪比才能够实现装定。提高发送线圈的驱动功率和改善发送线圈和接收线圈之间的耦合性能都可以提高信号强度，但由于发射平台的限制，信号强度的提高是有限的；降低噪声的主要措施是设计合理的炮口装置，实践证明，在炮口装置上开泄气孔可以有效地减轻气流对信道的冲刷，降低噪声电平，明显提高信噪比。

4.5.2 感应装定系统的数据传输技术方案及电路设计

由以上分析可知，炮口感应装定的时间窗口仅有几十微秒，要在如此短的时间内将装定信息可靠地传给引信，选择合适的信息传输方案是很重要的。

1. 感应装定信息传输方法选择

感应装定信息的传输方法，是指通过某种合适的方式将装定信息加载到装定器发送线圈的激励信号上，从而通过装定器与引信之间的感应耦合将信息传递给引信。感应装定的数据传输方式可以分为计数法和编码法两类，基本的传输方式有三种，即脉冲计数法、内脉冲计数法和二进制编码法。

脉冲计数法与内脉冲计数法有同样的缺点，即待装定的作用时间较长且装定分度较小，为保证装定精度需要较高的时钟频率。

二进制编码是三种基本数据传输方式中传输效率最高的一种，这种方法直接将待发送的作用时间数据用二进制表示。用二进制表示的引信装定信息一般不超过两个字节，即 16 位二进制数。当采用 16 位二进制数表示引信作用时间时，在装定时间间隔为 1 ms 的情况下，最大可以表示的装定作用时间为 65.536 s；而当用于表示装定转数时，以半圈为装定间隔可以表示的最大作用圈数为 32 768 圈，这对目前的小口径武器来讲是足够的。具体每种引信采用二进制编码的位数不必局限于整数字节，而应该是在保证满足编码精度要求的前提下采用尽量少的编码位数，必要的时候可以附加引信的作用模式等其他信息。

由于二进制编码传输方法具有码长短，信息量大，容易扩充，抗噪声性能好的优点，而且还可以参考数字通信系统中的相关技术进行系统优化设计，因此选择二进制编码作为感应装定系统中的信息传输方式。

2. 数字信号的传输方法

二进制编码的传输在通信系统中有基带传输和频带传输两种方式。基带传输是指将二进制编码信号经过放大、滤波后直接送入信道的传输方式。由于二进制数字信号波形是一个脉冲序列，其数据的任意性导致该脉冲序列的频谱具有低通特性，不利于信道传输，因此传输前一般还要进行码型变换。基带传输的优点是发送、接收设备简单，系统复杂度低；缺点是信道利用率低。基带传输方式广泛应用于有线通信系统中，而且在很多无线通信系统的终端机和发射机、终端机和接收机之间也是以基带传输方式进行通信的。

频带传输是指将基带信号通过一定方式调制到高频载波上再进行传输的方式。无线通信系统中必须采用频带传输，这是因为频带传输具有如下优点。

（1）频带信号容易向空间辐射。为了有效地将信号能量辐射到空间，要求天线的长度和信号的波长可以比拟（一般为 1/4 波长），这样才能充分发挥天线的辐射能力。基带信号频率较低，直接发送所需的天线长度往往为千米以上，显然是无法实现的。采用频带信号后，信号频率显著提高，大大方便了天线的设计和制造。

（2）频带信号可以有效利用信道带宽。对于通带较宽的信道，可以利用多路复用技术提高信道的利用率。例如，将信道带宽划分为多个频带，将多路基带信号分别调制到相应的频带上就可以实现信号的频分复用；若将多路信号按照不同时刻依次调制到信道上传输则构成时分复用。

采用频带传输时，发送端除了放大器、滤波器外还需要高频振荡器和调制器，接收端要有解调器等设备，因此系统复杂度比基带传输系统高得多。

由以上分析可以看出，频带传输的诸多优点主要体现在远距离的传输能力、信道容量大、利用率高等方面，而这些方面正是无线通信系统追求的目标，因此在无线通信领域得到了广泛的应用。对传输数据量很小、信道专用的感应装定系统来讲，频带传输的这些特性无关紧要，而基带传输在系统复杂度上的优势却是至关重要的，因此选用基带传输作为二进制编码装定信息的传输方式。与采用频带传输的方案相比，本方案不用高频振荡器，降低了系统工作频率，省去了调制解调等复杂电路，电路简单，稳定性、可靠性高。

3. 基带信号的波形设计

前面介绍的各种码型都是以矩形脉冲为基础的，矩形脉冲由于上升和下降是突变的，高频成分比较丰富，当这种信号通过带宽有限的信道传输时，波形会在时域中扩展，从而引起码间串扰，严重的时候就会导致误码。因此，矩形脉冲不适合直接进行信道传输，实际系统中应采用更适合于信道传输的波形。传统的数字基带传输系统中是用发送滤波器实现波形变换的，但是随着数字技术的不断发展，已经出现了很多成熟的数字波形合成技术，如 PLL、DDS 等。数字波形合成技术具有波形精度高、控制灵活方便等优点，因此采用数字合成技术可以获得比滤波器输出更适合信道传输的波形，使波形的大部分频率成分都位于信道的通带内，从而减小码间串扰的影响。

图 4.7 列出了三种不同的双相码波形，波形（a）表示的是以矩形脉冲为码元波形的双相码，称为矩形双相码，而波形（b）和波形（c）都是以正弦波作为码元波形的双相码，它是感应装定系统中实际采用的两种波形。从图中可以看出，波形（b）中用一个周期的正弦波表示一个码元，0 相位表示数字“0”，π 相位表示数字“1”，该波形具有比矩形双相码更集中的频谱特性，高频成分大大减少。由于在码元切换的时候，波形的相位有 180°的突变，因此称之为相位突变双相码。波形（c）与波形（b）的不同之处在于：码元切换用一个周期为 2 倍码元周期的半个正弦波来实现，其相位是连续的，因而成为相位连续双相码。相位连续双相码不但进一步减小了信号的带宽，更重要的是保持了波形相位的连续性，使得发送端功率放大电路的设计更为方便，而相位突变信号经过低通滤波后幅度会发生明显变化，变成非恒定包络的信号，只能是用较低效率的线性功率放大器进行放大，因而限制了高效率非线性功率放大器的使用。

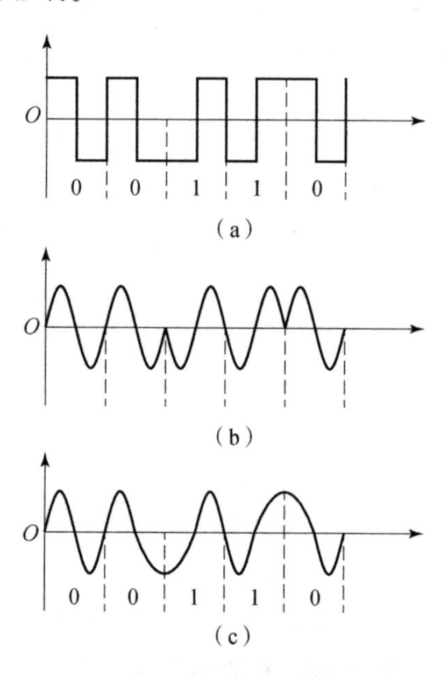

图 4.7　双相码波形示意图

上述相位突变双相码和相位连续双相码两种波形用传统的滤波方式获得是难以实现的，因此我们在感应装定系统中采用了直接数字频率合成（DDS）技术。相位突变双相码的波形比较简单，只需要在每个码元切换的时刻在相位累加器上增加 180°即可，下面重点讨论相位连续双相码的合成方法。

从波形图 4.8（a）可以看出，相位连续双相码每个码元的波形与其本身及前后相邻的码元的取值有关，根据前后相邻码元取值的不同，码元“0”和码元“1”分别有四种不同的波形，而且前半周期和后半周期的频率可能不一样，因此一个码元周期内需要两次更新 DDS 的控制参数，过程比较复杂。通过对波形的进一步分析可以发现，虽然每个码元的前半周期和后半周期的频率有可能不一样，但是在任意两个相邻码元的前一码元的后半个周期和后一码元的前半个周期内，波形的频率、相位都是保持不变的，而且波形仅与相邻两个码元的取值组合有关。因此，为了控制方便，我们对二进制序列进行码元重组，将两个相邻码元中前一码元的后半个周期和后一码元的前半个周期组成一个新的码元，并用这两个相邻码元取值组合作为新码元的取值，如图 4.8（b）所示。码元重组后的序列的码元个数和周期都与原二进制序列一样，只是变成了一个四进制序列，其四个码元 00、01、11、10 分别对应一个周期和相位都保持不变的码元波形。因此，根据重组后的四进制码元序列控制 DDS 产生相位连续双相码的波形是一种比较简便的方法。

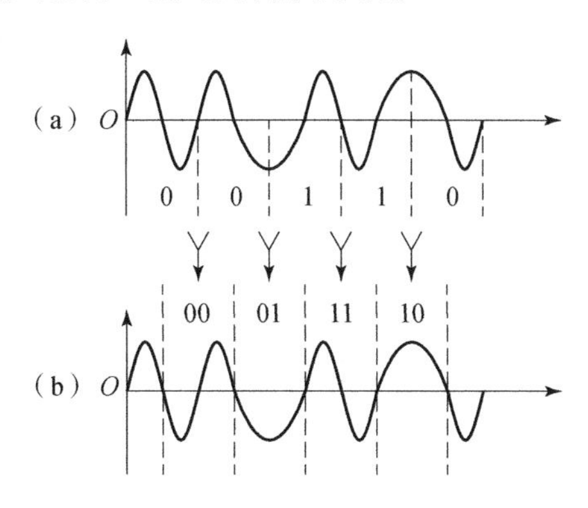

图 4.8　相位连续双相码的码元重组

4. 编码及解码的实现方法

无论是相位突变双相码还是相位连续双相码，经信道传输后再经放大、整形后都会得到图 4.7（a）所示的矩形双相码，因此解码的方法可以在矩形双相码的基础上讨论。

由于双相码的每个码元中都必有一次电平跳变，因此可以提取此信号作为位同步信号。采样时钟提取时，首先对原始波形进行微分运算，取得波形的跳变沿，该跳变沿的间隔为 T_b 或 $T_b/2$，对此信号进行滤波即可获得周期为 T_b 的位同步信号。

观察整形后的矩形双相码波形可以看出，正常波形中高低电平持续时间最长是一个码元周期 T_b，因此可以设计一个不同于“0”“1”码的特殊波形，使其电平持续时间大于 T_b，从而可以区别“0”“1”码而作为帧同步字符。系统中我们采用两种波形分别作为相位突变双相码波形和连续双相码波形的帧同步字符。每种波形的周期都是 $2T_b$，当帧末位是 0 相码元时，同步字符为 $3/2T_b$ 高

电平 $+1/2T_b$ 低电平；当帧末位为 π 相码元时，同步符为 $2T_b$ 高电平 $+1/2T_b$ 低电平，均可以明显地区别"0""1"码元波形。

当采用上述方式提取位同步信号时，如果接收波形开头是一段连续的"1"码或"0"码，则可能出现同步信号错相的情况，导致取样结果完全相反，错相将持续到波形中的第一个码元跳变或帧同步字符出现时才会得以纠正。因此上述解码方法显然在第一个帧同步字符到达之前也有解码输出，但由于可能出现局部反相工作的现象，因而返回一个不完整帧的解码结果不可信。由于感应装定的数据传输时间窗口非常有限，有效利用第一个不完整帧的解码结果可以降低数据可靠传输所需的最低波特率，因而克服"反相"的编解码方法将会进一步提高数据传输的有效性。

根据以上系统设计，得到炮口感应装定系统与引信接收系统，电路设计图如图 4.9 所示。

装定器主要由微控制器、频率合成器和功率放大器三部分组成。微控制器通过火控系统接口获得装定信息，将此信息编码后送给频率合成器，同时产生频率合成器的控制信号，使频率合成器完成对编码信号的调制；功率放大器将调制信号进行功率放大后加载到装定系统初级线圈（T_1 左侧线圈）上。图4.9中可调电容 C_0 的作用是使初级线圈驱动电路工作在谐振状态。T_1 右侧线圈表示引信端的次级线圈，当初、次级线圈位于耦合位置时，次级线圈将感应到初级线圈发出的调制信号，该信号通过引信电路上的整流桥 D_1 存储到电容 C_2 上，经电压变换后为引信的解码电路、起爆控制电路等提供能源；同时，又通过由 D_2、R_1、C_1 构成的解调电路还原为基带编码信号，进而由解码电路解码获得装定信息，供给后续电路作为起爆控制的依据。

4.5.3 炮口感应装定技术试验研究

为验证炮口快速感应装定系统的动态装定性能，在 25 mm 发射器上进行了实弹射击试验，采用回收弹丸读取引信内数据的方式检验装定的正确性。试验系统包括炮口延伸装置、弹药、装定线圈驱动电路、感应装定引信以及 25 mm 发射器和弹丸回收箱等。整个试验系统如图 4.10 所示。

为方便弹丸回收，试验采用平射，回收箱安置在炮管正前方。回收箱与炮口间的距离大于 20 m，以保证在弹丸进入回收箱前有足够的时间将接收数据存储到非易失的 Flash 存储器中，防止掉电以后数据丢失。炮口延伸装置装在发射器炮口处，内部装有测速线圈和感应装定发送线圈，三个线圈的信号均由示波器采集，用于试验结果的分析。

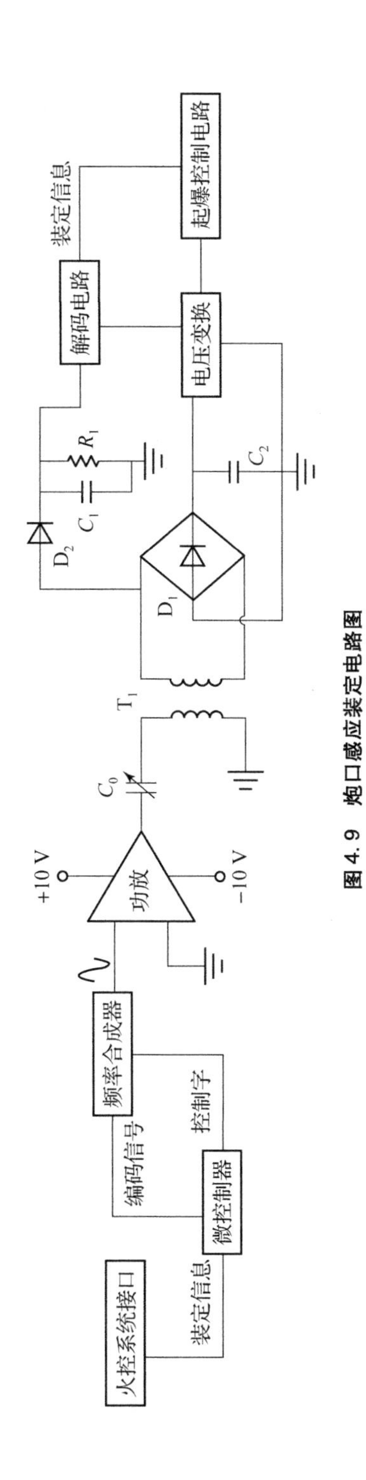

图 4.9　炮口感应装定电路图

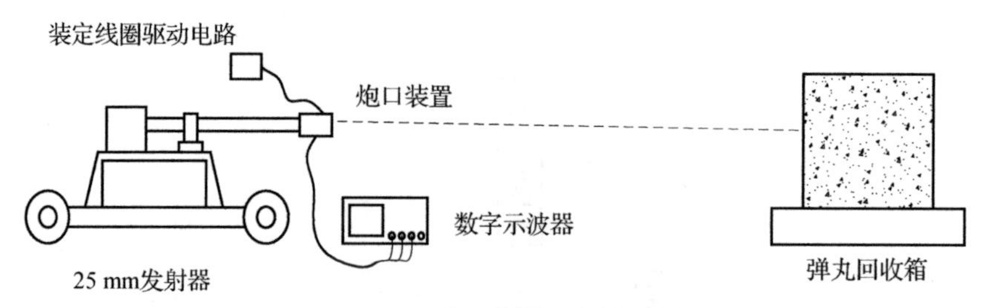

图 4.10 25 mm 炮口快速感应装定试验系统

试验时弹丸飞出炮口进入延伸装置，先后在两个测速线圈中产生具有一定时间间隔的感生电动势，用于计算出弹丸出炮口的速度。同时，第二个测速线圈的信号还兼作装定线圈驱动电路的启动信号。因此当弹丸飞过第二个测速线圈时，感应装定信息开始发送，线圈内部出现与调制信号变化规律相同的交变磁场。弹丸接近装定发送线圈时引信电路检测到此信号，启动解调电路，数据暂存在读写速度较快的 SRAM 中，装定信号消失后再将解出的所有数据转存到速度较慢但是非易失的 Flash 存储器中，待引信回收后通过预留的通信接口校对数据的正确性。

试验共射击 3 发，测速线圈测得两发炮口初速，均完整回收。经过测试，均存储了 6 个正确的测试数据，说明在装定窗口内引信连续接收了 6 次循环发送的测试数据，全部正确解调。试验结果如表 4.2 所示。

表 4.2 数据传输试验记录

弹号	弹重/g	引信重/g	装药量/g	穿靶时间/μs	弹丸速度/(m·s^{-1})	弹丸回收情况	数据接收情况
1	112.6	18.7	5.5	—	—	完好	接收到 6 次，全部正确
2	112.6	18.7	5.5	80	375	引信体损坏	接收到 6 次，全部正确
3	112.7	18.7	5.5	90	333	完好	接收到 6 次，全部正确

弹丸回收情况表明，引信体由于采用了灌封技术，完全可以承受发射时的高过载。引信内存储了 6 字节的测试数据，说明在装定窗口内装定器至少可以向引信传送 48 位二进制数据。根据信息传送的码元速率可以计算出装定窗口的大小，计算表明装定窗口略大于弹丸飞过装定线圈所需的时间，这是由于装定线圈两端的磁场强度是逐渐衰减的，与理论分析的结果一致。

第二篇　光学信息交联技术

第5章

引信光学装定系统设计理论

利用光的传输特性，同样可以将能量或信息传递给引信。光学装定包括电光转换和光电转换两个过程。光学装定具有比电磁装定更远的传输距离和较强的抗电磁干扰能力。

本章首先深入研究引信基于光学的能量和信息非接触传输系统、现代光通信理论和激光传输原理，在此基础上研究引信光学装定系统的相关技术、作用体制和设计原则。为了更好地指导引信光学装定系统设计，最后给出了引信光学装定系统的作用体制及组成。

5.1　引信光学装定概述

引信光学装定技术，属于引信信息装定方式的一种，它利用对激光驱动电源的编码控制及应用大功率可编码激光发射方式对引信进行信息加载，根据光学通信原理，通过分别置于武器系统的激光装定器和引信上的光学接收、光电转换和信息解码等装置，实现引信所需信息的自动快速装定。

引信信息光学装定的工作过程为：通过武器系统上的目标探测识别系统确定目标的参数（包括目标的高度、速度、航向、空气的温度和湿度等）送入火控计算机，火控计算机根据这些数据以及预先输入的弹丸弹道参数计算出引信所需的装定信息（引信作用方式、作用过程的特征参数等）。将来自火控系统（或人工输入系统）的装定信息，以激光编码的信息传输方式传输给在一定距离处的引信上，这样就实现了装定信息由武器系统到引信的非接触传输。其中，引信在装定区获得瞬时装定信息，完成装定后，闭锁接收电路，使引信装定信息在弹道的其他时间不受干扰。

可见，光学装定与其他装定方式的不同在于信息与能量传输采用光波（目前一般是激光）载体。分析可知，引信光学装定技术具有如下主要特征：

（1）利用光波作为载体。装定器和引信间采用激光器和光电探测器传递光学信息。

（2）装定对象为可编程电子引信。对象的特性，决定了引信装定系统应具有体积小、装定速度快等特性。受光电探测器和光电池体积影响，早期应用于航空弹药用引信，主要战术使命是对付地面等运动目标。

（3）光学装定既可近距装定信息，又可对离开发射平台的弹丸或战斗部装定信息，是一种装定距离范围较宽的引信装定技术。

（4）发射前光学装定为外能源装定。发射前，引信电源尚未激活，需要由装定器为引信装定电路提供所需电能。如对于航空炸弹引信来说，发射前，为保证载机安全，引信主电源尚未激活，这时可采用两种方案提供装定电路工作所需的能量。第一种方案：由于飞机上带有电源，可向引信内的电容器充电完成供能，但具有飞机与弹药间需导线连接、电源电路与发火电路间需安全隔离等缺点；第二种方案：激光非接触供能方式，采用激光照射光电池给引信控制电路供能，再进行信息传输。如无特别说明，本章所研究的引信光学装定技术均指基于激光供能的航空弹药用引信发射前光学装定。

（5）处于高过载、大温度变化范围环境。如对于航空弹药引信，载机加速飞行及进行战斗动作时的惯性过载可达 10 g，载机的振动、冲击、颠簸过载可达 5 g，有时可达 10 g；载机所处环境温度可在 $-60 \sim +50$ ℃范围内。对于发射后引信装定，引信膛内承受的载荷更大，最大可达到 7×10^4 g。

（6）抗电磁干扰能力较强，但抗云、烟、雨、雾等恶劣环境的能力较差，战场的硝烟、天气的云雨雾，以及人为的光干扰等都会严重影响引信光学装定的性能，甚至会使系统失效。

从技术优势来看，将光学装定技术应用于电子引信中，具有如下优点：

（1）可避免电磁感应或无线电装定时由引信体内的接收线圈或天线增加的引信体的附加体积，并具有较强的抗干扰能力，弥补了电磁感应装定的短程性和射频装定的易受干扰性。

（2）发射前光学装定，以光电池为引信装定电源，不占用引信宝贵的内空间体积，结构简单，电源激活时间短，范围为 15 ~ 150 μs（引信电源激活时间的要求一般为 3 ~ 5 ms），符合未来发展的取向——无电源引信。

（3）发射后光学装定，实现了外弹道上的远距离遥控装定，扩展了装定的时间和空间，是引信装定技术的创新。

（4）根据战斗部的种类及作战方式不同，所装定的信息也不同。对于远程弹药，可装定母弹引信的开仓时间、弹道修正引信的修正参数等；对于近距离作战弹药，则可直接完成起爆信息的发送等。

（5）能够应用于多种电子引信，如航弹用引信、火箭弹引信、高炮引信以及其他非速射武器用引信，具有重要的研究意义和实用价值。

5.2　引信光学装定系统理论分析

为实现光学装定，需要构建基于激光编码的引信能量和信息同步传输的理论基础，为工程实际应用提供基础理论指导。本节就光传输方式、光调制、作用体制进行分析论述。

5.2.1　能量和信息传输方式

引信光学装定系统分为能量传输和信息装定两部分。根据引信能量和信息非接触传输系统的工作原理，系统可以采用如下两种工作方式。

1. 并行方式

装定过程中，能量装定和信息装定互不干扰，同时进行。装定器电源上电后，连续激光器开始发送连续光波对光电池组进行能量传输；同时，信息激光器开始发送调制有信息的光载波，进行信息传输。当引信装定电路电源被激活后，引信信息模块电路自动接收装定信息。采用这种工作方式，需要两个激光器，但能量传输效率高，引信电路激活时间短，能够提高装定速度。

2. 串行方式

装定器通过信息激光器一直发送光载波。光电池和 PIN 光电二极管同时接收到光载波，当引信装定电路被激活后，自动接收装定信息，利用一组激光器与光电器件实现能量和信息同步传输。在串行方式中，根据能量传输和信息传输的时序关系，又有两种子方式，如图 5.1 所示。图中所示的光载波为光脉冲载波，在系统组成中也可以是连续载波。

（1）同步方式：装定过程中，装定器一直发送有调制信息的光载波。引信接收电路被激活后，自动接收装定信息。当光载波为光脉冲载波时，由于有能量传输零区，不可避免地会存在一定的能量损耗。因此，引信电路激活时间长，装定速度慢。

（2）分时方式：装定过程中，装定器先发送不调制的光载波，待引信电路激活后（用固定充电时间来表征），再发送调制有信息的光载波，即能量供给和信息装定是按照一定的时序进行的。采用这种工作方式，能量传输效率较高，引信电路激活时间较短，能够提高装定速度。

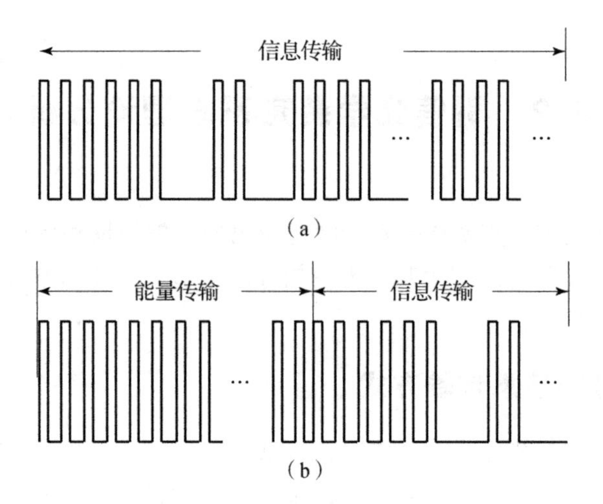

图 5.1 能量和信息传输的串行方式

(a) 同步方式；(b) 分时方式

5.2.2 光调制与检测

5.2.2.1 光调制与检测方式分类

总的来说，引信信息非接触传输系统可以设计为两大类系统，即采用强度调制（IM）的直接检测（非相干）系统和采用直接光载波调制的相干（外差）系统。

按照使用的激光器的性质不同，光学比特调制又可以按脉冲或连续波（CW）进行分类。在脉冲系统中，通过使光源（脉冲激光器）发出脉冲进行比特发送。在 CW 系统中，光源（连续激光器）连续发射而比特是通过调制得到的。其中，脉冲调制几乎总是用于直接检测系统，而 CW 调制既可用于直接检测系统也可用于外差系统。

因此，将引信信息非接触传输系统的光调制与检测方式设计为：

（1）脉冲强度调制/直接检测（PUIM/DD）方式。脉冲强度调制的最一般形式是开关键控（OOK）和双相码。在 OOK 系统中，通过在每一比特间隔内使光源脉冲开或关以对每个比特进行发送，这是光信号最基本的形式。光源由编码脉冲波形进行强度调制，同时直接检测接收机对信号进行解码。常用的调制方式还有脉位调制（PPM）、脉冲时段调制（PIM）等。其基本原理框图如图 5.2 所示。

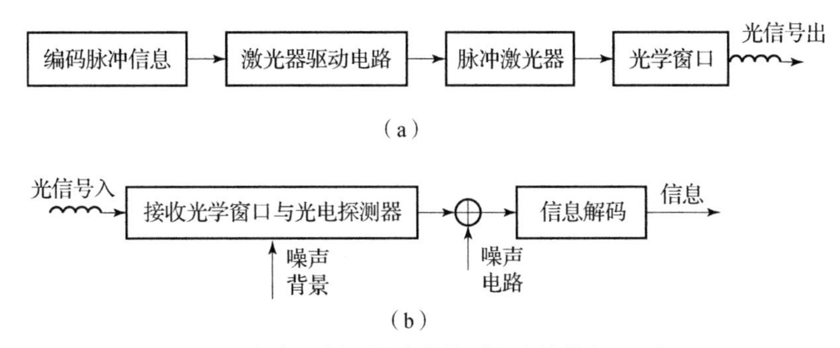

图 5.2　脉冲强度调制/直接检测方式的基本原理框图

(a) 发送机；(b) 接收机

(2) 在 CW 系统中，调制分为两种形式，即在直接检测时对光源进行副载波强度调制和在外差系统中直接对激光载波进行调制。在副载波或光载波中的比特调制格式均可以是数字振幅调制（ASK）、频率调制（FSK）或相位调制（PSK）。

①副载波强度调制/直接检测（CIM/DD）：副载波强度调制是先将数字比特调制到 RF 副载波上，再用副载波对光载波进行强度调制的方法。其基本原理框图如图 5.3 所示。从图中可以看出，副载波调制器与副载波解调器的设计可完全采用无线电通信方法。

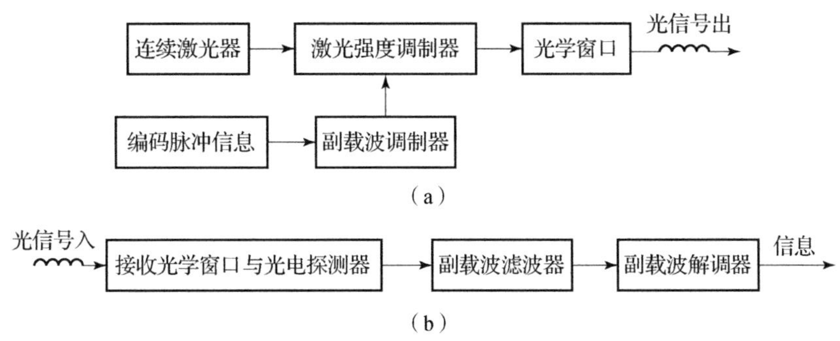

图 5.3　副载波强度调制/直接检测方式的基本原理框图

(a) 发送机；(b) 接收机

②激光载波调制/外差检测（LM/RD）：一般激光载波调制采用的调制格式是 FSK 和 PSK，即数字信号通过激光载波信号的移频或移相进行调制，接收时，首先与一本振光信号进行相干混合，再通过鉴相或鉴频等方法实现解调。最常用的是 PSK 调制格式，其激光载波调制/外差检测方式的基本原理框图如图 5.4 所示。

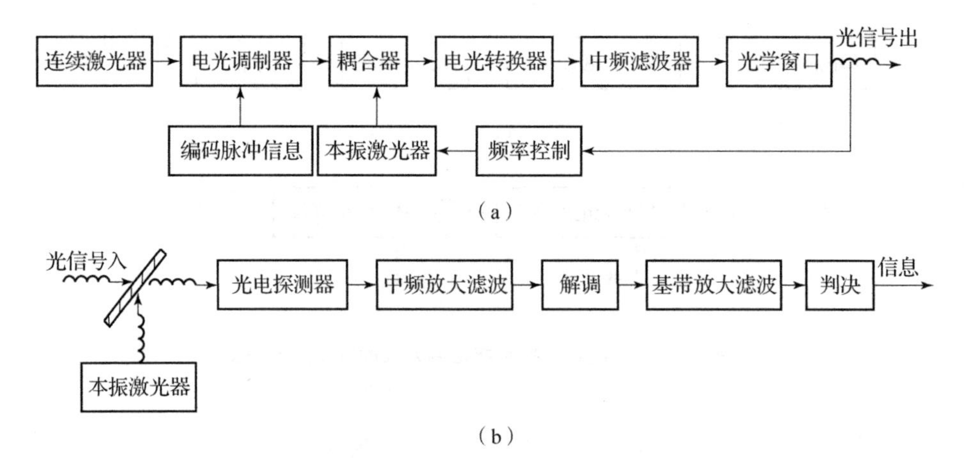

图 5.4 激光载波调制/外差检测方式的基本原理框图

(a) 发送机；(b) 接收机

为了更清晰地建立引信光学装定系统的基础理论，下面对信息非接触传输通道的几种光调制格式和实现方法进行研究。

5.2.2.2 几种基本的光调制格式

当调制信号为二进制数字信号时，载波参量只有两种变化状态，称为二进制数字调制。根据所使用的载波信号（副载波或光载波）参量的不同，二进制数字调制可以分为二进制幅度键控（ASK）、二进制频移键控（FSK）和二进制相移键控（PSK），详细内容见第 3 章。

对于副载波调制，PSK 的调制方法有直接调相法和相位选择法；解调方法只能采用相干解调的方法（极性比较法）。

对于光载波调制，PSK 格式的特点是在所有比特期间光强度保持恒定，信号仍以连续波（CW）的形式表示出来，对于这种调制信号用直接检测而不用外差是检测不出来的。其实现方法是采用外部调制器实现，该调制器利用电光效应导致的折射率变化来实现，能根据外来输入信号电压改变光相位。常用的调制器为 $LiNbO_3$ 晶体电光相位调制器和 MQW 结构的相位调制器。

对于 ASK、FSK、PSK 的光载波解调可采用同步或异步方案。异步解调在低频无线电通信中称为非相干解调，同步解调要求本振频率和信号频率精确相等，本振光相位与信号光相位锁定。

5.2.2.3 光调制与检测方式的性能比较

从以上分析可知，引信信息非接触传输系统的光调制与检测方式主要有三种：PUIM/DD方式、CIM/DD方式与LM/RD方式。主要性能包括频带宽度、功率利用率、设备复杂程度、误码率等。下面对三种光调制/检测方式的性能做简要比较。

1. 频带宽度和功率利用率

当二进制基带信号的频带宽度为 B_S 时，ASK和PSK系统的频带宽度都为 $2B_S$，而FSK系统的带宽为 $2B_S+|f_2-f_1|$（f_1、f_2 为两个载波频率）。因此，FSK的频带宽度最大，频带利用率最小。在功率利用率上，PSK和FSK优于ASK；CIM/DD方式功率利用率最低，LM/RD方式功率利用率最高。

2. 设备复杂程度

PUIM/DD方式设备最简单，尤其采用半导体激光器时，可直接采用电源调制器（可由电路实现）进行内调制。CIM/DD方式次之，因为对于ASK、PSK和FSK实现来说，设备的复杂程度相差不多，但进行激光强度调制时需采用外部调制器，不但结构上复杂，而且增加了发送设备体积。LM/RD方式最为复杂，不但器件选择上性能要求极高，而且接收端必须增加一个本振激光器，此外，接收端的复杂程度还与调制和解调方式相关。对于同一种调制方式，同步解调的设备要比异步解调设备复杂，而同为异步解调时，PSK的设备最复杂，FSK次之，ASK最简单。

3. 误码率

对于各种调制/检测方式及采用不同的光调制格式，系统误码率性能如图5.5所示，横坐标为信噪比（E/n_0），纵坐标为误码率（P_e）。图5.5（b）中实线代表外差同步接收机，虚线代表外差异步接收机。可得如下结论：

（1）二进制光数字传输系统的误码率与调制/检测方式和光调制格式有关。但无论采用何种方式，在输入信噪比增大时，系统的误码率降低，反之误码率增大。

（2）对于不同的光调制格式，在信噪比相同的条件下，误码率ASK > FSK > PSK；在误码率相同的条件下，在信噪比要求上，PSK比FSK小，FSK比ASK小。

（3）对于调制与检测方式，在信噪比相同的条件下，LM/RD误码率最小，CIM/DD误码率最大；在误码率相同的条件下，在信噪比要求上，LM/RD比PUIM/DD小，PUIM/DD比CIM/DD小，但要注意的一点是，上述分析假定PUIM/DD是理想的强度调制（IM）/直接检测（DD）接收机，实际应用时，由于热噪声、暗电流等其他因素影响，对其信噪比要求是很高的。

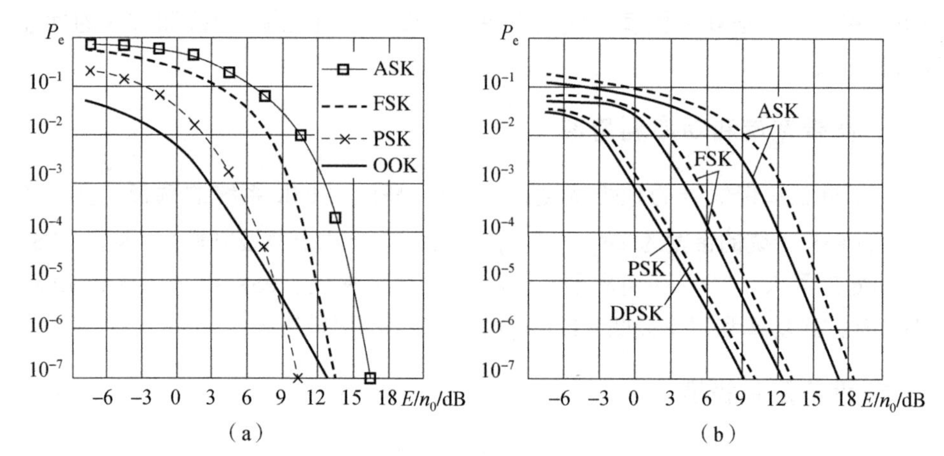

（a） （b）

图 5.5　三种调制/检测方式的误码率比较

（a）PUIM/DD 方式（OOK）与 CIM/DD 方式；（b）LM/RD 方式

5.2.3　引信光学装定系统作用体制及原理

通过对以上构建的引信光学装定系统理论进行分析，引信光学装定系统可以有以下几种作用体制。

1. PUIM/DD 并行装定体制

该体制的作用原理：能量和信息采用并行传输方式，信息的光调制与检测方式采用 PUIM/DD，发送装定信息的激光器采用脉冲半导体激光器，供能激光器采用连续半导体激光器。

特点：装定器能量传输效率高，无能量传输零区，引信电路激活时间短；装定速度较快；调制解调电路易于实现；结构简单，体积小，便于便携设计。但是系统需要采用两个激光器，增大了对武器系统发射平台的结构影响；调制频率较低；在信息传输中，为达到小的误码率，对信道编码以及调制方式的选择提出较高要求。

图 5.6（a）为 PUIM/DD 并行装定体制的原理框图。

2. CIM/DD 串行装定体制

该体制的作用原理：能量和信息采用串行传输方式，信息的光调制与检测方式为 CIM/DD。发送装定信息和发送能量为同一个激光器——连续半导体激光器，在传输能量的同时也传输装定信息。

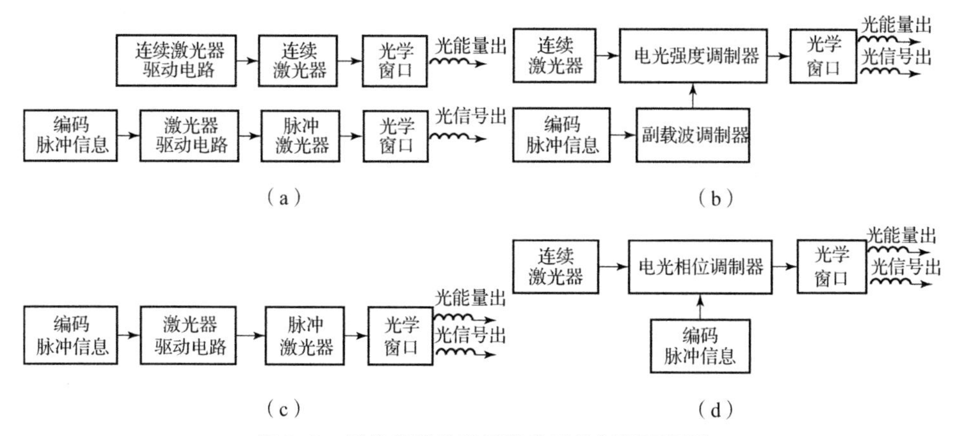

图 5.6　引信光学装定系统作用体制原理框图

(a) PUIM/DD 并行装定体制；(b) CIM/DD 串行装定体制；

(c) PUIM/DD 串行装定体制；(d) LM/RD 串行装定体制

特点：系统只采用一个激光器——连续半导体激光器，激光器数量减少；调制频率很高，可达吉赫兹。但是，激光器外部必须放置外调制器，在外调制中，由于在发射激光器和外部调制器之间可能有不需要的光载波反射，这些反射损害了激光器发射谱，从而恶化传输质量和降低整个系统性能；此外，作为器件带来了很大的插入损耗，不仅所需调制功率大，增加系统成本，而且增加了装定器体积和结构复杂性；在信噪比相同的条件下，CIM/DD 误码率最大；功率利用率最低。

图 5.6 (b) 为 CIM/DD 串行装定体制的原理框图。

3. PUIM/DD 串行装定体制

该体制的作用原理：能量和信息采用串行传输方式，信息的光调制与检测方式采用 PUIM/DD。发送装定信息和发送能量为同一个激光器——脉冲半导体激光器，在传输能量的同时也传输装定信息。

特点：系统只采用一个激光器——脉冲半导体激光器，激光器数量减少；调制解调、编码电路易于实现，结构更为简单，体积小。但是调制频率较低；在能量传输过程中存在零区，大大降低能量传输效率，对数字信号的编码调制方式提出更高要求，装定时间长。国外对采用脉冲激光器的脉冲光束对光电池组进行照射的这种激光供能方式研究也有，但较少。由于光电池组对脉冲激光束的响应特性与连续激光束的响应有很大的不同，光电转换效率较连续激光束的照射有很大的下降，所以采用脉冲激光束进行引信能量装定难度较大。

图 5.6 (c) 为 PUIM/DD 串行装定体制的原理框图。

4. LM/RD 串行装定体制

该体制的作用原理：能量和信息采用串行传输方式，信息的光调制与检测方式为 LM/RD。发送装定信息和发送能量为同一个激光器——连续半导体激光器，在传输能量的同时也传输装定信息。

特点：系统只采用一个激光器——连续半导体激光器，而且调制频率很高；误码率小；功率利用率高。但是系统结构复杂，体积大；调制解调电路实现复杂，尤其需在空间狭小的引信体内增加一本振光源，满足不了引信体外电源和低功耗要求。

图 5.6（d）为 LM/RD 串行装定体制的原理框图。

图 5.6 中所示的几种引信光学装定系统作用体制原理框图主要为装定器部分，对于不同的作用体制，引信装定模块的原理是不同的，PUIM/DD 并行装定体制中引信装定模块的工作原理如图 5.7 所示。

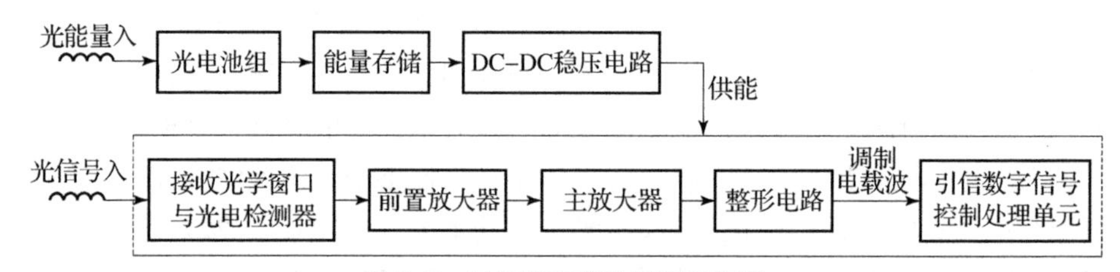

图 5.7　引信装定模块的原理框图

从以上几种作用体制的特点可以分析出，系统采用 PUIM/DD 并行装定体制是比较合适的。采用此体制主要基于以下方面的考虑：

（1）脉冲强度调制（PUIM）仅适用于半导体光源。

（2）对于电子引信，采用基于半导体激光器的 PUIM/DD 并行装定体制使装定器结构简单，体积小，低功耗且与外调制相比减少了干扰源，便于与火控系统连接或便携设计，也使引信电路微型化成为可能。

（3）采用 PUIM/DD 并行装定体制不用考虑能量传输零区。

（4）由于引信光学装定系统主要用于航空弹药，直接调制的通信速率可满足系统要求。

5.3　引信光学装定系统组成

引信光学装定系统既要进行信息装定，又要在装定时为引信装定电路提供初期工作电能。根据引信能量和信息非接触传输系统理论、引信光学装定系统理论，系统基本结构框图如图5.8所示。

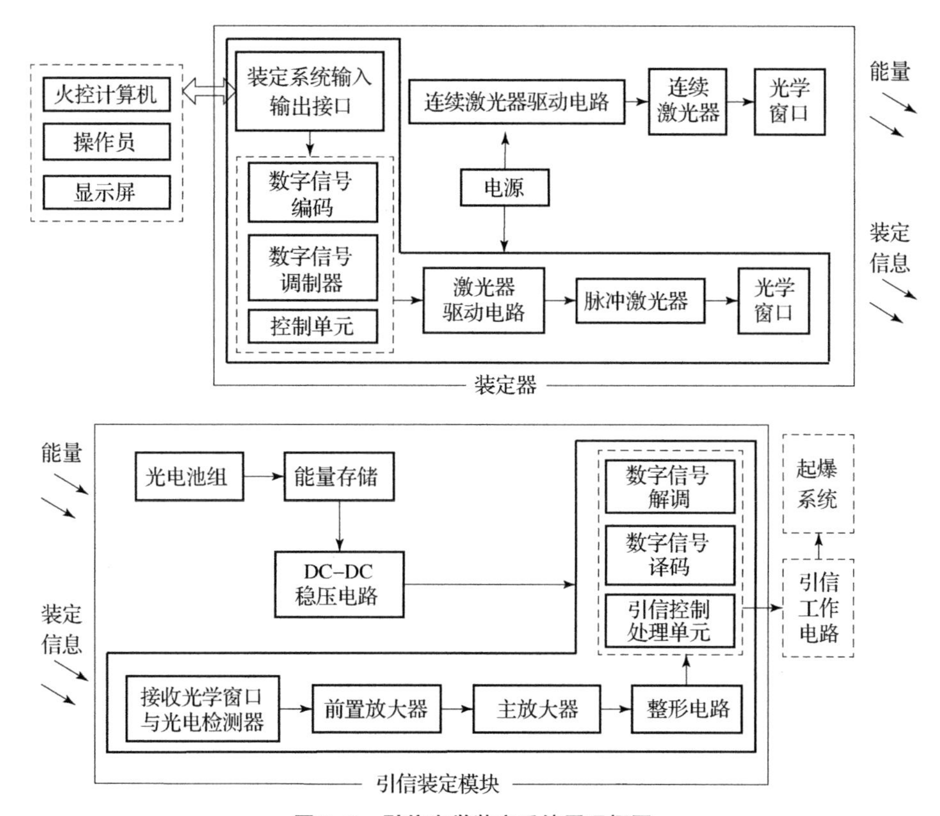

图5.8 引信光学装定系统原理框图

从图5.8中可以看出，引信光学装定系统由装定器和引信装定模块两大部分组成。按照功能划分，整个系统可划分为以下几个模块。

1. 装定器信息模块

装定器信息模块主要完成装定信息的生成、发送功能，它由以下功能单元组成。

(1) 装定系统输入输出接口：装定器输入输出接口包括键盘、液晶显示屏和火控系统接口等，是装定器与火控系统及操作员间的信息交互通道。装定信息由火控系统或者操作员通过计算产生，然后通过输入输出接口将计算结果送至装定器，实时得到引信的作用模式、作用距离或作用时间等装定信息。

(2) 数字信号控制处理单元：为了装定信息在大气中更有效传输，能纠正装定信息在随机大气传输中产生的随机错误和突发错误，需对装定信息进行合适的编码调制。该功能单元由数字信号编码、数字信号调制器和控制单元三部分组成。

（3）光调制单元：光调制单元由激光器驱动电路、脉冲激光器和光学窗口组成。编码调制后的电数字信号作为激光器驱动电路（激光电源）的输入信号，激光器驱动电路提供给半导体激光器大的驱动电流，驱动激光器将装定信息以编码脉冲的形式发送出去。光学窗口把激光器发射的发散光束进行准直和像散校正，达到引信光学装定系统要求的光斑大小和传输距离。

2. 装定器能量模块

装定器能量模块主要由以下功能单元组成。

（1）电源：负责为整个装定器提供所需的电能。

（2）连续激光器驱动电路：将电源输入的直流电压变换成可调直流电压（使激光器输出功率可调），经开关晶体管驱动激光器发射连续红外波段的激光束。

3. 引信信息模块

引信信息模块主要完成装定信息的接收功能，其主要由以下功能单元组成。

（1）光电检测单元：在引信光学装定系统中，激光接收信号的好坏决定引信能否正确接收到控制系统发出的信息。为了提高装定可靠性、增大可装定距离，必须设计实现高灵敏度、高信噪比的接收及识别电路。而光电检测单元是第一步，它包括光电探测器的选择和接收机的设计。光电检测单元包括光学接收窗口与光电探测器、前置放大器等信号处理电路。光学接收窗口用来对准发射光束和接收尽可能多的光能，并使光束聚焦在光电检测器上。

（2）引信数字信号控制处理单元：负责将接收到的调制电载波解调为数字基带信号，通过译码模块将解调模块输出的数字基带信号进行译码还原出装定信息并存储。其由数字信号解调器、数字信号译码器和引信控制处理单元三部分组成。

（3）引信系统输入输出接口：是引信信息模块和引信其他电路模块的信息交互通道。通过引信系统输入输出接口，引信控制处理单元对存储器中的装定信息进行处理判断，准确控制引信的功能操作，如起爆电雷管等。

4. 引信电源模块

由系统工作原理可知，引信电源模块为引信装定电路提供工作电能。它主要由以下功能单元组成。

（1）光电池组：完成光能量接收和光电转换功能。由于光电池的温度效应使光电池组输出功率随工作温度升高而下降，在光电池组用量计算上需考虑到温度补偿。

（2）能量存储单元：主要对引信储能电容充电，存储电能。

（3）电压调理单元：对能量存储单元的输出进行 DC－DC 变换和稳压处理，为引信装定电路提供所需的工作电压和电流。

第6章

引信光学装定系统数据传输理论

为了能够更清楚地说明引信光学装定系统数据传输理论，本章以航空弹药用引信为例，首先确定其光学装定体制，然后建立光学装定系统数据通信模型，对数据传输理论进行介绍，并给出系统数据传输的设计。

6.1 航空弹药用引信工作体制分析

6.1.1 航空弹药用引信工作体制

按用途来说，航空炸弹常用的弹药为爆破弹、杀伤弹或反坦克炸弹等，分别配用触发和时间引信，也包括一些近炸引信。通过引信控制其在目标上方起爆，将大大提高航空弹药对地面目标的毁伤效能。目前常用的引信工作方式有四种，即：定时、近炸（电容、激光、无线电）、触发和触发延期体制。引信的装定问题涉及引信的工作体制、装定内容以及数据格式等，合理地选择引信工作体制对装定的实现至关重要。

1. 定时体制

时间引信是最基本的引信之一，也是至今应用最广泛的引信之一，特别是可编程电子时间引信，具有作用时间长、精度高、装定快速、便于标准化等优点，在防空反导的弹药中得到了广泛的应用。

2. 近炸体制

近炸体制是一种按目标自身特性或其环境特性来感觉并探测到目标的存在、距离和方位，在靠近目标最有利的距离上控制弹药爆炸的作用体制。近炸引信广泛配用于各种炮弹、火箭弹、航空炸弹等弹药中。从目标和引信空间物理场特性考虑，可分为电容引信、光引信、无线电引信等。

3. 触发体制

触发引信是利用引信或弹体与目标直接接触产生的信息而使触发式发火控制系统作用的引信，是一般引信中必备的工作体制。

4. 触发延期体制

触发延期体制是航空弹药用引信常用的一种工作体制，航弹引信的长短延期时间，有的是出自炸弹侵彻目标的需要，有的是出自低空投弹的需要。例如，对于钻地弹来说，少许延时有利于炸弹借助动能钻进坚固目标的内部起爆；如果需要杀伤地表上的软目标，可以把延时时间设得很短（约 50 μs），炸弹则完全在地表上方爆炸；在低空投弹时，由于弹速与载机速度十分接近，引信若在炸弹碰地面时就立即起爆，载机正位于炸弹爆炸所形成的危险区域，则不能保证载机的安全。对延期时间可调的引信装定延期时需要传输延期作用时间数据。

目前，航弹引信最普遍的工作体制是“触发 + 延时”，引信在弹体撞击目标时被触发，经预先设置的时间或自适应延迟，引爆雷管、传爆管，进而使装药爆炸。在实际应用中，可以将以上四种工作方式予以复合构成多选择航弹引信，由于除触发体制外，其余体制均是通过装定装置完成，下面对系统定时精度做出分析。

6.1.2　定时装定作用精度分析

定时装定作用精度取决于装定精度和系统定时精度。装定精度主要取决于装定分划。电子时间引信的装定分划可以做得很小，基本不会影响定时精度。系统定时精度主要取决于引信定时系统的最小分辨率（即最小定时单位）和定时电路的时基稳定度。

1. 定时分辨率

电子时间引信的最小计时单位，取决于振荡器的振荡频率以及微处理器是否对其分频。如果某系统的时钟频率为 10 MHz，则定时分辨率为 100 ns。

2. 时基稳定度对定时精度的影响

设时基振荡频率为 f，频率变化量为 Δf，令 $K = \Delta f/f$ 为频率稳定度。定时时间为 T，振荡脉冲的次数为 N 时，$T = N/f$。由于频率的不稳定，变化了 Δf，则在同样振荡次数 N 下，定时时间记为 T'，$T' = N/(f + \Delta f)$，则有：

$$\Delta t = T - T' = KT/(1 + K) \tag{6.1}$$

由式（6.1）可以看出，由于频率的不稳定引起的定时误差随定时时间的增大而线性增大。一般有 $K \ll 1$，于是上式可以简化为：$\Delta t = KT$。对于石英晶体振荡器，$K \leqslant 10^{-5}$，但一般晶体振荡器不能满足抗过载的要求。在这种情况下，可以选用应用集成工艺和倍频技术在高过载环境下能可靠工作的微型高频率稳定度的集成振荡器。

6.2 引信光学装定数据通信模型

6.2.1 引信光通信模型

引信光学装定中的信息非接触传输实际上是位于发射平台上的装定器与弹药上的引信之间的一个非接触光通信过程，其中信息传输通道是大气，而火控系统相当于信源，装定器是发送设备，引信是接收设备，引信控制电路是信宿。因此，引信光学装定系统可以看作是一个特殊的光通信系统，其通信模型如图6.1所示。对航弹引信进行光学装定的引信信息来自火控计算机的输出或数字键盘的人工输入，均为数字信号。

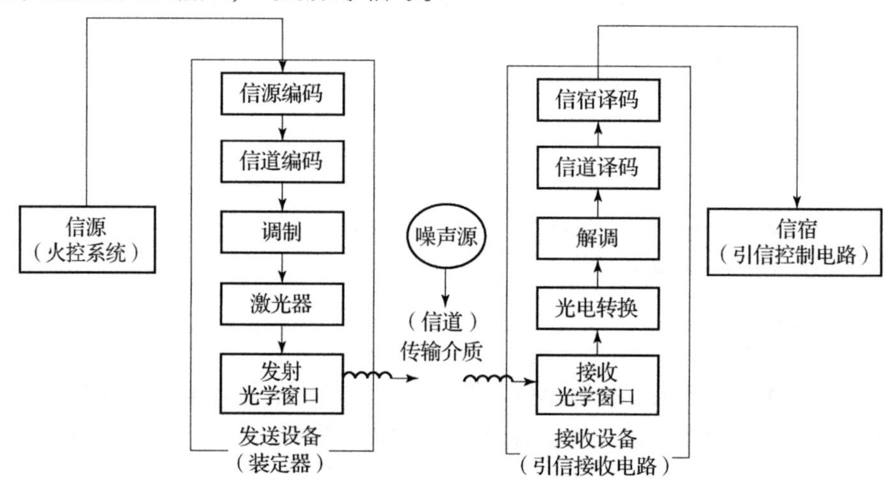

图6.1　引信光学装定数据通信模型

6.2.2 质量指标

与其他通信系统一样，在评价引信信息非接触传输的质量时，主要考虑有效性和可靠性两个方面。度量有效性和可靠性的质量指标主要包括传输速率、差错率、功率利用率和频带利用率。

1. 传输速率

传输速率是衡量系统传输能力的质量指标，反映了系统的有效性，有信号速率、信息速率和消息速率三种衡量标准。其中，信息速率定义为单位时间内传输的平均信息量，单位是比特/秒（简称比特率），被广泛使用。

2. 差错率

传输差错率是衡量系统传输质量的一种主要指标，一般可用误码率 P_e、误比特率 P_b 和误字率表示，通常用误码率 P_e 和误比特率 P_b 表示。误码率 P_e 是指错误接收的码元数在传送总码元数中所占的比例，也就是传错码元的概率。误比特率又称误信率，是指错误接收的信息量在传送总信息量中所占的比例。

3. 功率利用率和频带利用率

功率利用率和频带利用率是从不同侧面来反映系统有效性的指标。其中，功率利用率以误比特率小于某一规定值时所要求的最低归一化信噪比衡量，所要求的信噪比越低，则功率利用率越高。而频带利用率是描述数据传输速率和带宽之间关系的一个指标，也是衡量系统有效性的指标，是单位频带内所能传输的信息速率，在频带宽度相同的条件下，比特传输速度越高，频带利用率也越高。

6.3　光学装定系统信源编码

6.3.1　几种引信常用的信源编码方法

由于需要在非常短的时间内将引信的装定时间准确地传输到引信中去，而且引信的装定精度要求较高，所以，采用合适的信源编码方法是非常重要的。下面给出几种引信常用的信源编码方法。

1. 脉冲计数编码

脉冲计数编码是将引信装定的信息（例如作用时间）转换为一系列脉冲

信号，经处理，使引信内部的计数器进行计数，从而实现对引信的装定。该方法是利用一段时间内脉冲的个数表示装定的时间量，宽脉冲和窄脉冲的个数之比表示装定的作用方式。美国的 XM762 射频装定电子时间引信采用这种装定信息编码方式。脉冲计数法一般用一个脉冲表示一个装定分度。在装定分度为 1 ms 时，装定 3 s 作用时间可以通过在装定窗口内向引信发送 3 000 个脉冲来表示。当时间窗口为 50 μs 时，发送脉冲的频率至少为 60 MHz。

这种脉冲计数编码方法的优点是编码解码简单，而且装定过程中丢失少数几个脉冲对装定信息的影响很小，因而具有较高的可靠性。但其缺点是如果要增加装定时间，就必须提高振荡频率或降低装定分划的分辨率。由于频率的限制，装定所需要的时间要增大，因此，装定速度受到限制。降低装定分划的分辨率将增加装定误差和降低装定精度。另外，它需要引信内部有精确的时基。

2. 内脉冲计数编码

内脉冲计数编码是一种装定器对装定时间信息按一定比例进行压缩后传输，再由引信电路对此压缩时间进行还原的一种方法。工作过程如下：引信内部有 f_1、f_2 两个时钟频率，其中 $f_2 = f_1/n$，n 为分频系数。设引信的作用时间为 T，则装定器向引信发送一个脉冲宽度为 T/n 的脉冲信号，引信内部以高频 f_1 对此脉冲宽度进行计数，计数值 $N = f_1 T/n$。装定结束后，引信以低频时钟 f_2 对 N 进行减计数，当 N 减为零时给出起爆信号。此时引信的计时时间为：$T' = N/f_2 = \dfrac{f_1 T/n}{f_1/n} = T$。由此可见，引信的计时时间正好等于装定的作用时间，而与引信的内部时钟频率 f_1、f_2 无关。这是内脉冲计数编码方法最为突出的优点。从其工作过程可以看出，引信的计时误差主要来源于脉冲宽度 T/n 及计数值 N 的量化误差，而不是振荡器的频率误差，但该方法与脉冲计数法有同样的缺点，即待装定的作用时间较长且装定分度较小时，为保证装定精度需要较高的时钟频率。

3. 分组脉冲计数编码

分组脉冲计数编码是将装定数据按照十进制表示，数的每一位分别传送，是对脉冲计数法的扩充和推广。其方法的原理如下：当以 10 MHz 的频率发射脉冲群时，在 50 μs 的数据传输窗内可传输 500 个脉冲。把这 50 μs 的数据传输窗分成 5 个子数据传输窗，每个 10 μs 宽，最大可传输 100 个脉冲，每个子窗口传输一个字符，即一位。由于只有 0 ~ 9 十种字符，所以可对每个子数据传输窗进行如下的编码（见表 6.1）。在脉冲发送时，对引信装定时间的每位数字按照编码表进行编码。编码时按对应的中间个数发送，即 $n=5+8d$，因此，在单片机进行解码时，即使脉冲个数有1~4个丢失或增加1~3个，单片机仍然能够正确地进行解码，从而提高了数据传输的可靠性。由于每个子数据传输窗传递一位数字，5个子数据传输窗则可传递5位有效数字的引信装定时间。如果引信的装定分划为1 ms，则引信的最大装定时间可达99.999 s，但是它的缺点是引信内部需要有精确的时基。

表6.1　分组脉冲编码表

装定数码	0	1	2	3	4	5	6	7	8	9
脉冲个数	1~8	9~16	17~24	25~32	33~40	41~48	49~56	57~64	65~72	73~80

4. 二进制编码

二进制编码是将引信作用方式和装定时间数据用二进制表示。以这种编码方式装定，编码增加一位，装定信息容量提高一倍。用二进制表示的引信装定信息一般不超过两个字节，即16位二进制数。具体每种引信采用二进制编码的位数不必局限于整数字节，而应该在保证满足编码精度要求的前提下采用尽量少的编码位数，必要的时候可以附加引信的作用模式等其他信息。当采用16位二进制数表示引信作用时间时，在装定时间间隔为1 ms的情况下，最大可以表示的装定作用时间为65.535 s。

5. 校频二进制编码

校频二进制编码是在二进制编码的基础上引入了内脉冲计数编码，通过测定引信内 LC 振荡器的振荡频率来确定引信时基的二进制编码方法。它利用二进制编码的起始位和停止位，控制计数器对引信内部的振荡器进行计数，从而测定出引信的振荡频率。其原理为：在引信接收到编码的起始码时，计数器开始进行计数，当接收到停止码时，计数器停止计数。编码时，给出特定的码长，即时间 T，则 $N=Tf$（N 为计数器值，f 为 LC 振荡器的实际频率）。因为引信的理论频率为 f_0，则理论计数 $N_0=Tf_0$，所以 $f=f_0N/N_0$。测出 N 即可计算出引信振荡器的实际频率。由上式可看出，N 的计数误差是影响频率 f 的主要因素，取 $N_0=2\ 048$，当 N 的计数误差 ΔN 为 ±1 时，则频率的误差 $\Delta f=2/2\ 048=0.1\%$。

校频二进制编码与其他几种编码相比具有装定过程统一，可结合信道编码技术实现无误差传输，装定信息量大，速度快，容易扩充，抗噪性能好等优点，在连射连续装定武器系统中尤为适用。

6.3.2 二进制信号码型选择

一般来说，数据的编码应满足：①为了在非常短的时间内完成装定，码长要尽量短；②差错控制能力尽量大，以提高系统的传输可靠性；③编码规律简单，具体实现的装置简单、易于产生，成本低；④与信道的差错特性尽量匹配。二进制信源编码可以用不同形式的代码来表示二进制的“1”和“0”。适合在光学线路上传输的码型通常使用以下几种方法，它们的波形示于图 6.2。

NRZ 编码（单极性非归零码）：高电平表示二进制“1”，低电平表示二进制“0”。在整个码元期间电平保持不变。每个“1”比特编码为一个光脉冲，“0”比特则关闭光场。

RZ 编码（单极性归零码）：发送“1”时在整个码元期间高电平持续半比特周期，在码元的其余时间则返回到零电平。

双相码，又称为曼彻斯特码（Manchester）：在两个相邻时间间隔之一上进行脉冲发送，“1”比特是在前半个比特间隔内发送脉冲，“0”比特在后半个间隔内发送脉冲。

实践中可以将电数字信号载波传输系统中的二元编码——占空比编码引入光数字编码系统中，加以合适的调制方式使其满足引信光信息传输。占空比编码是用脉冲占空比来表示数字信息的编码方式，脉冲周期和脉冲幅值固定不变。图 6.2 所示的占空比编码中，占空比为 50% 的脉冲波形表示“0”，而占空比为 75% 的脉冲波形表示“1”。目前，该编码方式已经成为北约标准的唯一的和强制性的大口径电子引信感应装定信息的编码方式，在北约大口径电子引信中得到广泛应用。

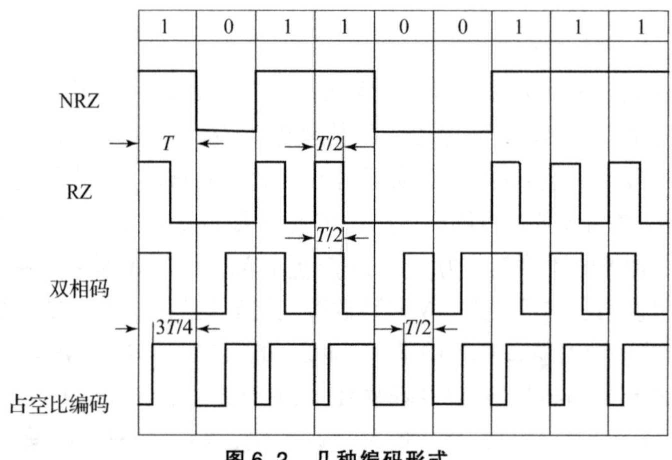

图 6.2 几种编码形式

6.4　数据传输的信道编码

6.4.1　光学高斯信道的编码方法

保持一定的信息传输效率条件下，可以通过编译码来降低误码率以实现可靠信息传输，并且编译码器尽可能简单。

由信道编码定理可知，每个信道具有确定的信道容量 C，对任何小于 C 的码率，存在速率为 R、码长为 n 的分组码及（n_0，k_0，m）卷积码，若用最大似然译码，则随着码长的增加，其译码错误概率（误码率）p 可任意小，即

$$p \leqslant A_b e^{-nE_b(R)} \tag{6.2}$$

和

$$p \leqslant A_c e^{-(m+1)n_0E_c(R)} = A_c e^{-n_0E_c(R)} \tag{6.3}$$

式中，A_b 和 A_c 为大于0的系数；$E_b(R)$ 和 $E_c(R)$ 为正实函数，称为误差函数，它与 R、C 的关系如图6.3所示。图中，C_1、C_2 为信道容量，且 $C_1 > C_2$。由式（6.2）、式（6.3）和图6.3可以看出信道容量 C、码长 n 和错误概率 p 之间的转换关系。

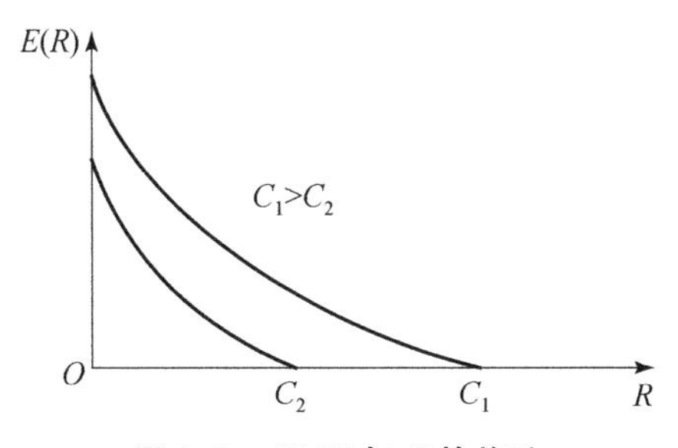

图6.3　$E(R)$ 与 R 的关系

在引信光学装定系统中，引起传输差错的根本原因是信道内存在噪声以及信道传输特性不理想所造成的码间串扰。由于激光的传输介质是大气，大气中的自然现象如雨、雪、雾、大气湍流以及战场上的烟雾都会对激光信号产生影响，使信号脉冲展宽，信噪比降低，误码率增加。为了满足一定误码率 p 的要求，可用以下两类方法实现。

（1）增加信道容量 C，从而使 $E(R)$ 增加。由式（6.2）、式（6.3）可知，增加 C 的方法可以采用加大系统带宽或信噪比的方法来达到。例如，增加装定

器发射的功率，合理设计光学窗口，选择好的调制与解调方式，采用分集接收及低噪声器件的方法等。这些措施是从根本上改善信道、增加信道容量、减少误码率的方法，但只能将差错减小到一定的程度。尤其调制技术主要用来提高整个系统的同步性能（包括位同步和码同步），对于上述干扰产生的误码率增加并没有实际的解决方法。

（2）在 R 一定的情况下，增加分组码长 n（也就是增加分组信号持续时间 T），可使 p 随 n 的增加而呈指数下降。但由于码长 n 的增加，当 R 保持一定时，发送的码字数呈 2^k 指数增加，从而增加了译码设备的复杂性。但是这种方法就是信道编码定理所指出的减少误码率的另一个方向，即采用信道编码技术，对可能或已经出现的差错进行控制。使用信道编码可在保持同样通信质量和可靠性的前提下，以降低误码率要求来降低对发射机的要求。

由于引信光学装定系统功率受限大而带宽受限小，可以通过合理的信道编码实现可靠装定。光信号在大气中传输受到多种随机干扰和突发干扰，多种随机干扰叠合的结果使其呈正态分布，即可认为是高斯噪声，信道可当作高斯信道。目前适用于光学高斯信道的常见编码方法为卷积码、TURBO 码与循环码等。

1. 卷积码

卷积码是把信源输出的信息序列，以每 k_0 个（k_0 通常较小）码元分段，通过编码器输出长为 $n_0(n_0 \geqslant k_0)$ 的一段码段。但是该码段的 n_0-k_0 个校验元不仅与本段的信息元有关，而且也与其前若干个子组的信息元有关。因为其编码器的输出可以看成是输入信息数字序列与编码器的响应数的卷积，所以称为卷积码。卷积码具有检错和纠错的能力，更适用于前向纠错。它充分利用各子码之间的相关性，其性能对于很多实际情况要优于分组码，至少不差于分组码。卷积码构成比较简单，但它的解码方法一般比较复杂。

2. TURBO 码

TURBO 码是法国科学家 Berrou 于 20 世纪 90 年代初提出的，它是一种并行级联码，内码、外码均使用卷积码。TURBO 码突破了最小码距的设计思想，纠错能力接近香农纠错性能的极限。由于 TURBO 码具有较高的编码增益，故可以在给定误码率的条件下，大大降低需要发送的信号能量，这样在激光通信系统中，能有效地降低发射激光能量，延长系统的使用寿命。但是将 TURBO 码用于 m（一般 m 为 2 的整数倍）时隙的光 PPM 系统，当 $m=2$ 时，其译码过程相对来说比较简单；但当 $m>2$ 时，情况比较复杂，译码时对信息的提取带来困难，编译码电路复杂。

3. 循环码

最常用的纠错码是循环码。循环码除了具有一般线性分组码的特性外，还具有循环性。若 $\boldsymbol{C}=[C_1 \quad C_2 \quad \cdots \quad C_n]$ 是一个码字，那么它的循环移位 $\boldsymbol{C}'=[C_2 \quad \cdots \quad C_n \quad C_1]$ 同样也是一个码字。循环码有两个显著特点：一是它既可以用线性方程确定，更适合用于代数方法进行分析研究；二是它具有循环移位特性，所需的编码译码设备比较简单，容易实现。RS 码是 Reed - Solomon 码的简称，是一类具有很强纠错能力的多进制 BCH 码（纠正多个随机错误的循环码），尤其是连续 m 位的错误仅相当于该码 1 个码元的错误，大幅度地提高了抗突发错误的能力，具有纠正随机错误和突发错误的优点，因此，很适用于随机大气高斯信道。此外，将 L 进制 RS 码应用于 L 位的 PPM 调制系统中，两者完全匹配，可大大降低系统的误码率。因此，引信光学装定系统可选用 RS 码作为信道编码。

6.4.2 RS 码符号比特数的选择及实现

6.4.2.1 RS 码符号比特数的选择

纠正 t 个错误的 RS 码有如下参数：

(1) 每个符号比特数 m；

(2) 每个符号可以看成是有限域 $GF(2^m)$ 中的一个元素；

(3) 码长 $n=2^m-1$；

(4) 信息段 k 符号；

(5) 监督段 $n-k=2t$ 符号；

(6) 最小码距 $d=2t+1$；

RS 码用于纠正的突发错误图样是：

总长度为 $b_1=(t-1)m+1$ 比特的是单个突发；

总长度为 $b_2=(t-3)m+1$ 比特的是两个突发；

……

总长度为 $b_i=(t-2i+1)m+2i-1$ 比特的是 i 个突发。

对于符号比特数 m 的选择，可以从图 6.4 看到 m 对编码性能的影响，$(\mathrm{SNR})_\mathrm{b}$ 为每比特信噪比，P_b 为误比特率。在一定误比特率的条件下，随着 $m=1\sim8$ 的码长增加，对系统信噪比的要求就越低，因此应尽量选择较长的码长，但随着码长的增加，译码电路就会更加复杂，一般情况下，$m=3\sim5$ 是比较合适的。

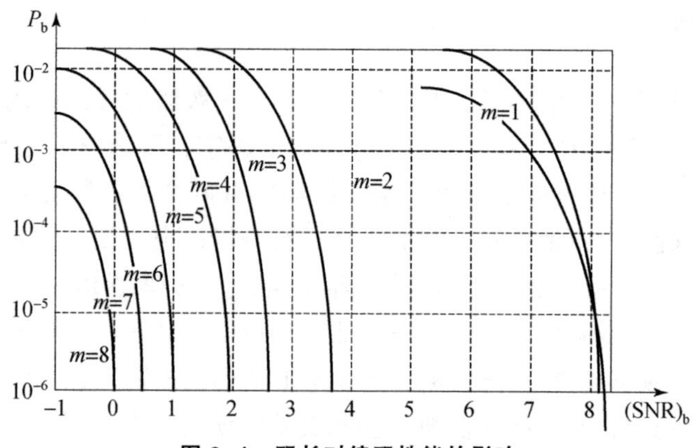

图 6.4　码长对编码性能的影响

下面设计一个仿真系统，对 RS 码在信道中的传输性能进行进一步研究。图 6.5 为设计的系统仿真图。图 6.6 分别为 $m=3$、$m=4$、$m=5$ 时编解码系统的传输特性图（横坐标是二进制平衡信道的差错率，纵坐标是经过差错控制后的实际误码率）。

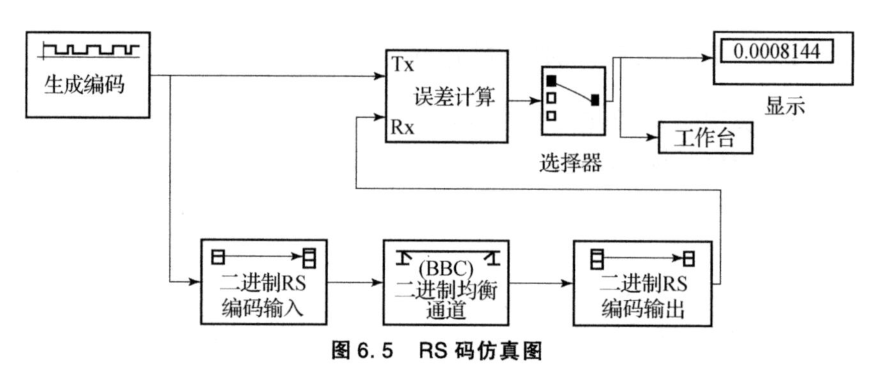

图 6.5　RS 码仿真图

从图 6.6 中可以看出，使用 RS 编码器比不使用的系统来说差错率均有下降，表明均具有纠错能力，但是随着原有信道误码率的增大，经 RS 译码后的误码率也在增大。三者中，$m=3$ 的 RS 编码器性能最差，当信道误码率为 3% 时，经 $m=3$ 的 RS 码差错控制后的实际误码率为 2.1%，经 $m=4$ 的 RS 码差错控制后的实际误码率为 0.45%，经 $m=5$ 的 RS 码差错控制后的实际误码率为 0.25%。当信道的误码率小于 2% 时，$m=4$ 和 $m=5$ 的 RS 码差错控制后的实际误码率均低于 0.2%。此外，$m=4$ 表明 RS 码的信息信道容量为 36 bit 码字，足以满足引信光学装定系统的战场装定要求，如果需装定的信息量较少，可采用 RS 码的缩短码，不需变动系统硬件结构。

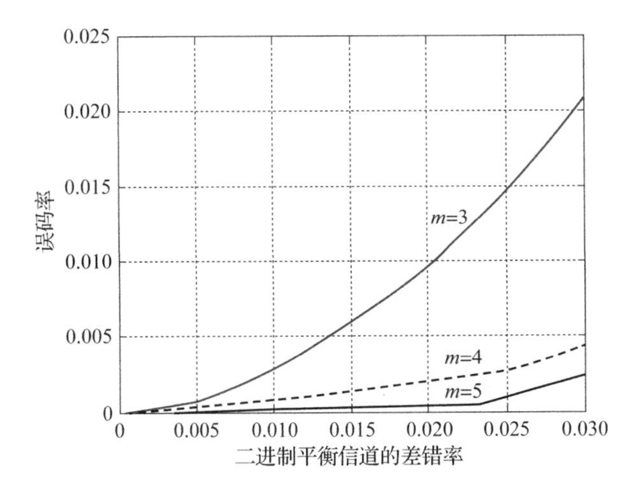

图 6.6　RS 编解码系统的传输特性

6.4.2.2　RS 编码算法

1. RS 码的时域编码算法原理

RS 码是循环码的一种，因此 RS 码的每个码字必是生成多项式 $g(x)$ 的倍式。令 α 是 $GF(2^m)$ 的一个本原元素，则长为 $n=2^m-1$ 纠正 t 个错误的本原 RS 码的生成多项式为：

$$g(x)=(x+\alpha)(x+\alpha^2)\cdots(x+\alpha^{2t})=g_0+g_1x+g_2x^2+\cdots+g_{2t-1}x^{2t-1}+x^{2t} \tag{6.4}$$

令 $m(x)=m_0+m_1x+m_2x^2+\cdots+m_{k-1}x^{k-1}$ 为待编码的信息多项式，将待编码的信息多项式升 x^{n-k} 位后除生成多项式 $g(x)$，将所得的余式置于升 x^{n-k} 位的信息多项式之后，形成 RS 码，可表示为：

$$c(x)=x^{2t}m(x)+x^{2t}m(x)\bmod g(x) \tag{6.5}$$

2. RS 编码电路的硬件结构实现

从编码多项式 $g(x)$ 看出，电路的实现可以采用 $n-k$ 级的除法器结构，电路结构中包括 $n-k$ 级的移位寄存器、异或门结构构成的有限域加法器、有限域乘法器和门开关。(15，9) RS 的 $n-k$ 级除法编码电路如图 6.7 所示。图中所有的数据通道为 $m=4$ 比特宽。

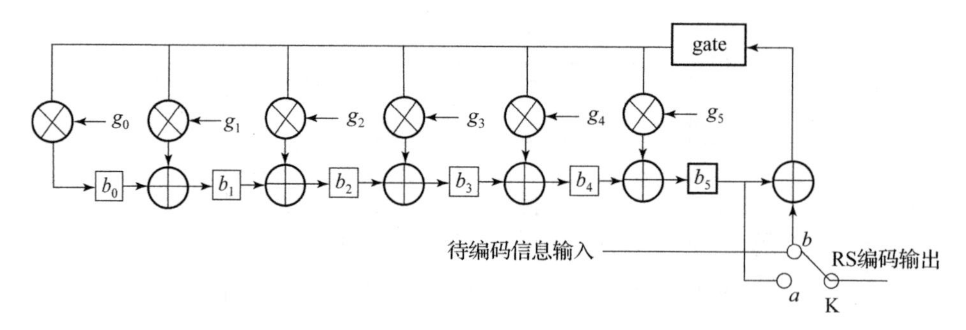

图 6.7 (15，9) RS 的 $n-k$ 级除法编码电路图

3. 编码电路的工作过程

（1）初始状态全为 0，即将 6 级移位寄存器清零，gate 门闭合，开关 K 打到 b。信息组以（m_8，m_7，…，m_0）的次序送入电路，一方面输出，一方面送入编码除法电路，这相当于完成 $m(x)x^{n-k}$ 的乘法运算。

（2）9 次移位后，信息组 $m(x)$ 全部通过输出端输出，这就是系统码字的前 9 位信息元，并且它也全部进入了除法电路，完成了求余运算，此时在移位寄存器中存储下来的就是码字的校验位。

（3）开关 K 打到 a，gate 门关。再经过 6 次移位后，移位寄存器中的校验位（b_5，b_4，b_3，b_2，b_1，b_0）跟在信息位后面输出，重新送回 MCU 中。

（4）gate 门闭合，开关 K 打到 b，等待下一组信息位，重复上述过程。

6.4.2.3 RS 译码算法

1. RS 码的时域译码算法原理

设传输的码字为 $c(x)=c_0+c_1x+\cdots+c_{n-1}x^{n-1}$，接收到的码字为

$$r(x)=r_0+r_1x+\cdots+r_{n-1}x^{n-1} \tag{6.6}$$

令 $e(x)$ 为错误图样：$e(x)=e_0+e_1x+\cdots e_{n-1}x^{n-1}$，则有

$$r(x)=c(x)+e(x) \tag{6.7}$$

其中，$e(x)$ 中至多有 t 个错误，否则错误不可纠正。假设实际上发生了 e 个错误（$0\leqslant e\leqslant t$），且错误发生在某些位置 l_1，l_2，…，l_e 上，则

$$e(x)=y_1x^{l_1}+y_2x^{l_2}+\cdots+y_ex^{l_e} \tag{6.8}$$

式中 x^{l_1}，x^{l_2}，…，x^{l_e} 为错误位置数，y_1，y_2，…，y_e 为相应的错误值。译码的任务就是从接收矢量 $\boldsymbol{r}(x)$ 中求出错误位置数和相应的错误值。

2. 流水线算法实现

在 RS 码的译码器设计过程中，应确定符合系统要求的译码算法和实现方案，在此基础上再综合设计各单元电路。RS 码译码的目的不仅要找出错误位置，而且还要找出对应位置的错误大小，对此进行了诸多算法的研究，如 Peterson – Gorensten – Zierler 译码算法、Berlekamp – Massey（BM）译码算法、GMD 算法等，最终确定（15，9）RS 码的译码器采用流水线的译码算法。其工作过程为：

15 位 RS 码接收过来后，一方面输入缓存器中，另外一方面输入伴随式生成器中。伴随式生成器产生的 6 个伴随式的值同时输入 BM 算法回路和逆变换回路中。当逆变换回路把前 6 个值计算出来后，正好并行运算的剩余量转换生成器把后面的 9 个值送进来。逆变换回路的结果再与缓冲器中接收到的 RS 码异或就得到纠错以后的码字。算法的总体结构图如图 6.8 所示。下面重点介绍伴随式生成器和 BM 算法回路的实现理论。

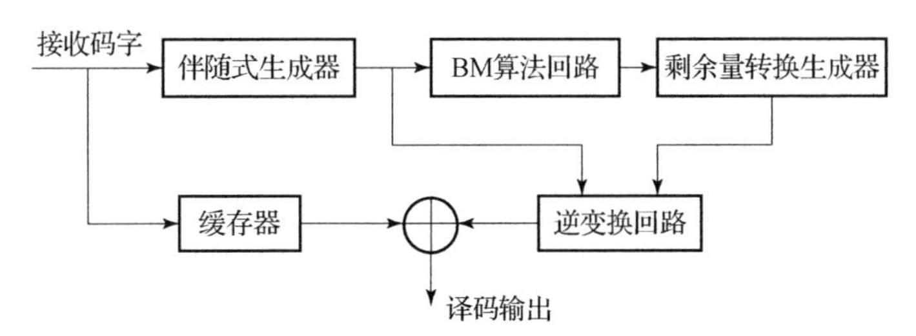

图 6.8　流水线算法的总体结构图

（1）伴随式计算。

可以利用下面的等式计算伴随式的值：

$$S_i = \sum_{j=0}^{n} r_j \alpha^{(k+i)j} \tag{6.9}$$

式中，k 是一个任意的整数，表示伴随式生成器开始接收信号的起始时段，定义 $k=0$；r_j 表示对每个码字的传输信号，每次接收都是从第一位开始进行整体计算；α 是 $GF(2^m)$ 里面的元素。式（6.9）可以表示成更加直观的方式：

$$S_i = \{\cdots[(r_{n-1}\alpha^i + r_{n-2})\alpha^i + r_{n-3}]\alpha^i + \cdots + r_1\}\alpha^i + r_0 \tag{6.10}$$

（2）Berlekamp – Massey 迭代算法。

设信道产生 e 个错误，错误位置多项式为

$$\begin{aligned}\sigma(x) &= (1+x_1x)(1+x_2x)\cdots(1+x_ex) \\ &= 1+\sigma_1x+\sigma_2x^2+\cdots+\sigma_ex^e\end{aligned} \tag{6.11}$$

方程 $\sigma(x)=0$ 以所有的错误位置为根，求出多项式系数 σ_1，σ_2，…，σ_e 就得到错误位置多项式。若 x_k^{-1} 为错误位置，则 $\sigma(x_k^{-1}) = 1+\sigma_1x_k^{-1}+\sigma_2x_k^{-2}+\cdots+$

$\sigma_e x_k^{-e}$，两边乘以 $x_k^e y_k x_k^j (j=1,2,\cdots,2e)$，得：$y_k x_k^{i+1}+\sigma_1 y_k x_k^{j+e-1}+\cdots+\sigma_e y_k x_k^j=0$，$k=1$，$2$，$\cdots$，$e$。

对 k 求和并写成矩阵形式为：

$$\begin{bmatrix} S_e & S_{e-1} & \cdots & S_1 \\ S_{e-1} & S_e & \cdots & S_2 \\ \vdots & \vdots & & \vdots \\ S_{2e-1} & S_{2e-2} & \cdots & S_e \end{bmatrix}\begin{bmatrix} \sigma_1 \\ \sigma_2 \\ \vdots \\ \sigma_e \end{bmatrix} = -\begin{bmatrix} S_{e+1} \\ S_{e+2} \\ \vdots \\ S_{2e} \end{bmatrix} \tag{6.12}$$

Massey 认为求解式（6.12）的最好方法就是将其看成一个设计线性反馈移位寄存器序列的问题。求解错误多项式 $\sigma(x)$ 的过程就是构造有最小长度的线性移位寄存器的过程。一个线性移位寄存器可以由长度 L 和反馈系数多项式 $\sigma(x)$ 唯一确定。因此，可以把一个线性移位寄存器表示为（L，$\sigma(x)$）。

Berlekamp - Massey 迭代译码算法：假设伴随式序列为 S_1，S_2，$\cdots$，S_r，要生成一个能产生该序列的最小长度的线性移位寄存器（L_r，$\sigma^r(x)$），并且已经构造了一系列移位寄存器（L_1，$\sigma^1(x)$），（L_2，$\sigma^2(x)$），$\cdots$，（L_{r-1}，$\sigma^{r-1}(x)$）。现在要考虑的是如何根据已知的寄存器序列计算出新的最短长度的移位寄存器（L_r，$\sigma^r(x)$），在第 r 次迭代中，（$r-1$）移位寄存器的下一个输出为：

$$\hat{S}_r = -\sum_{l=1}^{n-1} \sigma_l^{r-1} S_{r-l} \tag{6.13}$$

从需要输出的 S_r 中减去 $\hat{S}_r$，得到偏差 Δ_r，即第 r 次偏差为：

$$\Delta_r = S_r - \hat{S}_r = S_r + \sum_{l=1}^{n-1} \sigma_l^{r-1} S_{r-l} = \sum_{l=0}^{n-1} \sigma_l^{r-1} S_{r-l} \tag{6.14}$$

若 $\Delta_r=0$，则令 $(L_r,\sigma^r(x))=(L_{r-1},\sigma^{r-1}(x))$，第 r 次迭代结束；若 $\Delta_r \neq 0$，移位寄存器修改为：

$$\sigma^r(x) = \sigma^{r-1}(x) + Ax^l \sigma^{m-l}(x) \tag{6.15}$$

式中，A 为域元素，l 为一整数；$\sigma^{m-l}(x)$ 是前面已经构造出来的一个移位寄存器多项式。然后计算出 $r+1$ 次偏差 Δ_r，开始新一轮的迭代。关于参数 A、l 和 m 的详细求法，可以参考相关文献。由此得出 Berlekamp - Massey 算法定理：

设 S_1，S_2，$\cdots$，S_{2t}是给定的域元素，利用初始条件 $\sigma^0(x)=1$，$B^0(x)=1$，$L_0=0$ 以及如下的递推关系，可以求出 $\sigma^{2t}(x)$：

$$\Delta_r = \sum_{j=0}^{n-1} \sigma_j^{r-1} S_{r-j}$$

$$L_r = \delta_r(r - L_{r-1}) + (1 + \delta_r) L_{r-1} \quad r = 1,2,\cdots,2t$$

$$\begin{bmatrix} \sigma^r(x) \\ B^r(x) \end{bmatrix} = \begin{bmatrix} 1 & -\Delta_r x \\ \Delta_r^{-1}\delta_r & (1-\delta_r)x \end{bmatrix}\begin{bmatrix} \sigma^{r-1}(x) \\ B^{r-1}(x) \end{bmatrix} \tag{6.16}$$

式中，$\delta_r = \begin{cases} 1, & \Delta_r \neq 0 \text{ 且 } 2L_{r-1} \leqslant r-1, \\ 0, & \text{其他。} \end{cases}$

则 $\sigma^{2t}(x)$ 是具有性质 $\sigma_0^{2t} = 1$ 及 $\sum_{j=0}^{n-1} \sigma_j^{2t} S_{r-j} = 0, r = L_{2t}+1, \cdots, 2t$ 的次数最低的多项式。

求解错误多项式的 Berlekamp - Massey 算法流程图如图 6.9 所示。

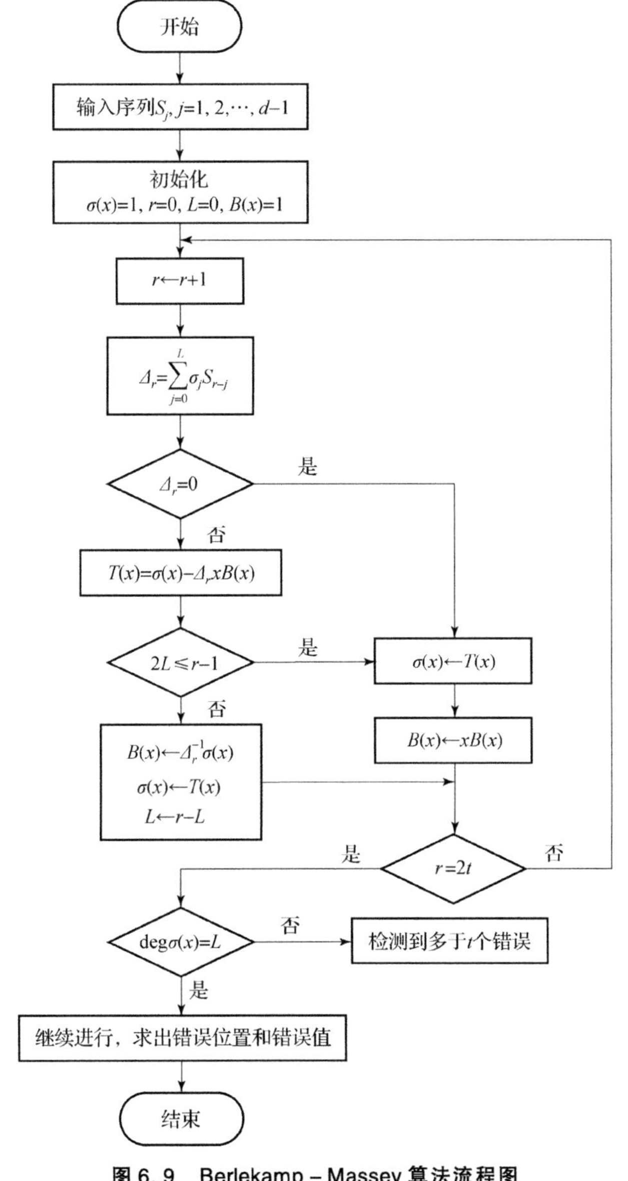

图 6.9　Berlekamp - Massey 算法流程图

6.4.3 差错控制的工作方式

差错控制的基本工作方式有4种：前向纠错（FEC）、检错重传（ARQ）、信息反馈（IRQ）和混合差错控制（HEC），如图6.10所示。

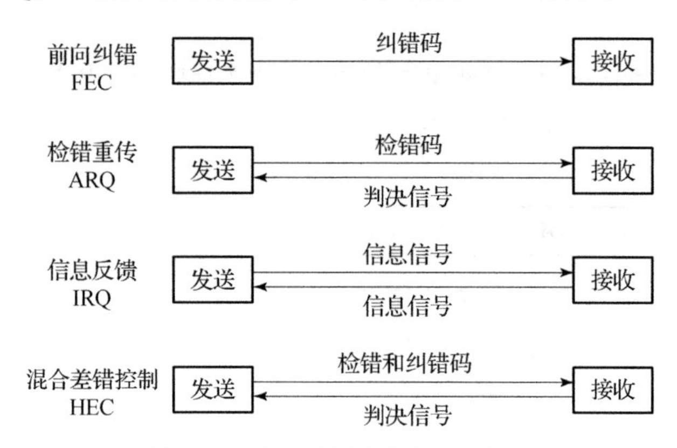

图6.10 差错控制的基本工作方式

（1）FEC是发送端将数字信息按一定规则附加多余码元组成纠错码，接收端收到码元后，按预定的规则译码。若发现错误能确定其出错位置并进行纠正。前向纠错不要求反馈信道，信息单向连续传输，纠错迅速、及时，具有恒定的信息传输速率。其主要缺点是：译码设备较复杂，纠正越多的错码，需要附加的多余码也越多。

（2）ARQ方式中设检错码，接收端对收到的码组进行检错，把判决信号通过反馈信道送回发送端，发送端根据判决信号将接收端认为错误的信号重发到发送端，直至码组无错为止。ARQ方式的主要优点是只需少量的监督码元（为总码元数的5%～20%）就能获得极低的输出误码率，对信道有良好的适应能力。由于无须纠错，该方式所需的编、译码设备比较简单。其缺点是要求双向信道，在信道干扰较大时，组码需要多次重发才能被接收端正常接收，通信效率较低。因此，对通信实时性要求较高的场合不适用。

（3）IRQ又称反馈检验。接收端把收到的消息原封不动地通过反馈信道送回发送端，发送端把反馈回来的信息与原发送信息进行比较，从而发现错误，并把不一致的部分重发到接收端。由于没有纠错码，电路较简单，但需要反馈信道，传输效率低。

（4）HEC是FEC和ARQ方式的结合。在该方式中，发送端发出的是具有纠错能力的码组。接收端在收到信号后，如果发现码组的差错个数在码元的纠错能力之内，则自动进行纠错；如果差错个数超过了码的纠错能力，但能被检测出来，则经反馈信道请求发送端重发该码组。HEC 具有 ARQ 和 FEC 的优点，克服了 ARQ 的信息连贯性差和通信速率低的缺点，是一种兼顾通信效率和通信可靠性较好的方式。

在光学装定系统中，由于装定数据传输的时间窗口很小，而且引信电路的体积和功耗也不允许引信与装定器之间建立双向通信，因此，要提高装定的可靠性，只能通过以下两种方式实现：①采用前向纠错（FEC）方式对可能或已经出现的差错进行控制，如 RS 码；②结合光学装定系统数据传输量小、可靠性要求高的特点，采用检错重收的差错控制方式。其中检错采用最简单的奇偶校验码，首先，对原始装定数据进行奇偶校验编码，再将此编码作为一帧发送，连续发送 3 遍。接收时如果收到的第一帧数据中发现错误，则使用后续接收到的数据，具有较高的可靠性，而且编码解码较 RS 简单，可直接在控制器中通过软件实现，减小电路体积，适合数据传输量小、更小体积的引信上采用。

当然，采用上述信道编码和差错控制方式也不能保证接收数据完全正确，因此，为了保证引信作用的安全性，除了信道编码外，还必须对接收的数据进行有效性验证。例如，设引信的有效作用时间为 0 ~ 30 s，装定分辨率为 1 ms，则装定数据的有效范围是 0 ~ 30 000，因此，如果接收数据通过了信道校验，但不在有效范围之内，也要判断为无效数据，而用缺省时间设定引信控制电路的作用时间。

6.5　PUIM 调制

对 PUIM 系统中的光信号调制方式进行研究，为在光学装定系统中选择最合适的调制方式提供依据。

6.5.1　几种不同的光信号调制方式

6.5.1.1　OOK 调制

开关键控 OOK 调制方式可采用的编码格式为 NRZ 编码、RZ 编码和双相码。OOK 系统通过在每一比特间隔内使光源脉冲开或关以对每个比特进行发送，它是应用比较多的一种光信号调制形式。

6.5.1.2 L－PPM 调制

IEEE 802.11 委员会于 1995 年 11 月推荐 PPM（脉冲位置调制）调制方式用于速率为 0～10 MHz 的红外无线通信。为了进一步提高传输信道的抗干扰能力，应用于大气信道的光通信系统很多采用了 PPM 调制方式。PPM 是一种正交调制方式，相比于 OOK 调制方式，平均功率降低了，但同时为此付出的代价是增加了对带宽的需求。

L－PPM 调制原理：L－PPM 调制就是将一个二进制的 n 位数据组映射为由 2^n 个时隙组成的时间段上的某一个时隙处的单个脉冲信号。一个 L 位的 PPM 调制信号传送的信息比特为 $\log_2 L$。如果将 n 位数据组写成 $M=(m_1, m_2, \cdots, m_n)$，而将时隙位置记为 l，则 L－PPM 调制的映射编码关系可以写成

$$\phi: l = m_1 + 2m_2 + \cdots + 2^{n-1}m_n \in \{0, 1, \cdots, L-1\} \tag{6.17}$$

6.5.1.3 L－DPPM 调制

差分脉冲位置调制（L－DPPM）是一种在单脉冲 L－PPM 调制基础上改进的调制方式。对于一个 L－PPM 码组，它的位数是固定的 L 位，其中一位为 1，其他的位都为 0。而 L－DPPM 的码组位数是不定的，它是由一串低电平后跟着一位高电平构成，即把 PPM 信号中的“1”时隙后面的“0”时隙去掉就可以得到相应的 DPPM 信号，但传送的信息比特都为 $\log_2 L$。

DPPM 符号没有固定的时间约束这一事实使 DPPM 的分析与应用变得复杂。因为一个时隙的错误不仅影响了该时隙的信息比特，而且会传递到后续的信息比特中，所以 DPPM 的误码率要高于 PPM。在分析中，比较调制方式的优劣时采用包误码率，DPPM 的符号长度用平均值代替。

6.5.1.4 DH－PIM 调制

PIM 调制方式与 PPM 调制方式唯一不同的地方是：PPM 调制方式中的信息是由光脉冲所在的位置来表示的，而 PIM 调制方式中信息是由两个光脉冲之间的间隔时隙数来表示的。PIM 的一帧仍然划分为 L 个时隙，每 $\log_2 L$ 位的二进制信息被编码为两个相邻的光脉冲之间的时隙数。

DH－PIM 改进了 PIM 调制方式，是近年来研究较多的一种激光通信调制技术，也是最为复杂的一种调制技术。每一个 DH－PIM 符号都以一个长度为 $T_h = (\alpha + 1) T_s$ 的头 h_n 序列开始，再加上长度为 d_n 的空时隙序列。为使全部都出现整时隙的光脉冲，这里一般取 $\alpha = 2$。所以，当对应的 OOK 符号的第一个时隙为“0”时隙时，头序列取 $h_1 = [1\quad 0\quad 0]$，当对应的 OOK 符号的第一个

时隙为“1”时隙时，头序列取 $h_2=[1\ \ 1\ \ 0]$。d_n 序列的长度取值范围为 $\{0, 1, \cdots, 2^{L-1}-1\}$；当头序列取 h_1 时，d_n 等于对应的OOK符号的十进制数值，当头序列取 h_2 时，d_n 等于对应的OOK符号的十进制数值的补。

DH－PIM调制的优缺点非常明显，优点是它相比于DPPM调制方式来说进一步消除了符号中的冗余信息，平均符号长度更小，因此提高了传输的有效数据量，有较大的信道容量，且它含有一个符号内部的同步，因此不需要外加帧同步信号。但是，由于它的符号长度仍然是不确定的，也容易造成误码积累。

上述几种调制方式的信号脉冲波形如图6.11所示，OOK调制以双相码编码为例。

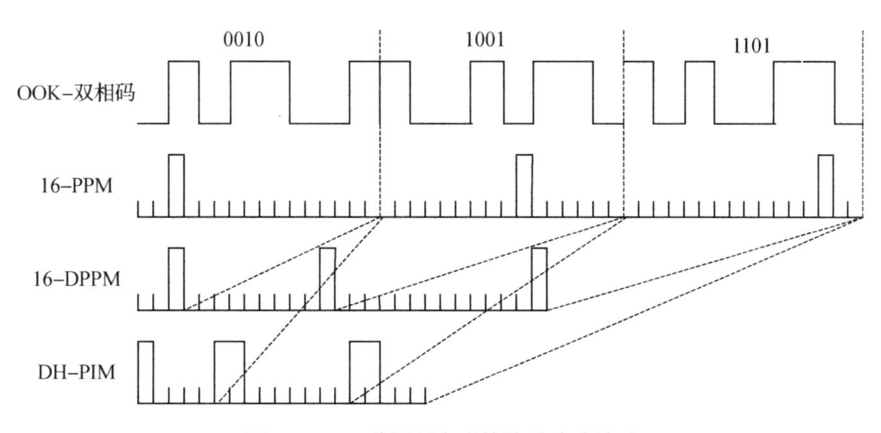

图6.11 几种调制方式的信号脉冲波形

6.5.2 几种调制方式的性能比较

光信号调制方式的主要性能包括发射端平均功率需求、平均带宽需求、信道容量和误码率。下面对这几种调制方式的性能进行简要分析和比较。

6.5.2.1 发射端平均功率需求

设当发送“1”脉冲所需功率为 P_l，输入“0”“1”比特的概率相等，发送“0”脉冲时，不需任何功率，则：

$$P_{\text{ave,OOK}}=\frac{1}{2}p_l \tag{6.18}$$

$$P_{\text{ave,PPM}}=\frac{1}{2^m}p_l \tag{6.19}$$

DPPM：虽然每一个符号也都只有一个“1”脉冲，但是各个符号的时隙数不同，最小的长度为 1 个时隙，最大的长度为 2^m 个时隙，平均符号长度为 $L_{\mathrm{DPPM}}=\frac{2^m+1}{2}$，则 DPPM 所需平均功率为：

$$P_{\mathrm{ave,DPPM}}=\frac{2}{2^m+1}p_l \tag{6.20}$$

DH－PIM：符号中最小的长度为 3 个时隙，最大的长度为（$2^{m-1}+2$）个时隙，平均符号长度为 $L_{\mathrm{DH-PIM}}=\frac{2^{m-1}+5}{2}$，每一个符号平均有 1.5 个“1”脉冲，则 DH－PIM 所需平均功率为：

$$P_{\mathrm{ave,DH-PIM}}=\frac{3}{2^{m-1}+5}p_l \tag{6.21}$$

设 $p_l=1$，则发射端平均功率需求的仿真图如图 6.12 所示。从图中可以看出，除 OOK 外，其余调制方式平均功率需求随 m 值增加而减小；对于固定的 m，PPM 所需的平均功率最小。

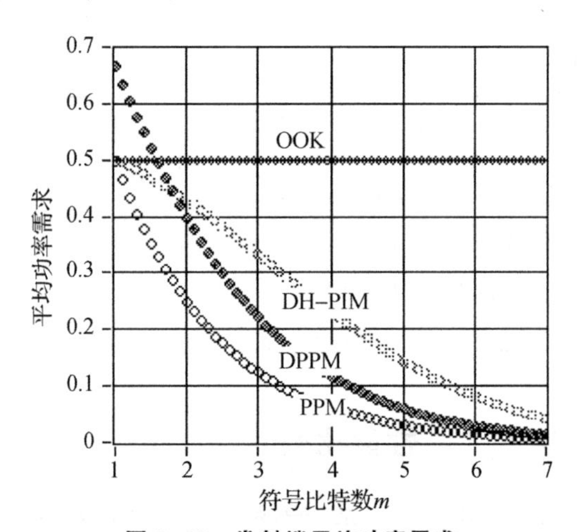

图 6.12 发射端平均功率需求

6.5.2.2 平均带宽需求

设发射机固定以 R_b bit/s 的传信率发送信号，则 OOK 所需要的带宽与其脉冲宽度成反比：

$$B_{\mathrm{OOK}}=\frac{1}{T_b}=R_b \tag{6.22}$$

PPM 对带宽的需求是其时隙间隔的倒数：

$$B_{\mathrm{PPM}}=\frac{1}{T_{\mathrm{slot}}}=\frac{1}{m\cdot T_b/2^m}=\frac{R_b\cdot 2^m}{m} \tag{6.23}$$

同理，DPPM 所需的带宽：

$$B_{\mathrm{DPPM}}=\frac{1}{m\cdot T_{\mathrm{b}}/[(2^{m}+1)/2]}=\frac{R_{\mathrm{b}}\cdot(2^{m}+1)}{2m} \tag{6.24}$$

DH－PIM 的带宽：

$$B_{\mathrm{DH-PIM}}=\frac{1}{m\cdot T_{\mathrm{b}}/[(2^{m-1}+5)/2]}=\frac{R_{\mathrm{b}}\cdot(2^{m-1}+5)}{2m} \tag{6.25}$$

由于 DPPM、DH－PIM 的平均符号长度缩小了，其带宽需求就明显小于 PPM，而且，随着 m 的增加，这种带宽的优势将更加突出。因此，在相同的带宽范围里，DPPM、DH－PIM 就具有更高的数据传输效率。四者中，PPM 调制方式的带宽效率最低。平均带宽需求的仿真图如图 6.13 所示。

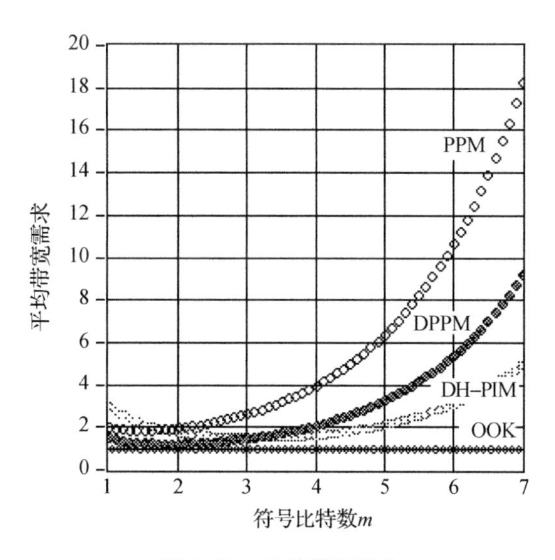

图 6.13　平均带宽需求

6.5.2.3　信道容量

这里对信道容量的讨论，并不是 Shannon（香农）所证明的严格意义上的信道容量，只是这几种调制方式的简单比较，认为信道容量是在给定的时间段内能够传送的信息量。

容易看出，PPM 与 OOK 具有相同的信道容量，设 PPM 的信道容量为 m bit/symbol，则对应的 DPPM 的信道容量为：

$$C_{\mathrm{DPPM}}=m\cdot 2^{(m+1)}/(2^{m}+1) \tag{6.26}$$

DH－PIM 的信道容量为：

$$C_{\mathrm{DH-PIM}}=m\cdot 2^{(m+1)}/(2^{(m-1)}+5) \tag{6.27}$$

由于 DPPM、DH－PIM 不像 PPM 那样等待记满一个确定的记数周期，所以在给定的时间段内可比 PPM 传送更多的信息量，DH－PIM 的信道容量最大。信道容量的仿真图如图 6.14 所示。

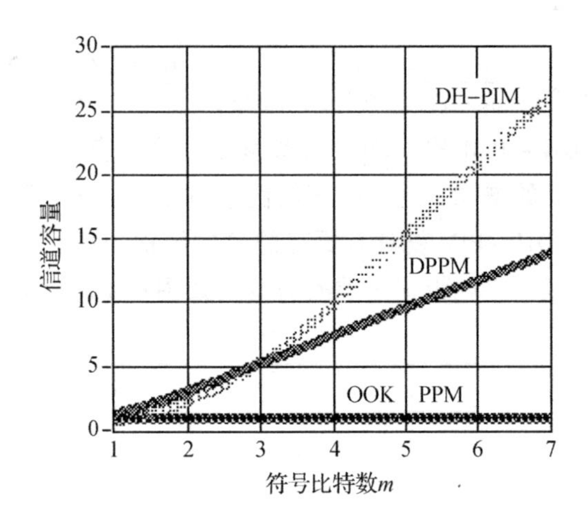

图 6.14 信道容量

6.5.2.4 误码率

首先讨论时隙错误概率。设信道为理想的加性高斯白噪声信道，设 g 为包括探测器的响应度在内的链路衰减因子，那么在接收端匹配滤波器的输入信号可表示为：

$$x(t)=\begin{cases}\sqrt{gP_l}+n(t), & \text{存在光脉冲}\\ n(t), & \text{不存在光脉冲}\end{cases} \tag{6.28}$$

噪声 $n(t)$ 为正态分布，均值为 0，均方差为 $\sqrt{N_0B}$。那么，匹配滤波器在取样时刻 $t=T_s$ 时，输出为脉冲的能量：

$$y(T_s)=\begin{cases}E_p+n_0(t), & \text{存在光脉冲}\\ n_0(t), & \text{不存在光脉冲}\end{cases} \tag{6.29}$$

式中，$E_p=gP_l\cdot T_s$，输出噪声 $n_0(t)$ 仍然为高斯噪声，均方差为 $T_s\cdot\sqrt{N_0B}\cdot\sqrt{gP_l}$。

若设检测判决器有一个最优的门限 $k\cdot E_p(0<k<1)$，则当发射端发射“0”脉冲时检测为“1”的概率为：

$$P_{e0}=\int_{kE_p}^{+\infty}\frac{1}{\sqrt{2\pi}\sigma}\cdot \mathrm{e}^{-y^2/(2\zeta^2)}\mathrm{d}y=Q\left(\frac{kE_p}{\sigma}\right) \tag{6.30}$$

当发射端发射“1”脉冲时检测为“0”的概率为：

$$P_{e1} = \int_{-\infty}^{kE_p} \frac{1}{\sqrt{2\pi}\sigma} \cdot e^{-(y-E_p)^2/(2\zeta^2)} dy = Q\left(\frac{(1-k)E_p}{\sigma}\right) \tag{6.31}$$

将 $E_p = gP_l \cdot T_s$，$\sigma = T_s \cdot \sqrt{N_0 B} \cdot \sqrt{gP_l}$ 代入式（6.30）、式（6.31），可以得到：

$$P_{e0} = Q\left(k\sqrt{\frac{gP_l}{N_0 B}}\right) \tag{6.32}$$

$$P_{e1} = Q\left((1-k)\sqrt{\frac{gP_l}{N_0 B}}\right) \tag{6.33}$$

若给定平均发射光功率 P，那么，各调制方式所要求的峰值功率分别为：$P_{l,\mathrm{OOK}} = 2P$，$P_{l,\mathrm{PPM}} = 2^m P$，$P_{l,\mathrm{DPPM}} = \frac{2^m+1}{2}P$，$P_{l,\mathrm{DH-PIM}} = \frac{2^{m-1}+5}{3}P$。

要得到时隙错误概率，则有

$$P_{se} = P_0 P_{e0} + P_1 P_{e1} \tag{6.34}$$

由此可得到各调制方式的时隙错误概率的表达式为：

$$P_{se,\mathrm{OOK}} = Q\left(\sqrt{\frac{gP}{2N_0 B}}\right) \tag{6.35}$$

$$P_{se,\mathrm{PPM}} = \frac{1}{2^m}\left[Q\left(k\sqrt{\frac{2^m gP}{N_0 B}}\right) + (2^m-1)Q\left((1-k)\sqrt{\frac{2^m gP}{N_0 B}}\right)\right] \tag{6.36}$$

$$P_{se,\mathrm{DPPM}} = \frac{1}{2^m+1}\left[(2^m-1)Q\left(k\sqrt{\frac{(2^m+1)gP}{2N_0 B}}\right) + 2Q\left((1-k)\sqrt{\frac{(2^m+1)gP}{2N_0 B}}\right)\right] \tag{6.37}$$

$$P_{se,\mathrm{DH-PIM}} = \frac{1}{2^m+10}\left[(2^m+4)Q\left(k\sqrt{\frac{(2^{m-1}+5)gP}{3N_0 B}}\right) + 6Q\left((1-k)\sqrt{\frac{(2^{m-1}+5)gP}{3N_0 B}}\right)\right] \tag{6.38}$$

式中，P 为平均光功率；$N_0/2$ 为高斯白噪声的双边带功率谱密度；B 为噪声等效带宽。

由于 DPPM、DH－PIM 的符号长度不是固定不变的，所以任何一个时隙的错误都会对后续的信源符号时隙产生影响，因此考虑这几种调制方式的误码率时，用发送 1 024 bit 时的包错误概率 PER（Packet Error Rate）来表示。包错误概率的计算表达式为：

$$P_{pe} = 1 - (1 - P_{se})^{NL_{\mathrm{ave}}/m} \tag{6.39}$$

式中，包长为 N bit，这里取 1 024，L_{ave} 为用时隙个数表示的调制的平均符号长度，取包比特数为 1 024 bit，比特速率 $R_b = 1$ Mbit/s。包误码率的仿真结果如图 6.15 所示。图中横坐标是以 dB 表示的接收机信噪比，纵坐标表示包误码率，可以看到，PPM 调制方式具有最好的误码率特性。DPPM 能够获得比 OOK 小得多的包误码率，这是因为 DPPM 的光脉冲时隙比 OOK 小得多的缘故；但它的 PER 要比 PPM 的 PER 大些，因为 DPPM 不像 PPM 那样有相等的符号长度，因此会产生错误累积，而 DH - PIM 的符号长度也不固定，其误码率也大于 PPM。

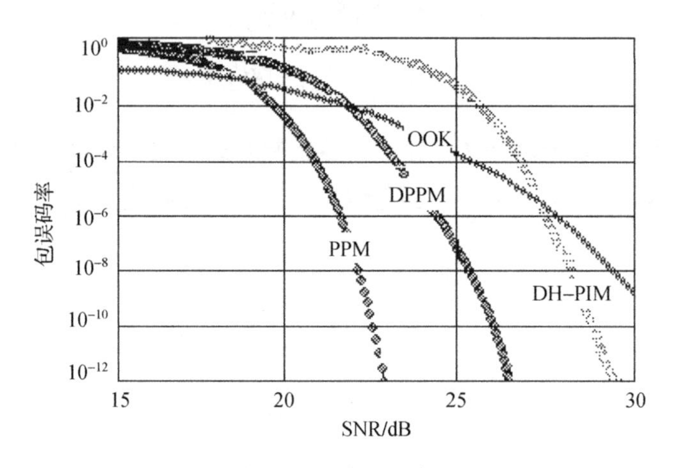

图 6.15 包误码率

综合以上分析，在四种调制方式中，OOK 调制是最初也是最简单的一种调制方式，但是它的误码率大，抗干扰能力差，通信速率也很低。PPM 调制方式有着优良的功率特性与误码特性，但是它需要的带宽是最大的。而 DPPM 与 DH - PIM 的符号长度不固定，导致其误码率较 PPM 大，但是换来的是大的信道容量和高的信息传输速率。

6.5.3 PUIM 调制方式的选择

在引信光学装定系统中，信息调制应满足：在保证一定数据比特速率和一定的误码率的前提下，尽可能地降低功率损耗，这一点对手持式、便携装定器特别有利；调制解调设备尽可能简单、电路易于实现；数据传输的误码率小等。综合这些因素，系统采用两种调制方式——PPM 调制方式和脉冲计数调制（Pulse Number Modulation）。

脉冲计数调制是在参考美国专利的基础上提出的方法。此方法与 OOK 调制有异曲同工之妙，但它不仅能加速能量传输效率，而且可以提高装定信息传输的可靠性，编解码也很简单。

6.6　光学装定系统数据传输设计

6.6.1　工作体制设计

1. 定时体制

根据攻击对象或投放条件的不同对引信作用时间进行机上遥控装定。通过火控系统和引信的装定装置将此作用时间装定给引信，引信在弹丸飞行过程中精确计时，当达到装定的作用时间时引爆弹丸。此外，装定的作用时间所对应的弹丸垂直落下距离一定要大于安全垂直落下距离（SVD），用于子母弹中母弹开仓时间的装定除外。炸弹投离飞机瞬间由于俯仰角 λ 的不同分为水平投弹（$\lambda=0°$）、上仰投弹（$\lambda>0°$）和俯冲投弹（$\lambda<0°$）三种，不论哪种方式，都可根据航空炸弹外弹道学经典理论，在外弹道基本假设条件下，如图6.16（a）所示，用时间 t 为自变量的直角坐标系 $\sigma-xy$ 下的质心运动方程组确定弹丸的质心位置，解算出炸弹沿弹道飞行到任意高度 y 下所经历的时间。

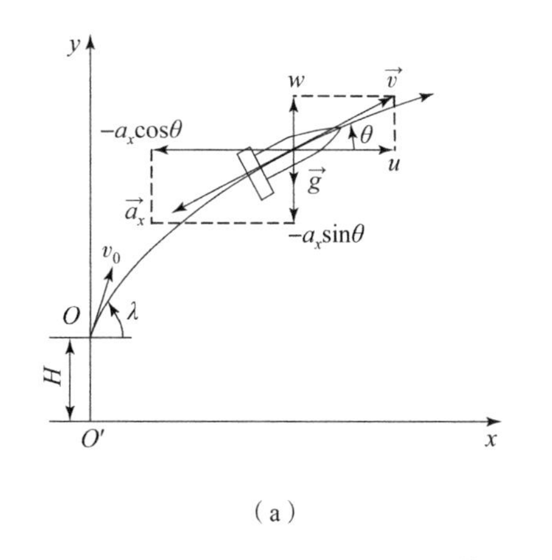

（a）

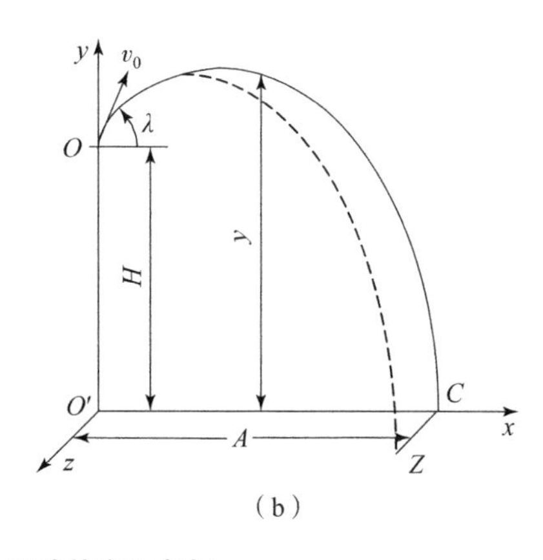

（b）

图6.16　描绘弹丸质心运动的主要参数

（a）弹丸的质心运动；（b）实际弹道曲线

以时间 t 为自变量的直角坐标系 $\sigma-xy$ 下的质心运动方程组为：

$$\begin{cases}\dfrac{\mathrm{d}u}{\mathrm{d}t}=-cH_{\tau}(y)G(v_{\tau})u\\ \dfrac{\mathrm{d}w}{\mathrm{d}t}=-cH_{\tau}(y)G(v_{\tau})w-g\\ \dfrac{\mathrm{d}x}{\mathrm{d}t}=u\\ \dfrac{\mathrm{d}y}{\mathrm{d}t}=w\\ v_{\tau}=\sqrt{u^2+w^2}\cdot\sqrt{\dfrac{\tau_{\mathrm{on}}}{\tau}}\end{cases}\tag{6.40}$$

代数方程组为：

$$\begin{cases}u=v\cos\theta\\ \dfrac{\mathrm{d}u}{\mathrm{d}t}=-a_x\cos\theta\\ w=v\sin\theta\\ \dfrac{\mathrm{d}w}{\mathrm{d}t}=a_x\sin\theta-g\\ v=\sqrt{u^2+w^2}\end{cases}\tag{6.41}$$

其中，气重函数为

$$H(y)=(1-2.032\ 3\times10^{-5}y)^{4.830}\tag{6.42}$$

$$H_{\tau}(y)=\sqrt{\frac{\tau}{\tau_{\mathrm{on}}}}\cdot H(y)\tag{6.43}$$

阻力系数为

$$c_x=c_0(1+k\delta^2)\tag{6.44}$$

阻力函数为

$$G(v_{\tau})=4.809\ 4\times10^{-4}v_{\tau}\cdot c_x\tag{6.45}$$

以上各式中：

v_0——炸弹投离飞机瞬间时的速度，m/s；

λ——俯仰角；

H——投弹高度；

v——弹丸的瞬时速度，m/s；

a_x——空气阻力加速度，$\mathrm{m/s^2}$；

c——弹道系数；

g——重力加速度，$\mathrm{m/s^2}$；

τ_{on}——标准虚温，K；

τ——虚温，K；

c_0——攻角为0°时的阻力系数；

δ——攻角；

k——阻力的攻角系数，对于长细比较大的尾翼式弹丸，为30～40；对低阻炸弹，为15～30，与一般弹丸相近。

由炸弹在空气中的质心运动解法——级数解法得：

$$\begin{cases} y = H + x\tan\lambda - \dfrac{gx^2}{2v_0^2\cos^2\lambda} - \dfrac{gc'H(\bar{y})x^3}{3v_0^2\cos^3\lambda} \\ t = \dfrac{x}{v_0\cos\lambda}\left[1 + \dfrac{c'H(\bar{y})}{2\cos\lambda}x\right] \end{cases} \tag{6.46}$$

式中，$c' = 0.7695 \times 10^{-4} \times c$；

$\bar{y} = \xi H$（ξ 为修正系数）。

由式（6.46）可解算出炸弹沿弹道飞行到任意高度 y 下所经历的时间，当 $t = T$ 时，T 为炸弹自投弹点下落到目标水平面的时间，则 $y = 0$，$x = A$，A 为炸弹射程。从图6.16（b）中可以看出，由于实际投弹时的气象、地球、地形条件的不同，实际弹道常常偏离投射面，如图6.16（b）中虚线所示，因此在装定作用时间时还要增加气温、气压、风等修正量的计算。

由于表征航空炸弹特性的主要参数为三个：口径（TNT当量）、装填系数和标准落下时间。标准落下时间是炸弹在标准大气条件下，从高度为2 000 m、空速为40 m/s做水平飞行的飞机上投下的落地时间。各种炸弹的标准落下时间为20.25～33.75 s，所以这里系统设计的最大装定定时时间为40 s，时间分划为1 ms。

2. 碰炸体制

发火控制电路如图6.17所示。发火回路由限流电阻 R_1、储能电容 C_1、电雷管及闸流管 X_1 组成。发射后电池经过限流电阻 R_1 对储能电容 C_1 充电，当闸流管导通时，C_1 储存的能量通过电雷管释放，引爆电雷管。C_1 的取值由电雷管起爆能量和发火电压决定，限流电阻的取值要控制 C_1 充电的时间常数，以保证在安全距离内储能电容的电压不高于电雷管的最低发火电压。限流电阻的另一功能是使充电电流小于电雷管的安全电流，并且在解除保险前电雷管短路开关是闭合的，因而保证了充电过程中电雷管的安全性。

控制电路由单片机、下拉电阻 R_4、隔离电阻 R_3 及碰炸开关组成。正常发火和自毁发火信号由单片机输出口提供，由于单片机复位后的缺省状态是开漏

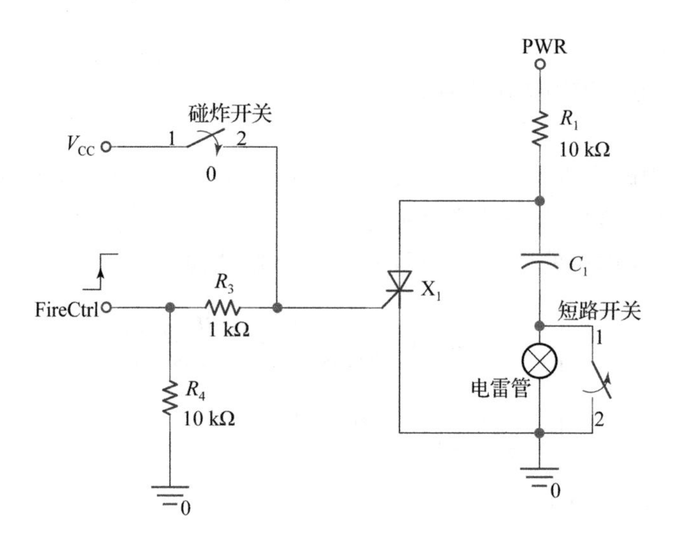

图 6.17　发火控制电路

输出，因此配置了下拉电阻 R_4 将该引脚电位拉低，以确保安全。闸流管的控制端经碰炸开关接至高电平，一旦开关闭合，闸流管将立即导通。由于单片机的输出脚在输出发火信号前是低电平，因此需在碰炸开关和单片机输出引脚间配置隔离电阻，以保证碰炸开关的可靠作用。碰炸开关位于引信头部的风帽中，风帽设计顶部为双层结构，中间通过绝缘环起保护作用。碰炸开关的作用通过引信碰目标后的变形得到，碰炸开关的两极通过下部接线引入发火控制回路。

3. 近炸体制

引信光学装定技术可使载机飞行期间根据实际战场环境和打击目标对航空炸弹配用的近炸引信进行近炸作用距离装定。如在破甲弹的前端装配了可装定激光近炸引信，可大大提高串联式破甲弹对各种具有反应装甲的坦克车的攻击能力。

图 6.18 所示为激光近炸原理框图，结合精密可调节的电子脉冲延时器易于实现作用距离现场装定的功能。另外，可调电子延时器还可实现对系统延时的精确自动补偿，进一步提高系统定距精度。如 DS1045 系列，一种用户可编程的全硅数字延迟线 CMOS 集成电路。它具有两个编程输出口 OUTA 和 OUTB、延时时间从 9 ns 到 84 ns、系列中最小的延迟时间（即每延迟阶时间）为 3 ns、16 脚 DIP 或 16 脚 SOIC 标准封装、低功耗等特点，装定器通过将不同的延迟时间传输给引信，引信再通过单片机以此延迟时间对 DS1045 进行设置，完成装定工作。

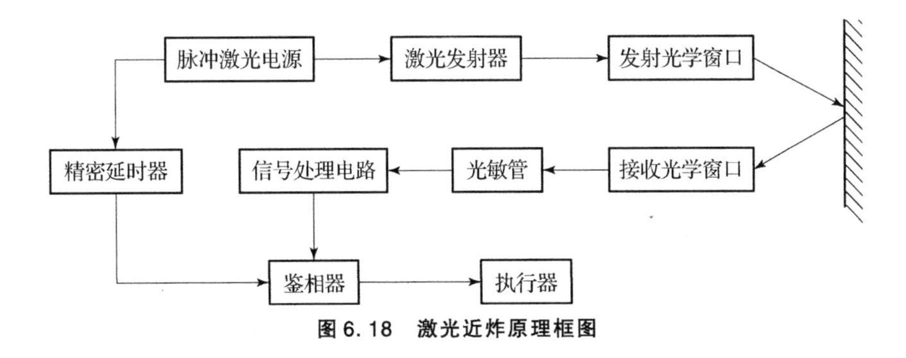

图 6.18　激光近炸原理框图

4. 延期体制

对于延时装置，航弹引信通常采用机械或电子钟表原理或燃烧延时药盘实现。

引信光学装定系统采用电子延时。电子延时在碰炸开关闭合后，通过发火控制电路控制装药延期起爆，具有装定精度高、容易调整延时长短的优点。延时控制电路如图 6.19 所示。控制电路由单片机、下拉电阻 R_3 及碰炸开关组成。当碰炸开关闭合后，Firesig 口电平由高电平转为低电平，当单片机检测到低电平后控制计数器开始精确计时，当达到延期作用时间时，控制 FireCtrl 输出口输出发火信号引爆弹丸。

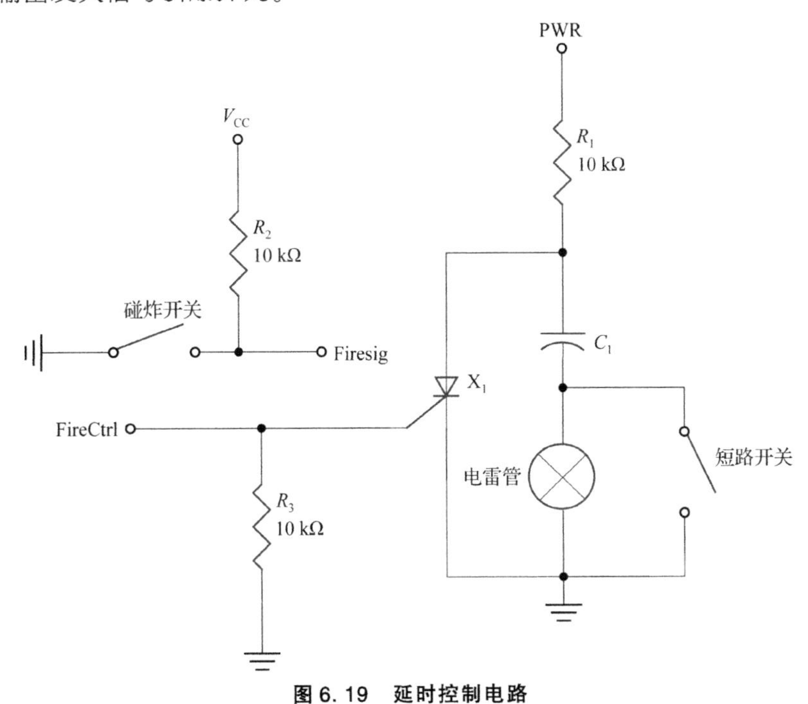

图 6.19　延时控制电路

6.6.2 装定信息的数据格式

为了减少引信设计中的重复性劳动，根据引信产品模块化、系列化、通用化的设计思想，引信光学装定应采用统一的数据格式，以提高引信功能模块的通用性。一般来说，航弹引信的装定信息主要包含两部分内容：工作模式和炸点信息。从6.6.1节分析可知，航弹引信的作用方式主要有碰炸、定时炸、近炸、延期作用方式等几种。其工作模式可相应地分为：碰炸+自毁、定时炸+碰炸、近炸+碰炸、延期+自毁。为了给以后出现的新引信作用方式预留空间，装定数据中的作用方式部分可以用三位二进制数表示，从第四位起表示引信的炸点信息，炸点信息的具体内容和长度根据作用模式的不同而不同，从0到16位不等。装定信息的数据格式如表6.2所示。

表6.2 装定信息的数据格式

作用方式	模式代码	炸点信息	装定内容
碰炸	000	0位	仅碰炸和自毁
定时炸	001	16位	定时时间为40 s，时间分划为1 ms
近炸	010	8位	定时时间为200 ns，时间分划为1 ns
延期	011	28位	定时时间为2 h，时间分划为50 μs
保留	100	待定	
保留	101	待定	
保留	110	待定	
保留	111	待定	

如装定定时炸，最大装定定时时间为40 s，时间分划为1 ms，因此要有40 000个装定时间。而15位编码数据只能够表示32 768个不同时间信息，在设计中炸点信息可采用16位码元来表示，再有3位码元为模式代码，装定信息共19位。

6.6.3 数据通信协议

从6.5.3节分析可知，选择不同的光信号调制方式，其相应数据通信协议也不同。因此根据两种不同的光信号调制方式设计了不同的数据通信协议。根据不同的数据通信协议实现的光学装定系统定义为引信PPM光学装定系统

（采用PPM调制方法的装定系统）和引信脉冲计数光学装定系统（采用脉冲计数调制方法的装定系统）。

光学装定系统的数据通信协议主要包括数据的编码形式、调制方式、同步方式、数据帧的组成和数据传输速率等五个部分。假设对装定信息为最大容量即36位进行分析。

6.6.3.1　引信PPM光学装定系统的数据通信协议

1. 编码形式

NRZ信源编码、（15，9）RS信道编码形式，差错控制的工作方式为FEC方式。

2. 调制方式

16－PPM调制。

装定器发送的光调制脉冲波形如图6.20所示。从图中可以看出，16－PPM将一段时间分成$L(L=16)$等份，每等份称为一个时隙（slot），在一帧时间内的某个时隙发出一个脉冲，这一帧时间就是一个PPM信号。它包括长度均为τ s的L个时隙和一个停滞时间T_D（或称保护时间），停滞时间段是因为考虑到实际的激光器发射脉冲激光时在两个脉冲之间需要有一个足够的重新充电的时间。

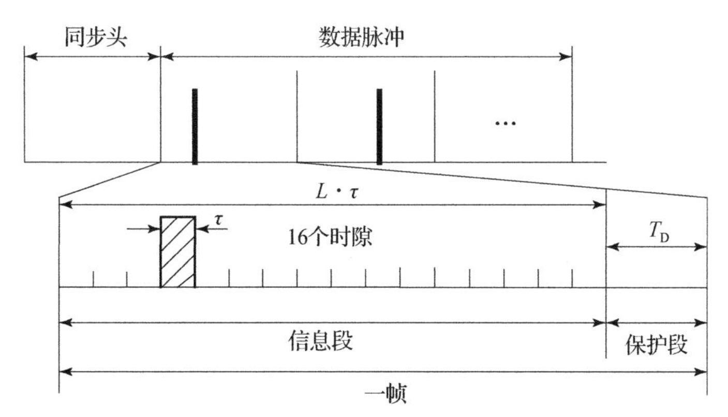

图6.20　装定器发送的光调制脉冲波形

3. 同步方式

采用群同步（帧同步）方式，帧同步使用起止式同步法，同步码由起始码与停止码构成。同步信号通过 6 个光脉冲（持续时间为 τ）来表示，停止码通过 3 个光脉冲（持续时间为 τ）来表示。

4. 数据帧的组成

装定器共发送 15 帧数据信号、前面一个同步头信号和后面一个停止位。当出现停止位时，数据接收完成。其中，9 帧为装定信息符号，共 $9\times4=36$ 个二进制信息位，6 帧为纠错符号，共 $6\times4=24$ 个二进制纠错位。

5. 数据传输速率

脉冲信息传输速率 $R_b=(\log_2 L)/(L\cdot\tau+T_D)$，系统帧频 $f_R=(L\cdot\tau+T_D)^{-1}$，共传输数据二进制位为 $15\times4=60$ bit，设激光器发射的脉冲频率为 f，$T_D=1/f$，则 $\tau=1/(2f)$，传输 36 位二进制信息所需的时间为：

$$T_{set}=(L\cdot\tau+T_D)\times15+14\tau+14\tau=(16\tau+T_D)\times15+28\tau=\frac{9}{f}\times15+\frac{14}{f}=\frac{149}{f}$$

如：$f=50$ kHz，$R_b=22.2$ kbit/s，$T_{set}=2.98$ ms；$f=20$ kHz，$R_b=8.89$ kbit/s，$T_{set}=7.45$ ms。

6.6.3.2 引信脉冲计数光学装定系统的数据通信协议

1. 编码形式

采用占空比信源编码：占空比为 7/14 的脉冲波形表示“1”，而占空比为 3/14 的脉冲波形表示“0”。

奇偶校验信道编码：在每帧数据中加入一位取反的奇偶校验码，即数据码元为“1”的个数为奇数时校验码为“0”，否则为“1”。

差错控制的工作方式为检错重收方式。

2. 调制方式和同步方式

调制方式采用脉冲计数调制，发送 4 个光脉冲表示“1”，发送 2 个光脉冲表示“0”。信息解调时只需脉冲计数即可。

同步方式采用群同步（帧同步）方式。帧同步使用连贯式插入法，同步信号通过 6 个光脉冲（持续时间为 τ）来表示。

图 6.21（a）所示为传输信号的基带波形，图 6.21（b）所示为经过脉冲计数调制后的光脉冲波形。

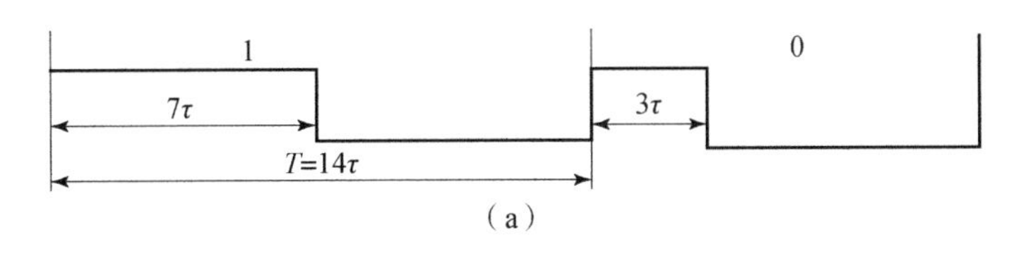

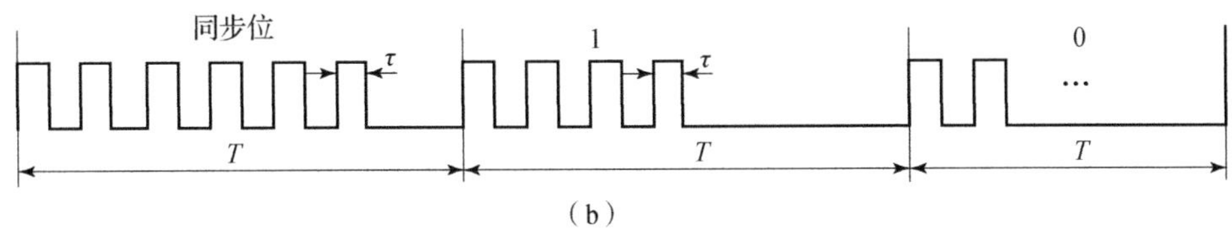

图 6.21　编码和调制方式

(a) 基带信号波形；(b) 脉冲计数调制后的信号波形

3. 数据帧的组成

数据帧由 1 位同步位、36 位数据位和 1 位校验位组成，如图 6.22 所示。当再次出现同步信号时，数据接收完成。

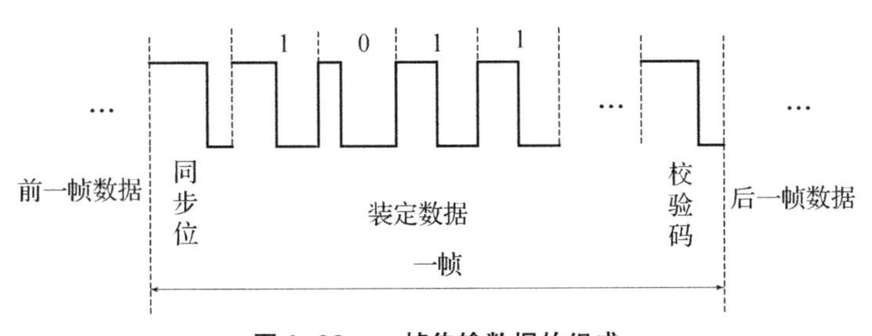

图 6.22　一帧传输数据的组成

4. 数据传输速率

脉冲信息传输速率 $R_b = \dfrac{1}{14\tau}$，设激光器发射的脉冲频率为 f，则 $\tau = 1/(2f)$。传输 36 位二进制信息所需的时间为：

$$T_{set} = 14\tau \times (36 + 1 + 1) \times 3 = 1\ 596\tau = \frac{798}{f}$$

如：$f = 50$ kHz，$R_b = 7.14$ kbit/s，$T_{set} = 15.96$ ms；

$f = 20$ kHz，$R_b = 2.86$ kbit/s，$T_{set} = 39.9$ ms。

如果将信息装定窗口 T_{Inf} 设为 10 ms，$f = 20 \sim 50$ kHz，则能够传输 7 ~ 21 位二进制信息。

由于引信装定时间窗 T 由能量装定窗口 T_{Pow} 和信息装定窗口 T_{Inf} 两部分组

成，即

$$T = T_{\mathrm{Pow}} + T_{\mathrm{Inf}} \tag{6.47}$$

为确保引信可靠地接收到装定数据，应满足

$$R_{\mathrm{b}} \geqslant (36+2) \times 2/T_{\mathrm{Inf}} = 76/T_{\mathrm{Inf}} \tag{6.48}$$

此外，为了提高能量传输可靠性，T_{Pow}应尽可能地大。式（6.47）和式（6.48）表明，在T一定时，提高能量传输可靠性的有效途径是减小T_{Inf}。因此，在满足误码率的基础上，尽量提高R_{b}，减小T_{Inf}。

从两种数据通信协议可以看出，在激光器发射的脉冲频率相等、装定信息相同的条件下，引信脉冲计数光学装定的数据传输速率慢，信息装定时间长，但编译码、调制解调设备简单、电路易于实现，在引信装定的数据量较少时，应采用引信脉冲计数光学装定。但是，PPM 光学装定系统装定速度快，可装定的数据量大。两种系统的主要特性比较如表 6.3 所示。

表 6.3　两种装定系统主要特性比较

项目	PPM 光学装定	脉数光学装定
能量和信息传输方式	并行	并行
激光器个数	2	2
结构、体积	结构较复杂、体积较大	结构简单、体积小
电路实现的难易度	电路较复杂	电路易于实现
脉冲激光器的频率范围	20～50 kHz	20～50 kHz
装定信息最大容量	36 位二进制信息	7～21 位二进制信息

第7章

脉冲光信号发射与接收技术

引信光学装定系统的许多性能，如对激光束信息的探测能力、装定距离、抗干扰和低功耗等，都取决于激光器发射的激光质量和微弱光信号接收技术。因此，脉冲光信号发射与接收技术的研究是引信光学装定系统设计中不可缺少的部分。本章重点给出经过编码调制后的装定信息以激光形式发射出去所需的窄脉冲激光驱动电源技术、高信噪比引信脉冲激光接收技术和引信光学窗口设计的理论基础，以及分析设计的方法。最后，对系统最大信息装定距离进行理论分析与公式推导，对影响装定距离的因素进行分析，给出增大装定距离采取的措施。

7.1　窄脉冲激光驱动电源技术

7.1.1　引信光学装定对脉冲激光驱动电源的要求

引信光学装定系统最终是需要激光器发射激光束来完成引信的信息传输，这一技术的实现取决于半导体激光器发射的脉冲质量，由于半导体激光器采用的是直接调制方式，所以其发射脉冲质量的好坏直接取决于半导体激光器电源的设计。

引信光学装定对脉冲激光驱动电源的要求主要为：

（1）脉冲激光驱动电源的对象为脉冲式半导体激光器，其激射波长必须与大气的低损耗区相吻合。

波长在800～900 nm与1 300～1 550 nm附近是比较合适的，因为在这两个波长区具有低损耗和低色散的特点。

（2）合适稳定的光源发射功率。

应保证光学装定时，在各种环境条件下，在要求的装定距离内光电探测器有响应，即能接收到装定信息。当环境温度变化或器件老化过程中，输出光功率要保持稳定。由于大气信道对激光信号的衰减和装定距离要求，系统采用大功率W级激光器。

（3）尽量窄的脉冲宽度、尽可能陡峭的上升沿。

激光器发射的脉冲电流 I_p 与其所能承受的直流电流 I_0 之间存在如下关系式：

$$I_p = I_0 \sqrt{\frac{T}{\tau}} \tag{7.1}$$

式中，T 为编码脉冲的周期；τ 为发射的脉冲宽度。由式（7.1）可以看出，在 I_0 为定值（由激光器类型所决定）时，τ 越小，则 I_p 越大，说明它能获得瞬时功率越大。为了提高激光的装定距离，应提高激光脉冲信号的瞬时发射功率，降低其平均功率。采用一定占空比的窄脉冲发射是解决发射功率与作用距离的有效途径。此外，窄脉冲信号的传输不仅可减小大气脉冲展宽、降低误码率，提高战场的保密性、使敌方不易截获，而且可提高激光器的使用寿命，满足引信激光装定系统的要求。陡峭上升沿的脉冲信号在接收端信号判决时也会大大降低系统的误码率。

（4）重复频率尽量高。

重复频率决定了光学装定系统中通信的数据率。重复频率越高，能够达到的通信数据率也就越高，装定时间就越短。

大功率 W 级半导体激光器生产厂家还不是很多，表 7.1 给出了一些适用于引信光学装定的激光器的主要参数。由于高重复频率半导体激光器的重复频率可达到 100 kHz，系统选用其作为光发射器件。

表 7.1　半导体激光器的主要参数

种类	输出功率/W	驱动电流/A	峰值波长/nm	发散角/mrad	脉冲宽度/ns	重复频率/kHz
脉冲高峰值功率半导体激光器	20～100	≤35	910	12×40	100～200	≤5
高重复频率半导体激光器	5～15	≤30	910	12×40	100～200	100
连续工作半导体激光器	0.5～1	≤2.5	808	10×40	—	—

7.1.2　半导体激光器的特性及其电路

半导体激光器的特性直接影响着发射的激光脉冲质量。半导体激光器属于半导体二极管的范畴，除具有二极管的一般特性以外（如伏安特性），还具有特殊的光频特性。

1. 阈值特性

对于半导体激光器，当外加正向电压达到某一值时，输出光功率将急剧增加，这时将产生激光振荡，这个电流称为阈值电流，常用 I_{th} 表示。当半导体激光器的注入电流 $I < I_{th}$ 时，激光器只存在自发辐射现象，发出微弱的荧光，此时具有很宽的光谱范围和很宽的横向光束宽度；而当注入电流 $I \geqslant I_{th}$ 时，激光器则发射激光，光功率随驱动电流的增加而增大，光谱范围与光束宽度都会随着驱动电流的增加而减小，最小的谱宽度可达 1 nm。

在激光器驱动电源的设计中，并不是驱动电流越大越好，当激光器工作电流超过额定值时，激光器很容易受到损坏。为了防止工作电流严重超过额定值，有必要针对半导体激光器的工作特性和极限参数设计一种保护电路，如图 7.1 所示。该电路具有过载自动保护的驱动三极管输出级，并且对残余的高频电流的冲击也能起到防护作用，从而显著提高激光电源的安全可靠性能。设电路的保护电流为激光器的额定电流，当半导体激光器的电流 I_a 正常时，通过 R_{28} 和 R_{29} 的电流对三极管 Q_{10} 形成的基极与发射极之间的电压不足以使 Q_{10} 导通，对 I_a 不起限制作用；当 I_a 超过电路的保护电流时，Q_{10} 导通，Q_{10} 从 M_1 的基极抽取基极电流，限制了 I_a 增大，从而保护了激光器。如将 R_{28} 用可调电阻代替，改变 R_{28} 的值就可以改变保护电流的大小。

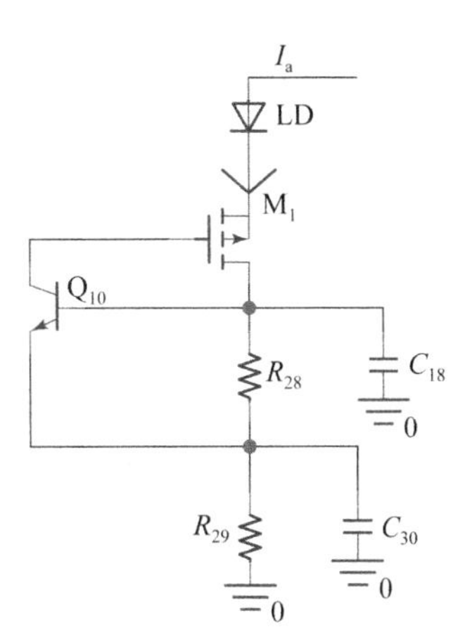

图 7.1　半导体激光器保护电路

2. 调制特性

数字信息（以“0”或“1”编码）直接调制的半导体激光器，电流突然上升到高电平（相应于“1”码），则在电流脉冲前沿与被其激励的光之间会有一时延 t_d，同时所产生的光需经一个张弛过程才能达到稳态，即在高速调制下，t_d 将产生调制畸变，这是由电子与光子相互作用的动力学过程所引起的，可通过求解它们的速率方程得出 t_d：

$$t_d = \tau_{th} \ln \frac{I}{I - I_{th}} \tag{7.2}$$

式中，t_d 为信号脉冲的延时；τ_{th} 为在阈值处的载流子寿命（一般为 2 ~ 5 ns）；I 是脉冲电流；I_{th} 是阈值电流。

减少 t_d 最简单的方法是在激光器上再加上一个接近阈值电流 I_{th} 的偏置电流 I_b，这时式（7.2）变为：

$$t_d = \tau_{th} \ln \frac{I}{I-(I_{th}-I_b)} \tag{7.3}$$

由式（7.3）可知，当 $I_b = I_{th}$ 时，$t_d = 0$；同时在上述过渡过程开始的突变幅度也减小。但是，当直流偏置在阈值以上（即 $I_b > I_{th}$）时，脉冲调制会出现张弛振荡现象，将会使消光比（"1"码与"0"码的光功率之比）减小，使接收机灵敏度降低。因而，实际应用中要避免出现 $I_b > I_{th}$ 现象。在引信光学装定系统中，半导体激光器是工作在 $I_b < I_{th}$ 状态下，此时张弛振荡现象仅可能出现在脉冲的上升沿，后沿侧单调衰减。

3. 温度特性

激光器的阈值电流和光输出功率随温度变化的特性称为温度特性。温度过高，激光器将停止激射，温度每升高 10 ℃，阈值电流就增大 5%～25%。由于各种温度影响因素非常复杂，不可能使用单一的方程将各种激光器在所有温度范围内的关系公式化。但是，也可由以下经验公式来粗略表示电流 I_{th} 是随温度变化的：

$$I_{th} = I_0 e^{T/T_0} \tag{7.4}$$

式中，I_0 为 $T = T_0$ 时的阈值电流；T_0 为特征温度；T 为工作温度。在同样条件下，阈值电流升高，输出功率就下降。

为了保证装定系统在环境温度变化时激光器输出特性的稳定，在脉冲激光驱动电源中增加自动温度控制（ATC）电路，电路由半导体热电致冷器（TEC）、热敏检测元件（热敏电阻）和相应的控制电路组成，工作原理为：装在激光器热沉上的热敏电阻，不仅作为温度传感器，同时它又是温度控制电路电桥中的一臂，通过电桥，把温度变化（引起热敏电阻的阻值变化）转变为电量的变化，通过晶体管放大器接到致冷器上，使致冷器电压变化，从而使激光器的温度维持恒定。自动温度控制电路的电路图如图 7.2 所示。R_t 为热敏电阻；R_1、R_2、R_3、R_t 构成电桥；Q_2 为晶体管放大器，提供致冷器所需的电流；A 为运算放大器，放大电桥送来的电压，其电压的变化，反映温度的变化。此电路可使激光器的结温

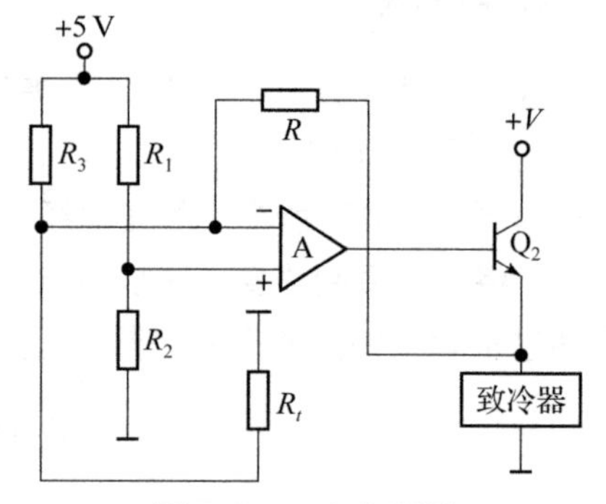

图 7.2 ATC 电路图

控制在±0.5 ℃的范围内，从而使激光器有较恒定的输出光功率和发射波长。

7.1.3　脉冲激光驱动电源的电路模型分析

图7.3给出了脉冲半导体激光器驱动电源的一般形式和相应的等效电路。其中L为寄生电感（由于电路中有放电电容、开关元件、激光器，所以放电回路内部有寄生电感）；C为储能电容；R为电路的总电阻，包括激光器等效电阻、开关元件电阻和回路串联电阻。为了减小体积储能元件，一般选为电容，放电开关元件考虑到放电的速度，一般可选用可控硅、晶体管、功率MOSFET管、雪崩晶体管等。

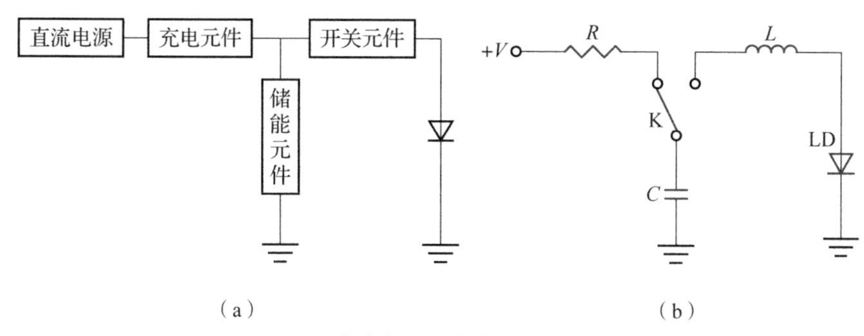

图7.3　脉冲激光驱动电源的电路模型

(a) 脉冲半导体激光器驱动电源一般形式；(b) 脉冲半导体激光器驱动电源等效电路

假设开始时电容充电达到电压V，那么电路的放电回路可以看作零输入响应的串联RLC电路，方程如下：

$$L\frac{\mathrm{d}i}{\mathrm{d}t}+Ri+\frac{1}{C}\int i\mathrm{d}t=0 \tag{7.5}$$

对上式微分可以得到一个线性常系数二阶齐次微分方程：

$$L\frac{\mathrm{d}^2i}{\mathrm{d}t^2}+R\frac{\mathrm{d}i}{\mathrm{d}t}+\frac{1}{C}i=0 \tag{7.6}$$

在驱动电路放电的情况下是工作在欠阻尼状态，也就是：

$$\left(\frac{R}{2L}\right)^2-\frac{1}{LC}<0 \tag{7.7}$$

因此，可得到式（7.6）的解为：

$$i=A\mathrm{e}^{-\alpha t}\sin(\omega t+\theta) \tag{7.8}$$

其中，

$$\begin{cases}\alpha=\dfrac{R}{2L}\\ \omega=\sqrt{\dfrac{1}{LC}-\left(\dfrac{R}{2L}\right)^2}\end{cases} \tag{7.9}$$

当开关 K 闭合即 $t=0$ 瞬间，放电回路电流为零，电感电压为 V，即

$$\begin{cases} i=0 \\ L\dfrac{\mathrm{d}i}{\mathrm{d}t}=V \end{cases} \tag{7.10}$$

把初始条件代入式（7.8），得：

$$\begin{cases} \theta=0 \\ A=\dfrac{V}{\sqrt{\dfrac{L}{C}-\dfrac{R^2}{4}}} \end{cases} \tag{7.11}$$

由以上的分析可知电路的放电电流是衰减的正弦曲线，三个参数 α、A、ω 分别表示了正弦波的衰减快慢、电流的幅值和周期。在脉冲激光电源中，只利用第一个正弦波得到脉冲激励电流，所以，应要求 α 值较大即有较快的衰减速度，以免后续电流脉冲对激光器造成冲击损坏；A 值应较大，以得到较高的电流脉冲幅度；ω 值应尽量小，这意味着第一个正弦波有较快的上升时间和较窄的脉宽。

7.1.4 窄脉冲激光驱动电源设计

7.1.4.1 窄脉冲激光驱动电路设计

用于引信光学装定系统的高重复频率半导体激光器的阈值电流很大，即使是峰值为 5 W 的脉冲半导体激光器，阈值电流也在 5 A 以上。因此，引信光学装定的脉冲激光驱动电源采用窄脉冲激光器驱动电路。它是利用能量压缩技术，即把瞬时功率很小的能量通过一定时间存储在电容里，在适当时刻瞬时放出，达到大的瞬时电流。

窄脉冲激光器驱动电路根据选用的关键器件开关管的不同，可分为快速晶闸管、雪崩晶体管、功率 MOS 管等多种驱动电源电路。快速晶闸管驱动电源能够满足脉宽和脉冲上升沿的要求，但其重复频率 $f<20$ kHz，重复频率太低，影响系统的装定速度；雪崩晶体管驱动电源虽然能够产生 10 ns 的脉冲，但是脉冲电流的功率不大，而且需要提供的直流电源电压较高，一般为 90 ~ 300 V；功率 MOS 管驱动电源可满足功率要求，但脉冲宽度较大，一般 $\tau>$ 50 ns。这里系统采用了互补型 VMOS 激光驱动电路。

VMOS 场效应管（VMOSFET）简称 VMOS 管或功率场效应管，其全称为 V 型槽 MOS 场效应管。它是继 MOSFET 之后新发展起来的高效、功率开关器件。它不仅继承了 MOS 场效应管输入阻抗高（$\geqslant 10^8$ MΩ）、驱动电流小（为

0.1 μA 左右），还具有耐压高（最高可耐压 1 200 V）、工作电流大（1.5 ~ 100 A）、输出功率高（1 ~ 250 W）、跨导线性好、开关速度快等优良特性。传统的 MOS 场效应管的栅极、源极和漏极大致处于同一水平面的芯片上，其工作电流基本上是沿水平方向流动。VMOS 管则不同，它有两大结构特点：第一，金属栅极采用 V 型槽结构；第二，具有垂直导电性。由于漏极是从芯片的背面引出，所以工作电流不是沿芯片水平流动，而是自重掺杂 N^+ 区（源极 S）出发，经过 P 沟道流入轻掺杂 N^- 漂移区，最后垂直向下到达漏极 D，由于流通截面积增大，所以能通过大电流。互补型 VMOS 激光驱动电路的工作原理如图 7.4 所示。

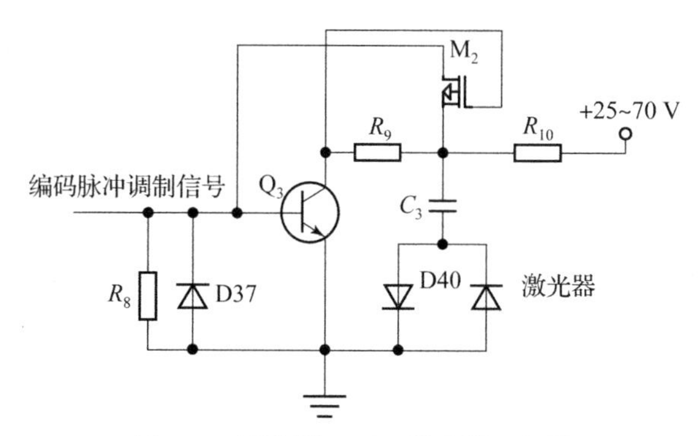

图 7.4　互补型 VMOS 激光驱动电源

该电路采用和 P 沟道增强型 VMOS 管极性相反的功率晶体管来驱动 VMOS 管，使电容能够在极短的时间内充分放电，产生很大的电流。当输入的编码调制脉冲信号为低电平时，晶体三极管 Q_3 关闭，直流电源（25 ~ 70 V）通过电阻 R_{10} 对电容 C_3 进行充电，同时给 VMOS 管的源极提供偏置电压；当脉冲信号为高电平时，晶体三极管 Q_3 导通，Q_3 的集电极就会导通场效应管 M_2，使电容 C_3 通过 M_2 的源极到栅极，再通过 Q_3 的基级到发射级，在纳秒级的时间内产生很大的放电电流，驱动激光器发射窄脉冲信号。由于整个放电回路是一个深度正反馈，所以整个放电过程时间只有几纳秒，电流很大。

7.1.4.2　DC – DC 转换电路设计

调整充电电压值 25 ~ 70 V 的功能由 DC – DC 转换电路来完成。在整个激光驱动电源中，DC – DC 转换电路是影响其体积的重要因素，为了减小引信光学装定用半导体激光器电源的体积，系统采用体积很小的 DC – DC 转换芯片，面积为 7 mm^2。一个芯片可以将 2 ~ 16.5 V 的直流输入电压转换为 5 ~ 100 V。经过大量的仿真和试验得出，充电电压值小于 25 V 时，激光器驱动电流就会小于其阈值电流，激光器不会发光。因此，只需调整芯片输出电压值为 25 ~ 70 V 即可。设计的 DC - DC 转换电路如图 7.5 所示。V + 为输入端，EXT 为输出端，驱动外部 N 型 MOSFET 管 Q，使输出功率达到 15 W 以上。FB 为反馈端，芯片输出电压的大小与 R_{15}、R_{17}、R_{18} 有关，R_{18} 为可调电阻。升压后的电压输出计算式为：

$$\frac{V_{\text{out}}}{V_{\text{REF}}}=\frac{R_{17}+R_{18}}{R_{15}}+1,\ V_{\text{REF}}=1.5\ \text{V},\ R_{15}=10\sim500\ \text{k}\Omega$$

通过调整 R_{18} 的值，可使芯片的输出电压在 25 ~ 70 V 之间连续可调。图 7.5 所示的电路在 5 V 的输入下，能够提供 25 ~ 70 V 的输出电压。

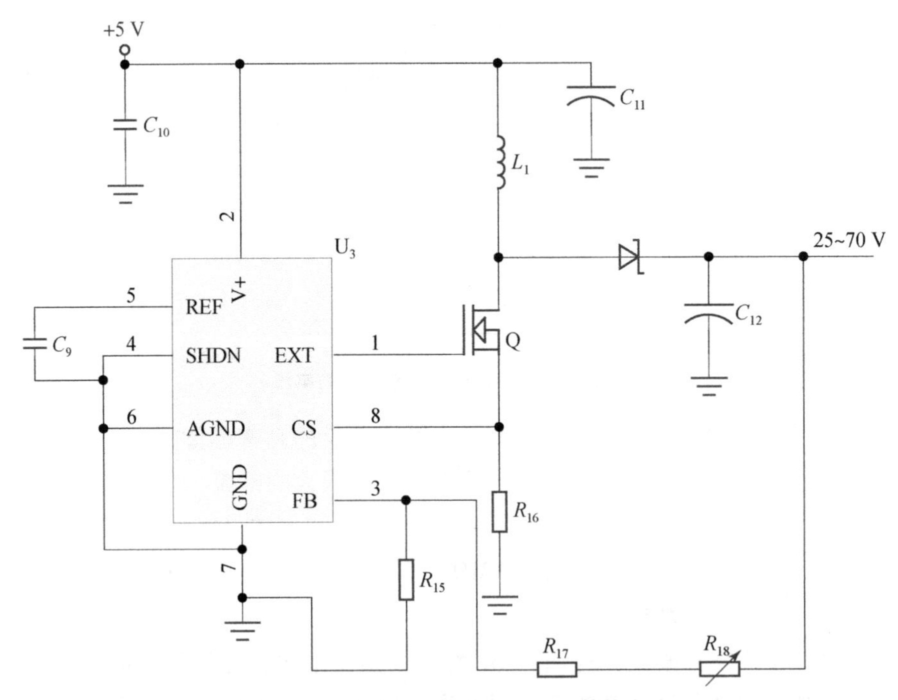

图 7.5　输出电压可调的 DC – DC 转换电路

7.1.4.3　窄脉冲激光驱动电源的参数优化

图 7.6、图 7.7 与图 7.8 是采用 ORCAD/ PSPICE 仿真软件对图 7.4 中不同的电源参数仿真以后，使用 Matlab 软件得到的分析图形。由于脉冲上升沿在电源参数的不同变化中均能保持很好的陡峭特性（几纳秒），因此对电源参数的分析主要为充放电电容 C_3、充电电压（ +25 ~ 70 V）与电源的激光发射频率 f 对脉冲电流的峰值、激光脉冲宽度的影响。

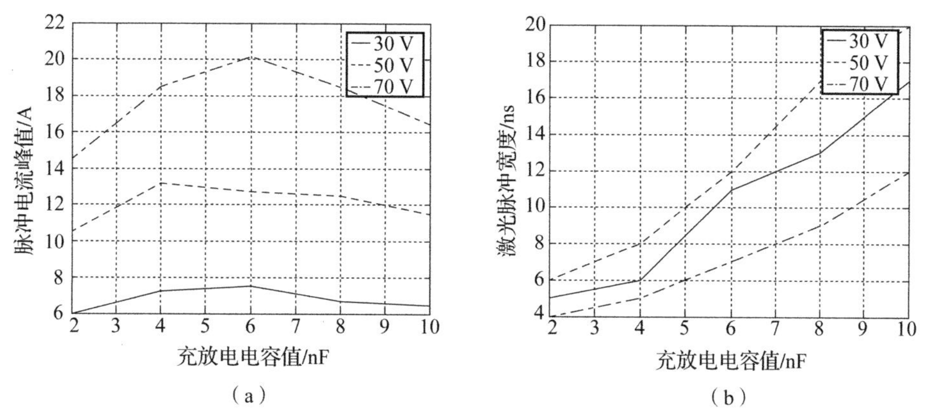

图7.6　f=20 kHz、占空比为10%的驱动电源参数特性

(a) 脉冲电流峰值与电容值的关系曲线；(b) 激光脉冲宽度与电容值的关系曲线

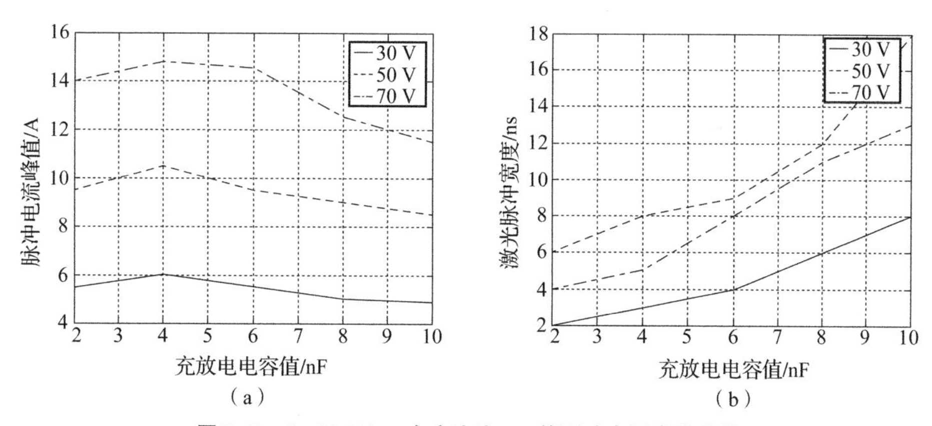

图7.7　f=40 kHz、占空比为4%的驱动电源参数特性

(a) 脉冲电流峰值与电容值的关系曲线；(b) 激光脉冲宽度与电容值的关系曲线

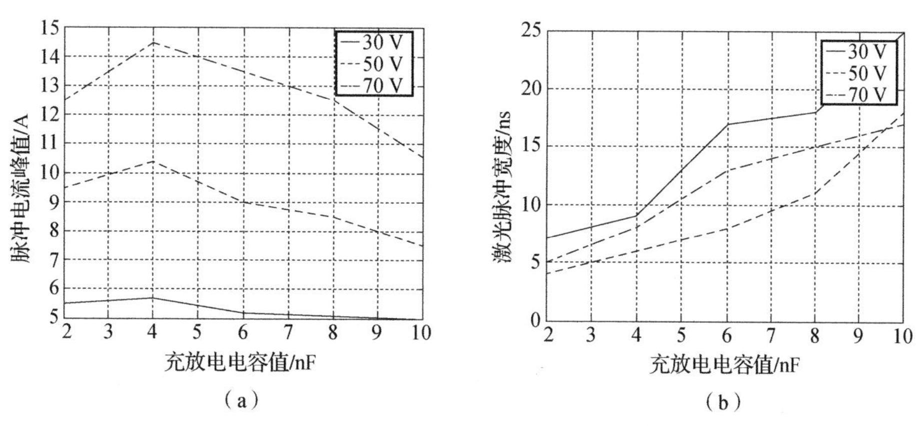

图7.8　f=40 kHz、占空比为7%的驱动电源参数特性

(a) 脉冲电流峰值与电容值的关系曲线；(b) 激光脉冲宽度与电容值的关系曲线

从图 7.4 中可以看出，整个电源电路的充电时间是由 R_{10}和 C_3 的大小决定的。充电时间是提高激光发射频率的主要影响因素。激光发射的频率太高，就会出现电容 C_3 还没有来得及充满电量就开始脉冲放电的情况，这样脉冲电流信号的峰值就会很低。从图 7.6（a）、图 7.7（a）和图 7.8（a）中可以看出，编码调制脉冲信号的频率从 20 kHz 增大到 40 kHz 时，无论充电电压为 30 V、50 V 或 70 V，脉冲电流的峰值均有所下降。编码调制脉冲信号的频率相等时，占空比越小，脉冲电流的峰值越大。一般占空比为 10% 以内可以满足驱动电源要求。编码调制脉冲信号的频率相等时，充电电压越大，脉冲电流的峰值也越大。

放电时间 τ 是由充电电容 C_3、VMOS 工作状态下的电阻 R_M、功率晶体管 Q_3 的基极 - 发射极的工作电阻 R_Q 以及激光器的工作电阻 R_{LD}共同决定的，即

$$\tau = C_3 \times (R_M + R_Q + R_{LD}) \tag{7.12}$$

由于 VMOS 工作状态下的电阻 R_M 几乎为零，功率晶体管 Q_2的基极 - 发射极的工作电阻 R_Q 也基本确定，激光器的工作电阻 R_{LD}是由激光器本身决定的，所以影响放电时间 τ 的因素主要是由充放电电容 C_3 决定的，因此 C_3 的取值十分重要。对脉冲的峰值电流、脉冲宽度分别随 C_3 变化进行仿真，从图 7.6、图 7.7 和图 7.8 中可以看出，随着 C_3 的增大，脉冲的峰值电流会随之增大，但增大到一定程度后，又随着 C_3 的增大而减小；脉冲宽度则随着 C_3 的增大一直增加。

因此，充放电电容值的取值范围在 4 ~ 6 nF 范围时，无论频率和电压如何变化，脉冲的峰值电流会在其曲线上获得最大值，脉冲宽度也维持在 3 ~ 17 ns 范围变化。

由以上分析可得，编码调制脉冲信号的频率越大，脉冲电流的峰值越小，但是引信装定系统对电源的要求是提高装定速度，频率越高越好。因此，在满足引信装定器小体积、低功耗的前提下，尽量提高充电电压，信号频率的选择只能在装定速度和装定距离中进行折中。这里脉冲激光驱动电源选择的充放电电容值 C_3 为 4.7 nF，充电电压为 50 V，信号频率 $f = 40$ kHz，占空比为 4% 的驱动电源。其仿真图如图 7.9 所示。

实际驱动电源电路实现时，将系统设计为激光发射频率可调（20 ~ 50 kHz），功率可调（通过提供不同的充电电压，获得 5.5 ~ 25 A 的驱动电流）。

在实际的电源电路中，由于开关元件在通过大电流时存在较强的非线性效应，使得系统使用的脉冲激光驱动电源的电路模型与实际情况在细节上仍存在一些差异，基本上实际电路元件对放电电流波形的影响表现为不利的方面，如由于开关元件上升时间、下降时间以及存储时间对放电电流脉冲上升沿与下降沿的延长和脉冲宽度的展宽；开关管输入输出特性曲线的非线性对电流脉冲幅度的减小等。此外，由半导体激光器的调制特性可以看出，在 LD 进行高速数

字脉冲调制时，会出现复杂的瞬态特性，如张弛振荡、电光延迟、自脉动及码型效应等，因此将 LD 的电路模型只用一个二极管代替也会引起仿真结果与实际电路的误差，如脉冲宽度的展宽等。因此仿真结果只能提供大致的参考，而在实际的电源设计中，各参数的选取与放电电流的具体对应关系，必须在试验中通过仔细调试予以确定。

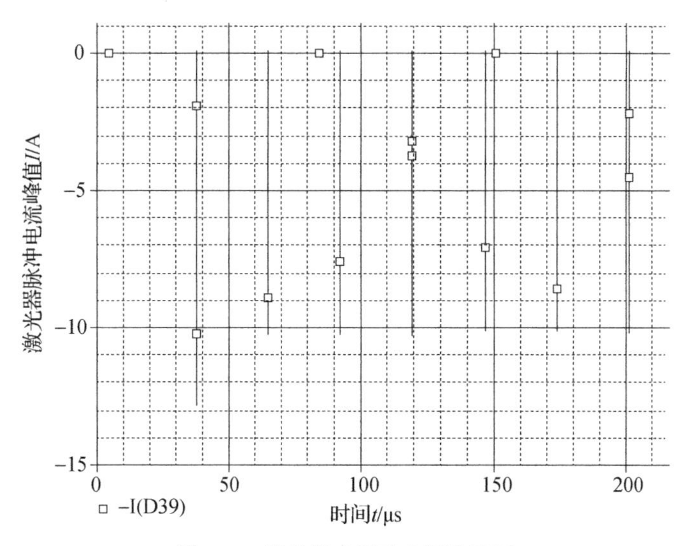

图 7.9　脉冲激光驱动电源仿真图

7.2　高信噪比引信脉冲激光接收技术

引信接收到装定器发射的携带有装定信息的激光脉冲束后，先由光电探测器接收到光信号完成光电转换，送入前置放大器将微弱的电流信号放大，经主放大器完成限幅放大与滤波功能，通过整形电路（幅度鉴别器）得到规整的脉冲信号，由于脉冲信号要送入单片机完成解调译码功能，采用稳压电路进一步稳定输出脉冲信号的电平，最后将装定信息存入单片机并送入引信控制电路。由于光电探测器和前置放大器设计是影响激光装定引信信号接收性能的首要因素，因此需对其特性进行分析。

7.2.1　光电探测器的选择

光数字通信系统所用的光电探测器通常是 PIN 光电二极管或 APD（雪崩光

电二极管），PIN 光电二极管与 APD 虽然都是光生伏特效应的光电器件，工作在反偏置的光电导工作模式（光电导结型），但是由于 PIN 光电二极管输出光信号弱、响应速度低，而 APD 具有高灵敏度（比 PIN 光电二极管高 6 ~ 8 dB）和快响应速度（响应时间可达 0.1 ns 左右，响应频率可达 100 GHz），所以 APD 被广泛应用于激光通信、弱信号检测等领域。但在选取光电探测器的过程中，应仔细分析两种器件的不同特性，根据系统具体设计要求来选择。APD 特性分析如下：

（1）信噪比（SNR）是评价光接收机性能的重要指标。显然，由于 APD 的内部增益，使光电流因响应度 R 而增加至 M 倍，SNR 也将增大至 M^2 倍，但在散粒噪声的限制下，APD 接收机的 SNR 因过剩噪声因子 F_A 的影响，与 PIN 接收机相比，反而降低至 $1/F_A$。

（2）由于 APD 具有内部增益，可大大降低对前置放大器的要求，但要付出上百伏工作电压的代价。

（3）APD 的性能与入射光功率有关，通常当入射光功率在 1 nW 至几个 μW 时，倍增电流与入射光有较好的线性关系，但当入射光功率过大时，雪崩增益引起的噪声占主要优势，并可能引起光电流的畸变，这时采用 PIN 光电二极管更为恰当。

综上分析，由于 APD 偏置电压过高，范围在 40 V 到几百伏特之间，根本无法满足引信装定电路体外电源和低功耗要求，而 PIN 光电二极管在正常情况下，其偏置电压甚至低于 5 V，在结构上更为简单、在温度变化时性能更稳定、成本更低，在对引信装定电路高灵敏度、快响应速度的性能要求上可通过采取一些措施进行弥补，如增大入射功率和合理设计前置放大器等。因此，系统采用 PIN 光电二极管。表 7.2 列出了部分国产 PIN 型光电二极管的主要技术参数。从表中可以看出，光谱范围为 400 ~ 1 100 nm、峰值波长为 880 nm 的硅光电二极管（Si - PIN），与装定器发射波长相匹配，适用于引信光学装定系统。

表 7.2　国产 PIN 型光电二极管的主要技术参数

型号	材料结构	光谱范围/nm	峰值波长/nm	光敏面直径/mm	光电灵敏度 S_d /(μA · μW^{-1})	响应时间 t /ns	工作电压 U/V
GT021	Ge - PIN	700 ~ 1 700	1 310	—	0.7	≤1	-5 ~ -10
CT101	Si - PIN	400 ~ 1 100	880	0.28	0.5	≤1	-15

续表

型号	材料结构	光谱范围/nm	峰值波长/nm	光敏面直径/mm	光电灵敏度 S_d /(μA·μW^{-1})	响应时间 t /ns	工作电压 U/V
2CU11A	Si-PIN	—	880	0.30	≥0.5	≤1	-20
CJD-16	InGaAs-PIN	1 000~1 650	—	—	>0.6	0.8	-5
PIN09A	Si-PIN	500~1 100	—	0.20	≥0.6	≤2	-15

7.2.2　PIN光电二极管电路模型的建立和分析

图7.10给出了PIN光电二极管基本电路形式及其高频交变光信号探测的等效电路图。由于光电二极管工作于反偏压状态，所以等效为一个高内阻的电流源，其中，V为光电二极管的反向偏置直流电压，R_L为负载电阻，R_D为光电二极管的暗电阻，C_j为结电容，R_S为体电阻与电极接触电阻之和。R_D的值很大，R_S的值一般很小，在下面模型建立时忽略不计。

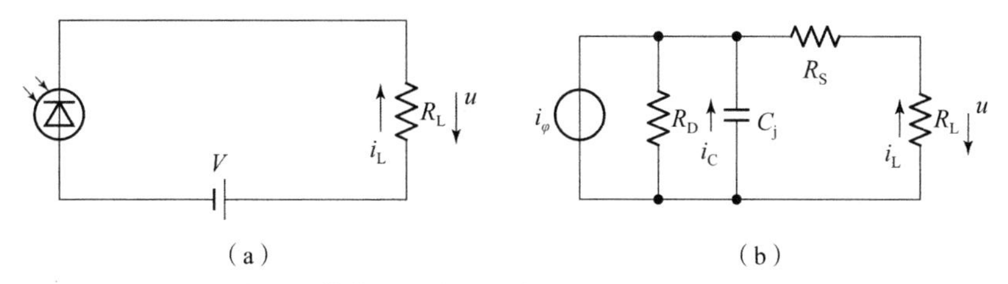

图7.10　光电二极管基本电路及其高频交变光信号探测的等效电路图

(a) 光电二极管基本电路图；(b) 光电二极管高频交变光信号探测等效电路

假设光电二极管接收的光功率 $P = P_0 + P_m \sin\omega t$，相应的光电流交变分量 $\tilde{i}_\varphi = i_\varphi \sin\omega t$，则由图7.10，有

$$\tilde{i}_\varphi = \tilde{i}_C + \tilde{i}_L = -\tilde{u}\left(j\omega C_j + \frac{1}{R_L}\right) \tag{7.13}$$

式中，负号是由于电流和电压的正方向相反。负载电阻R_L上的瞬时电压为

$$\tilde{u} = -\frac{\tilde{i}_\varphi}{\dfrac{1}{R_L} + j\omega C_j} = -\frac{\tilde{i}_\varphi R_L}{1 + j\omega R_L C_j} \tag{7.14}$$

电压有效值为

$$U = \sqrt{\overline{\tilde{u}^2}} = \sqrt{\tilde{u}\ \tilde{u}^*} = \frac{I_\varphi R_L}{\sqrt{1 + \omega^2 R_L^2 C_j^2}} \tag{7.15}$$

可见，u 随频率的增加而下降。高频截止频率为

$$f_c=\frac{1}{2\pi R_L C_j} \tag{7.16}$$

定义电路时间常数

$$\tau_c=2.2R_L C_j \tag{7.17}$$

由式（7.16）、式（7.17）可得：

$$\tau_c=\frac{0.35}{f_c} \tag{7.18}$$

由上述分析可知，决定光电二极管频率响应速度的主要因素是电路时间常数 τ_c。减小光电二极管结电容 C_j，合理选择负载电阻 R_L 是减小 τ_c 的重要条件。PIN 光电二极管耗尽层的加宽明显减小了 C_j，一般可控制在 pF 量级，本接收电路用 C_j 为 2 pF。适当加大直流反向偏压，C_j 还可减小。此外，从 PIN 光电二极管的噪声特性看，在高频应用中，两个主要的噪声源为散弹噪声和电阻热噪声，合理选择 R_L 不仅可提高引信接收电路光频率响应速度，而且是减小噪声的有效途径。

7.2.3 PIN 光接收机的噪声分析

PIN 光接收机的噪声特性和系统带宽的限制是引信光学装定产生误码的主要原因，下面对 PIN 光接收机的噪声特性进行分析。

7.2.3.1 级联网络

在 PIN 光接收机中，光电二极管的输出电流非常微弱，一般情况下是微安级的电流，需采用多级放大器组成一个完整的放大器。图 7.11 为多级放大器级联情况下的噪声模型，等效到输入端的噪声电压可表示为：

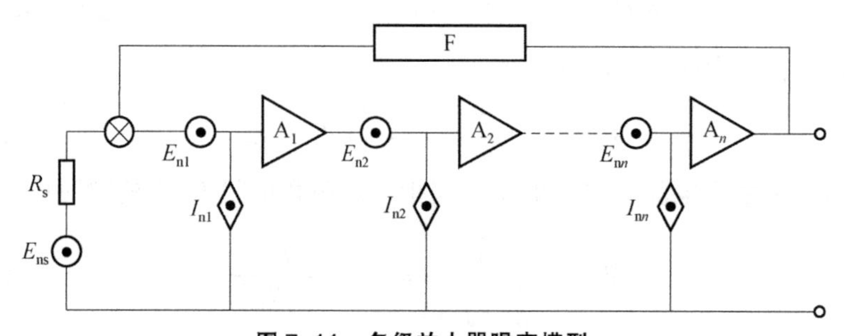

图 7.11 多级放大器噪声模型

$$E_{ni}^2=E_{ns}^2+E_{n1}^2+I_{n1}^2R_s^2+\frac{E_{n2}^2+I_{n2}^2r_{o1}^2}{K_1^2}+\cdots+\frac{E_{nn}^2+I_{nn}^2r_{on}^2}{K_1^2K_2^2\cdots K_n^2} \tag{7.19}$$

式中　r_{oi}——第 i 级放大器的输出电阻；

E_{ni}——第 i 级放大器的等效噪声电压；

K_i——第 i 级的增益；

I_{ni}——第 i 级放大器的等效噪声电流；

R_s——PIN 光电二极管的内阻；

E_{ns}^2——PIN 光电二极管的噪声电压。

由式（7.19）可知，第一级放大器对总噪声电压影响最大，提高前级的增益可以减少对后级噪声的影响。当第一级放大器的增益 K_1 足够高时，多级级联放大器的等效输入噪声主要由第一级的噪声水平决定。因此，对前置放大器的要求应包括尽可能低的噪声系数和足够高的增益两项指标。对接收机内部电噪声可简化为仅对前置放大器的噪声分析。

7.2.3.2　PIN 光接收机的噪声

PIN 光接收机的噪声主要为与光电探测器有关的噪声和来自前置放大器的热噪声。与光电探测器有关的噪声有：

（1）光信号入射到光电探测器上时的随机起伏及光电子产生和收集过程的统计特征。信号光电流中不但有信号成分，还有噪声成分，这种噪声称为量子噪声（或称散弹噪声），它与信号电平成正比。

（2）无光照时光电探测器中流通的暗电流，这也是一种散弹噪声。

（3）表面漏电流产生的散弹噪声。

（4）背景噪声。

7.2.3.3　前置放大器的信噪比分析

信噪比（SNR）是评价 PIN 光接收机性能的重要指标，定义

$$\mathrm{SNR} = \frac{\text{平均信号功率}}{\text{噪声功率}} = \frac{I_p^2}{\sigma^2} \tag{7.20}$$

对于 PIN 光接收机，$I_p = RP_{in}$，其中，R 为 PIN 光电二极管的响应度，P_{in} 为输入的光功率。

总的噪声方差 $\sigma^2 = \langle \Delta i^2 \rangle$，$\Delta i$ 为接收机总的噪声电流。

接收机总的噪声电流（Δi）主要由以下几部分组成：

$$\Delta i = i_{th} + i_{bg} + i_d \tag{7.21}$$

式中，i_{th} 为热噪声电流；i_{bg} 为背景噪声电流；i_d 为散弹噪声电流。

式（7.21）中：

$$i_{\text{th}}^2 = \frac{4(KTB_{\text{N}})N_{\text{F}}}{R_{\text{L}}} \tag{7.22}$$

其中，K——波尔兹曼常数，1.38×10^{-23} J/K；

T——环境温度，K；

N_{F}——前置放大器噪声系数；

B_{N}——有效噪声带宽；设接收的脉冲信号经前置放大器放大后的上升时间为 t_{r}，有效噪声带宽可由下式近似：

$$B_{\text{N}} = \frac{0.55}{t_{\text{r}}} \tag{7.23}$$

R_{L}——PIN 光电二极管的负载电阻，可由下式得到：

$$R_{\text{L}} = \frac{1}{4B_{\text{N}}(C_{\text{pd}} + C_{\text{in}})} \tag{7.24}$$

其中，C_{pd}——PIN 光电二极管寄生并联电容；

C_{in}——前置放大器输入等效电容。

式（7.21）中：

$$i_{\text{d}}^2 = 2qI_{\text{d}}B_{\text{N}} \tag{7.25}$$

其中，q——电子电荷量，1.60×10^{-19} C；

I_{d}——散弹噪声电流，可由下式计算：

$$I_{\text{d}}(T) = I_{\text{d}_0}(2^{0.1(T-25)}) \tag{7.26}$$

其中，I_{d_0}——环境温度为 25 ℃时的暗电流。

式（7.21）中：

$$i_{\text{bg}}^2 = 2qI_{\text{bg}}B_{\text{N}} \tag{7.27}$$

其中，I_{bg}——背景噪声电流，可由下式计算：

$$I_{\text{bg}} = H_{\lambda}\Delta\lambda\Omega(\eta_{\text{r}}, A_{\text{r}}) \tag{7.28}$$

其中，H_{λ}——地物的最大光谱辐射量，W/(m^2 · ang)；

$\Delta\lambda$——PIN 光电二极管的敏感光谱范围；

$\Omega(\eta_{\text{r}}, A_{\text{r}})$ ——接收机视场（FOV）；

A_{r}——接收机光学系统孔径面积。

由式（7.20）~式（7.28），接收机信噪比可表示为：

$$\text{SNR} = \sqrt{\frac{(RP_{\text{in}})^2 R_{\text{L}}}{(4KTB_{\text{N}})N_{\text{F}} + 2q(I_{\text{d}} + I_{\text{bg}})B_{\text{N}}R_{\text{L}}}} \tag{7.29}$$

上式显示了 SNR 与 PIN 光电二极管的响应度 R、输入光功率 P_{in}、负载电阻 R_{L}、前置放大器噪声系数 N_{F} 和有效噪声带宽 B_{N} 的关系。在高阻抗或互阻抗前置放大器接收机中，热噪声电流比散弹噪声电流和背景噪声电流大一个数量级，热噪声决定了接收的性能。影响热噪声电流的主要因素包括环境温度 T、有效噪声带宽 B_N、前置放大器噪声系数 N_F 与负载电阻 R_L。其中，环境温度是不可控制因素，有效噪声带宽的确定必须在接收机带宽和噪声带宽之间做出折中。例如，为得到 17 ns 的上升沿精度，必须保证接收机带宽为 $0.35/(17\times10^{-9})=20.6$ MHz，有效噪声带宽为 $0.55/(17\times10^{-9})=32$ MHz。因此，可以通过减小前置放大器噪声系数 N_F 和增加负载电阻 R_L 来减小热噪声电流，继而提高接收机的信噪比，这也是大多数光接收机采用高阻抗或互阻抗前置放大器的原因。与高阻抗前置放大器相比，互阻抗前置放大器有如下优点：①放大器电路时间常数小，减小了波形失真，通常很少需要，甚至不需要均衡；②动态范围大；③负反馈使放大器特性容易控制，稳定性显著提高；④灵敏度在宽带应用时仅比高阻抗放大器低 2 ~ 3 dB 等。因此，引信装定电路设计中采用互阻抗前置放大器形式。

7.2.4　低噪声前置放大器设计

从上述分析可知，对于光电前置放大器，最重要的性能要求是低噪声系数和高增益，在对引信进行光学装定时，进入接收视场的光束功率非常小，在系统要求的装定距离范围内，前置放大器的噪声已经成为主要限制因素，低噪声的前置放大器就意味着大的装定距离和低的误码率。

7.2.4.1　噪声匹配网络

确定 PIN 光电二极管作为前置放大器信号源后，信号源内阻就确定下来了，要得到最小的噪声系数应满足前置放大器最佳源电阻等于信号源内阻。调整直流工作点 I_C，使前置放大器等效输入噪声电压 E_n，等效输入噪声电流 I_n 满足噪声匹配条件。

7.2.4.2　前置放大器的输入阻抗

PIN 光电二极管作为前置放大器的信号源，其输入阻抗即是光电二极管的负载电阻 R_L，在阻值上约为晶体管输入电阻 r_{be}。前置放大器低输入阻抗可获得大带宽、提高引信接收电路光频率响应速度，但会引入附加噪声；选用高输入阻抗不仅可获得低噪声，而且对于 PIN 光电二极管信号源意义重大。PIN 光电二极管的内阻较高，如果它接一个低输入阻抗的共发射极放大电路，那么，信号电压主要降在 PIN 光电二极管本身的内阻上，分到放大电路输入端的电压就很小。试验表明晶体管放大器的共发射极、共基极和共集电极三种组态的等效输入噪声大致相同，因此，激光装定引信低噪声前置放大器第一级放大电路选用高输入阻抗的共集电极放大电路。

7.2.4.3 低噪声前置放大器设计

图 7.12 是一种低噪声前置放大器电路，为降低功耗和减小引信电路体积，在满足前置放大电路设计指标下尽可能减少元器件数量，减小体积（采用贴片封装），简化电路。从图 7.12 中可以看出，它实际上可以看作一个有增益放大作用的 *I*/*V* 转换电路。光电探测器采用 PIN 光电二极管，$I_5 = I_\varphi$，$C_3 = C_j$，$R_6 = R_D$，反向偏置电压范围为 5～12 V。放大电路采用三级放大网络，第一级放大电路选用高输入阻抗低噪声的共集电极放大电路，以便和 PIN 光电二极管高内阻相匹配，第二级选用共发射极放大电路，提高放大器电压增益，第三级采用共集电极放大电路以提高带负载能力，采用一个增益并联电压负反馈电阻 R_4 以稳定输出电压，提高放大倍数的稳定性。整个前置放大电路属于互阻放大器形式。

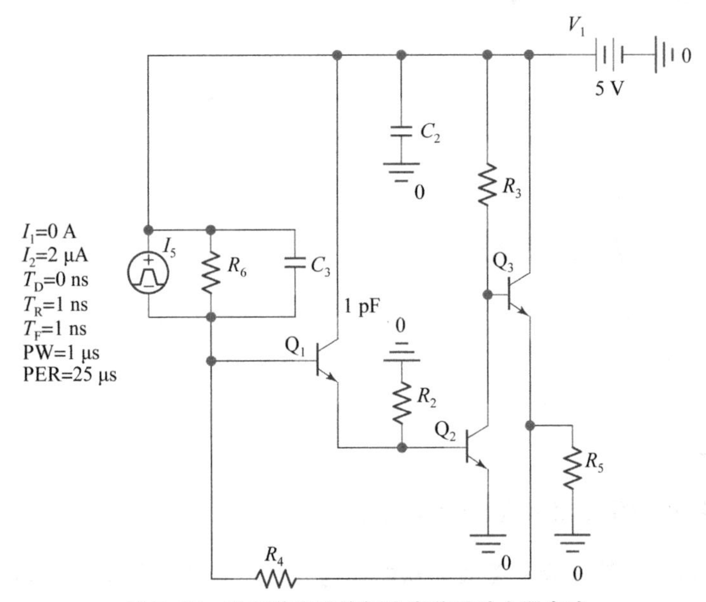

图 7.12 激光装定引信低噪声前置放大器电路

引信光学装定时，随着引信装定距离的不同，PIN 光电二极管产生光电流的大小也随之改变。随着光电流的增加，前置放大器电压输出值增大，电压增益倍数与反馈电阻 R_4、反向偏置电压 V_1 的关系如图 7.13 所示。从图 7.13 中可以看出，在信号带宽为 20 MHz 时，偏置电压对电压增益的影响不是很大，因此，从降低引信装定接收电路功耗上考虑，采用 5 V 作为直流偏置电压。反馈电阻 R_4 对电压增益的影响很大，随着 R_4 的增大，电压增益也随着增大，到达 400 kΩ 左右为最大。

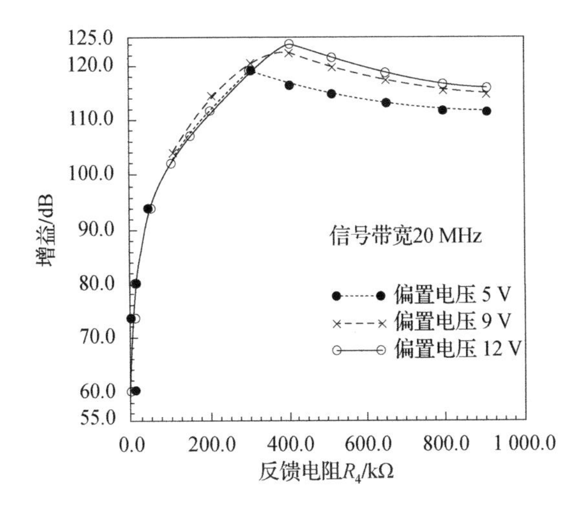

图7.13　电压增益与反馈电阻及反向偏置电压的关系

图7.14所示为反向偏置电压5 V，反馈电阻 R_4 为45 kΩ时前置放大器幅频特性仿真图。从图7.14中可以看出，该引信前置放大器电路电压增益为93 dB，放大倍数为 4.6×10^4 倍。

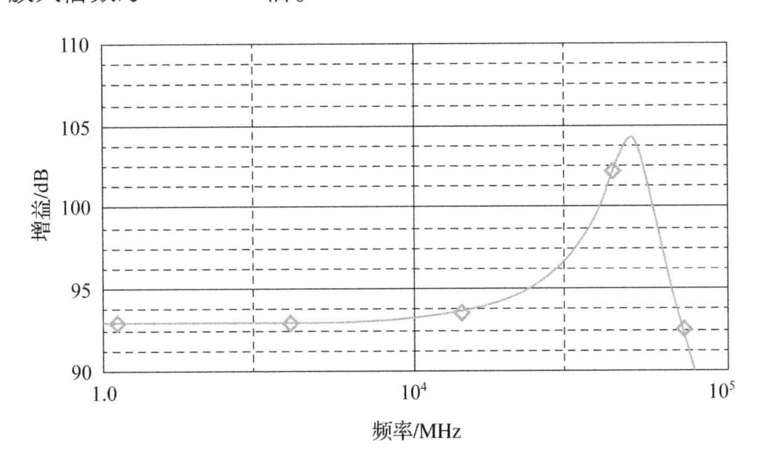

图7.14　前置放大器幅频特性仿真图

在信噪比的分析中，图7.15所示为噪声的均方值电压与反馈电阻 R_4、反向偏置电压 V_1 的关系曲线。在信号带宽为20 MHz时，随着 R_4 的增大，噪声也随着增大。V_1 的变化在 R_4 阻值为350 kΩ以下时对噪声影响不大。

图7.16所示为反向偏置电压为5 V、反馈电阻 R_4 为45 kΩ时前置放大器噪声均方值电压仿真曲线，噪声的均方值电压为148 μV，峰峰值电压为2 mV，可以计算此时的信噪比：

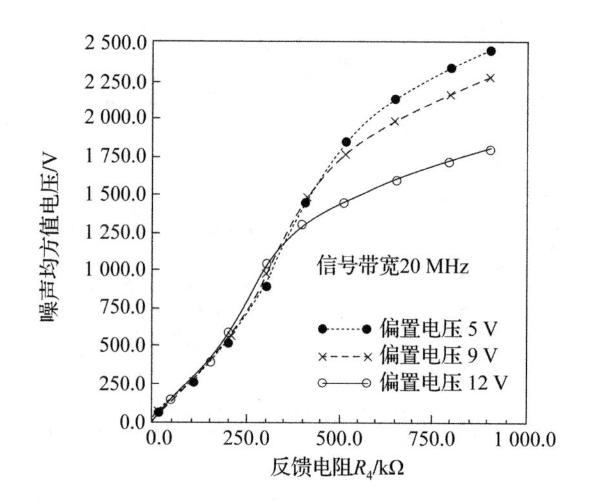

图 7.15　噪声与反馈电阻及反向偏置电压的关系

$$\mathrm{SNR}=20\lg\left(\frac{0.1\ \mathrm{V}}{2\ \mathrm{mV}}\right)=34\ \mathrm{dB}$$

因此，合理选择反馈电阻 R_4 可得到低的噪声系数和足够高的电压增益。

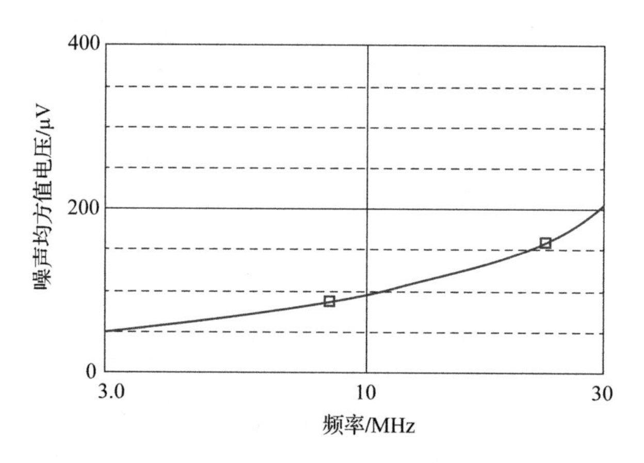

图 7.16　前置放大器噪声均方值电压仿真曲线

引信装定接收电路采用的 PIN 光电二极管饱和光电流为 1 mA，图 7.17 所示为 PIN 光电二极管反向偏置电压为 5 V、反馈电阻 R_4 为 45 kΩ 时，激光器以频率 40 kHz 照射到光电二极管产生 2 μA 光电流时，前置放大器电压输出的仿真曲线。从图中可以看出信号的脉冲频率为 40 kHz，直流工作点电压为 1.43 V 左右，信号峰峰值为 0.1 V 左右。

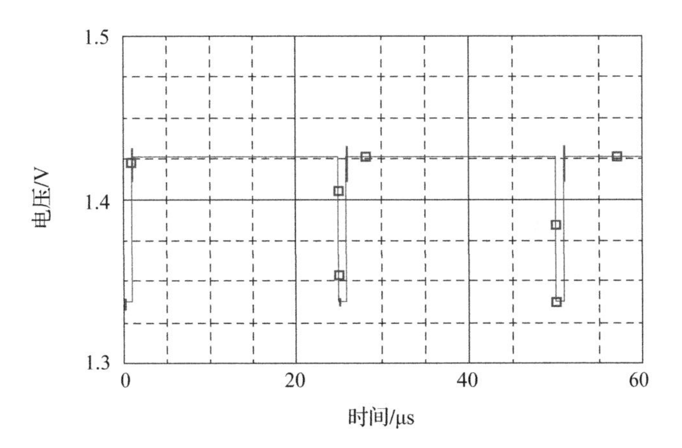

图 7.17　前置放大器电压输出仿真曲线

为了验证理论分析在实际引信工作中的有效性与可行性，进行了实际电路试验。试验设计：装定器与引信相距 0.3 m，静态装定电子时间引信，发射激光脉冲频率为 40 kHz。图 7.18 为编码调制后的装定信息经引信装定接收电路的前置放大器时示波器采集的信号输出电压波形。从图中可以看出信号的脉冲频率为 40 kHz，直流工作点电压为 1.43 V 左右，信号峰峰值为 1 V 左右。理论分析与实际电路试验验证了设计的有效性与可行性，满足引信装定接收电路要求。

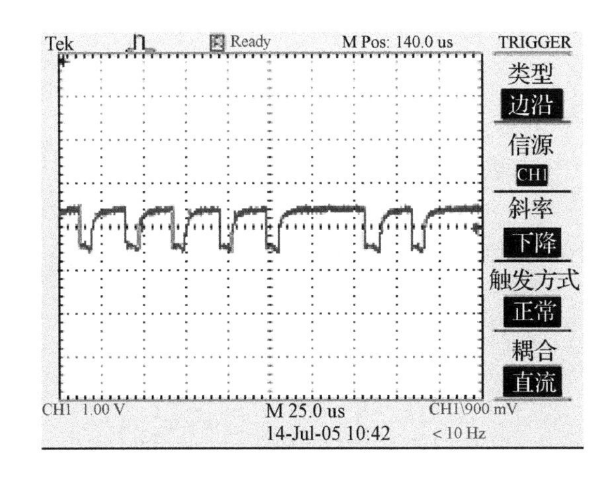

图 7.18　前置放大器信号输出电压示波器波形

7.3 光学窗口设计

7.3.1 激光的高斯光束特性及其主要参数

目前在引信光学装定系统设计中，对激光源经准直后发射并通过大气信道传输的光束按高斯光束对待。当然，实际的光束可能会由于许多原因（如大气信道的湍流效应、衰减效应等影响）产生变化，在信道条件极度恶劣的情况下，甚至接收到的不是高斯分布的光束，但是一般情况下，经大气信道传输的光束可按高斯光束对待，对光学窗口设计的依据按光束高斯分布来处理。高斯光束在空间的传播规律如下：

激光是一种电磁波，对于稳态传播光频电磁场可简单归结为研究对光现象起主要作用的电矢量所满足的波动方程，波动方程在标量场近似下简化为赫姆霍茨方程，高斯光束是赫姆霍茨方程在缓变振幅近似下的一个特解，它可以很好地描述激光束的性质。

赫姆霍茨方程：

$$\nabla^2 \vec{E} + k^2 \vec{E} = 0 \tag{7.30}$$

容易证明平面波和球面波都是它的特解，假定光束沿 z 方向传播，在 SVA 近似下，用 $E(r,z) = A(r,z)\mathrm{e}^{-ikz}$ 代入式（7.30），而$\frac{\partial A}{\partial z} \ll kA$，$\frac{\partial^2 A}{\partial z^2} \ll k\frac{\partial A}{\partial z}$，则式（7.30）在柱坐标下可写为：

$$\frac{\partial^2 A}{\partial r^2} + \frac{1}{r}\frac{\partial A}{\partial r} + \frac{1}{r^2}\frac{\partial^2 A}{\partial \phi^2} - 2ik\frac{\partial A}{\partial z} = 0 \tag{7.31}$$

在旋转对称情况下 A 与 ϕ 无关，则式（7.31）可简化为：

$$\frac{\partial^2 A}{\partial r^2} + \frac{1}{r}\frac{\partial A}{\partial r} - 2ik\frac{\partial A}{\partial z} = 0 \tag{7.32}$$

解此方程组，得：

$$A(r,z) = \frac{A_0}{1 - i\frac{z}{z_0}}\exp\left(-\frac{r^2/\omega_0^2}{1 - iz/z_0}\right) \tag{7.33}$$

式中，A_0 为归一化振幅；ω_0 为腰斑半径；z_0 为瑞利长度，也称共焦参数；ϕ 为高斯光束的相位因子。

因此，沿 z 轴方向传播的高斯光束表达式为：

$$E(r,z)=E_0\frac{\omega_0}{\omega(z)}\exp\left[-\frac{r^2}{\omega^2(z)}\right]\exp\left\{-i\left\{k\left[z+\frac{r^2}{2R(z)}\right]-\phi\right\}\right\} \tag{7.34}$$

式（7.34）是赫姆霍茨方程在SVA近似下的一个特解，它代表高斯光束，这也表明对于激光它将以非均匀高斯球面波的形式在空间传播，在传播过程中曲率中心不断改变，其振幅在横截面内为一高斯函数，能量集中在轴线及其近轴，等相面保持为球面，其基模高斯光束的空间结构如图7.19所示。

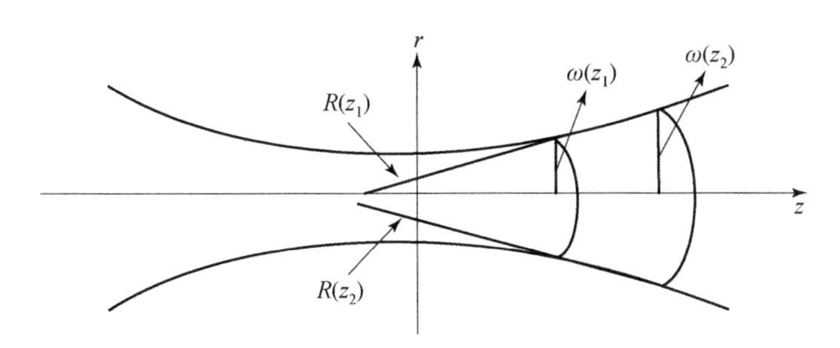

图7.19 基模高斯光束的空间结构

高斯光束的主要参数如下。

（1）光斑半径 $\omega(z)$。

光斑半径 $\omega(z)$ 随传播距离 z 按双曲线规律变化，即：

$$\omega(z)=\omega_0\sqrt{1+\left(\frac{z}{z_0}\right)^2} \tag{7.35}$$

式中，$z_0=\frac{1}{2}k\omega_0^2=\frac{\pi\omega_0^2}{\lambda}$。

由式（7.35），在 $z=0$ 处，光斑半径取最小值 ω_0，在 $z=\pm z_0$ 处，$\omega(\pm z_0)=\sqrt{2}\omega_0$。

（2）等相位面曲率半径 $R(z)$。

沿高斯光束轴线每一点处的等相位面都可以视为球面，曲率半径也随 z 坐标而变，即：

$$R(z)=z\left[1+\left(\frac{z_0}{z}\right)^2\right]=z\left[1+\left(\frac{\pi\omega_0}{\lambda z}\right)^2\right] \tag{7.36}$$

在 $z=0$ 及 $z=\infty$ 处，$R(0)$ 与 $R(\infty)$ 都为 ∞，表明在高斯光束的腰处及离腰无穷处的等相位面都是平面。

（3）远场发散角 θ_0：

$$\theta_0=2[\lambda/(\pi z_0)]^{1/2}=2\lambda/(\pi\omega_0) \tag{7.37}$$

腰斑越小，发散角越大。

（4）准直距离 z：

$$z = \pm z_0 = \pm \frac{\pi\omega_0^2}{\lambda} \tag{7.38}$$

在实际应用中常取式（7.38）为高斯光束的准直范围，认为在这段长度内高斯光束可近似是平行的，z_0 越长高斯光束的准直范围就越大。

7.3.2　引信光学窗口的主要技术要求和选择

7.3.2.1　引信光学窗口的主要技术要求

引信光学窗口包括两部分内容：①发射端光学窗口；②接收端光学窗口。发射端光学窗口的任务是将半导体激光器发出的激光信息束进行准直与像差的校正并以极强的方向在大气中向接收端的空间发射。接收端光学窗口则是用来对准发射光束和接收尽可能多的信息光能，并使光束会聚到光电探测器上。

为了减少光学装定时大气对激光信号的衰减和误码率，对引信光学窗口的设计提出以下主要技术要求：

（1）激光高斯光束的发散角很大，并且在其两个相互垂直的弧矢平面和子午平面的发散角也不相同，弧矢方向 12°，子午方向 40°，极大地限制了系统的装定距离，必须对半导体激光器发出的激光束进行准直，即将截面较小而发散角较大的发散光束变成截面较大而发散角很小的光束。

（2）为了充分利用所发出的光功率，发射端光学窗口必须实现较高的光能耦合效率。

（3）应尽可能减小半导体激光束存在的固有像差。

（4）完成大视场激光光束接收，从而实现激光能量尽可能多地进入到光电探测器里；由于接收端光学窗口在引信体上，因此，在满足接收性能的同时必须结构简单。

（5）光束的准直距离 z 必须大于系统的装定距离。

7.3.2.2　几种光学窗口的形式

光学窗口一般有以下三种形式，即透射式、反射式和折反射组合式。

（1）透射式光学窗口。这类窗口是由一组透镜构成的。透射式光学窗口的主要优点是对光无遮挡，加工球面透镜较容易，通过光学设计易消除各种像差。但这种光学窗口光能损失较大，装配调整比较困难。

（2）反射式光学窗口。其发射光束的形成依靠对光波几乎全反射的旋转抛物面。这种窗口对光能量吸收很小，按反射镜面的个数可以分成单反射面光学窗口和双反射面光学窗口，其中最常用的是双反射面光学窗口。如卡塞格伦光学窗口是一种双反射面窗口，它的主镜是旋转抛物面，次镜是旋转双曲面。反射镜的性能很大程度上取决于反射表面的状态以及反射面局部的破损、玷污和潮湿，因此要仔细保护好反射镜表面的清洁和完整性，这一点对于引信光学装定系统在战场环境中使用很不利。此外，反射式光学窗口对光有中心遮挡，难于满足大视场大孔径成像的要求。

（3）折反射组合式光学窗口。由反射镜和透镜组合的这种光学窗口可以结合反射式和透射式窗口的优点，采用球面镜取代非球面镜，同时用补偿透镜来校正球面反射镜的像差，从而获得较好的像质。但这种光学窗口体积较大，加工困难，成本也比较高。

通过分析，引信光学窗口采用透射式光学窗口是比较合适的。

7.3.3　发射端光学窗口设计

由于引信光学窗口采用的透射式窗口光能损失较大，因此在设计发射端光学窗口前首先要对半导体激光束的光能耦合效率进行研究。

7.3.3.1　光能耦合效率分析

半导体激光束为像散椭圆高斯光束，其远场光强分布呈椭圆分布，如图7.20所示，其光强分布为：

$$I = I_0 \exp\left[-2\left(\frac{x^2}{\omega_s^2} + \frac{y^2}{\omega_t^2}\right)\right] \quad (7.39)$$

式中，I_0 为光阑面上光束中心点强度；ω_s、ω_t 分别为弧矢和子午方向上光束半径。x 为弧矢方向；y 为子午方向。

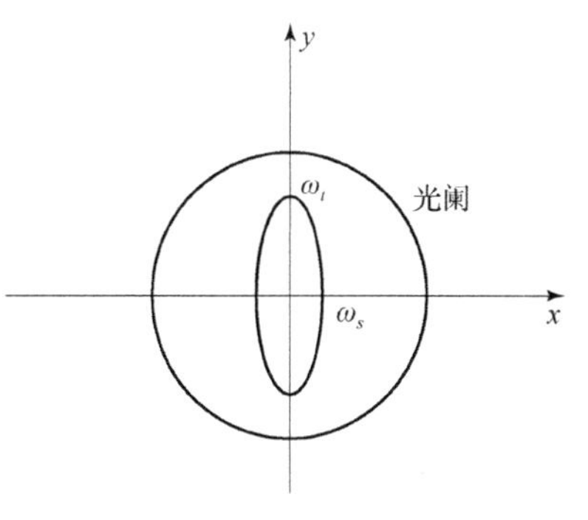

图7.20　半导体激光束截面光强分布图

半导体激光束半强度处的全宽度角 $\theta_{1/2}$ 与远场发散角 θ_0 的关系为 $\theta_0 = \theta_{1/2}/\sqrt{2\ln 2} \approx 0.85\theta_{1/2}$，在高斯光束传播过程中对于远场区有

$$\omega = z \cdot \theta_0 \quad (7.40)$$

则子午和弧矢方向上光束半径之比 ω_t/ω_s 可由子午和弧矢方向上半强度处全宽度角之比 $\theta_{1/2,t}/\theta_{1/2,s}$ 来描述，即 $k = \omega_t/\omega_s =$

$\theta_{1/2,t}/\theta_{1/2,s}$，称 k 为发散角比例因子。

在极坐标系下，$x=r\cos\theta$，$y=r\sin\theta$，$r\geqslant 0$，$0\leqslant\theta\leqslant 2\pi$（$\theta$ 为极角），则式（7.39）化简为：

$$I=I_0\exp\left[-2R^2\left(k\cos^2\theta+\frac{1}{k}\sin^2\theta\right)\right] \tag{7.41}$$

式中，R 为圆形孔径光阑半径 r 与等效光束半径 r_0 之比，$R=r/r_0$，$r_0=\sqrt{\omega_s\omega_t}$。

半导体激光器发出的总光功率 p_{to} 可表示为：

$$p_{to}=\int_0^{2\pi}\int_0^{\infty}Ir\mathrm{d}r\mathrm{d}\theta=\int_0^{2\pi}\int_0^{\infty}I_0\exp\left[-2R^2\left(k\cos^2\theta+\frac{1}{k}\sin^2\theta\right)\right]r\mathrm{d}r\mathrm{d}\theta=(I_0r_0^2\pi)/2 \tag{7.42}$$

经过光阑后，光能的透过光功率 p_{pa} 可表示为：

$$\begin{aligned}p_{pa}&=\int_0^{2\pi}\int_0^{r}Ir\mathrm{d}r\mathrm{d}\theta=\int_0^{2\pi}\int_0^{r}I_0\exp\left[-2R^2\left(k\cos^2\theta+\frac{1}{k}\sin^2\theta\right)\right]r\mathrm{d}r\mathrm{d}\theta\\&=I_0r_0^2\int_0^{\pi/2}\frac{1-\exp\left[-2R^2\left(k\cos^2\theta+\frac{1}{k}\sin^2\theta\right)\right]}{k\cos^2\theta+\frac{1}{k}\sin^2\theta}\mathrm{d}\theta\end{aligned} \tag{7.43}$$

则光束经过圆形孔光阑后，光能耦合效率为：

$$\eta=(p_{pa}/p_{to})\times 100\%=\left\{1-\frac{2}{\pi}\int_0^{\pi/2}\frac{\exp\left[-2R^2\left(k\cos^2\theta+\frac{1}{k}\sin^2\theta\right)\right]}{k\cos^2\theta+\frac{1}{k}\sin^2\theta}\mathrm{d}\theta\right\}\times 100\% \tag{7.44}$$

由式（7.40）知，物方孔径角 $u=r/z=R\sqrt{k}\theta_{0s}$，数值孔径 $N_A=n\sin u$，$R=\dfrac{\arcsin(N_A/n)}{\sqrt{k}\theta_{0s}}$，则式（7.44）化为：

$$\eta=\left\{1-\frac{2}{\pi}\int_0^{\pi/2}\frac{\exp\left\{-2\left[\arcsin(N_A/n)/(\sqrt{k}\theta_{0s})\right]^2\left(k\cos^2\theta+\frac{1}{k}\sin^2\theta\right)\right\}}{k\cos^2\theta+\frac{1}{k}\sin^2\theta}\mathrm{d}\theta\right\}\times 100\% \tag{7.45}$$

因为半导体激光束处在空气中，取 $n=1$，引信光学装定系统采用的半导体激光器的 $\theta_{1/2,s}=12°$，$\theta_{1/2,t}=40°$，则 $k=3.333$；由 $\theta_{1/2,s}=12°$ 可求得 $\theta_{0s}\approx 0.85\times 12°=10.2°=0.177\,9$ rad。由式（7.45）可得，当 $k=3.333$ 时，$\theta_{0s}=0.177\,9$ rad。光能耦合效率 η 与数值孔径 N_A 的关系曲线图如图 7.21 所示，光能耦合效率 η 与数值孔径 N_A 的对应值如表 7.3 所示。

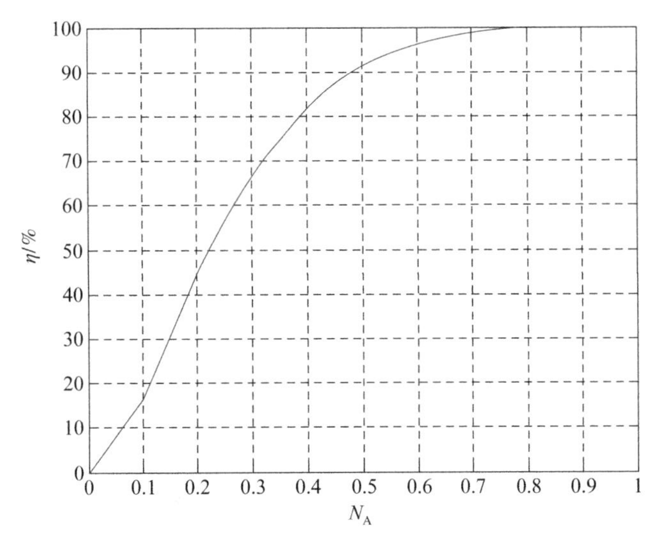

图7.21　光能耦合效率 η 与数值孔径 N_A 的关系

表7.3　光能耦合效率 η 与数值孔径 N_A 的对应值

N_A	0.1	0.2	0.3	0.4	0.5	0.6	0.7	0.8	0.9	0.94	1.0
η/%	16.19	44.75	67.16	82.38	91.79	96.83	99.06	99.81	99.98	99.98	100

从图7.21和表7.3可以看出，随着数值孔径 N_A 的增大，光能耦合效率 η 在增大，光能利用率在提高。当 $N_A=0.94$ 时，η 达到100%。因此，当发散角比例因子 k 一定时，为了提高光能利用率，应选择较大的数值孔径 N_A，但数值孔径 N_A 过大时，引入的波像差过大，准直光学系统结构复杂，实现起来较为困难。采取的措施：①根据高斯光束的特点利用切割整形，在保证功率的前提下，摒弃边缘的一小部分，取其光强集中部分，减小体积；②在保证一定光能利用率的情况下，选取恰当的数值孔径 N_A，使系统在准直度、光能利用率、引入的波像差和结构等多方面达到协调统一。

7.3.3.2　光学性能参数和初始结构参数确定

由透镜对高斯光束的变换公式得：

$$\omega' = \frac{\lambda}{\pi\omega_0}f \tag{7.46}$$

式中　ω'——出射高斯光束的腰斑半径；

λ——激光束波长；

f——透镜焦距；

ω_0——入射高斯光束的腰斑半径。

透镜变换后的发散角 θ' 为：

$$\theta' = \frac{\lambda}{\pi}\sqrt{\frac{1}{\omega_0^2}\left(1+\frac{z}{f}\right)^2+\frac{1}{f}\left(\frac{\pi\omega_0}{\lambda}\right)^2} \tag{7.47}$$

由式（7.46）和式（7.47）可知，减小入射光束的腰斑半径 ω_0 和加大透镜的焦距 f，可增大出射高斯光束的腰斑半径 ω' 和减小发散角 θ'，进而增大准直距离。

光学性能参数设计：采用三组三片式结构，由三个单透镜组成。入射高斯光束的束腰处在准直透镜的后焦面上。这里令子午平面束腰位于准直透镜的后焦面上，弧矢平面束腰可通过一个弱透镜成像于准直透镜的后焦面。由准直距离公式（7.38）求出 ω'，这里，系统要求的准直距离 $z=100$ m；式（7.37）中的 ω_0 为准直后的腰斑半径 ω'。入射高斯光束的腰斑半径 ω_0 从半导体激光器参数表里得到，这样由式（7.46）可求出透镜焦距 f。有别于成像光学系统中确定数值孔径的方法，这里根据光能耦合效率来确定光学窗口的数值孔径。系统采用 $N_A=0.3$。

光学窗口初始结构参数的确定有三种方法：解析法、简单计算法和缩放法。缩放法是根据对光组的要求，找出性能参数比较接近的已有结构，将其各尺寸乘以缩放比 K，得到所要求的结构，并估计其像差的大小或变化趋势。随着镜头资料和光学设计软件的丰富，用缩放法获得初始结构可大大节约设计时间，因此，系统选用缩放法确定光学窗口初始结构参数，再使用光学设计软件对其结构和像差进行优化。由光学设计软件 OSLO EDU 进行仿真计算得，$f=19.9621$ mm，$D=12$ mm，$N_A=0.3006$。

7.3.3.3 仿真与优化

利用 OSLO EDU 得到结构图如图 7.22 所示。图 7.23 为经 OSLO EDU 优化后的像差图。

7.3.4 接收端光学窗口设计

由于引信体体积的限制，不允许使用复杂的光学窗口，而且对接收端光学窗口的成像质量要求不高，所以接收端光学窗口采用单个透镜来实现，PIN 光电探测器置于透镜焦平面上。

由于光阑上的场被成像在 PIN 光电探测器的焦平面上，探测器对落在光敏面上的像场进行响应，探测器的接收视场和接收光功率是很重要的两个参数。由帕塞瓦定理可以得到光功率：

set | UNIIS:MM
FOCAL LENGTH=19.96　N_A=0.300 6 | DES:OSLO

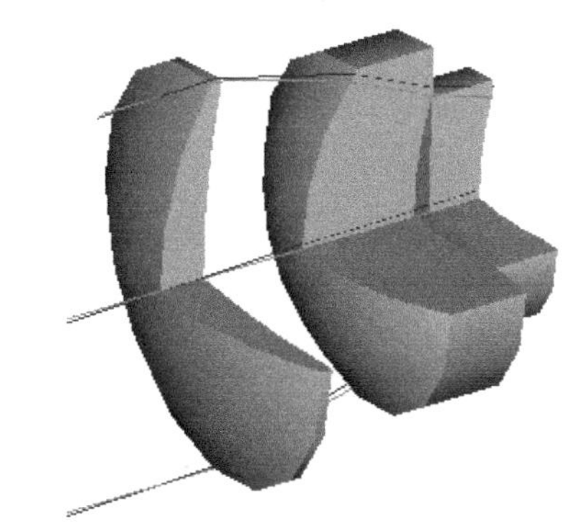

图 7.22　发射端光学窗口结构图（书后附彩插）

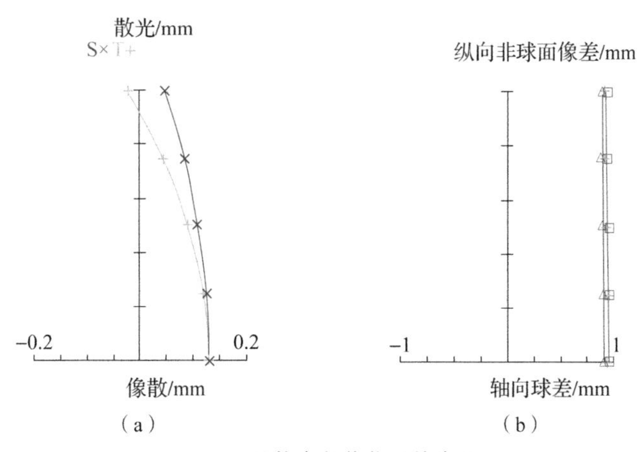

图 7.23　结构参数优化后的像差图

（a）像散；（b）球差

$$\int_{-\infty}^{\infty}\int_{-\infty}^{\infty}|f_1(x,y)|^2\mathrm{d}x\mathrm{d}y=\left(\frac{1}{2\pi}\right)^2\int_{-\infty}^{\infty}\int_{-\infty}^{\infty}|F_1(u,v)|^2\mathrm{d}u\mathrm{d}v \tag{7.48}$$

该式可以与光阑积分和光学透镜的聚焦场联系起来，因为它们本身都是傅里叶变换，透镜上的场与透镜传输的聚焦场的空间积分之间存在直接的关系：

$$P_r(t)=\int_{-\infty}^{\infty}\int_{-\infty}^{\infty}|f_d(t,u,v)|^2\mathrm{d}u\mathrm{d}v \tag{7.49}$$

式中，$f_d(t,\ u,\ v)$ 为焦平面上的衍射场；$P_r(t)$ 为 t 时刻焦平面上的光功率。

可以证明在焦平面上收集到的光功率与接收端光学窗口光阑区从接收的光场收集到的功率相等，因此探测器上的功率水平可以直接在接收端光学窗口上进行计算，而不需要实际的衍射场。如图 7.24 所示，在焦距为 f_c，探测面积为 A_r 的圆形透镜的焦平面上放置一直径为 d 的圆形探测器，则接收视场立体角为：

$$\Omega_r = \frac{\pi}{4}\left(\frac{d}{f_c}\right)^2 = \frac{A_r}{f_c^2} \tag{7.50}$$

或半视场角 $\tan\omega = \dfrac{d}{2f_c}$，其中 A_r 为探测面积，d 为探测器直径，f_c 为透镜焦距。

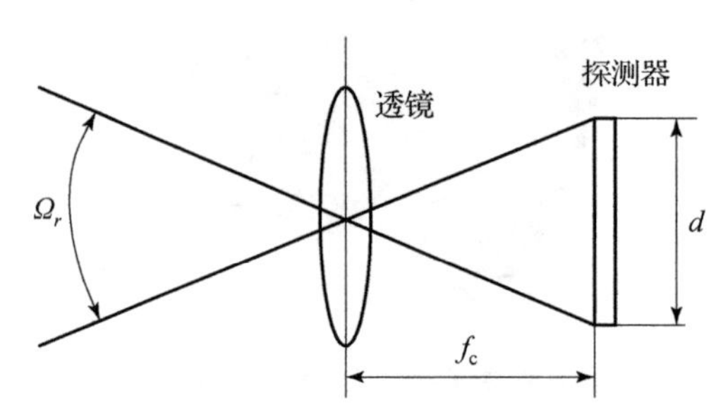

图 7.24　接收视场、透镜与探测面积的关系

从式（7.50）可以看出，接收端光学窗口视场由透镜的焦距和探测器的光敏面积决定，当探测器与系统要求的视场确定后，可由式（7.50）计算出透镜焦距。调节透镜的焦距和探测器的光敏面积也可以改变接收端光学窗口的视场。为得到足够大的接收视场，可通过减小透镜的焦距或选用光敏面大的探测器来实现，但是，由于在保持透镜口径不变的情况下，焦距的减小必然会使透镜的厚度和曲率变大，这样不利于激光束的传播；光敏面积大的探测器的成本要高得多，同时，随着光敏面积增大，光电探测器的等效噪声功率（NEP）也随着增大，因此这两种方法在实际的引信装定电路设计中会受到一定的限制。

7.4　系统信息装定距离分析与计算

7.4.1　功率预算和最大装定距离确定

预期（或可能）的信息装定距离是系统设计中必须要考虑的特性。在确定信息最大装定距离之前，需首先建立信息传输链路中光功率损耗模型。由前述分析可知，光电探测器上能够接收的光功率取决于经发射端光学窗口输出的光功率以及接收端光学窗口损耗、大气衰减损耗等。链路的损耗预算可由链路上各个部分的损耗推出。

首先推导光电探测器上接收到的光功率计算公式。设装定器采用的激光脉

冲峰值功率为 $P_t(\lambda)$，发射端光学窗口的光能耦合效率为 $\eta(\lambda)$，发射端光学窗口的出射光束发散角为 θ'，激光功率在大气中单位长度的衰减系数为 $\alpha(\lambda)$，传输距离为 L，接收机探测面积为 A_r，接收端光学窗口的透过率为 $\eta'(\lambda)$，则：

装定器发射出来的激光功率 $P_T(\lambda)$ 为：

$$P_T(\lambda)=P_t(\lambda)\cdot\eta(\lambda) \tag{7.51}$$

经过传输距离 L 后，光斑面积 S_L 为：

$$S_L=\pi\left(\frac{\theta'\cdot L}{2}\right)^2 \tag{7.52}$$

光斑 S_L 上的光照度 $H(\lambda)$ 为：

$$H(\lambda)=\frac{P_T(\lambda)}{S_L}\mathrm{e}^{-\alpha(\lambda)L}=\frac{4P_t(\lambda)\cdot\eta(\lambda)}{\pi\theta'^2\cdot L^2}\mathrm{e}^{-\alpha(\lambda)L} \tag{7.53}$$

因此，光电探测器上接收到的光功率 $P_r(\lambda)$ 为：

$$P_r(\lambda)=H(\lambda)\cdot A_r\cdot\eta'(\lambda)=\frac{4P_t(\lambda)\cdot\eta(\lambda)\cdot\eta'(\lambda)\cdot A_r}{\pi\theta'^2\cdot L^2}\mathrm{e}^{-\alpha(\lambda)L} \tag{7.54}$$

从式（7.54）可以得出考虑了引信光学装定系统正常损耗后的光电探测器上接收到的光功率，但是系统除了发射端光学窗口损耗、接收端光学窗口损耗、大气衰减损耗等系统正常损耗以外，分析过程中还应引入链路功率富余度，用于补偿器件老化、温度波动以及将来可能加入链路的器件引起的损耗。这里设系统具有 6 dB 的链路功率富余度。因此，如果 $P_s(\lambda)$ 表示系统允许的总光功率损耗，则信息传输链路中光功率损耗模型为：

$$P_s(\lambda)=P_T(\lambda)-P_r(\lambda)=\text{系统正常损耗}+\text{系统富余度} \tag{7.55}$$

由式（7.54）和式（7.55）得

$$P_r(\lambda)+6\ \mathrm{dB}=\frac{4P_t(\lambda)\cdot\eta(\lambda)\cdot\eta'(\lambda)\cdot A_r}{\pi\theta'^2\cdot L^2}\mathrm{e}^{-\alpha(\lambda)L} \tag{7.56}$$

下面进行系统最大装定距离计算。查衰减系数随波长变化曲线图得出在大气轻雾的天气状况下，$\alpha(\lambda)=0.38/\mathrm{km}$。系统 $P_t(\lambda)=5\ \mathrm{W}$，$\eta(\lambda)=67.16\%$，$\theta'=4.8\ \mathrm{mrad}$，$A_r=\pi(4\times10^{-3})^2=50.24\times10^{-6}$，$\eta'(\lambda)=90\%$。选用的光电探测器最小可探测功率约为 $1\times10^{-6}\ \mathrm{W}$（$-30\ \mathrm{dBm}$）。

由式（4.56）得

$$\begin{aligned}-24\ \mathrm{dBm}=3.98\times10^{-6}\ \mathrm{W}&=\frac{4P_t(\lambda)\cdot\eta(\lambda)\cdot\eta'(\lambda)\cdot A_r}{\pi\theta'^2\cdot L^2}\mathrm{e}^{-\alpha(\lambda)L}\\&=\frac{4\times5\times0.6716\times0.9\times50.24\times10^{-6}}{\pi(4.8\times10^{-3})^2\times L^2}\mathrm{e}^{-0.38\times L}\end{aligned} \tag{7.57}$$

解方程式（7.57），得 $L=1.164\ \mathrm{km}$。

7.4.2 影响装定距离的因素和采取措施

影响系统装定距离的主要因素如下。

1. 激光器的发射功率 $P_t(\lambda)$

系统的最大装定距离随发射光功率增加而增大，但当 $P_t(\lambda)$ 增到一定值后，L 的增加渐趋缓慢，说明发射功率达到一定程度以后对装定距离的影响减小，所以一味靠提高发射光功率的办法并不能有效增大通信距离，并且成本增加。而且随 α 增大，即大气通信环境恶化时，需要的发射功率增加。

2. 光束发散角 θ'

激光束经发射端光学窗口准直以后，光束发散角一般可达到 mrad。尽管如此，当光束传输几千米以后，在远场会形成一个大的光斑，如果接收端光学窗口的口径小于此光斑的直径，信号光束就不能全部被探测器接收，即产生光束扩展损耗（geometrical spreading loss），从而限制激光通信距离。光束扩展损耗的大小 $A_s(L,\theta')$ 为：

$$A_s(L,\theta') = -10\lg\eta(L,\theta') \tag{7.58}$$

其中，接收光功率占接收端光斑功率的比率为

$$\eta(L,\theta') = \frac{\int_0^{D/2} P_0\exp\left(-\dfrac{8r^2}{L^2\cdot\theta'^2}\right)\cdot r\mathrm{d}r}{\int_0^{L\theta'/2} P_0\exp\left(-\dfrac{8r^2}{L^2\cdot\theta'^2}\right)\cdot r\mathrm{d}r}$$

式中，D 为接收口径；P_0 为峰值功率；r 为光束截面上一点到 z 轴的距离。

随着 θ' 的增大，光束扩展损耗 $A_s(L,\theta')$ 增大，装定距离将减小。因此尽可能压缩光束发散角可以获得较大的装定距离。

3. 大气衰减

激光在大气中传播时，由于大气中存在着各种气体分子和相对密集的悬浮汽溶胶粒子（烟、尘、云、雨、雪），使携带有引信装定信息的激光能量被吸收或被散射（当分子半径远小于激光波长、汽溶胶粒子几何尺寸大于激光波长时）而偏离原来的传播方向。吸收和散射产生的总效果是使到达引信探测器时的激光能量得到衰减，从而使原有装定距离减小。可采取的措施包括：①采用处于大气窗口波长的激光器作为光源实现引信装定。在这范围内的光很少被大气吸收，大气的透过率较大；②提高光电探测器的灵敏度。

第8章

引信激光能量装定技术

引信激光能量装定技术的实现是保证引信发射前准确可靠接收装定信息的前提，光电池组提供的电能必须满足引信装定电路可靠工作。本章给出引信激光能量装定技术的方法。

8.1 通道模型和实现的技术难点

8.1.1 引信激光能量非接触传输通道模型

从第7章分析可以建立引信激光能量非接触传输通道模型，如图8.1所示。能量装定技术的实现，本质上就是激光能量从装定器到引信非接触传输的过程。

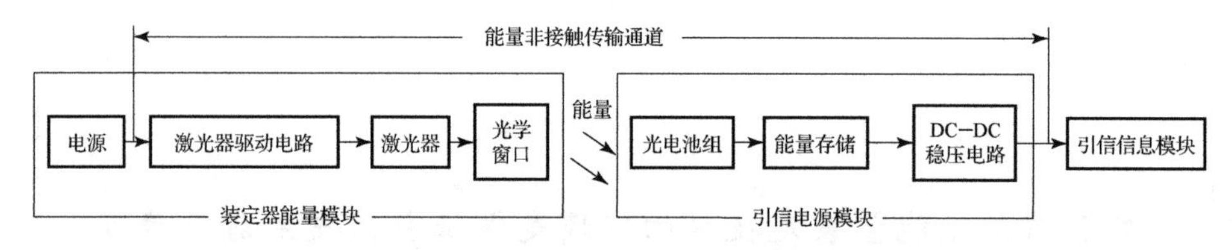

图8.1 引信激光能量非接触传输通道模型

对引信光学能量装定的要求主要为：

(1) 引信激光能量非接触传输通道的传输效率尽量高。提高整个传输通道的传输效率可以在一定的光电池组供电下增大装定距离，在装定距离一定的条件下，可减少光电池组数量以满足引信装定电路小体积要求。

从图8.1中可以看出，引信能量非接触传输通道效率为

$$\eta = P_0/P_\mathrm{I} = \eta_\mathrm{a} \times \eta_\mathrm{b} \times \eta_\mathrm{c} \tag{8.1}$$

式中　P_0——硅光电池组供电电路（引信电源模块）提供的功率；

P_I——激光器经光学窗口后的出口功率；

η_a——光电池组光电转换效率；

η_b——DC - DC稳压电路转换效率；

η_c——激光大气传输效率。

因此，可从以下几个方面提高通道效率：①合理选择光电池，确定光电池数量及连接方式；②提高光电池组光电转换效率；③提高DC - DC稳压电路转换效率；④提高激光大气传输效率。

（2）在引信信息激光装定时，为引信装定电路提供新型的非接触式装定电源，保证引信在主电源未激活前装定信息传输的可靠性。

8.1.2　实现的技术难点

（1）大功率连续激光器所能提供的功率有限。从引信光学装定系统的方案设计中可以得知，光电池组可能受到的光照射为脉冲激光器的脉冲光束和连续激光器的连续光束。脉冲激光器的设计实现已在前面详细介绍，这里不再重复，在此主要研究连续激光系统的设计实现。由于激光束在大气传输中损耗较大，为了满足装定距离的要求，必须采用W级大功率连续激光器。目前国内生产的连续激光器大都为mW级，生产W级的技术水平有限，生产的激光器容易发生退化导致发射功率下降，一般3 W以上的激光器管芯只能通过国外购买，价格昂贵，而且必须增加散热装置，增大了连续激光器的整体体积，已不能满足引信光学装定系统低成本、小体积的要求。

（2）光电池的光电转换效率较低。由于激光单色性好，光谱很窄，用于产品级的光电池转换效率从以前的6%提高到30%左右，基于半导体激光光源的光电池转换效率可达50%甚至更大。但试验中所用硅光电池为普通级产品，且光电池之间空隙效应以及激光照度不均匀性等因素均导致实际转换效率下降，仅为12%。当光电池接收光能约为2.1 W时，能为后端所有负载提供的最大电能为252 mW。这样在光电池输出的总电功率比较低的情况下，既要为引信信息模块提供电能，还要为DC - DC转换电路的各个器件提供其自身消耗的功率，在设计电路的时候困难比较大。

（3）DC - DC转换电路的各个器件的自身功耗较大。根据引信信息模块所需的电压要求，需要将光电池的输出变为一路+3.3 V和一路+5 V。为了得到比较稳定的电压输出，这样就至少需要两组相应的DC - DC器件。因此，对于光电池最大提供252 mW的电能来说，除去全部DC - DC转换电路各器件自身功耗后，能够提供给引信信息模块的能量就相当有限了。

8.2 连续激光系统

连续激光系统主要由大功率连续波半导体激光器、激光器驱动电路以及相应的保护电路组成。

8.2.1 大功率连续波半导体激光器

半导体激光器分为同质结激光器和异质结激光器，同质结激光器的阈值电流密度很大，不能在室温下连续工作。目前常用的是异质结激光器，它又分为单异质结激光器和双异质结激光器。所谓异质结，就是在带隙宽度不同的两种材料间形成的结。如果在两层宽带隙材料层间夹一层窄带隙材料，则称为双异质结构。由于双异质结构对注入载流子形成了良好的约束作用以及对光模场的有效约束作用，所以阈值电流密度仅为同质结的 1/10 ~1/5，实现了室温下的连续运转。

大功率连续波半导体激光器同脉冲激光器一样具有阈值特性和温度特性。当大功率连续波半导体激光器的驱动电流大于其阈值电流时，激光器才发射激光，光功率随驱动电流的增加而增大。但是，激光器发射的最大功率受热耗散过程的限制：工作过程中，要求越来越高的电流来抵消内部温升的影响，而注入电流增高又进一步提高了器件的温度，因此，在激光器管芯的结构设计上必须考虑散热，如将注入载流子约束在结平面内的一小条形区域中，热很容易向四周传导而易于耗散，从而降低管芯温度。除此之外，一般都是将激光器管芯焊在散热的底座上，使用时又将管子装在散热器上，以减小管芯的温升。在实际装定系统设计时，将装定器的侧壁上开散热槽以增加散热。

连续激光系统采用两个大功率连续波半导体激光器作为激光光源。每个激光器管芯为 TO－3 封装，量子阱结构，体积小。连续输出最大功率为 2.0 W，经光学窗口后的出口功率可达 1.4 W，激光器峰值波长为(975 ± 10) nm。在调节该激光光源的驱动电流时，最大可调节到 2.5 A，对应的光出口功率约为 1.4 W，其阈值电流为 0.45 A。出于保护激光光源、延长其工作寿命的考虑，一般驱动电流不要超过最大值。

8.2.2　激光器驱动电路设计

对半导体激光器驱动电路的基本要求是：

（1）半导体激光器是依靠载流子直接注入而工作的，注入电流的稳定性对激光器的输出有直接的、明显的影响。因此，要求半导体激光器电源是一个恒流源，而且具有很高的电流稳定度和很小的纹波系数。

（2）大功率连续波半导体激光器对于电冲击的承受能力很差，驱动电源中必须具有特殊的抗电冲击措施和保护电路。

（3）体积小，功耗低，可靠安全性好。

系统设计的激光器驱动电路图如图8.2所示。通过LM317将输入的5 V直流电压转换为激光器所需的基准电压，通过R_2使基准电压可调，从而达到激光器驱动电流可调，即输出功率可调。Q_1完成电压/电流转换和电流放大器的功能。C_1的功能是滤除电源纹波，增加C_2改善了电路的瞬态响应。

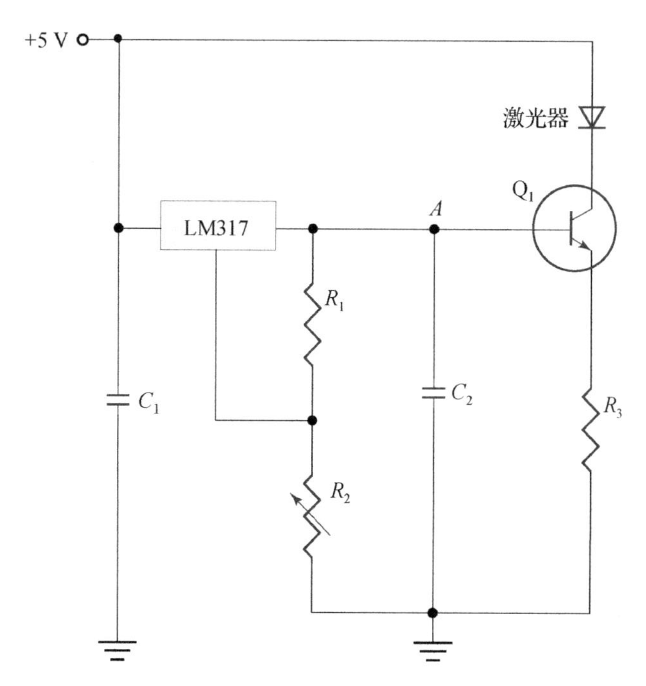

图8.2　激光器驱动电路图

设基准电压（A点）为V_0，则$V_0=1.25V_1(1+R_2/R_1)+I_{adj}R_2$，$I_{adj}$为调整端口输出电流，激光器的驱动电流$I=(V_0-0.7)/R_3$。例如确定$R_3$为0.5 Ω，实现$I=2$ A，需将基准电压调节到1.7 V即可。Q_1集电极最大允许耗散功率$P_{CM}=I_CU_{CE}$，从图示电路可知，Q_1的功耗较大，设计时注意散热。LM317是一小体积可调的电压调节器，TO－220封装，其内部结构如图8.3所示。它具有热过载保护和短路保护电路，提高了激光器的使用寿命。此外，激光器是低压工作器件，容易受到静电或冲击电流的影响而损坏，因此为了保证连续能量装定的可靠性，除了以上设计的激光器驱动电路和自动温度控制措施保证激光器正常的工作条件外，还要单独设计激光器的防电流冲击、防静电、限流等安全保护措施，如将一个接触电阻很小的开关与激光器并联在一起即构成短路保护开关、增加浪涌电流消除电路。

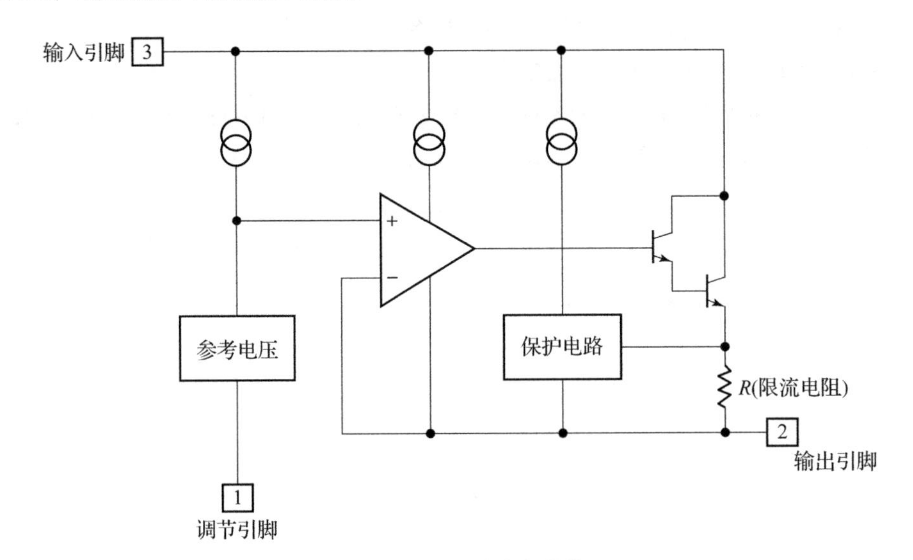

图8.3　LM317的内部结构图

8.3　光电池选择及其电路要求

8.3.1　光电池的工作原理与种类确定

光电池同PIN光电二极管、APD一样，都是根据光生伏特效应制成的，但是它是不需加偏压就能把光能转换成电能的PN结光电伏特型光电器件。按用途分类，光电池可分为两大类，即太阳能光电池和测量用光电池。太阳能光电池的设计目标是将尽可能多的太阳能转换为电能并输至负载，而不是取得探测度高、响应快、线性好等与探测性能有关的指标良好，因此，在设计和工艺上两者是不同的，性能差别甚大，选择光电池时要首先考虑用途。能量装定中的光电池是用于给引信装定电路提供初期的工作电能，而且采用激光器对其进行照射而不是太阳光，因此光电池的光电转换效率会有所提高。将光电池与外电路接通，只要光照不停止，就会不断有电流通过电路，起到了电源作用。

由于制作光电池 PN 结材料的不同，目前有硒光电池、硅光电池、砷化镓光电池和锗光电池四大类，由于硅光电池具有价格便宜、光电转换效率高、寿命长、稳定性好、光谱响应宽且对激光照射的峰值波长响应为 950 ~ 1 000 nm（近红外区），符合引信光学装定系统保密性好的要求等优点，所以选择硅光电池作为能量接收器件。采用的两种硅光电池如图 8.4 所示。

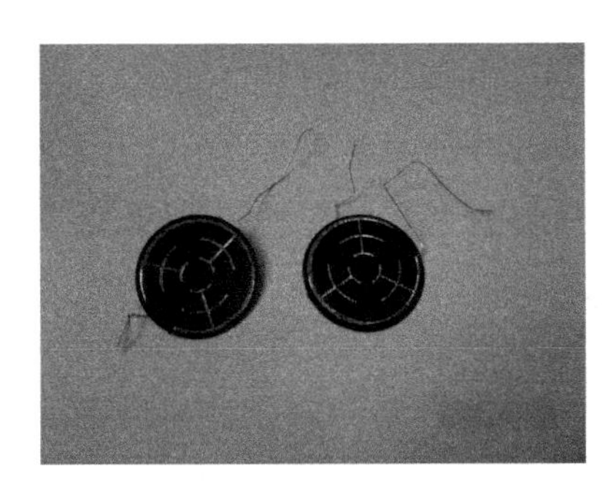

图 8.4　两种硅光电池

8.3.2　能量装定对光电池电路的要求

（1）光电池提供的功率（能量）大小能够满足引信装定电路的需求。全弹道供能所需的能量为：

$$W = (P_{set} \cdot t_{set} + P_{fly} \cdot t_{fly} + W_{bo}) \cdot K \tag{8.2}$$

式中　P_{set}——引信装定时所需功率；

t_{set}——装定时间；

P_{fly}——弹丸飞行时所需功率；

t_{fly}——弹丸飞行时间；

W_{bo}——起爆电路所需能量；

K——加权系数。

由于目前引信光学装定系统采用的光电池只提供引信装定时所需功率，因此，光电池提供给引信装定电路的功率（能量）大小为：

$$W = P_{set} \cdot t_{set} \cdot K \tag{8.3}$$

（2）光电池激活时间要短。光电池激活时间即光电池从激光照射到其表面到升至引信装定电路所需稳定电压的时间，光电池激活时间越短，能量装定的速率就越快。

(3) 光电转换效率尽可能高。在同样的入射光强下，光电转换效率越大，光电池输出功率就越大。

(4) 使用的可靠性及存放的安全性。

8.4 光电池输出特性和温度效应

8.4.1 能量装定下光电池输出特性

系统在引信信息装定的同时，通过连续半导体激光器持续照射在光电池表面实现连续能量装定。下面对能量装定下光电池输出特性进行分析。

8.4.1.1 光电池组开路电压估算

短路电流和开路电压是光电池的两个非常重要的工作状态，它们分别对应于 $R_L=0$ 和 $R_L=\infty$的情况。图 8.5 给出了光电池基本电路形式及其常量光照下的等效电路。其中，i_φ 是光电流，i_D 是二极管电流，i_{sh} 为 PN 结漏电流，R_{sh} 为等效漏电阻，C_j 为结电容，R_s 为引导电极 - 管芯接触电阻，R_L 为负载电阻。

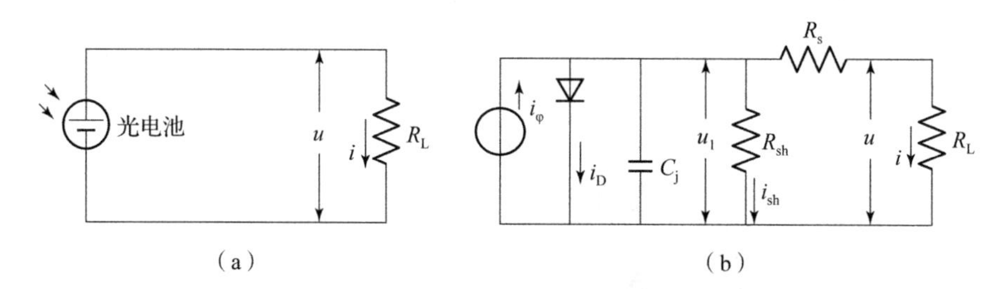

图 8.5 光电池的基本电路图及等效电路

(a) 基本电路图；(b) 在常量光照下的等效电路

一般 i_{sh}很小，R_{sh}很大。若不计 i_{sh}的影响，有

$$i_\varphi - i_D - i = 0 \tag{8.4}$$

如果短接 R_L 并忽略 R_s 的影响，从图 8.5 (b) 可见，二极管上的正向电压 $u_1=0$，这时 $i_D=0$。因此，流过光电池的短路电流就是光电流 i_φ，即

$$i_{sc} = i_\varphi \tag{8.5}$$

式 (8.5) 表明光电池的短路电流与入射的光功率成正比。若计及 R_s 及 R_{sh}的影响，短路电流的精确表达式应为

$$i_{sc}=i_{\varphi}-i_{sh}\left[\exp\left(\frac{eu_1}{K_BT}\right)-1\right]+\frac{u_1}{R_{sh}} \tag{8.6}$$

式中　e——电子电荷；

K_B——玻耳兹曼常数；

T——光电池的绝对温度。

当负载电阻开路，即 $R_L\to\infty$时，图 8.5（b）中的电流 $i=0$，光电池开路电压 u_{oc}就等于 u_1，则考虑 i_{sh}的影响，开路电压的精确表达式为

$$u_{oc}=\frac{K_BT}{e}\ln\left(\frac{i_{\varphi}-i_{sh}}{i_{so}}+1\right) \tag{8.7}$$

式中，i_{so}为光电池反向饱和电流。

从式（8.7）中可见，当光电流 i_{φ} 的值接近漏电流 i_{sh}（即 $i_{\varphi}\approx u_{oc}/R_{sh}$）时，开路电压将严重受到 i_{sh}的影响而大幅度下降。因此在选择光电池时，应尽量选用 i_{sh}小的器件。此外，由于单片硅光电池的输出电压很低（$u_{oc}=350\sim450$ mV），输出电流很小（在入射光强为 100 mW/cm^{2}下，图 8.4 左图硅光电池 $I_{sc}\approx88$ mA，图 8.4 右图硅光电池 $I_{sc}\approx4.7$ mA），不能直接作为负载的电源，必须将单片光电池组装成光电池组使用。由于在一定光照下，单片光电池的开路电压是定值，与光电池的面积大小无关，而光电流的大小则与光电池面积成正比。因此，采用增加串联片数来提高输出电压，用增加并联片数来增大输出电流。

由于在光电池组用量设计中，对单片硅光电池开路电压的估算是很重要的，它初步确定了光电池应串联的片数。但是，一般产品手册中只给出光电池在特定或标准光照度下的开路电压，现在需要知道在实际激光照度下的开路电压值。因此，在实际光照射下，光电池的开路电压值可按如下方法进行估算：

在式（8.7）中，通常 $i_{\varphi}\gg i_{sh}$，且 $i_{\varphi}-i_{sh}\gg i_{so}$，于是式（8.7）简化为

$$u_{oc}=\frac{K_BT}{e}\ln\left(\frac{i_{\varphi}}{i_{so}}\right) \tag{8.8}$$

当实际照射功率为 P'时，光电流变为 i'_{φ}，则对应的开路电压为

$$u'_{oc}=\frac{K_BT}{e}\ln\left(\frac{i'_{\varphi}}{i_{so}}\right) \tag{8.9}$$

联立求解式（8.8）和式（8.9），有

$$u'_{oc}=\frac{K_BT}{e}\ln\left(\frac{P'}{P}\right)+u_{oc} \tag{8.10}$$

式（8.10）中 P 为手册中给定的光功率。

在室温（300 K）下，$\frac{K_BT}{e}=1.38\times10^{-23}\times300/(1.602\times10^{-19})\approx2.6\times10^{-2}$，于是

$$u'_{oc} = 2.6 \times 10^{-2} \ln\left(\frac{P'}{P}\right) + u_{oc} \tag{8.11}$$

但是，在实际电路应用中，光电池的短路电流和开路电压必须通过实际测量得到精确值。图8.6是在不同激光强度下，采用图8.5（a）所示的光电池组成的光电池组，通过试验测量获得的光电池 $I-V$ 曲线。

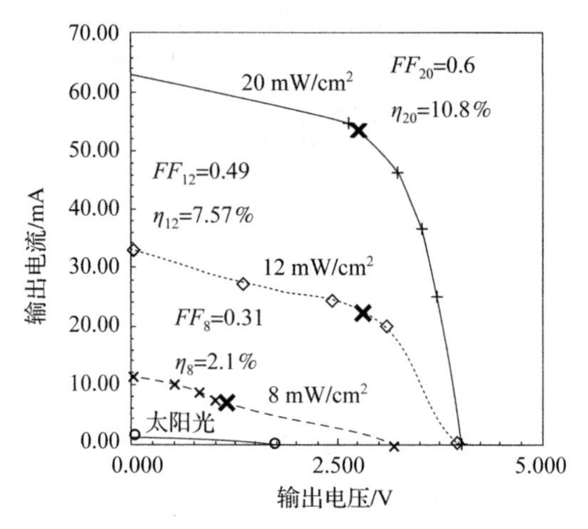

图8.6　光电池 $I-V$ 曲线

8.4.1.2　输出功率和最佳负载电阻计算

从引信光学能量装定的要求可知，要尽量使光电池有最大的电功率输出以提高能量非接触传输通道的传输效率。

首先研究一下光电池的光电输出特性。

图8.7为硅光电池组不同激光强度下的输出电压曲线。从图中看出，硅光电池组输出电压随激光强度的增加线性提高，直至达到饱和电压，此外，在相同的激光强度下，随着负载电阻的增加，输出电压也随之增加。图8.8为硅光电池组不同激光强度下的输出电流曲线。从图中看出，硅光电池组输出电流随激光强度的增加线性提高，在相同的激光强度下，随着负载电阻的增加，输出电流基本保持不变，随着输出电压趋向饱和，输出电流才随着负载电阻的增加而下降。

由以上分析可以得出，硅光电池组带负载时，在输出电压饱和前，光电池输出特性可近似为电流源，输出电压饱和后，光电池输出特性可近似为恒压源。而且，只有在某一负载电阻 R_{Lm} 下，才能得到最大的电输出功率 $P_m = U_m I_m$。图8.6中“×”标记处为最大的电输出功率点，对应于横坐标值为最大输出电压 U_m，对应于纵坐标值为最大输出电流 I_m。最佳负载电阻 R_{Lm} 的求法如下：

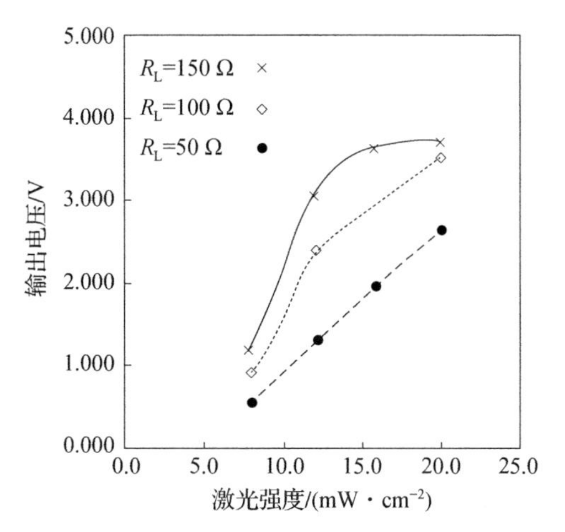

图 8.7　不同激光强度下光电池输出电压曲线

如图 8.5（b）所示，如果忽略光电池串联电阻 R_s 上的压降，则负载电阻上的压降为

$$u = u_1 = \frac{K_B T}{e}\ln\left(\frac{i_\varphi + i_{so} - i}{i_{so}}\right) \tag{8.12}$$

则负载上消耗的功率为

$$P = iu = i\frac{K_B T}{e}\ln\left(\frac{i_\varphi + i_{so} - i}{i_{so}}\right) \tag{8.13}$$

当 $dP/di = 0$ 时，$P = P_m$，有

$$\frac{dP}{di} = \frac{K_B T}{e}\ln\left(\frac{i_\varphi + i_{so} - i}{i_{so}}\right) + \frac{K_B T}{e}\cdot\left(\frac{-i}{i_\varphi + i_{so} - i}\right) = 0 \tag{8.14}$$

令此时的 $i = I_m$，$u = U_m$，则有

$$\ln\left(\frac{i_\varphi + i_{so} - I_m}{i_{so}}\right) = \frac{I_m}{i_\varphi + i_{so} - I_m} \tag{8.15}$$

将式（8.15）代入式（8.12）中，得

$$U_m = \frac{K_B T}{e}\cdot\frac{I_m}{i_\varphi + i_{so} - I_m} \tag{8.16}$$

$$I_m = \frac{U_m(i_\varphi + i_{so})\cdot[e/(K_B T)]}{1 + U_m\cdot[e/(K_B T)]} \tag{8.17}$$

$$P_m = I_m U_m = \frac{i_\varphi + i_{so}}{1 + U_m\cdot[e/(K_B T)]}\cdot\frac{e}{K_B T}U_m^2 \tag{8.18}$$

因为

$$R_{Lm} = \frac{U_m}{I_m} = \frac{1 + U_m[e/(K_B T)]}{(i_\varphi + i_{so})\cdot[e/(K_B T)]} \tag{8.19}$$

所以当$\frac{e}{K_B T}U_m \gg 1$，$i_\varphi \gg i_{so}$时，式（8.19）可近似为

$$R_{Lm}=\frac{U_m}{i_\varphi} \tag{8.20}$$

通常取$U_m=0.7u_{oc}$，所以

$$R_{Lm}=\frac{0.7\cdot u_{oc}}{i_\varphi} \tag{8.21}$$

例如，从图8.8的光电池$I-V$曲线图可以看出，当在激光强度为20 mW/cm²的照射下，光电池的$u_{oc}=4.015$ V，$i_\varphi=54.92$ mA，可以计算出，$R_{Lm}=\frac{0.7\times 4.015}{54.92\times 10^{-3}}=51.2\ \Omega$。

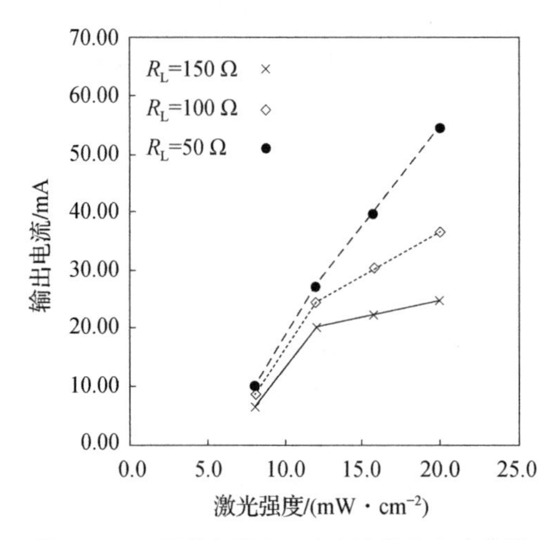

图8.8　不同激光强度下光电池输出电流曲线

所以，对连续能量装定，最重要的是设计的负载电阻尽可能接近最佳负载电阻R_{Lm}，从而得到光电池的最大电输出功率。

8.4.2　能量装定的电容值确定

系统在引信信息装定的过程中，连续半导体激光器用于持续照射在光电池表面直到信息装定过程完成，使能量充足，装定速度快。因此，用于能量存储的储能电容C_1的作用不大，主要起滤波作用。在电路设计中要注意，光电池和电容之间的导线长度应尽量短，以减小由大瞬态脉冲电流产生的寄生电感。

8.4.3　温度效应及光电池用量修正

8.4.3.1　温度效应对转换效率的影响

定义转换效率 η 为

$$\eta = \frac{P_{max}}{P_{in}} \tag{8.22}$$

式中，P_{max} 为光电池输出的最大电功率，W/cm^2；P_{in} 为输入的激光能量，W/cm^2。

由于

$$P_{max} = u_{oc} \cdot FF \cdot J_{sc} \tag{8.23}$$

$$J_{sc} = \frac{q \cdot P_{in} \cdot QE}{h\nu} \tag{8.24}$$

$$h\nu = \frac{q \cdot 1.24}{\lambda} \tag{8.25}$$

式中，u_{oc}为开路电压，V；FF 为填充因子；J_{sc}为短路电流密度，A/cm^2；q 为电子电荷数；QE 为量子效率；$h\nu$ 为光子能量。

所以

$$J_{sc} = \frac{QE \cdot P_{in} \cdot \lambda}{1.24} \tag{8.26}$$

$$P = \frac{u_{oc} \cdot FF \cdot QE \cdot P_{in} \cdot \lambda}{1.24} \tag{8.27}$$

$$\eta = \frac{P}{P_{in}} = \frac{u_{oc} \cdot FF \cdot QE \cdot \lambda}{1.24} \tag{8.28}$$

由式（8.28）可知，光电池转换效率与 u_{oc}、FF、QE、λ 四个参数有关。

光电池的温度效应是指光电池的参数值随工作温度变化而改变，这是由于当光照射到光电池上时，少数载流子的扩散长度随温度的增加而增大，因此，光生电流随温度的升高而增加，开路电压随温度的升高急剧下降，$I-V$ 曲线形状改变，填充因子下降，由式（8.28）可知，光电池的转换效率降低，继而导致光电池组输出功率随工作温度升高而下降。

为了验证上述理论的正确性，进行了如下试验。

对图 8.7 所示的硅光电池组输出电压进行测量时，测量的数值都是在加大激光强度后立即测量的结果，实际上这个数值在不断下降，变化范围在 0.4 ~ 0.8 V。此外，由图 8.9 可知，在相同的激光强度照射下，硅光电池组白天转换效率比晚上略有下降。图 8.10 显示了在环境温度为 15 ℃，激光照度为 20 W/cm^2

时持续照射硅光电池组 30 s 过程中转换效率与其表面温度曲线图。从图中可以看出，硅光电池组表面温升随激光照射时间增加而增加，其转换效率随表面温升增加而下降。

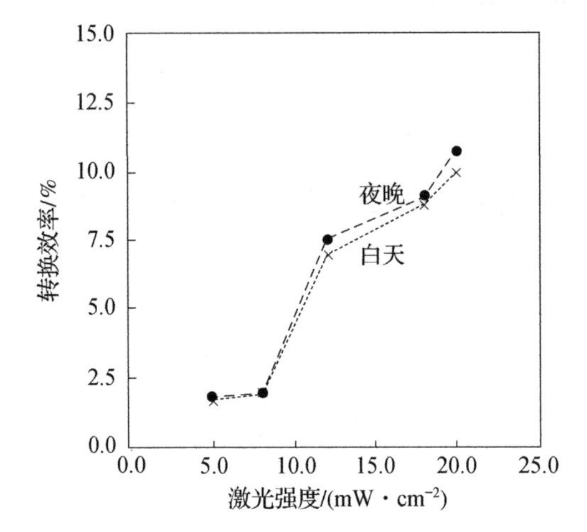

图 8.9 硅光电池组转换效率与激光强度曲线

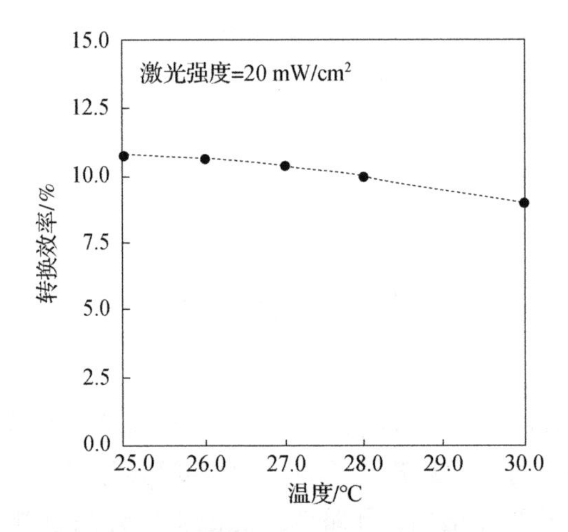

图 8.10 硅光电池组转换效率与表面温度曲线

这些试验结果均表明光电池的温度效应对转换效率的影响是引信硅光电池用量设计中不可忽略的考虑因素之一。

8.4.3.2 温度自补偿方法

有文献详细研究了在激光照射下阻止光电池表面温升的方法，如在硅光电池组表面加散热片、加微机风扇以及将光电池贴于大面积铝板上；在光电池的背面用离子过滤水制冷装置来避免温升；也有采用热敏电阻、双光路光电池以及一些软件补偿算法等方法。这些方法虽然都能有效地抑制温升，但用于引信激光能量非接触传输通道中会使引信体积增加或使引信电路复杂化，增加功耗。为了满足引信微功耗、小体积、结构简单的要求，提出了一种硅光电池组温度自补偿方法，在硅光电池用量设计时预先考虑到温度补偿，避免后续降温装置的使用，以降低航弹引信光学装定系统设计的复杂性。

确定经温度补偿后硅光电池组输出功率 P_T 的大小也就确定了实际硅光电池用量。令硅光电池组表面温升带来的转换效率下降和 P_{out} 的下降以温度系数 α 来表示，显然，α 为负数。由于温度对 Si 光电池输出电流影响较小，因此，

$$\begin{aligned}\alpha &= \left(\frac{1}{\eta}\right)\frac{\mathrm{d}\eta}{\mathrm{d}T} = \left(\frac{1}{P_{out}}\right)\frac{\mathrm{d}P_{out}}{\mathrm{d}T} \\ &= \left(\frac{1}{u_{oc}}\right)\frac{\mathrm{d}u_{oc}}{\mathrm{d}T}\end{aligned} \tag{8.29}$$

在一定的工作温度 T 下，硅光电池组实际转换效率 η 和实际输出功率 P_{out} 为：

$$\eta(T) = \eta(25\ ℃) + \eta(25\ ℃)\alpha(T-25\ ℃) \tag{8.30}$$

$$P_{out}(T) = P_{out}(25\ ℃) + P_{out}(25\ ℃)\alpha(T-25\ ℃) \tag{8.31}$$

引入温度自补偿系数 β，令

$$\beta = \frac{1}{1+\alpha(T-25\ ℃)} \tag{8.32}$$

因此，在不考虑温度补偿时计算得出常温下硅光电池组输出功率为 P_{out}（25 ℃）后，考虑温度补偿后的硅光电池组输出功率值应为：

$$P_T = \beta P_{out}(25\ ℃) \tag{8.33}$$

在硅光电池用量设计时以式（8.33）为理论依据，这样就在不同的战场环境，实时补偿了硅光电池组温度效应带来的输出功率下降，满足引信装定电路的电源需求。具体计算如下：

从式（8.32）可以看出，温度实时自补偿系数 β 的计算值与 α 和 T 有关，α 为 $-0.49\%/℃$，影响引信激光供能中 T 的因素很多，如环境温度、激光强度、载机的飞行速度、风速、风向以及光电池本身的热特性等。作为简化处理，主要考虑环境温度和激光照射在光电池上产生的温升。在室温下进行引信激光装定试验获得激光照射在光电池上产生的温升为 1.5 ℃，设实际环境温度为 30 ℃，由式（8.32）可计算出 β 为

$$\begin{aligned}\beta &= \frac{1}{1+\alpha(T-25\ ℃)} \\ &= \frac{1}{1-0.004\,9(31.5-25)} = 1.03\end{aligned} \tag{8.34}$$

因为 $P_{out}(25\ ℃)$ 为 232.85 mW（室温下测得的试验数据），所以在实际环境温度下进行引信激光装定所需的硅光电池组输出功率值 P_T 为：

$$P_T = \beta P_{out}(25\ ℃) = 1.03 \times 232.85 = 239.84(\mathrm{mW}) \tag{8.35}$$

以式（8.35）获得的值为依据修正硅光电池组用量，使其满足实际战场下引信电源要求。

除了以上光电池的研究外，要保证实际战场中光电池的正常工作，需考虑防尘、防雨雪以及极端条件（例如对于航弹，高空温度可能达到零下 60 ℃左右）等因素。

8.5 引信电源模块设计

8.5.1 DC－DC 芯片选择

DC－DC 稳压电路是引信电源模块的重要组成部分，该部分的器件将光电池单一的输出经过 DC－DC 转换，产生满足引信信息模块要求的 +3.3 V 和 +5 V 电压输出。

目前市场上厂家提供的可以选择的 +3.3 V 和 +5 V 电压输出的 DC－DC 器件很多，如表 8.1 中列出的部分 Maxim 公司生产的 DC－DC 芯片。对于芯片的选择和电路设计，重点考虑以下几个因素：

（1）微功耗、小体积；

（2）外围电路尽可能简单；

（3）满足光电池的电压输入；

（4）稳压电路转换效率要尽可能高；

（5）稳压电路的输出能满足引信信息模块电路的能量需求等。后面使用的 DC－DC 芯片经过不同组合满足了引信电源模块的要求，但是在引信光学装定系统完善中，可以寻找出比这两种芯片更理想的器件或者方案来实现。

表 8.1 部分 Maxim 公司的 DC－DC 芯片

DC－DC 芯片	输入电压/V	输出电压/V
MAX1760	0.7～5.5	3.3
MAX603/604	2.7～11.5	3.3/5

续表

DC－DC 芯片	输入电压/V	输出电压/V
MAX1595	1.8～5.5	3.3/5
MAX1674	0.7～5.5	3.3/5
MAX1708/1709	1～5.5	3.3/5
MAX1920	2～5.5	3.3
MAX679	2～3.6	3.3
MAX756	0.7～5.5	3.3/5
MAX866	0.8～6	3.3/5

8.5.2　DC－DC 稳压电路设计

首先采用恒压源带动该 DC－DC 稳压电路，以估算光电池组需要的输出功率大小。设计的两种方案如图 8.11 和图 8.12 所示。两种方案的各点工作状态如表 8.2 和表 8.3 所示。

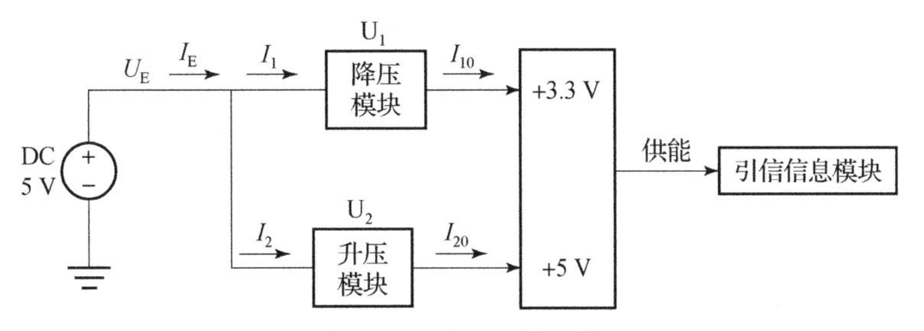

图 8.11　方案一原理图

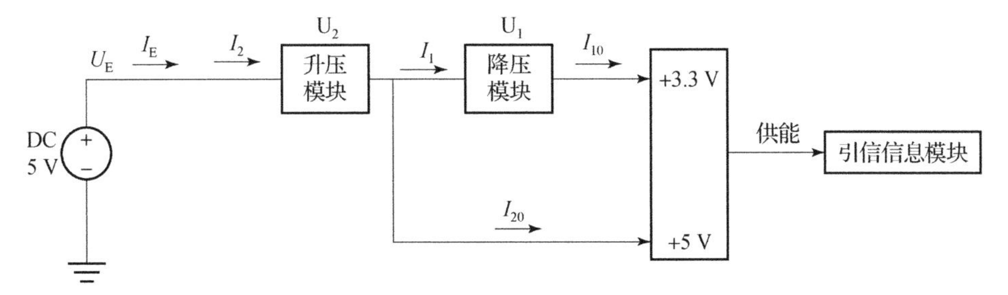

图 8.12　方案二原理图

表 8.2 方案一的各点工作状态

项目	电压/V	电流/mA	功率/mW	损耗功率/mW
恒压源输出	$U_E=4.321$	$I_E=61.1$	264.01	—
降压模块输入	$U_E=4.321$	$I_1=42.6$	184.08	62.39
升压模块输入	$U_E=4.321$	$I_2=18.5$	79.94	42.09
+3.3 V	$U_{3.3}=3.28$	$I_{10}=37.1$	121.69	—
+5 V	$U_5=4.98$	$I_{20}=7.6$	37.85	—

表 8.3 方案二的各点工作状态

项目	电压/V	电流/mA	功率/mW	损耗功率/mW
恒压源输出	$U_E=4.122$	$I_E=93.4$	385.0	—
降压模块输入	$U_E=4.97$	$I_1=41.1$	204.27	81.42
升压模块输入	$U_E=4.122$	$I_2=93.4$	385.0	146.93
+3.3 V	$U_{3.3}=3.25$	$I_{10}=37.8$	122.85	—
+5 V	$U_5=4.97$	$I_{20}=6.8$	33.80	—

对于方案一，负载功率为159.54 mW，损耗功率为104.48 mW，电源效率为60.4%。需要提供给DC-DC稳压电路的输出功率为264.01 mW；对于方案二，负载功率为156.65 mW，损耗功率为228.35 mW，电源效率为40.69%。需要提供给DC-DC稳压电路的输出功率为385 mW，对光电池组输出功率的要求很高，实现难度大。因此，方案一明显好于方案二。

采用连续激光器对光电池组进行照射，距离2 m。引信电源模块的原理图如图8.13所示。DC-DC稳压电路的各点工作状态如表8.4所示。从表8.4可以计算出，负载功率为156.6 mW，损耗功率为76.24 mW，电源效率为67.3%，引信电源模块保证引信信息电路负载的各点电压误差不超过5%。

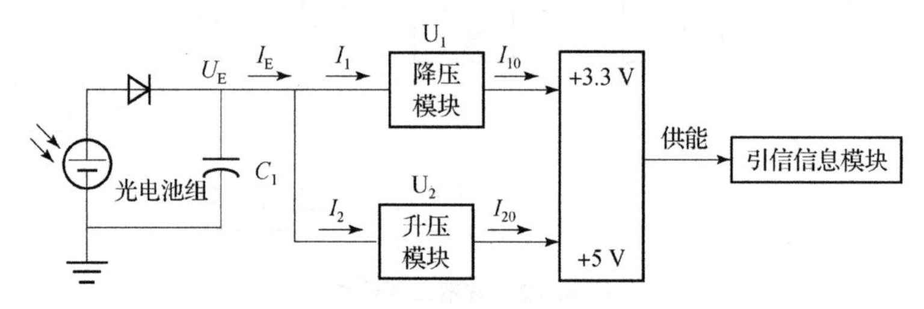

图 8.13 引信电源模块的原理图

表8.4 DC－DC稳压电路的各点工作状态

项目	电压/V	电流/mA	功率/mW	损耗功率/mW
光电池输出	$U_E=3.836$	$I_E=60.7$	232.85	—
降压模块输入	$U_E=3.836$	$I_1=42.3$	162.26	43.96
升压模块输入	$U_E=3.836$	$I_2=18.4$	70.58	32.28
+3.3 V	$U_{3.3}=3.18$	$I_{10}=37.2$	118.30	—
+5 V	$U_5=4.91$	$I_{20}=7.8$	38.30	—

第三篇　射频信息交联技术

第9章

射频装定信息传输和装定系统电路设计

射频装定主要是用于当弹丸或火箭飞离炮位一定距离时，由射频发射机向弹道方向发射无线电载波信号，弹上接收机通过天线接收。本章重点介绍数字通信系统、通信质量指标、调制与解调方式的选择、二进制频移键控（2FSK）系统的抗噪性能分析、引信射频装定系统电路设计，最后给出采用无线收/发芯片的引信电路设计实例。

9.1 数字通信系统模型

射频装定系统与引信之间的信息传输是通过无线数字通信系统实现的。数字通信系统是利用数字信号传递信息的通信系统。数字通信系统原理结构模型如图 9.1 所示。无线电信号数字化是数字通信技术的基础，如果信源为模拟信号，则首先要对信号进行抽样、量化和编码，将模拟信号转化为数字信号，即通常所说的模/数转换。

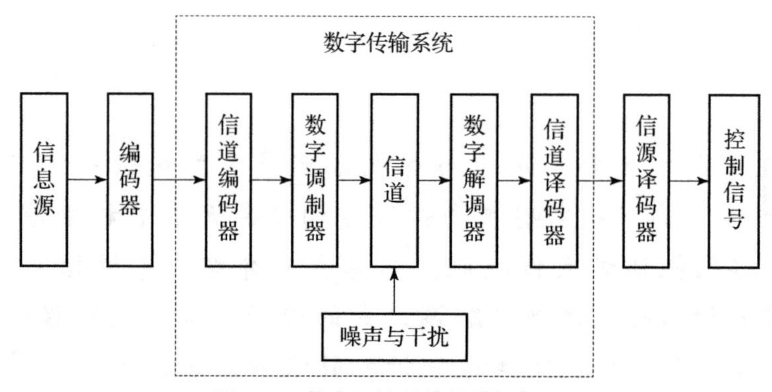

图 9.1 数字通信系统的原理框图

1. 信息源

信息源一般指的是数字基带信号。最典型的数字基带信号为二进制矩形脉冲，平常称为二进制码。这种二进制数字信号只有两个值：1和0。在引信信息射频装定系统中，信息源指的是作用时间和作用方式的指令。

2. 信源编（译）码

信源编码器的主要作用是进行降低信号多余度的编码（数据压缩），提高信号有效性，其目的是减少码元数目和降低码元速率。信源译码的作用与信源编码相反，信源解码是信源编码的逆过程。

3. 信道编（译）码

信道编码又称抗干扰编码和纠错编码。它是将数字基带信号人为地按照一定的规律加入多余码元，以便在接收端译码器中发现或纠正码元在传输中的错误，这样可以降低码元传输的错误概率。信道编码的目的是提高通信抗干扰能力，尽可能地控制差错，实现可靠通信。数字信号在信道传输时，由于噪声、衰落以及人为干扰等，将会引起差错。信道编码的一类基本方法是波形编码，或称为信号设计，它把原来的波形变换成新的较好波形，以改善其检测性能；另一类基本方法可获得与波形编码相似的差错概率，但所需带宽较小，为尽量把差错纠正过来，根据信道特性，采用一种对传输的原始信息按一定编码规则进行编码，达到对数字信息保护作用，从而提高数字通信可靠性。在接收端按一定规则进行解码，看其编码规则是否遭到破坏，从解码过程中发现错误或纠正错误，这种技术称为“差错控制编码技术”。引信信息射频装定系统的信道编码技术在下一章加以具体阐述。

4. 数字调制（解调）器

调制器的任务是把各种数字信息脉冲转换成适于信道传输的调制信号波形。这些波形要根据信道特点来选择；解调器的任务是将收到的信号转换成原始数字信息脉冲。数字调制技术可分为幅度键控（ASK，Amplitude Shift Keying）、频移键控（FSK，Frequency Shift Keying）、相移键控（PSK，Phase Shift Keying），以及它们的各种组合。对这些调制信号，在接收端可以进行相干解调或非相干解调，前者需要知道载波的相位才能检测，后者则不需要。对高斯噪声下信号的检测，一般用相关器接收机或抽样匹配滤波器。各种不同的调制方式具有不同的检测性能。

5. 信道和噪声

目前常用的信道有架空明线、电缆等有线信道和无线信道。引信信息射频装定系统采用无线信道。信号在信道中传输时一方面由于信道特性不好，引起信号波形失真，另一方面是有各种噪声和信号混在一起。噪声主要来自信道，但实际上发送设备和接收设备中也有一定的噪声，特别是接收设备的前端各级电路中的噪声也有一定影响。为了画图方便起见，在图9.1所示的通信系统的模型中把噪声集中画在一起。

6. 同步问题

数字通信系统还有一个同步问题（在模型中没有画出），数字通信系统中的同步有载波同步、位同步、群同步三种。

对引信进行无线电射频装定的引信信息来自火控计算机的输出或数字键盘直接输入，均为数字信号。

9.2 引信信息射频装定系统的通信质量指标

通信系统的性能指标涉及其有效性、可靠性、适应性、标准性、经济性及维护使用等，从研究信息的传输来说，通信的有效性与可靠性是衡量通信系统性能的主要指标。有效性是消息传输的“速度”问题，可靠性主要是消息的传输“质量”问题，而传输速率与误码率又是密切相关和互相矛盾的，当信道等条件一定时，传输速率高，误码率也高；反之传输效率低，误码率也将降低。如果传输速率一定，那么误码率就成为数字信号传输的最主要指标了，工程中只能依据实际要求取得相对的统一。数字通信系统中，这两个性能指标体现在系统的传输速率和差错率上。

1. 有效性

（1）传输速率：通常以码元传输速率和信息传输速率来衡量。

①码元传输速率：又称码元速率或传码率、波特率或调制速率，表示每秒钟传输码元的个数，单位是波特，即Baud（波特），常用“B”表示，二进制数记作R_{B2}，N进制数记作R_{BN}。

②信息传输速率：每秒钟传输的信息量，又称信息速率或传信率。单位是比特/秒（bit/s或bps），用R_b表示。因为信息量与进制有关，因此信息量速率也和进制有关，N进制数字信号每秒钟的信息量为$R_{BN}\log_2{}^N$，所以

$$R_{bN}=R_{BN}\log_2{}^N(\text{bit/s})$$

（2）频带利用率：单位频带内允许传输的最高信息速率，单位为 bit/(s · Hz)。频带利用率用 ρ 表示，其表达式为

$$\rho = R_b / B$$

式中，B 为信道带宽。

2. 通信系统的可靠性

由于数字通信系统中（尤其是在信道中）存在噪声干扰，接收到的码元可能会发生错误，而使通信系统的可靠性受到影响。对于数字通信系统的可靠性指标主要用误码率 P_e 和误比特率 P_b 来衡量。

（1）误码率 P_e：是指错误接收的码元数在传送总码元数中所占的比例，也就是传错码元的概率。

（2）误比特率 P_b：又称误信率，是指错误接收的信息量在传送总信息量中所占的比例。

（3）误字率：是指错误接收的字数在传送的总字数中所占的比例。

误码率和误字率的关系：既有联系又有区别。一般来说，误码率大，误字率也大；但误字率不仅取决于误码率的大小，同时与误码图样（即误码出现的位置）有关。误码率是指由于码元在传输过程中受到干扰致使接收端错误判决而造成的误码比例，而误信率是指由于码元的错判而造成传送信息错误的比例。

在实际信道上传输数字信号时，由于信道传输特性不理想以及加性噪声的影响，所收到的数字信号不可避免地会发生错误。为了在已知信噪比的情况下达到一定的误比特率指标，首先要合理设计基带信号，选择调制、解调方式，采用频域均衡或时域均衡，使误比特率尽可能降低。但若误比特率仍不能满足要求，则必须采用信道编码，即差错控制编码，将误比特率进一步降低，以满足要求。

对于通信性能的衡量，有时涉及传输方向性的系统功能。对图 9.1 的数字通信模型，这个系统的信号传输是单向的，称这种通信为单工通信。若一个通信系统能使通信的双方同时发送和接收信息，则称这种通信为双工通信。若通信的双方都可收、可发，但只能一方发、另一方收，则称这种通信为半双工通信。

9.3　调制与解调方式的选择

二进制编码信号的传输在通信系统中有基带传输和频带传输两种方式。基带传输是指将二进制编码信号经过放大、滤波后直接送入信道的传输方式。频

带传输是指将基带信号通过一定方式调制到高频载波上再进行传输的方式。引信射频装定系统采用频带传输，这是因为频带传输具有如下优点。

（1）频带信号容易向空间辐射。为了有效地将信号能量辐射到空间，要求天线的长度和信号的波长可以比拟（一般为1/4波长），这样才能充分发挥天线的辐射能力。基带信号频率较低，直接发送所需的天线长度往往为千米以上，显然是无法实现的。采用频带信号后，信号频率显著提高，对于中小口径弹丸，可大大方便天线的设计和制造。

（2）频带信号可以有效利用信道带宽。对于通带较宽的信道，可以利用多路复用技术提高信道的利用率。例如，将信道带宽划分为多个频带，将多路基带信号分别调制到相应的频带上就可以实现信号的频分复用；若将多路信号按照不同时刻依次调制到信道上传输则构成时分复用。

采用频带传输时，发送端除了放大器、滤波器外还需要高频振荡器和调制器，接收端要有解调器等设备，因此系统复杂度比基带传输系统高得多。

由以上分析可以看出，频带传输的诸多优点主要体现在远距离的传输能力、信道容量大、利用率高等方面，而这些方面正是无线通信系统追求的目标，因此在无线通信领域得到了广泛的应用。

数字信号的调制是指利用数字信号来控制一定形式高频载波的参数，以实现其频率搬移的过程。高频载波的参数有幅度、频率和相位，因此，就形成了幅度键控(ASK)、频移键控(FSK)和相移键控(PSK)。如果数字信号为二进制信号，则有幅度键控(2ASK)、频移键控(2FSK)和相移键控(2PSK)三大类。

①2ASK：利用二进制数字基带信号控制载波的幅度。2ASK调制器及其波形如图9.2（a）所示。

数字基带信号$S_D(t)$控制开关的通断。“1”信号时开关K接通载波支路，让载波通过。“0”信号时开关K接地，载波不能通过。

②2FSK：利用二进制数字基带信号控制载波的频率。

2FSK调制器及其波形如图9.2（b）所示。数字基带信号$S_D(t)$控制开关的通断。

“1”信号时开关K接在f_1支路，让频率为f_1的载波通过；对于“0”信号，开关K接在f_2支路，让频率为f_2的载波通过。这样，“1”和“0”信号用两个不同频率的载波来表征。

③2PSK：利用二进制数字基带信号控制载波的相位。

2PSK调制器及其波形如图9.2（c）所示。载波信号通过移相电路产生π相移，数字基带信号$S_D(t)$控制开关的通断。基带信号为“1”信号时开关K接通0相支路；基带信号为“0”信号时开关K接通π相支路。

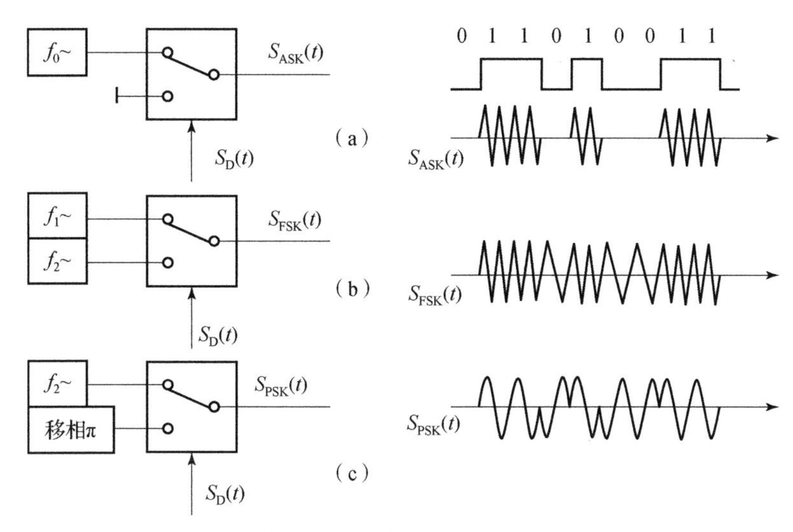

图 9.2　数字调制三种形式

与调制相反的过程称为解调。解调是从已调通带信号中提取出数字基带信号，同时使附加的噪声、失真和码间干扰等最小。

二进制数字调制系统的性能比较：在码元速率相同的条件下，2ASK 的带宽为 $f_{2ASK}=2f_s$，2FSK 的带宽为 $f_{2FSK}=|f_1-f_2|+2f_s$，2PSK 的带宽为 $f_{2PSK}=2f_s$。由 $\rho=\dfrac{R_b}{B}$得 2FSK 占据的信道带宽最宽，频带利用率最低。从对信道特性变化的敏感性方面比较，2ASK 的判决原则与接收机输入信号的幅度有关；2FSK 直接比较两路信号的大小；2PSK 的最佳判决门限是 0，与信号幅度无关。因此，2ASK 对信道特性变化的敏感性最差。从所需设备的复杂程度考虑，这三种调制方式所使用的发送设备的复杂程度相差不多，而接收设备的复杂程度则与所选用的调制和解调方式有关。对于同一种调制方式，相干解调的设备比非相干解调时复杂；而采用非相干解调时，2PSK 系统需要载波同步和定时再生，设备最复杂，2FSK 次之，2ASK 最简单。图 9.3 所示为三种数字调制方式的误码率比较，横坐标为信噪比(E/N_0)，纵坐标为误码率(P_e)。

从图 9.3 中可以看出，在信噪比相同的条件下，误码率 2ASK > 2FSK > 2PSK；在误码率相同的条件下，在信噪比要求上，2PSK 比 2FSK 小，2FSK 比 2ASK 小。

在引信射频装定系统中，由于传输的数据量少，无须考虑频带利用率，应该重点考虑数字传输的误码率、对信道特性变化的敏感性以及解调设备的复杂程度。由以上分析并综合各种因素，可知 2FSK 系统的抗噪性能及抗衰落

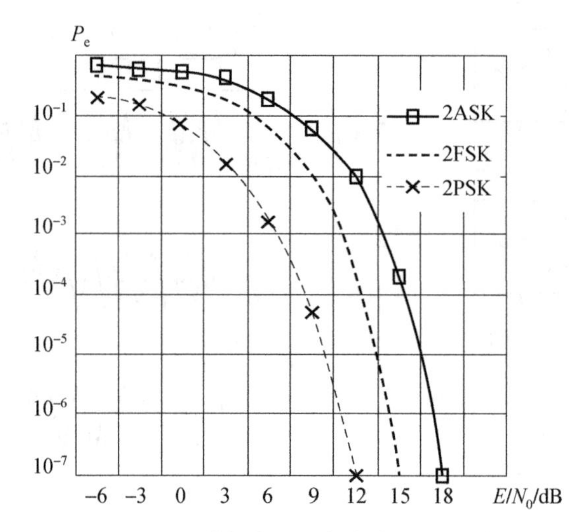

图 9.3　三种数字调制方式的误码率比较

性能比 2ASK 强，再加上实现比较容易、电路不算复杂，故本系统采用 2FSK 的调制方法是比较合适的。

9.4　二进制频移键控系统的抗噪性能分析

9.4.1　非相干检测法和相干检测法

9.4.1.1　包络检测法（非相干检测法）

二进制频移键控(2FSK)信号的包络检测框图如图 9.4 所示。

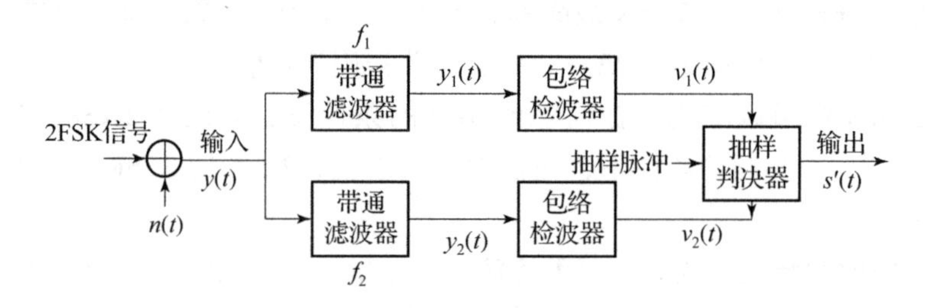

图 9.4　2FSK 信号的包络检测框图

用两个窄带的分路滤波器分别滤出频率为f_1及f_2的高频脉冲，经包络检波后分别取出它们的包络。把两路输出同时送到抽样判决器进行比较，从而判决输出基带数字信号。设频率f_1代表数字信号“1”；f_2代表数字信号“0”，则抽样判决器的判决准则应定为：

$$\begin{cases} v_1 > v_2 & \text{即} \quad v_1 - v_2 > 0, \text{判为“1”} \\ v_1 < v_2 & \text{即} \quad v_1 - v_2 < 0, \text{判为“0”} \end{cases} \tag{9.1}$$

式中，v_1、v_2分别为抽样时刻两个包络检波器的输出值。图 9.4 中，接收机输入端除信号外还有加性噪声$n_i(t)$，$i=1$，2。即

$$y(t) = \begin{cases} u_{1R}(t) + n_i(t) & \text{发“1”时} \\ u_{0R}(t) + n_i(t) & \text{发“0”时} \end{cases} \tag{9.2}$$

设式中：$u_{1R}(t) = a\cos\omega_1 t$，$u_{0R}(t) = a\cos\omega_2 t$。

由上式可见，频率f_1代表数字信号“1”，频率f_2代表数字信号“0”，只考虑一个码元，这对于平稳随机过程是足够了。

两个带通滤波器的输出分别为（n_C和n_S为窄带高斯噪声）：

$$y_1(t) = \begin{cases} u_{1R}(t) + n_1(t) = [a + n_{1C}(t)]\cos\omega_1 t - n_{1S}(t)\sin\omega_1 t, & \text{发“1”时} \\ n_1(t) = n_{1C}\cos\omega_1 t - n_{1S}(t)\sin\omega_1 t, & \text{发“0”时} \end{cases} \tag{9.3}$$

$$y_2(t) = \begin{cases} u_{0R}(t) + n_2(t) = [a + n_{2C}(t)]\cos\omega_2 t - n_{2S}(t)\sin\omega_2 t, & \text{发“0”时} \\ n_2(t) = n_{2C}\cos\omega_2 t - n_{2S}(t)\sin\omega_2 t, & \text{发“1”时} \end{cases} \tag{9.4}$$

两个包络检波器的输出分别是$y_1(t)$、$y_2(t)$的包络：

$$v_1(t) = \begin{cases} \sqrt{[a + n_{1C}(t)]^2 + n_{1S}{}^2(t)}, & \text{发“1”时} \\ \sqrt{n_{1C}{}^2(t) + n_{1S}{}^2(t)}, & \text{发“0”时} \end{cases} \tag{9.5}$$

$$v_2(t) = \begin{cases} \sqrt{n_{2C}{}^2(t) + n_{2S}{}^2(t)}, & \text{发“1”时} \\ \sqrt{[a + n_{2C}(t)]^2 + n_{2S}{}^2(t)}, & \text{发“0”时} \end{cases} \tag{9.6}$$

$y(t)$、$y_1(t)$、$y_2(t)$的波形如图 9.5 所示，$v_1(t)$、$v_2(t)$和判决输出$s'(t)$的波形如图 9.6 所示。

9.4.1.2　相干检测法

相干检测法的方框图如图 9.7 所示。两个带通滤波器的作用同图 9.4，即起分路作用。

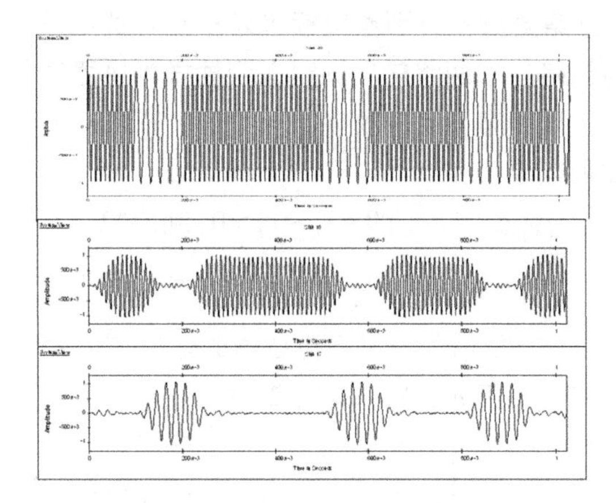

图 9.5　$y(t)$、$y_1(t)$、$y_2(t)$ 的波形

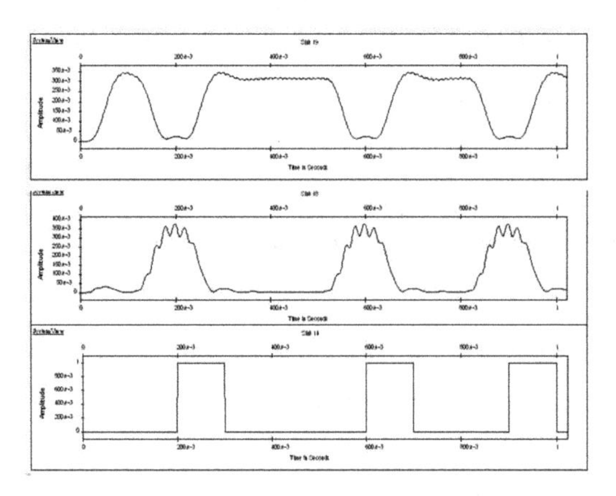

图 9.6　$v_1(t)$、$v_2(t)$ 和判决输出 $s'(t)$ 的波形

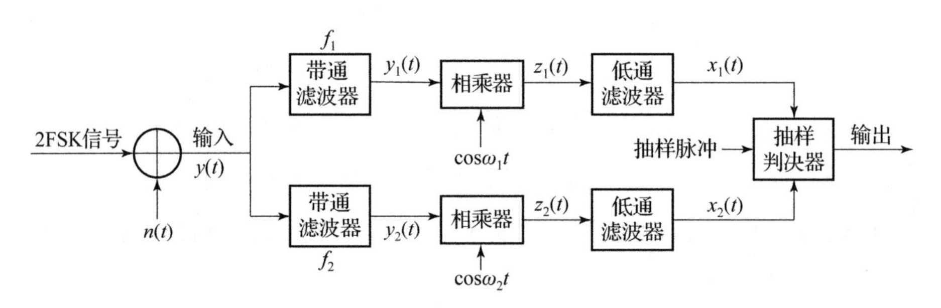

图 9.7　2FSK 信号的相干检测法方框图

它们的输出分别与相应的相干载波相乘，再分别经低通滤波器取出内含基带数字信息的低频信号，抽样判决器在抽样脉冲到来时对两个低频信号进行比较判决，即可还原出基带数字信号。

图 9.7 中，

$$y(t)=\begin{cases}u_{1R}(t)+n_i(t), & \text{发“1”时}\\ u_{0R}(t)+n_i(t), & \text{发“0”时}\end{cases} \tag{9.7}$$

式中，$u_{1R}(t)=a\cos\omega_1 t$，$u_{0R}(t)=a\cos\omega_2 t$，频率 f_1 代表数字信号“1”，频率 f_2 代表数字信号“0”，只考虑一个码元，这对于平稳随机过程是足够了。两个带通滤波器的输出分别为：

$$y_1(t)=\begin{cases}u_{1R}(t)+n_1(t)=[a+n_{1C}(t)]\cos\omega_1 t-n_{1S}(t)\sin\omega_1 t, & \text{发“1”时}\\ n_1(t)=n_{1C}\cos\omega_1 t-n_{1S}(t)\sin\omega_1 t, & \text{发“0”时}\end{cases} \tag{9.8}$$

$$y_2(t)=\begin{cases}u_{0R}(t)+n_2(t)=[a+n_{2C}(t)]\cos\omega_2 t-n_{2S}(t)\sin\omega_2 t, & \text{发“0”时}\\ n_2(t)=n_{2C}\cos\omega_2 t-n_{2S}(t)\sin\omega_2 t, & \text{发“1”时}\end{cases} \tag{9.9}$$

$$\begin{aligned}z_1(t)&=\begin{cases}a\cos^2\omega_1 t+n_{1C}(t)\cos^2\omega_1 t-n_{1S}(t)\cos\omega_1 t\sin\omega_1 t\\ n_{1C}(t)\cos^2\omega_1 t-n_{1S}(t)\cos\omega_1 t\sin\omega_1 t\end{cases}\\ &=\begin{cases}\dfrac{a}{2}[1+\cos2\omega_1 t]+\dfrac{n_{1C}(t)}{2}[1+\cos2\omega_1 t]-\dfrac{n_{1S}(t)}{2}\sin2\omega_1 t, & \text{发“1”时}\\ \dfrac{n_{1C}(t)}{2}[1+\cos2\omega_1 t]-\dfrac{n_{1S}(t)}{2}\sin2\omega_1 t, & \text{发“0”时}\end{cases}\end{aligned} \tag{9.10}$$

$$\begin{aligned}z_2(t)&=\begin{cases}a\cos^2\omega_2 t+n_{2C}(t)\cos^2\omega_2 t-n_{2S}(t)\cos\omega_2 t\sin\omega_1 t\\ n_{2C}(t)\cos^2\omega_2 t-n_{2S}(t)\cos\omega_2 t\sin\omega_2 t\end{cases}\\ &=\begin{cases}\dfrac{a}{2}[1+\cos2\omega_2 t]+\dfrac{n_{2C}(t)}{2}[1+\cos2\omega_2 t]-\dfrac{n_{2S}(t)}{2}\sin2\omega_2 t, & \text{发“0”时}\\ \dfrac{n_{2C}(t)}{2}[1+\cos2\omega_2 t]-\dfrac{n_{2S}(t)}{2}\sin2\omega_2 t, & \text{发“1”时}\end{cases}\end{aligned} \tag{9.11}$$

低通滤波之后，2 倍频被滤除，只留下低频信号：

$$x_1(t)=\begin{cases}\dfrac{a}{2}+\dfrac{1}{2}n_{1C}(t), & \text{发“1”时}\\ \dfrac{1}{2}n_{1C}(t), & \text{发“0”时}\end{cases} \tag{9.12}$$

$$x_2(t)=\begin{cases}\dfrac{a}{2}+\dfrac{1}{2}n_{2C}(t), & \text{发“0”时}\\ \dfrac{1}{2}n_{2C}(t), & \text{发“1”时}\end{cases} \tag{9.13}$$

由判决准则，当 $x_1 > x_2$ 时判决输出“1”，当 $x_1 < x_2$ 时判决输出“0”。

9.4.2 包络检测时2FSK系统的误码率

设信道噪声是均值为零、单边功率谱密度为 N_0 的高斯白噪声，带通滤波器的频率传输函数是高度为1、宽度为 $4f_b$（f_b 为基带频率）的矩形。包络检波时的方框图如图9.4所示。两个包络检波器的输出分别是 $y_1(t)$、$y_2(t)$ 的包络

$$v_1(t)=\begin{cases}\sqrt{[a+n_{1C}(t)]^2+n_{1S}{}^2(t)}, & \text{发“1”时}\\ \sqrt{n_{1C}{}^2(t)+n_{1S}{}^2(t)}, & \text{发“0”时}\end{cases} \tag{9.14}$$

$$v_1(t)=\begin{cases}\sqrt{n_{2C}{}^2(t)+n_{2S}{}^2(t)}, & \text{发“1”时}\\ \sqrt{[a+n_{2C}(t)]^2+n_{2S}{}^2(t)}, & \text{发“0”时}\end{cases} \tag{9.15}$$

$v_1(t)$ 的概率密度函数：发“1”时为莱斯分布，发“0”时为瑞利分布，即

$$\begin{cases}f_1(v_1)=\dfrac{v_1}{\sigma_n^2}I_0\left(\dfrac{av_1}{\sigma_n^2}\right)e^{-\frac{v_1^2+a^2}{2\sigma_n^2}} & \text{发“1”时}\\ f_0(v_1)=\dfrac{v_1}{\sigma_n^2}e^{-\frac{v_1^2}{2\sigma_n^2}} & \text{发“0”时}\end{cases} \tag{9.16}$$

$v_2(t)$ 的概率密度函数：发“1”时为瑞利分布，发“0”时为莱斯分布，即

$$\begin{cases}f_1(v_2)=\dfrac{v_2}{\sigma_n^2}e^{-\frac{v_2^2}{2\sigma_n^2}}, & \text{发“1”时}\\ f_0(v_2)=\dfrac{v_2}{\sigma_n^2}I_0\left(\dfrac{av_2}{\sigma_n^2}\right)e^{-\frac{v_2^2+a^2}{2\sigma_n^2}}, & \text{发“0”时}\end{cases} \tag{9.17}$$

根据式（9.1）所示的判决准则，发送端发“1”时误判为“0”的概率 $P(0/1)$ 即是发“1”时 $v_1 < v_2$ 的概率。有：

$$P(0/1)=P(v_1<v_2)=\int_0^{\infty}f_1(v_1)\left[\int_{v_1}^{\infty}f_1(v_2)\,dv_2\right]dv_1 \tag{9.18}$$

将式（9.16）、式（9.17）代入式（9.18），即得：

$$\begin{aligned}P(0/1)&=\int_0^{\infty}\frac{v_1}{\sigma_n^2}I_0\left(\frac{av_1}{\sigma_n^2}\right)e^{-\frac{v_1^2+a^2}{2\sigma_n^2}}\left[\int_{v_1}^{\infty}\frac{v_2}{\sigma_n^2}e^{-\frac{v_2^2}{2\sigma_n^2}}dv_2\right]dv_1\\ &=\int_0^{\infty}\frac{v_1}{\sigma_n^2}I_0\left(\frac{av_1}{\sigma_n^2}\right)e^{-\frac{v_1^2+a^2}{2\sigma_n^2}}e^{-\frac{v_1^2}{2\sigma_n^2}}dv_1\\ &=\int_0^{\infty}\frac{v_1}{\sigma_n^2}I_0\left(\frac{av_1}{\sigma_n^2}\right)e^{-\frac{v_1^2}{\sigma_n^2}}e^{-\frac{a^2}{2\sigma_n^2}}dv_1\end{aligned}$$

$$= \frac{1}{2}e^{-\frac{a^2}{4\sigma_n^2}} = \frac{1}{2}e^{-\frac{r}{2}} \tag{9.19}$$

式中，$r=\dfrac{a^2}{2\sigma_n^2}$为接收机输入端的信噪比。

发送端发“0”误判为“1”的概率 $P(1/0)$ 为：

$$P(1/0) = P(v_1 > v_2) = \int_0^{\infty} f_0(v_2)\left[\int_{v_2}^{\infty} f_0(v_1)\,\mathrm{d}v_1\right]\mathrm{d}v_2 = \frac{1}{2}e^{-\frac{r}{2}} \tag{9.20}$$

其推导过程与式（9.19）相同。

当发送端发送“0”“1”的概率相等，即 $P(1)=P(0)=\dfrac{1}{2}$时，系统的误码率为：

$$P_e = P(1)P(0/1)+P(0)P(1/0) = \frac{1}{2}e^{-\frac{r}{2}}[P(1)+P(0)] = \frac{1}{2}e^{-\frac{r}{2}} \tag{9.21}$$

上式表明，包络检测时 2FSK 系统的误码率随输入信号的信噪比的增大成指数规律下降。在电路设计中采用消噪来提高信号的信噪比的目的就是为了降低误码率。

9.4.3　相干检测时 2FSK 系统的误码率

由图 9.4，接收机输入 $y(t)$ 及两个分路的带通滤波器的输出 $y_1(t)$、$y_2(t)$ 的表示式，分别与式（9.7）、式（9.8）和式（9.9）相同。$y_1(t)$、$y_2(t)$ 分别与相应的相干载波相乘后，其低频成分经低通滤波器输出。这里系数取 1，这样并不影响分析结果。取 $x_1(t)$、$x_2(t)$ 分别为：

$$x_1(t) = \begin{cases} a + n_{1C}(t), & \text{发“1”时} \\ n_{1C}(t), & \text{发“0”时} \end{cases} \tag{9.22}$$

$$x_2(t) = \begin{cases} n_{2C}(t), & \text{发“1”时} \\ a + n_{2C}(t), & \text{发“0”时} \end{cases} \tag{9.23}$$

它们的概率密度函数均属高斯分布，只是发“1”和发“0”时的均值不同而已，$x_1(t)$ 的概率密度为：

$$\begin{cases} f_1(x_1) = \dfrac{1}{\sqrt{2\pi}\sigma_n}e^{-\frac{(x_1-a)^2}{2\sigma_n^2}}, & \text{发“1”时} \\ f_0(x_1) = \dfrac{1}{\sqrt{2\pi}\sigma_n}e^{-\frac{x_1^2}{2\sigma_n^2}}, & \text{发“0”时} \end{cases} \tag{9.24}$$

$x_2(t)$ 的概率密度函数为：

$$\begin{cases} f_1(x_2) = \dfrac{1}{\sqrt{2\pi}\sigma_n} e^{-\frac{x_2^2}{2\sigma_n^2}}, & \text{发“1”时} \\ f_0(x_2) = \dfrac{1}{\sqrt{2\pi}\sigma_n} e^{-\frac{(x_2-a)^2}{2\sigma_n^2}}, & \text{发“0”时} \end{cases} \tag{9.25}$$

根据式（9.1）所示的判决准则，发送端发“1”误判为“0”的概率 $P(0/1)$ 即是发“1”时 $x_1 < x_2$ 的概率。有：

$$P(0/1) = P(x_1 < x_2) = P(x_1 - x_2) = P(a + n_{1C} - n_{2C}) \tag{9.26}$$

令

$$z = a + n_{1C} - n_{2C} \tag{9.27}$$

由于 $n_{1C}(t)$ 与 $n_{2C}(t)$ 在同一时刻是互相独立的，且都是均值为零、方差为 σ_n^2 的高斯随机变量，因此 z 在任一时刻也是高斯随机变量，其方差为：

$$\sigma_z^2 = D(a + n_{1C} - n_{2C}) = D(a) + D(n_{1C}) + D(n_{2C}) = 2\sigma_n^2 \tag{9.28}$$

且均值为 a，均方差为 $\sigma_z = \sqrt{2}\sigma_n$，因此 z 的概率密度为：

$$f(z) = \frac{1}{\sqrt{2.2\pi}\sigma_n} e^{-\frac{(z-a)^2}{4\sigma_z^2}} \tag{9.29}$$

利用式（9.26）对式（9.29）进行计算，有：

$$P(0/1) = \int_{-\infty}^{0} \frac{1}{\sqrt{2 \times 2\pi}\sigma_n} e^{-\frac{(z-a)^2}{4\sigma_z^2}} = Q\left(\frac{a}{\sqrt{2}\sigma_n}\right) \tag{9.30}$$

式中，Q 为概率积分函数。

发送端发“0”误判为“1”的概率 $P(1/0)$ 为：

$$P(1/0) = P(x_1 - x_2 > 0) = P(n_{1C} - a - n_{2C} > 0) = \int_{0}^{\infty} \frac{1}{\sqrt{2 \times 2}\sigma_y} e^{-\frac{(y-a)^2}{4\sigma_y^2}} \tag{9.31}$$

式中，$y = -a + n_{1C} - n_{2C}$，$\sigma_y = \sqrt{2}\sigma_n$。

式（9.25）用互补误差函数表示时，为：

$$P(1/0) = P(0/1) \tag{9.32}$$

当 $P(1) = P(0) = \dfrac{1}{2}$ 时系统的误码率为：

$$P_e = P(1) \times P(0/1) + P(0) \times P(1/0) = Q\left(\frac{a}{\sqrt{2}\sigma_n}\right) = Q(\sqrt{r}) \tag{9.33}$$

9.4.4 相干检测与包络检测时 2FSK 系统的比较

从上面分析可以得出以下结论：

（1）两种检测方法均可工作在最佳门限电平。

（2）r 一定时，$P_{ec} < P_{eN}$；P_e 一定时 $r_e < r_N$，所以相干检测2FSK系统的抗噪声性能优于非相干的包络检测。但信噪比 r 很大时，两者的相对差别不明显。

（3）相干检测时，需要插入两个相干载波，因此电路较复杂；但包络检测电路较简单。一般而言，大信噪比时常用包络检测法，小信噪比时才用相干检测法。

弹载天线接收的信号含有信道的复杂的噪声，通过信号预处理方法对信号进行消噪，可有效地提高信噪比，这样可以采用包络检测法解调，使设计电路简化。

9.5　引信射频装定系统电路设计

9.5.1　引信射频装定系统电路设计简述

引信射频装定系统的电路设计主要包括低噪声放大器、混频器电路、调制器/解调器电路、锁相环电路以及功率放大器电路的设计。

1. 低噪声放大器设计

低噪声放大器（Low - Noise Amplifier，LNA）是射频引信接收电路的主要部分。它主要有四个特点。第一，它位于接收电路的最前端，这就要求它的噪声越小越好。为了抑制后面各级噪声对系统的影响，还要求有一定的增益，但为了不使后面混频器过载，产生非线性失真，它的增益又不宜过大。放大器在工作频段内应该是稳定的。第二，它接收的信号是微弱的，所以低噪声放大器必须是一个小信号线性放大器。而且由于受传输路径的影响，信号的强弱又是变化的，在接收信号的同时又可能伴随许多强干扰信号混入，因此要求放大器有足够的线性范围，而且增益最好是可调节的。第三，低噪声放大器一般通过传输线直接和天线或天线滤波器相连，放大器的输入端必须和它们很好地匹配，以达到功率最大传输或最小的噪声系数，并能保证滤波器的性能。第四，应具有一定的选频功能，抑制带外和镜像频率干扰，因此它一般是频带放大器。

如 Motorola 公司的 MBC13720，LNA 是一个可满足400 MHz ~ 2.4 GHz 频率范围内无线电应用的低噪声放大器。其工作电压为2.5 ~ 3.0 V，输入/输出匹配满足设计灵活要求。MBC13720 有四种模式：低 IP3、高 IP3、旁路和待机。低 IP3 和高 IP3 工作电流为0.5 mA 和11 mA，具有可完全关断的待机模式。最高的输入互调截点 IP3 为 10 dBm（1.9 GHz）和 13 dBm（2.4 GHz）。最低噪声系数为 1.38 dBm（1.9 GHz）和 1.55 dBm（2.4 GHz）。

又如 Agilent 公司的 MGA72543 工作频率为 0.1～6.0 GHz，工作电压为 2.7～4.2 V。噪声系数在 2 GHz 时为 1.4 dB。它提供一个完整的具有可调的 IIP3 LNA 解决方案，IIP3 可固定为达到接收器的线性要求所需的水平，IIP3 为 +35 dBm，可调 IP3 为 +2～+14 dBm。

2. 混频器电路设计

混频器是通信机的重要组成部件。在发射机中一般用上混频，它将已调制的中频信号搬移到射频段。接收机一般为下混频，它将接收到的信号搬移到中频上。频率搬移就是时域信号波形相乘，时域信号波形相乘就可以实现调波载频的频率变换，即变频。晶体二极管、三极管、场效应管以及它们的组合电路都能实现信号相乘作用，但都是非线性相乘；即便是在特定条件下能进行所谓线性相乘，那也是近似的。可见，混频必然会产生线性失真和组合频率干扰。

通信机中前置低噪声高频放大器（LNA）和中频放大器（IFA）都属于小信号线性放大，所引起的非线性失真远小于混频器的非线性失真。因此，通信机的非线性失真和组合频率干扰主要是由混频电路产生的。工程中混频器的非线性特性表达式为：

$$i = A_0 + A_1 V + A_2 V + A_3 V + \cdots \tag{9.34}$$

式中，V 为加在混频器输入端的总输入信号。设 V 由三个输入信号电压组成，即

$$V = V_1 \cos\omega_1 t + V_2 \cos\omega_2 t + V_3 \cos\omega_3 t \tag{9.35}$$

代入式（9.34）中，并整理可得：

$$\begin{aligned} i = {} & A_0 + A_1 (V_1 \cos\omega_1 t + V_2 \cos\omega_2 t + V_3 \cos\omega_3 t) + \\ & A_2 (V_1^2 \cos 2\omega_1 t + V_2^2 \cos 2\omega_2 t + V_3^2 \cos 2\omega_3 t) + \\ & A_3 (V_1^3 \cos 3\omega_1 t + V_2^3 \cos 3\omega_2 t + V_3^3 \cos 2\omega_3 t) + \cdots + \\ & A_p \cos(\pm\omega_3 + \omega_1) t + A_q \cos(\pm\omega_3 \pm \omega_2) t + \\ & A_m \cos(\pm\omega_3 + 2\omega_1 \pm \omega_2) t + \\ & A_n \cos(\pm\omega_3 + \omega_1 \pm 2\omega_2) t + \\ & A_x \cos(k\omega_3 + r\omega_1 + s\omega_2) t + \\ & \vdots \end{aligned} \tag{9.36}$$

式中，A_0项为直流分量项；A_1项为基波项；A_2和 A_3分别为 2 次和 3 次谐波分量项；高次谐波分量已忽略。这些频率分量均由混频器后接的带通滤波器滤除，一般不会进入中频通道影响接收。A_p项和 A_q 项为有用的中频分量，应该进入

接收通道正常接收。A_m项和A_n项为三阶互调频率分量项，它们也会进入接收中频通道形成干扰分量而影响正常接收。因此，工程设计应采取措施，尽量减少这些干扰分量。目前许多公司出品的混频器都有三阶互调这项指标，通常用输入三阶互调阻断点 IP3 表示这一指标，IP3（dBm）越大，表明该混频器件线性越好。

如 μPC2721/μPC2722 是单片集成的 L 频段变频器电路。芯片由双平衡混频器、本机振荡器、本机振荡器缓冲放大器、中频放大器和电压调节器组成。μPC2721/μPC2722 射频工作范围为 0.9～2.0 GHz。采用 5 V 电压供电，具有低的电流消耗。

MC13143 是一个双平衡混频器。其工作电压为 1.8～6.5 V，其功耗为 1.8 mW。广泛用于 0～2.4 GHz 的上变频和下变频。MC13143 射频输入端为单端方式，本地振荡器输入端和中频输出端为差动方式。

MAX2680/ MAX2681/ MAX2682 是为低电压应用而设计的下变换混频器，具有微型、低成本及低噪声的特性。MAX2680/ MAX2681/ MAX2682 下变换混频器的射频输入频率为 0.4～2.5 GHz，下变换中频输出频率为 10～500 MHz。其供电电源电压为 2.7～5.5 V。

Hewlett－Packard 的 IAM－91563 是一个用于频率下变换经济型 3V GaAs MMIC 混频器。IAM－91563 射频覆盖范围为 0.8～6 GHz，中频覆盖范围为 500～700 MHz。

AD8343 DC～2.5 GHz 高 IP3 混频器，是一个高性能宽带有源混频器。AD8343 提供一个典型转换增益 7.1 dB。集成 LO 驱动器支持具有低 LO 驱动电平的 50 Ω 差动输入阻抗，对减少外部元件有帮助。开路发射极差动输入可以直接接差动滤波器或通过一个变压器驱动，提供从一个单电源平衡驱动。用 5 V 单电源对应功耗 100～300 mW。

3. 调制器/解调器电路设计

调制过程是将低频信号搬移到高频段的过程。调制过程是用被传送的低频信号去控制高频振荡器，使高频振荡器输出信号的参数（幅度、频率和相位）随着低频信号的变化而变化，从而实现将低频信号搬移到高频段，由高频信号携带进行传播。解调过程是调制的反过程，即把低频信号从高频载波上搬移下来的过程。

数字信号对载波的调制与模拟信号对载波的调制类似，它同样可以去控制正弦振荡的振幅、频率或相位的变化。但由于数字信号的特点——时间和取值的离散性，使受控参数离散化而出现“开关控制”，称为“键控法”。数字信号对载波振幅调制称为振幅键控；对载波频率调制称为频移键控；对载波相位调制称为相移键控。

如 LT5503 是一个前端发射机芯片，频率范围为 1.2 ~ 2.7 GHz。芯片中集成了一个含有可变增益放大器（VGA）的高频率正交调制器和一个平衡混频器。调制器包含一个 90°移相器，可以将基带 I 和 Q 信号直接调制成 RF 信号。LT5503 采用 1.8 ~ 5.25 V 的单电源供电，调制器的输出信号在 2.5 GHz 时为 −3 dBm。VGA 输出功率通过数字控制。在低电源电压状态下，基带输入采用内部偏置，当然也可以采用外部电压偏置。

RF2422 是一个单片集成正交调制器芯片，频率范围为 0.8 ~ 2.5 GHz，能完成调幅、调相以及混合载波的直接调制。RF2422 由能够实现调制输入的差分放大器、90°移相网络、载波限幅放大器、两个匹配的双平衡混频器、求和放大器和可驱动 50 Ω 负载的 RF 输出放大器等电路组成。

STQ − 3016 是一个直接正交调制器芯片，工作频率在 2.5 ~ 4.0 GHz 频段，具有极好的载波和边带抑制。STQ − 3016 具有宽带噪声低、功耗低、LO 驱动要求低、相位精度高、幅度平衡好及无须外部 IF（IF，Intermediate Frequency）滤波器等特性。工作电压为 5 V。

AD8347 是一个具有 RF 和基带自动增益控制放大器的宽带直接正交解调器。AD8347 输入的频率为 0.8 ~ 2.7 GHz，输出可直接连接到 A/D 转换器。本振正交相位双向器实现在整个工作频率范围内的高精度正交和幅度的平衡。单端电源电压为 2.7 ~ 5.5 V，具有低功耗模式。

U2794B 硅单片集成电路是一个正交解调器，适用于频率高达 1 GHz、要求直接变频和镜像抑制的数字无线系统。U2794B 电源电压为 5 V，功率消耗为 125 mW，单端本振信号输入，本振输入频率为 70 MHz ~ 1 GHz。

4. 锁相环电路设计

锁相环（PLL，Phase Locked Loop）是一个相位误差控制系统，其基本结构如图 9.8 所示。它由鉴相器 PD（Phase Detector）、环路滤波器 LF（Loop Filter）和压控振荡器 VCO（Voltage Control Oscillator）三部分组成。

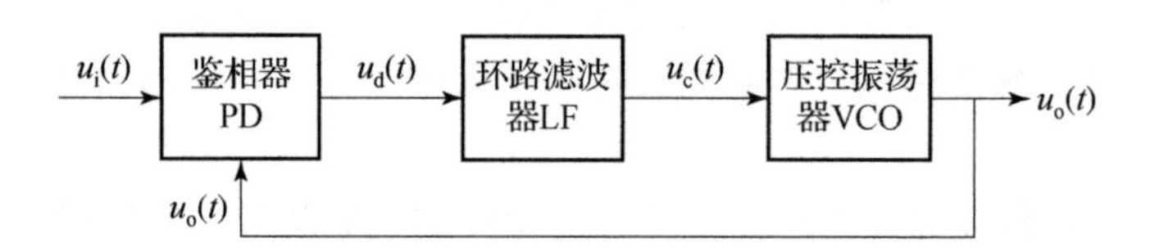

图 9.8　锁相环路的基本结构框图

鉴相器 PD 用来比较输入信号 $u_i(t)$ 与压控振荡器输出信号 $u_o(t)$ 的相位，它的输出电压 $u_d(t)$ 是对应于这两个信号相位差的函数。鉴相器是锁相环路的关键部件，形式很多，例如，采用模拟乘法器的正弦波鉴相器。设输入信号 $u_i(t)$ 为

$$u_i(t) = U_{1m}\sin[\omega_0 + \varphi_i(t)] \tag{9.37}$$

压控振荡器输出信号 $u_o(t)$ 为

$$u_o(t) = \frac{1}{2}U_{2m}\cos[\omega_0(t) + \varphi_o(t)] \tag{9.38}$$

经乘法器相乘后，其输出通过环路滤波器滤波，将其中的高频分量滤除，则鉴相器的输出 $u_d(t)$ 为

$$u_d(t) = \frac{1}{2}A_m U_{1m} U_{2m}\sin[\varphi_i(t) - \varphi_o(t)] \tag{9.39}$$

鉴相器的作用是将两个输入信号的相位差 $\varphi(t) = \varphi_i(t) - \varphi_o(t)$ 转变为输出电压 $u_d(t)$。环路滤波器的作用是滤除 $u_d(t)$ 中的高频分量及噪声，以保证环路所要求的性能。压控振荡器 VCO 受环路滤波器输出电压 $u_c(t)$ 的控制，使振荡频率向输入信号的频率靠拢，直至两者的频率相同，使得 VCO 输出信号的相位和输入信号的相位保持某种关系，以达到相位锁定的目的。

锁相环的基本工作过程：设输入信号 $u_i(t)$ 和本振信号（压控振荡器输出信号）$u_o(t)$ 分别是正弦和余弦信号，它们在鉴相器内进行比较。鉴相器的输出是一个与两者间的相位差成比例的电压 $u_d(t)$，一般把 $u_d(t)$ 称为误差电压。环路低通滤波器滤除鉴相器输出中的高频分量，然后把输出电压 $u_c(t)$ 加到 VCO 的输入端。VCO 的本振信号频率随着输入信号的变化而变化。如果两者的频率不一致，则鉴相器的输出将产生低频变化分量，并通过低通滤波器使 VCO 的频率发生变化。只要环路设计恰当，则这种变化将使本振信号 $u_o(t)$ 的频率与鉴相器输入信号的频率一致。最后，如果本振信号的频率和输入信号的频率完全一致，两者的相位差将保持某一恒定值，则鉴相器的输出将是一个恒定直流电压。环路低通滤波器的输出也是一个直流电压。这时，VCO 的频率将停止变化，环路处于“锁定状态”。

如 SP8853 是一个低功率单片合成器，是特别为专业无线电通信应用而设计的。芯片上包含所有构建一个 PLL 频率合成回路所需的元件（环路放大器除外），工作频率为 1.3 GHz。SP5748 是一个频率合成器专用芯片，可用于工作频率高达 2.4 GHz 的调谐系统。

LMX2346 和 LMX2347 是两款高性能的频率合成器，具备美国国家半导体公司 PLLatinum 产品系列的所有功能特性。LMX2346 的工作频率高达2.0 GHz；

LMX2347 的工作频率高达 2.5 GHz。LMX2346 和 LMX2347 锁相环路的相位噪声极低，供电电源电压均为 2.7～5.5 V。

5. 功率放大器电路设计

射频功率放大器（RFPA）是各种发射机的主要组成部分。在发射机的前级电路中，调制振荡电路所产生的信号功率较小，需要经过一系列的放大级——缓冲级、中间放大级、末级功率放大级，获得足够的功率后，才能馈送到天线上辐射出去。

射频功率放大器可以按照电流导通角的不同，分为甲（A）类、乙（B）类、丙（C）类三类工作状态。甲类放大器电流的导通角为 360°，适用于小信号低功率放大。乙类放大器电流的导通角等于 180°；丙类放大器电流的导通角小于 180°。乙类和丙类都适用于大功率工作状态。丙类工作状态的输出功率和效率是三种工作状态中最高者。射频功率放大器大多工作于丙类。但丙类放大器的电流失真太大，只能用于采用调谐回路作为负载谐振功率放大。由于调谐回路具有滤波能力，回路电流与电压仍然接近于正弦波，失真很小。除了以上几种按电流导通角来分类的工作状态外，还有使电子器件工作于开关状态的丁（D）类放大器和戊（E）类放大器。丁类放大器的效率高于丙类放大器，理论上可达 100%，但它的最高工作频率受到开关转换瞬间所产生的器件功耗（集电极耗散功率或阳极耗散功率）的限制。如果加以改进，使电子器件在通断转换的功耗尽量减小，则工作频率可以提高。这就是所谓的戊类放大器。这类放大器是晶体管功率放大器的新发展。

功率放大器的主要技术指标是输出功率与效率，除此之外，输出中的谐波分量还应尽量小，以免对其他频道产生干扰。

如 Agilent 公司的 MGA83563 是中功率 GaAsRFIC 放大器，设计应用于频率为 0.5～6 GHz 的发射机的驱动级和输出级。MGA83563 工作电压为 +3 V，能提供 +22 dBm（158 mW）的功率输出，且具有 37% 的功率效率。放大器的输出阻抗匹配在 50 Ω。

SA2411 是用在 2.4 GHz 频带的 WLAN 的线性功率放大器，与 SA2400A 芯片一起可以形成完整的 802.11b 收发机。SA2411 是带集成匹配和功率电平检测器的硅功率放大器。它在 3 V 电源电压时有 18% 的效率，能与 SA2400A 的 RF 匹配。

AD8353 是宽带、固定增益的线性放大器，工作频率为 1 MHz～2.7 GHz。AD8353 是单端输入、输出的，且内部匹配到 50 Ω。AD8353 广泛应用于 VCO 缓冲器、通用于 TX/RX 放大器、功率放大器预驱动和低功耗天线驱动器中。

CGB240是一个二级蓝牙InGaP HBT功率放大器，应用于2.5～2.4 GHz ISM频带的无线系统中，采用单电源供电，其工作电压为2.0～6.0 V。当电源电压为3.2 V时，输出功率为23 dBm，且CGB240器件对外易于匹配。

SGA－5263是一个高性能可级联的放大器。采用单电源供电，在3.4 V时电流的典型值为60 mA；工作频率为DC～4.5 GHz。SGA－5263内部匹配到50 Ω，外部元件只需隔直电容即可。

在射频功率放大器中，阻抗匹配网络是为了实现有效的能量传输，阻抗匹配网络介于功率管与负载之间，如图9.9所示。图中负载可以是天线网络，也可以是后级功放的基极输入电路的输入阻抗。对阻抗匹配网络的基本要求是：

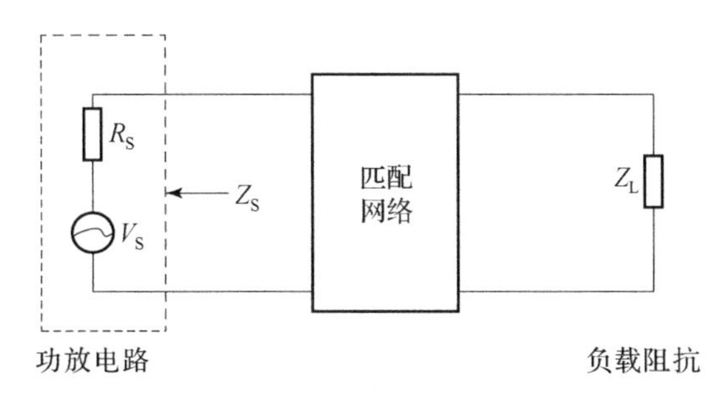

图9.9　阻抗匹配网络

（1）将负载阻抗变换为与功放管要求相匹配的负载阻抗，以保证射频功放管能输出最大功率。

（2）能完全滤除不需要的各次谐波分量，以保证负载上获得所需频率的射频功率。

（3）网络的功率传输效率要尽可能高，即匹配网络的损耗要小。

常用的射频功率放大器匹配网络有L型、π型和T型，有时也采用电感耦合匹配网络。

9.5.2　引信射频装定发射电路设计

发射机完成的主要功能是调制、上变频、功率放大和滤波。发射机的方案比较简单，大致可分为两种：一是将调制和上变频合而为一，在一个电路里完成，这称为直接调制法。二是将调制和上变频分开，先在较低的中频上进行调制，然后将已调信号上变频搬移到发射的载频上，这称为中频调制法，也称两次变换法。两种组成方案如图9.10、图9.11所示。

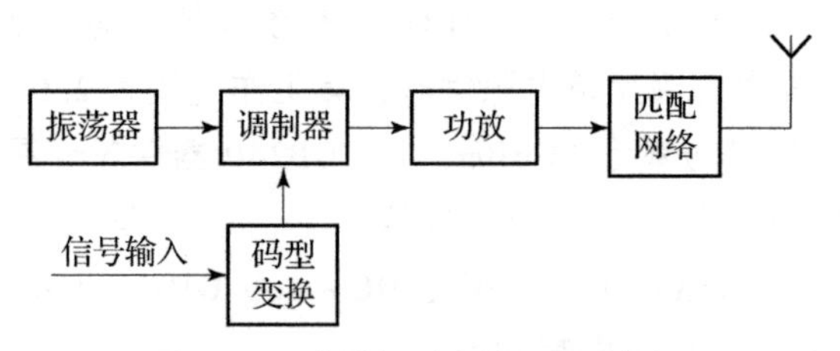

图 9.10　直接调制发射机原理框图

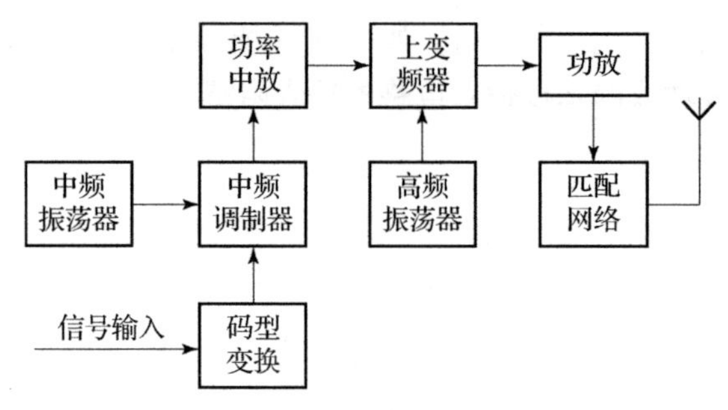

图 9.11　中频调制发射机原理框图

直接调制发射机将数字信号经过码型变换后直接对载频进行调制，经功放和匹配网络送到天线。这种方案结构简单，但当发射频率较高时其功放比中频调制发射机的中频功放制作难度大，且由于发射信号是以本振频率为中心的通带信号，经功率放大器或发射后的强信号会泄漏或反射回来影响本振，牵引本振频率。改进的方法可以让本振频率和调制频率不同。

中频调制发射机将数字信号经过码型变换后，在中频调制器上对中频载频（中频频率一般取 70 ~ 140 MHz）进行调制，获得中频调制信号，然后经过功率中放，把这个已调信号放大到上变频器要求的功率电平。上变频器把它变换为高频调制信号，再经功率放大器放大到所需的输出功率电平，最后经匹配网络馈送到天线。两次变换法明显可以减弱直接调制法的缺点，而且由于调制是在较低的中频上进行，正交的两支路容易一致。其缺点是第二次上变频后必须采用滤波器滤除另一个不要的边带，为了达到发射机的性能指标，对这个滤波器的要求是比较高的。

设计发射机工作频段为 1 920 ~ 1 980 MHz，中心频率为 1 950 MHz，带宽为 60 MHz。其工作原理如图 9.12 所示。引信装定数据是由火控计算机解算得到的数据，通过 RS – 232 接口输入，也可以从键盘直接输入。选用高速单片机对输入的数据进行编码构成数据帧，经中频调制器调制成 100 MHz 的中频信号，中频放大器放大到上变频所需要的电平。上变频器进行频率搬移，由带通滤波器选出 1 920 ~ 1 980 MHz 载波信号，经功放推动级和功放末级放大后，馈送到天线发射出去。

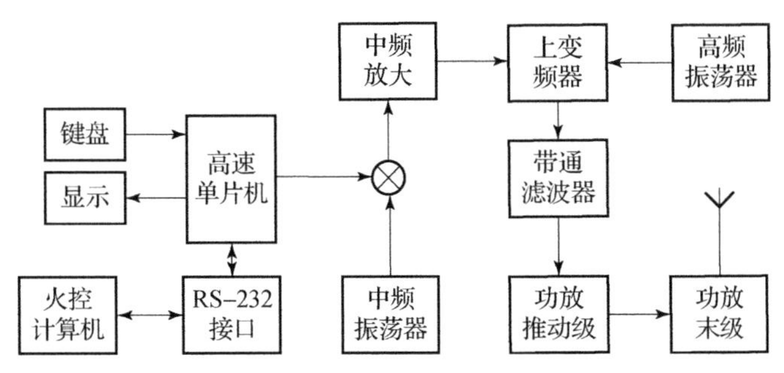

图 9.12　引信射频装定发射机原理框图

9.5.3　射频装定引信电路设计

9.5.3.1　引信电路设计方案

引信电路设计采用超外差体系结构。超外差体系结构有一次变频方案和二次变频方案。

1. 一次变频方案

超外差接收电路射频部分的一次变频方案结构框图如图 9.13 所示。其关键部件是下变频器。下变频器（图中用乘法器表示）将信号频率 ω_{RF}和本振频率 ω_{LO}混频（变频）后降为频率固定的中频信号 $\omega_{IF}=\omega_{RF}-\omega_{LO}$（本振频率比射频高时，则中频为 $\omega_{IF}=\omega_{LO}-\omega_{RF}$）。

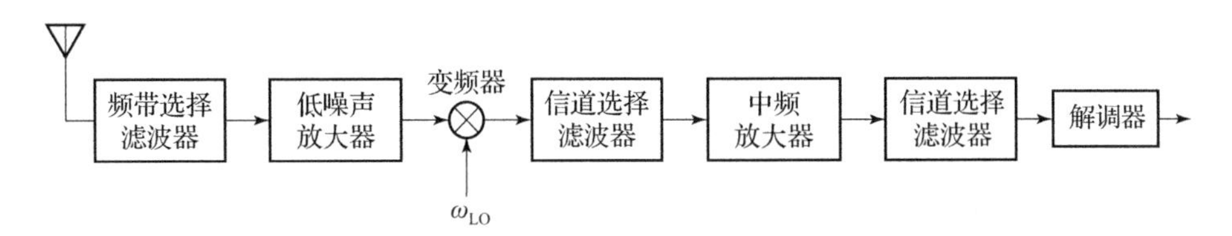

图 9.13　一次变频方案结构框图

采用此方案主要基于三方面的考虑：

（1）中频比信号载频低很多，在中频段实现对有用信道的选择要比在载频段选择对滤波器 Q 值的要求低得多。

（2）接收天线上接收到的信号电平一般为 -120 ~ -100 dBm。如此微弱的信号要放大到解调器可以解调的电平，一般要放大 100 ~ 200 dB。为了放大器的稳定和避免振荡，在一个频带内的放大器，其增益一般不超过 50 ~ 60 dB。采用超外差接收机方案后，将接收机的总增益分散到高频、中频和基带三个频段上。

(3) 在较低的固定中频上解调也相对容易。

2. 二次变频方案

为了解决中频选择中碰到的“灵敏度”和“选择性”的矛盾，可以采用二次混频方案，如图 9.14 所示。

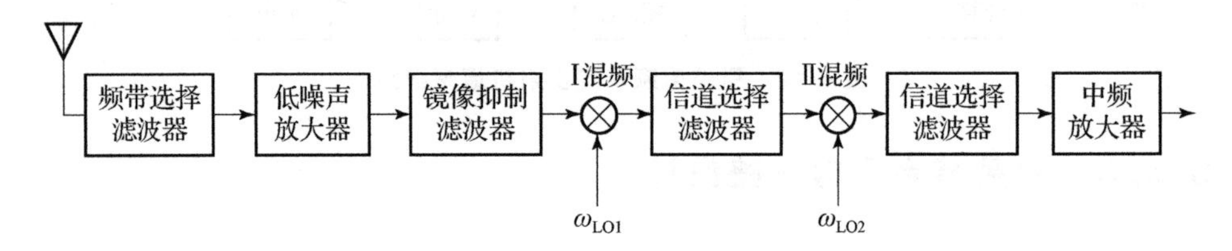

图 9.14　二次变频方案框图

Ⅰ中频采用高中频值，以提高镜像频率抑制比（接收机抑制镜像频率干扰的能力）。图中的第一和第二带通滤波器主要完成频带选择和滤除镜像频率。Ⅱ中频采用低中频值。图中的放大器，第一个是高频前端低噪声放大器，后面是相应的中频放大器，采用二次变频方案，将接收机的总增益分配在三个频段上，比较稳定，一般Ⅱ中频的增益最高。如设计中选用的 nRF903 芯片，就是采用的二次变频方案。nRF903 采用蓝牙核心技术设计，工作在 433/868/915 MHz的 ISM 频段，其内部组成如图 9.15 所示，包括发射电路、接收电路、控制接口电路和串行接口等部分。从图 9.15 可知，nRF903 所需要的外围元器件很少，方便用户调试和降低成本。在发射模式中，数字信号经 DATA 引脚输入，经锁相环（PLL）和压控振荡器（VCO）处理后进入到发射功率放大器（PN）射频输出，最后，射频信号由天线输出。

电路所需的基准频率由外接晶体产生。本机振荡采用锁相环方式，压控振荡器由片内的振荡电路和外接的 *LC* 谐振回路组成，频率稳定性极好。在接收模式中，由天线接收射频信号，然后信号进入低噪声放大器（LNA），信号被放大后进入二级混频器，第一级中频为 10.712 6 MHz，第二级中频为 345.6 kHz。从混频放大器输出的信号进入中频放大器（图中省略）；中频放大器的输出信号经中频滤波器（IF – filter）滤波后送入 GFSK 解调器（GFSK – modulator），解调后的数字信号在 DATA 引脚输出。

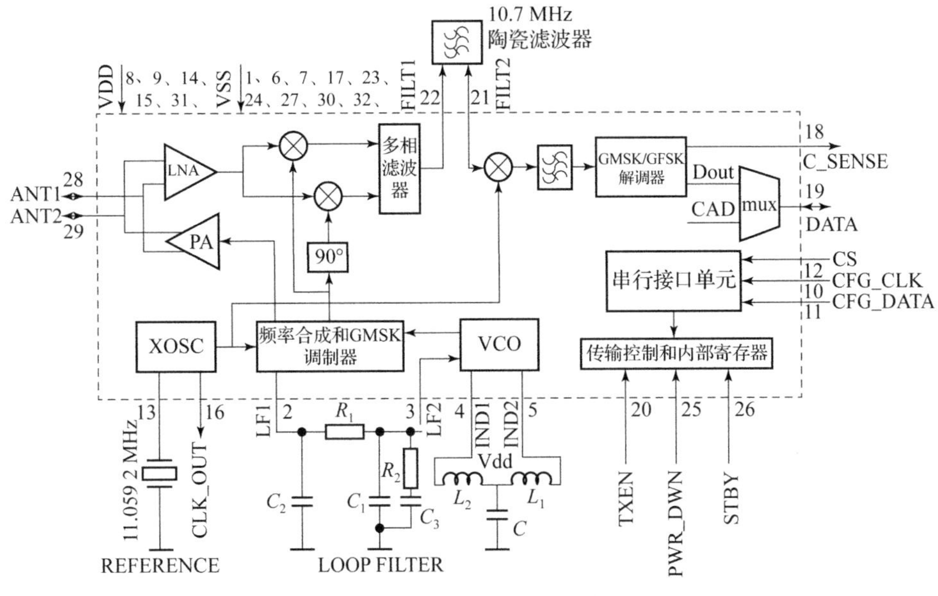

图 9.15　nRF903 内部结构框图

9.5.3.2　引信电路设计

图9.16为Ku波段接收机原理框图。因为Ku波段频率较高，设计采用二次变频方案可以解决中频选择中碰到的“灵敏度”和“选择性”的矛盾。一般低噪声放大器几乎都采用微带混合集成的砷化镓场效应管放大器（GaAs FET)，其噪声性能优越。隔离器为铁氧体隔离器，以保证带通滤波器为恒定的匹配负载，并保持FET放大器的高性能稳定工作。图中的本振1频率为14～22 GHz，本振2频率为2.05～4.05 GHz。如设计的中心频率为12.7 GHz，本振1频率为14.7 GHz，混频后的频率为2 GHz。取本振2的频率为2.05 GHz，第二次混频后的中频信号频率为50 MHz。放大后的中频信号经解调后送单片机处理。

低噪声放大器（LNA)，是射频集成电路中的重要部分之一。它位于接收机的第一级，直接与天线信号相连。由于其位于前端的第一级，它的噪声特性将大大影响整个系统的噪声性能。同时天线下来的信号一般较弱，所以低噪声放大器本身要求有一定的增益，把有用信号放大后完整地传输到下一级。噪声是低噪声放大器的主要考虑因素。微波低噪声放大器的基本设计方法分为最大增益设计和最佳噪声设计，在频率很高的情况下，特别是大于X波段时候，单级低噪声放大器增益一般无法满足指标，常采用低噪声放大器的级联。由于

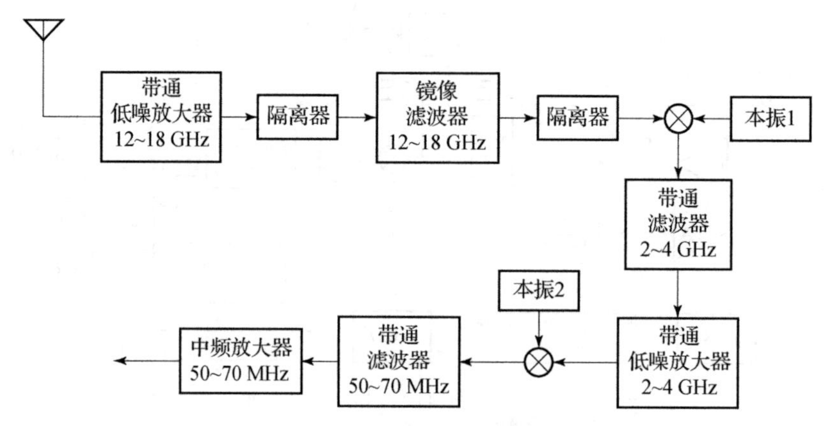

图 9.16　Ku 波段接收机原理框图

最低的噪声和最大的增益往往不能同时得到，就要求进行增益和噪声的优化设计，以期得到放大器最佳的整机噪声和一定的增益。传统的工程设计方法是在一个频率点上根据给定的增益，在 Smith 圆图上作出等增益圆，再在等噪声圆簇中找出与它相切的等噪声系数圆，确定与之对应的最小噪声系数，然后再在需要的频带范围内重复这一过程，以确定放大器能否在工作频带内满足给定的噪声系数和增益的指标。如果不满足，就必须重新选择器件或者对噪声和增益指标重新进行综合考虑。这是一个不断反复的烦琐设计过程，而且在设计之前并不知道所用的放大器能否同时达到预定的增益和噪声要求。如果存在增益和噪声系数之间的解析表达式，根据预定的噪声系数求出相应的最大增益，那么这一过程将得到大大地简化，设计目标将更加明确。

下面讨论并给出增益和噪声系数之间的解析表达式。对于集成 LNA 器件，厂家都会提供该器件的 S 参数及噪声参数，将这些参数代入噪声系数和增益关系的解析表达式，就可以得到预定噪声系数下的最大增益，进而指导设计。

对于 LNA，厂商提供的有 4 个典型的噪声参数：

（1）最小噪声系数 $F_{\min}$，它与偏置条件和工作频率有关。如果器件没有噪声，则 $F_{\min}=1$。

（2）器件的等效噪声电阻 $R_n=1/G_n$。

（3）最佳源导纳 $Y_{opt}=G_{opt}+jB_{opt}=1/Z_{opt}$。

（4）有时不给出源阻抗或导纳，而列出最佳反射系数 Γ_{opt}。

由微波放大器基本理论可知，放大器的噪声系数为：

$$F=F_{\min}+\frac{4R_n}{Z_0}\frac{|\Gamma_s-\Gamma_{opt}|^2}{(1-|\Gamma_s|^2)|1+\Gamma_{opt}|^2} \tag{9.40}$$

上式重新排列后为：

$$\frac{|\Gamma_s - \Gamma_{opt}|^2}{1 - |\Gamma_s|^2} = \frac{F - F_{min}}{4R_n/Z_0}|1 + \Gamma_{opt}|^2 \tag{9.41}$$

式中，Z_0 为参考特性阻抗；Γ_s 为信号源端的反射系数。引入噪声参数 N：

$$N = \frac{F - F_{min}}{4R_n/Z_0}|1 + \Gamma_{opt}|^2 \tag{9.42}$$

由于放大器在确定的工作频率和偏置条件下，相应的 Γ_{opt}、F_{min}以及 R_n 都是定值，因此对于放大器的一个固定噪声系数 F，N 是一个常数。对于噪声系数 F 固定的放大器，在 Smith 圆图上，应能画出一个以 Γ_s 为变量的等噪声系数的轨迹。此轨迹是一个圆心为

$$d_F = \frac{\Gamma_{opt}}{N+1} \tag{9.43}$$

半径为

$$r_F = \frac{\sqrt{N(N+1-|\Gamma_{opt}|^2)}}{N+1} \tag{9.44}$$

的圆。资用功率增益（G_A）圆的圆心（d_g）和半径（r_g）的表达式如下：

$$d_g = \frac{g_a(S_{11} - \Delta S_{22}^*)^*}{1 + g_a(|S_{11}|^2 - |\Delta|^2)} \tag{9.45}$$

$$r_g = \frac{\sqrt{1 - 2Kg_a|S_{12}S_{21}| + g_a^2|S_{12}S_{21}|^2}}{|1 + g_a(|S_{11}|^2 - |\Delta|^2)|} \tag{9.46}$$

其中，$g_a = \frac{G_A}{|S_{21}|^2}$，$\Delta = S_{11}S_{22} - S_{12}S_{21}$，$K = \frac{1 - |S_{11}|^2 - |S_{22}|^2 + |\Delta|^2}{2|S_{12}S_{21}|}$（放大器的稳定系数）。

当最大资用功率增益圆正好与等噪声系数圆相切，则有

$$|d_g - d_F| = |r_g \pm r_F|\ (\text{内切取正，外切取负}) \tag{9.47}$$

将式（9.43）~式（9.46）代入式（9.47）得

$$\left|\frac{g_a(S_{11} - \Delta S_{22}^*)^*}{1 + g_a(|S_{11}|^2 - |\Delta|^2)} - \frac{\Gamma_{opt}}{N+1}\right| = \left|\frac{\sqrt{1 - 2Kg_a|S_{12}S_{21}| + g_a^2|S_{12}S_{21}|^2}}{|1 + g_a(|S_{11}|^2 - |\Delta|^2)|} \pm \frac{\sqrt{N(N+1-|\Gamma_{opt}|^2)}}{N+1}\right|$$

将 g_a 和 N 代入上式则能够得到给定噪声系数 F 下的最大资用功率增益 G_A 的解析式。

上面得出了可预测性设计的理论依据，在具体计算整机噪声系数和增益的时候还要特别注意混频器的影响。混频器位于低噪声放大器之后，接收的信号

是经过低噪声放大器处理和放大后的信号。由于混频器不是处在系统的第一级，所以其噪声性能在整个系统的噪声性能中不起最关键作用。混频器分为有源混频器和无源混频器两种，采用不同类型的混频器对前级 LNA 有不同的要求。如采用有源混频器，由于有源混频器能提供一定的增益（一般在 8 dB 左右），则前面的低噪声放大器设计应从获取最小噪声系数出发；如采用无源混频器，由于无源混频器会引入一定变频损耗，这时 LNA 的设计就要从噪声和增益两方面综合考虑，以获取最佳的整机噪声性能。

9.6 采用无线收/发芯片的引信电路设计实例

随着微电子技术的快速发展，大量的高性能无线收/发芯片不断推出，对于小口径弹药，由于提供的引信空间有限，这时可考虑选择无线收/发单芯片来设计引信接收电路，下面给出两例。

9.6.1 载波频率为 915 MHz 的引信电路设计

图 9.17 为射频装定工作原理图。火控计算机解算出的装定信息经高速单片机编码后，并对编码信号进行处理，加起始位和校验码，构成传输的数据帧，本设计采用起止同步方式传输，帧信号由无线收/发模块调制，再通过射频功放实现功率放大，由天线发射传输。

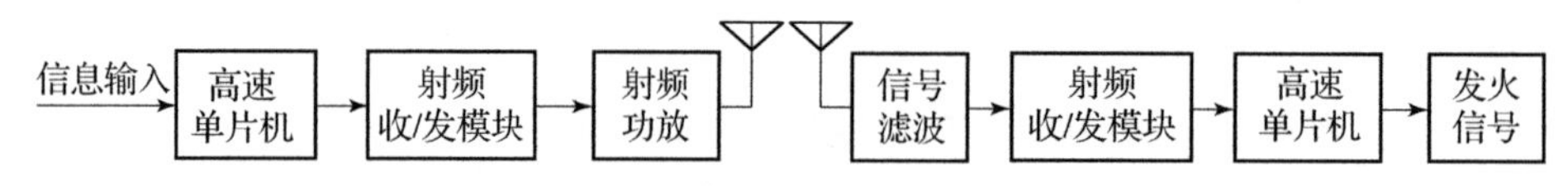

图 9.17 射频装定工作原理框图

引信天线接收信号，经预处理电路的消噪后，信号通过无线收/发模块解调，再由高速单片机解码，计数器工作，当达到装定数据时，控制电路根据记录的飞行时间算解的距离窗核查算解的距离是否正确，选择适当作用模式，输出发火信号。射频装定信号发射、引信电路信号接收的各阶段的波形如图 9.18 和图 9.19 所示。图 9.18（a）为引信装定的时间数据，图 9.18（b）为编码处理后的数据帧，图 9.18（c）为调制后的信号波形，图 9.19（a）为引信接收信号经小波消噪后的信号波形，图 9.19（b）为经放大处理后的信号波形，图 9.19（c）为解调后的信号波形。

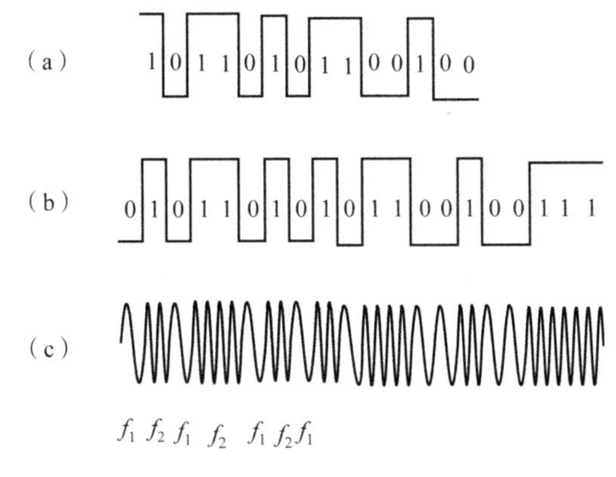

图9.18　发射机各阶段的波形示意图

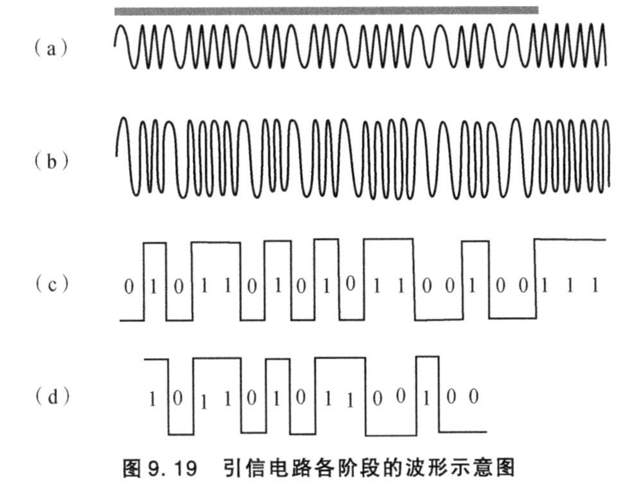

图9.19　引信电路各阶段的波形示意图

高速单片机芯片的选择：目前单片机的一个共同特点就是在单芯片上做了系统集成，片内存储空间足以运行系统程序和用户程序。例如设计选择Silabs公司的单片机C8051Fxxx为通信模块的中心处理机，其优点是高速、低能耗、体积小，可在线编程。C8051Fxxx单片机是真正能独立工作的片上系统(SOC)。每个MCU都能有效地管理模拟和数字外设，可以关闭单个或全部外设以节省功耗。片内JTAG边界扫描和调试电路，通过4脚JTAG接口并使用安装在最终应用系统中的产品器件就可以进行非侵入式、全速地在系统调试。

无线数据传输芯片的选择：无线数据传输芯片是通信模块的关键器件，其性能对系统无线数据传输系统可靠性影响较大。它所需的实现条件直接关系到系统的可靠性和实现的难易程度。因此在选择无线数据传输芯片时，应注重考虑以下几个方面特性：一方面是芯片的数据传输编码，芯片是否需要曼彻斯特编码对软件实现的简繁性关系较大，如果用软件实现曼彻斯特编码，在编程上会需要较高的技巧和经验，需要更多的内存和程序容量，并且曼彻斯特编码大大降低数据传输的效率。另一方面是芯片所需的外围元件数量，芯片外围元件的数量直接影响通信系统的可靠性，因此尽量选择外围元件少的收发芯片。还有就是发射功率、功耗等。

信号预处理电路为带通滤波器，目的是提高信噪比。无线收发模块选用 nRF903，单片机选择 C8051F220 单片机，射频功放选用 MAX2235。引信天线采用微带贴片天线（或环行天线）。

nRF903 是 Nordic VLSI ASA 公司推出的为 433/868/915MHz ISM 频段设计的单片多频段无线收发芯片，该芯片集成了高频发射/接收、DDS + PLL 频率合成、GMSK/GFSK 调制和解调、多频道切换等功能，具有抗干扰能力强、频率稳定、灵敏度高、功耗低、传输快、外围元件少、使用方便等特点。其内部组成如图 9.15 所示，设计的电路如图 9.20 所示。引信的电源电路如图 9.21 所示。nRF903 电路的外围元件较少，设计所选择的元件均为贴片封装，体积

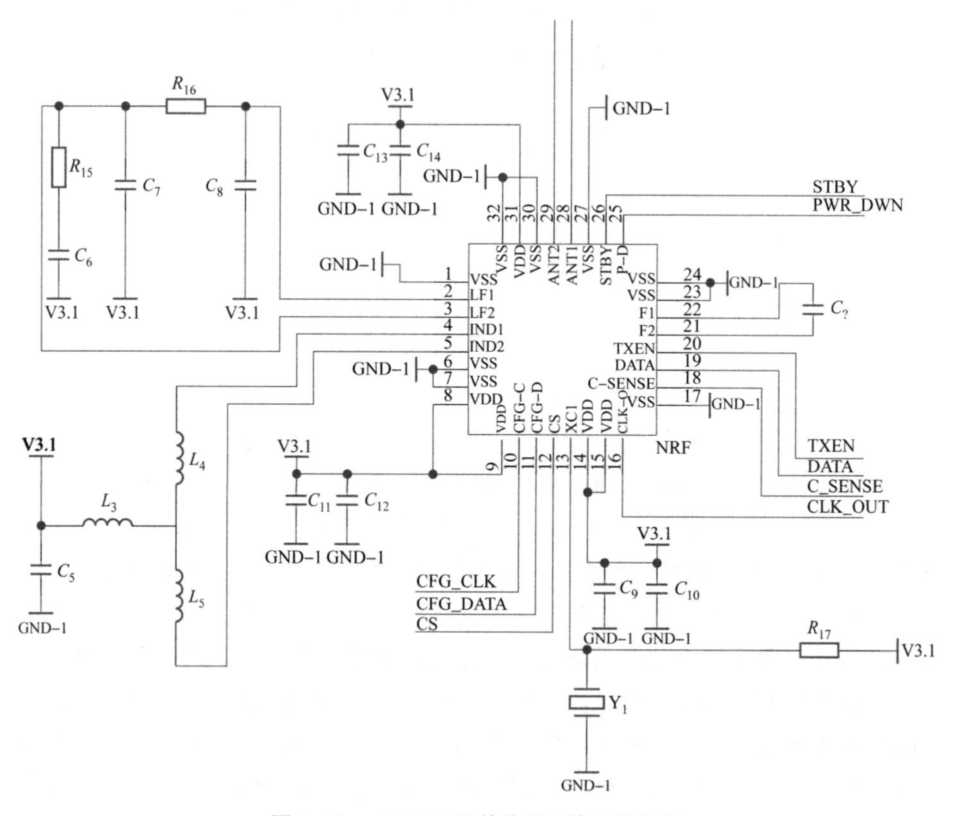

图 9.20 nRF903 及其外围元件连接电路

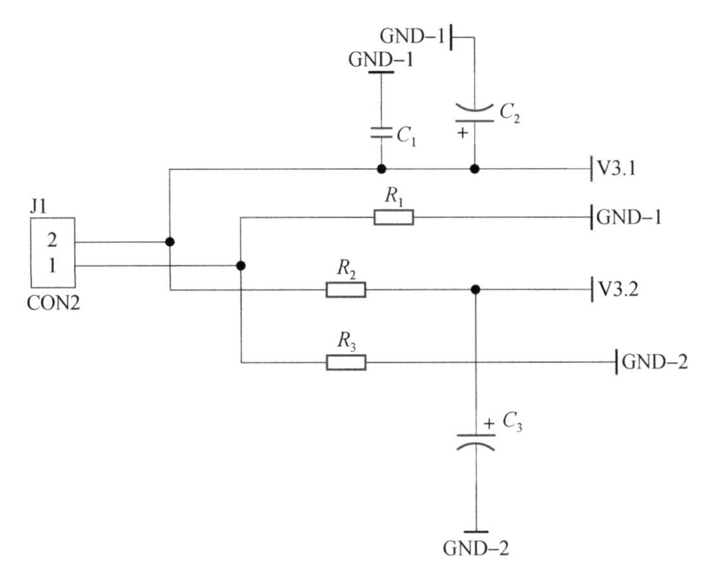

图 9.21　引信的电源电路

小。为了防止电路的数字部分和模拟部分相互干扰，电路的模拟部分和数字部分采用分置电源，这样在 PCB 布线的时候可有效地将电路的模拟部分和数字部分分开，采用模拟地和数字地，如图 9.21 中的 V3.1、V3.2 和 GND－1、GND－2。图中 R_1、R_2 和 R_3 为制作 PCB 板时设置的断点。

nRF903 与单片机 C8051F220 之间的接口电路如图 9.22 所示。nRF903 芯片的接口由 7 个数字输入/输出（I/O）组成，分别负责 nRF903 的通信参数配置、工作模式选择和数据通信等。引脚 STBY、PWR_DWN 和 TXEN 负责 nRF903 接收模式、发射模式、掉电模式和标准模式的切换。由引脚 CS、CFG_CLK 和

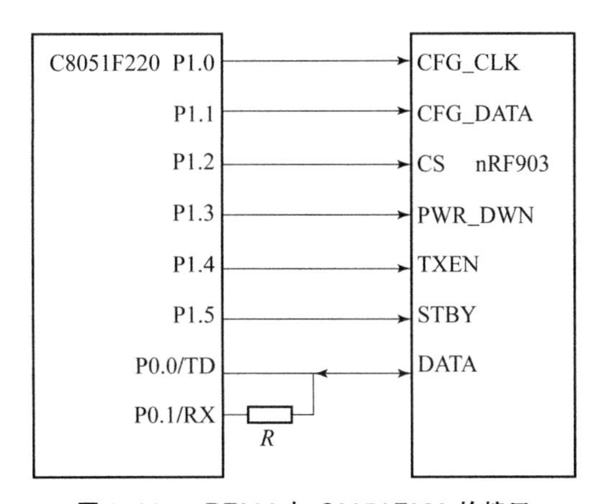

图 9.22　nRF903 与 C8051F220 的接口

CFG_DATA 组成的串行接口将 14 位控制参数锁存到内部配置单元的移位寄存器中，从而实现对频段、通道、输出功率和输出时钟频率的配置。单片机与 nRF903 之间通过 UART 口进行数据传输。由于单片机的 UART 口分别从 TXD 和 RXD 两线进行发射和接收，而 nRF903 的发射和接收只有一个引脚 DATA，采用图 9.22 可以实现半双工的通信方式，*R* 为 15 kΩ 的电阻，其作用是实现阻抗匹配和隔离。

9.6.2 载波频率为 2.4 GHz 的引信电路设计

电路的工作原理框图如图 9.17 所示。这里的无线收/发模块选用 nRF2401。单片机选择仍为 C8051F220 单片机。nRF2401 是单芯片射频收/发芯片，工作于 2.4 ~ 2.5 GHz ISM 频段，最高数据传输率为 1 Mbit/s。芯片内置频率合成器、功率放大器、晶体振荡器和调制器等功能模块，输出功率和通信频道可通过程序进行配置。该芯片采用高效 GFSK 调制，速率为 0 ~ 1 Mbit/s 可编程调控。它具有 125 个频道，可满足跳频和多频道需求，并内置了硬件 CRC 检错电路，可减少软件方面的开销，工作电压为 1.9 ~ 3.6 V，其简单方便的三线控制接口便于与各种 MCU 连接。QFN24 引脚封装，外形尺寸只有 5 mm × 5 mm。nRF2401 内部结构如图 9.23 所示。图 9.24 所示是基于 nRF2401 芯片构成的引信无线射频通信系统的原理电路图，其外围元件更少，设计简单，工作可靠。

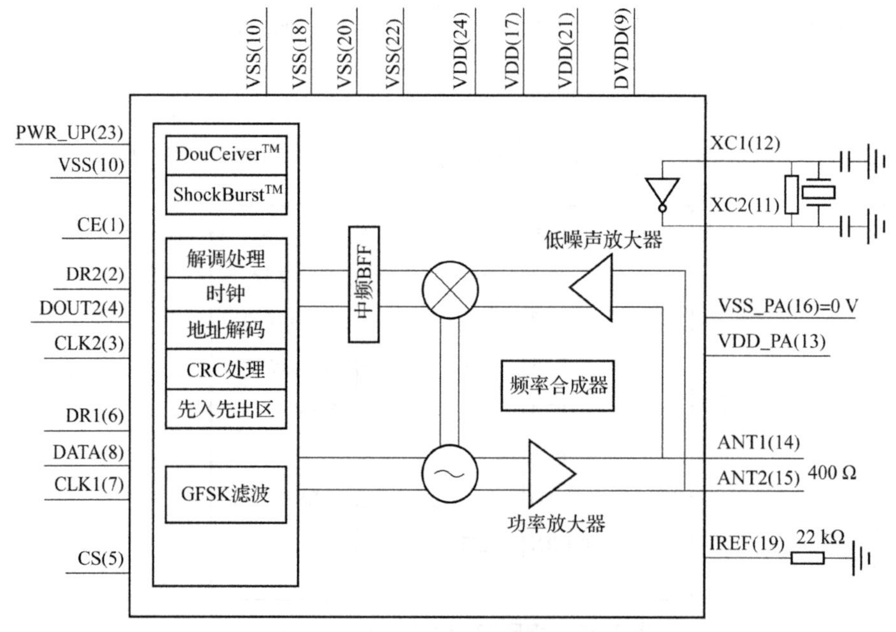

图 9.23　nRF2401 的内部功能模块

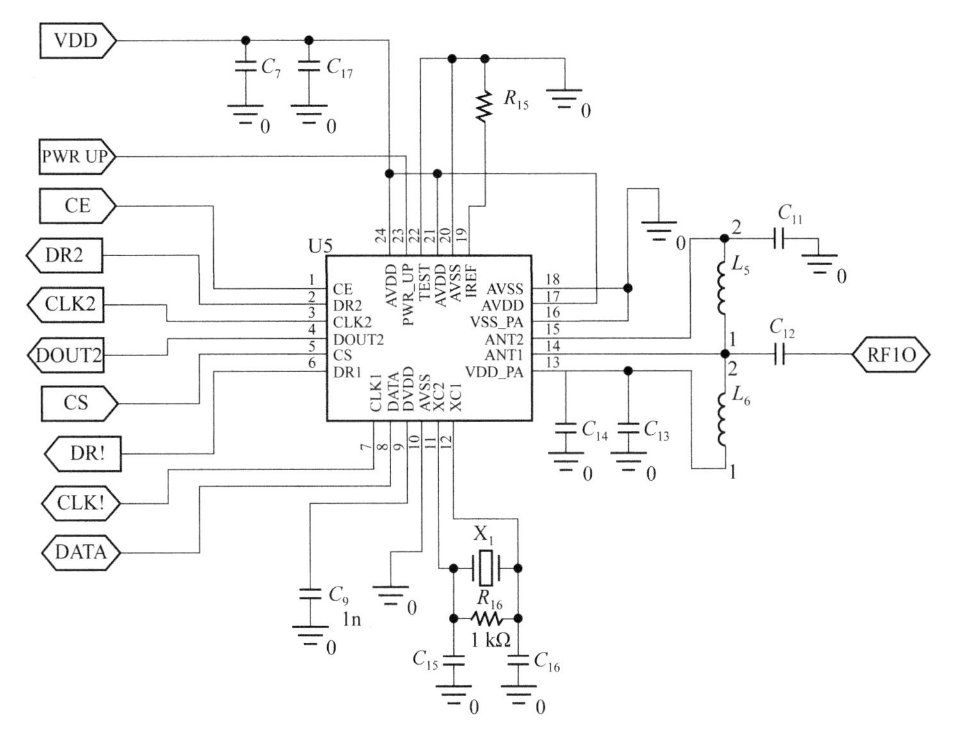

图 9.24　引信数字传输系统电路原理图

nRF2401 电路设计应注意以下器件的选取。

（1）晶体振荡器：RF 器件通常比典型的微控制器对晶体振荡器的要求更高。对于 nRF2401 器件，晶体振荡器总的容差（绝对容差和稳定度的和）将直接影响器件之间的通信效果。如果发送端和接收端器件的频率偏差很大，接收器将会把所发送的信号当作噪声滤掉。

（2）VCO 电感：nRF2401 器件的片内压控振荡器（VCO）产生器件工作的所有 RF 频率，因此是一个非常关键的部分。由于 VCO 片内部分将 XC1 和 XC2 引脚之外的整个电路视作它的 VCO 电感，因此电感的取值和放置位置是相当重要的。VCO 电感的品质因数 Q 值对 VCO 内部的相位噪声和电压摆幅也起着决定作用，如果 Q 值太低，VCO 甚至不能起振。对于 nRF2401 收发器，要求 $Q>40\sim45$，电感量的精度应控制在 2% 之内。

（3）环路滤波器：环路滤波器用以保证提供给 VCO 一个稳定的控制电压。因此，屏蔽外部噪声是十分重要的，尤其是低频小于 50 kHz 的高幅值数字信号对滤波器的干扰，如果不能被有效滤除，将直接影响 VCO 的稳定工作。

第10章

弹载天线设计

天线是空中弹体接收地面信息的重要部件，本章从介绍天线基本知识开始，给出弹载天线技术要求和选择，通过对环形天线设计、微带贴片天线设计，了解弹用天线的基本设计方法，最后给出了微带贴片天线设计示例。

10.1 天线基本知识简介

10.1.1 接收天线等效电路与常用天线类型

天线的主要功能有两个：第一个是能量转换功能，第二个是定向辐射（或接收）功能。发射天线是将馈线引导的高频电流转换为向空间辐射的电磁波传向远方，接收天线是将空间的电磁波转换为馈线引导的高频电流送给接收机。定向作用是指天线辐射或接收电磁波具有一定的方向性，根据无线电系统设备的要求，发射天线可把电磁波能量集中在一定方向辐射出去，接收天线可只接收特定方向传来的电磁波。

根据天线的互易原理，由于收、发天线间传播媒质的互易性，收、发天线之间存在互易关系。所以本章仅从接收天线的角度讨论天线的等效电路。

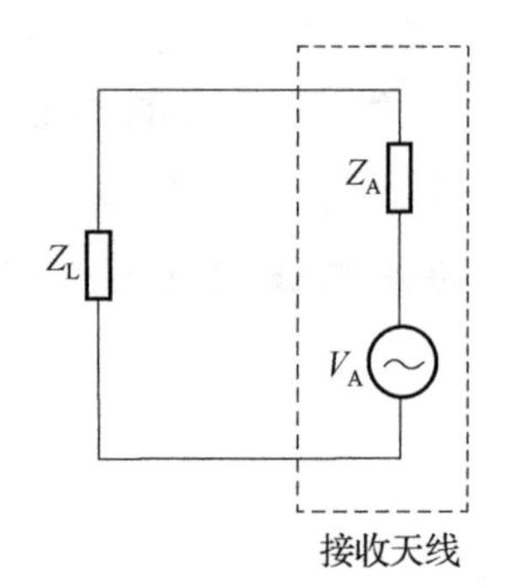

图 10.1 接收天线的等效电路

天线和馈线实际上是一种分布参数电路。当接收天线与接收机输入端相连，需要讨论其输出功率和匹配状况时，根据戴维南定理，得出图10.1 所示等效电路。图中，Z_A为接收天线输入阻抗，V_A为接收天线输出端所测量到的开路电压，Z_L 为接收天线负载阻抗。例如，当天线与接收机相连时，即为接收机输入阻抗。

设

$$Z_A = R_A + jX_A, Z_L = R_L + jX_L \tag{10.1}$$

则负载（接收机）获得最大功率的条件为

$$R_A = R_L, X_A = -X_L \tag{10.2}$$

当上述条件满足时，就称接收天线与负载处于匹配状态。

在匹配的条件下接收机获得的最大功率为：

$$P_{max} = \frac{V_A^2}{4R_L} = \frac{E^2 l_e^2}{4R_A} \approx \frac{E^2 l_e^2}{4R_0} \tag{10.3}$$

式中，R_0 和 l_e 分别为接收天线处辐射电阻和天线有效长度；E 为接收天线的场强。

随着无线电技术的飞速发展和无线电设备应用场合的日益扩展，已出现了适于不同用途、种类繁多的天线，在天线工程设计中选择哪种类型天线很大程度上取决于特定应用场合系统的电气和机械方面的要求。表 10.1 中列举了一些常用天线的实例及其归属的天线类别。

表 10.1　常用天线

线元天线	行波天线	阵列天线	孔径天线
单极天线 偶极天线 环形天线 缝隙天线 载体天线 微带天线 加载天线 有源天线 双锥天线 鞭状天线	长线天线 菱形天线 螺旋天线 八木天线 对数周期天线 慢波天线 快波天线 漏波天线 表面波天线 长介质棒天线	侧射阵 端射阵 直线阵 平面阵 圆形阵 共形阵 信号处理阵 自适应阵 多波束阵 相控阵 密度加权阵 极低副瓣阵	角锥喇叭，扇形喇叭 圆锥喇叭，多模喇叭 混合模喇叭，波纹喇叭 抛物面喇叭，脊形喇叭 单反射面天线 双反射面天线 球形反射面天线 偏置反射面天线 环焦反射面天线 切割反射面天线 孔径扫描天线 透镜天线，背射天线 角形反射面天线

10.1.2 天线的主要参数

1. 方向图

将天线置于球坐标中，由于天线的定向辐射（或接收）作用，它在距离为 r（满足远场区条件）的球面上各点的辐射（或接收）强度是不相同的，可写为

$$E = Af(\theta,\varphi) \tag{10.4}$$

式中，A 为比例常数；$f(\theta,\ \varphi)$ 称为天线的方向性函数。为了便于各种天线的方向图进行比较以及绘图方便，一般取方向性函数的最大值为 1，即得归一化方向性函数，记为

$$F(\theta,\varphi) = \frac{f(\theta,\varphi)}{f_{\max}} \tag{10.5}$$

根据方向性函数 $F(\theta,\varphi)$ 或 $f(\theta,\varphi)$ 绘制的图形称为天线的方向图。天线方向图一般指场强振幅方向图，是一个三维空间的曲面图形。但工程上为了方便常采用两个相互正交主平面上的剖面图来描述天线的方向性，通常取 $\boldsymbol{E}$ 平面（即电场矢量与传播方向构成的平面）和 $\boldsymbol{H}$ 平面（即磁场矢量与传播方向构成的平面）内的方向图，可采用极坐标或直角坐标。

2. 方向性系数

不同的天线具有不同的方向图，方向性系数是方向图最大值方向的增益值，通常用 D 来表示。对接收天线，方向性系数是表征天线从空间接收电磁能量的能力，定义为在相同来波场强的情况下，该天线在某方向接收时向负载（接收机）输出的功率与点源天线在同方向接收时向负载输出的功率之比，方向性系数 D 通常用分贝表示，有时又称为方向增益。

$$D(\theta,\varphi) = \frac{P_r(\theta,\varphi)}{P_{0r}} \tag{10.6}$$

3. 天线极化

天线极化是描述天线辐射电磁波场矢量空间指向的参数。由于电场与磁场有恒定的关系，故一般都以电场矢量的空间指向作为天线辐射电磁场的极化方向。

电场矢量在空间的取向固定不变的电磁波叫线极化。当电场矢量取向随时间而变化，其矢量端点在垂直于传播方向的平面内描绘的轨迹是一个椭圆，故

称为椭圆极化。若是圆，则为圆极化。当两正交线极化波振幅相等，相位差为90°时，则合成圆极化波，分为左旋和右旋。沿电磁波传播方向看去，电场矢量随时间向右（即顺时针）方向旋转的称为右旋极化波，反时针为左旋。

圆极化和线极化都是椭圆极化的特例。描述椭圆极化波的参数有三个：

轴比——指极化椭圆长轴与短轴的比；

倾角——指极化椭圆长轴与水平坐标之间的夹角；

旋向——左旋或右旋。

4. 极化损失

极化损失是指接收天线与发射天线辐射来波极化不匹配时，接收功率的损失。表10.2给出了几种典型的情况。在天线设计时，一定要使得接收天线和发射天线极化匹配。

表10.2 极化损失的典型实例

发射（或接收）天线	接收（或发射）天线	接收功率 P/P_{max}
垂直（或水平）极化	垂直（或水平）极化	1
垂直（或水平）极化	水平（或垂直）极化	0
垂直（或水平）极化	圆极化	1/2
左旋（或右旋）圆极化	左旋（或右旋）圆极化	1
左旋（或右旋）圆极化	右旋（或左旋）圆极化	0

5. 带宽

带宽是指电性能下降到容许值的频率范围，称为天线的频带宽度。天线带宽的表示方法有两种：一种是绝对带宽，即高端频率与低端频率之差；另一种是相对带宽，它是绝对带宽与中心频率之比的百分数，即：

$$\text{天线相对带宽} = (f_{max} - f_{min})/f_0 \tag{10.7}$$

式中，f_0 为中心工作频率。

6. 轴比

A、B 分别为椭圆半长轴和半短轴，二者之比称为极化椭圆的轴比 r_A（Axial ratio），即：

$$r_A = \frac{A}{B} = 1 \sim \infty \tag{10.8}$$

线极化时 $r_A \to \infty$，而圆极化时 $r_A \to 1$。

7. 天线输入阻抗

接到发射机或接收机的天线，其输入阻抗则等效为发射机或接收机的负载。因此，输入阻抗值的大小就表征了天线与发射机或接收机的匹配状况，即表示了导行波与辐射波之间能量转换的好坏，故是天线的一个重要电路参数。

8. 电压驻波系数 VSWR

工程上常用 VSWR 表征天线与馈线匹配情况。

9. 天线增益

方向性系数是以辐射功率为基点，没有考虑天线的能量转换效率。为了更完整地描述天线性能，改用天线输入功率为基点来定义天线增益，即在输入功率相同条件下，天线在某方向某点产生的场强平方与点源天线在同方向同一点产生场强平方的比值。

10.2 弹载天线技术要求和选择

10.2.1 弹载天线的主要技术要求

弹载天线的电气参数与弹的外形有关。弹药是由圆锥形的头部、圆柱形或椭圆形的主体等构成的，而天线装在某个部位上，会受到其复杂外形的约束。弹载天线的特点必须具有特定的电气指标、合适的结构形式、满意的机械强度及运行在恶劣条件下能正常工作。天线与弹体的结构密切相关，在电气性能上，弹的金属表面也是天线的“地”，因而，弹体本身是天线的一部分，而在结构上，弹载天线必须安装在飞行体表面上，且占有一定的体积，所以天线又是弹体结构的一部分。弹载天线的主要技术要求有以下几点：

（1）气动阻力小：尽可能采用低剖面或平装的天线形式。天线安装在弹体表面，外露式天线或非凸出的天线气动外形要好、尺寸要小、质量要轻。

（2）足够的机械强度和刚度：能承受高达数千上万个重力加速度的过载、振动和冲击。

（3）介质材料的温度稳定性要好：必须采用高强度、低温度系数、损耗小、温度范围大的材料。

（4）天线的数量和布置要合理，应该根据对弹体本身结构的制约来考虑。理想的天线位置，往往又不一定能允许安装天线，所以通常需要采用优化折中方案，以统筹兼顾。

（5）天线的极化特性和相位特性要在允许范围内变化，弹载天线的方向图必须与发射天线极化匹配。

（6）有良好的耐电击穿强度。

10.2.2　常用的几种弹载天线

在天线的众多家族成员中，可供作为中、小口径弹的弹载天线有环形天线、微带天线、隙缝天线与螺旋天线。由于环形天线、微带天线与隙缝天线具有厚度很小，最适宜安装在弹的壳体上，不向外凸出影响弹体的空气动力特性，结构牢固、馈电方便等优点，在引信中应用较广泛。现简单介绍如下。

1. 环形天线

环形天线是将一根（或一段）金属导体绕成一定形状（如圆形、方形、三角形等），以导体的两端点作为馈电的结构。绕制一圈的称为单圈环形天线，绕制多圈的则称为多圈环形天线。环形天线的主要优点有：通用性好，适用于多个弹种；可以满足引信总体对天线提出的任何形状的要求；轴向探测能力较强。

2. 微带天线

微带天线是在双面印制电路基板的一面上光刻成微带馈电网络，它是激励元的高频电流与电磁波间的换能装置。它利用厚度比工作波长小得多的双面敷铜板（中间为介质）做基体，在一面上制作尺寸同工作波长相比拟的金属片，另一面覆上金属做接地面（或接地板）。制作的金属片是辐射体。它的形状有方形、矩形、圆形和椭圆形等。微带天线的一个突出特点是截面很小（金属片厚度 $h \ll \lambda_0$），并能根据要求做成所需的曲面形状。因此，这种天线特别适合做各种高速飞行器（导弹、火箭、飞机和弹丸）上的天线。因为它可以像一张薄纸紧贴在飞行器的外表面上，不会破坏原结构装置的空气动力学性能。另外，它不向内部凸出，又适合于飞行器内部结构简单、紧凑的要求。微带天线的特点是剖面低、质量轻、成本低、加工制造容易、馈电方式简单等。目前，共形微带天线已获得广泛应用，特别是在高速运动物体上。

3. 隙缝天线

在金属板上开槽，并在槽的中间馈电，这样，金属板的两侧就有电磁波向外辐射，这种天线称为隙缝天线。隙缝天线可以在平板上、圆筒上、波导上开槽得到。它的优点是结构简单、强度好、表面无突出部分。因而，这种天线适用于各种弹丸作为平装天线。在微波波段，用隙缝代替振子作为天线阵的单元，解决了阵子太小不易制造及馈电不便的缺点。如美国专利（专利号：3714898）介绍的某型弹上引信天线采用的隙缝天线，如图 10.2 所示，弹头表面四周均匀分布四组隙缝，每组上下两个，组成隙缝阵天线。

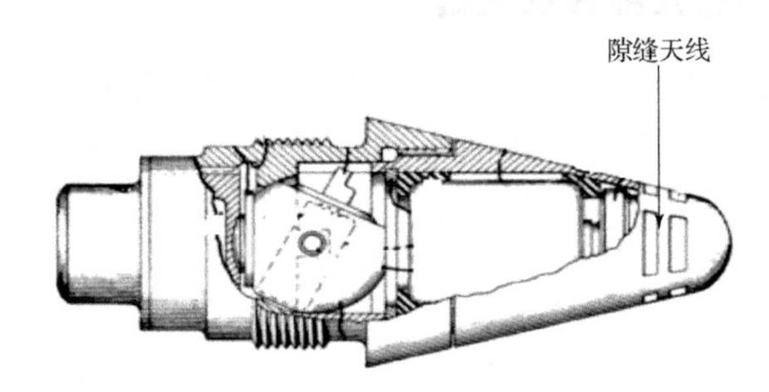

图 10.2　某弹上隙缝天线示意图

4. 螺旋天线（Helical Antenna）

螺旋天线是用金属线（或管）绕制而成的螺旋形结构的行波天线，通常是用同轴线馈电，同轴线内导体与螺旋线的一端相连，外导体与金属接地板相连。螺旋天线的辐射特性取决于螺旋线的直径与波长的比值 D/λ，有边射型、端射型和圆锥型三种辐射状态。螺旋天线是一种最常用的典型的圆极化天线。图 10.3 所示为某型弹上的螺旋天线，$D/\lambda = 0.25 \sim 0.46$，为端射型天线，其接收方向性好。

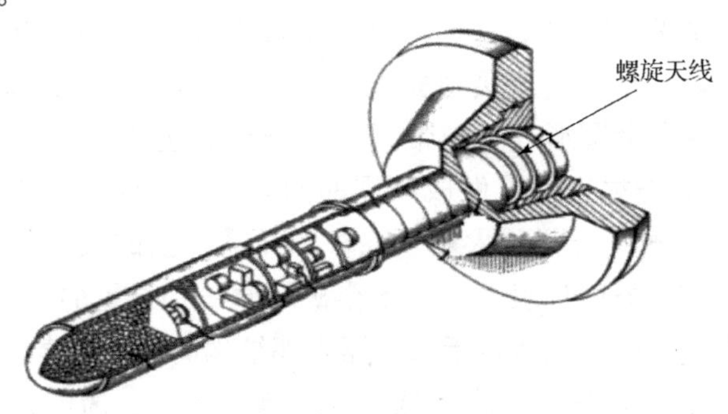

图 10.3　某型弹上的螺旋天线

10.3　环形天线设计

环形天线（Loop Antenna）是一种结构简单的天线，它有许多不同的形式，如矩形、方形、三角形、菱形、椭圆形和圆形。环形天线按尺寸大小可分为小环天线和大环天线。若圆环的半径 b 很小，其周长 $C=2\pi b\leqslant 0.2\lambda$，则称为小环天线。小环天线上沿线电流的振幅和相位变化不大，近似均匀分布。当环的周长可以和波长相比拟时，称为大环天线，此时必须考虑导线上电流、振幅和相位的变化，可以近似地将电流看成驻波分布，这种天线的电特性和对称振子的电特性有明显的相似之处，均属于谐振天线。本次设计的弹径为 70 mm，且选择的载波频率较高，所以属于大环天线。

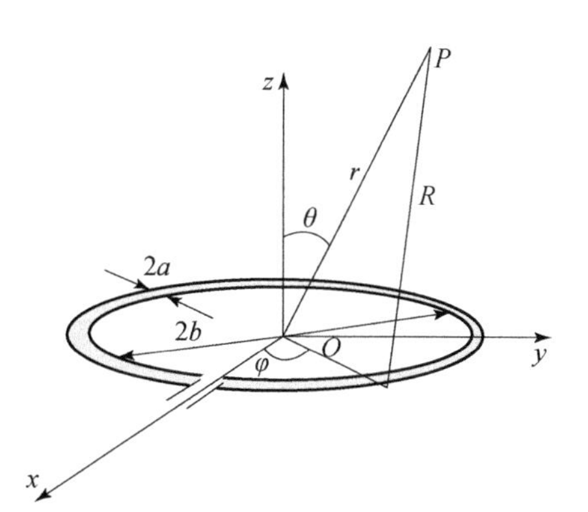

图 10.4　环形天线坐标

设计中采用周长 $C=2\pi b=\lambda$（$f=2.4$ GHz，$\lambda=0.125$ m）的圆环，环形天线的坐标如图 10.4 所示。

设环上的电流分布为：

$$I_{\varphi}=I_{\mathrm{m}}\cos\varphi' \tag{10.9}$$

已知自由空间矢量位 A 的表达式为：

$$A(x,y,z)=\frac{\mu_0}{4\pi}\int_c I_{\varphi}(x',y',z')\frac{\mathrm{e}^{-\mathrm{j}kR}}{R}\mathrm{d}l' \tag{10.10}$$

式中，凡带上标“′”的表示源点的坐标，不带上标“′”的表示场点的坐标。对于远区的辐射场，仅取 r^{-1}项，则电场化简为：

$$\begin{cases}E_r\approx 0\\ E_{\theta}\approx -\mathrm{j}\omega A_{\theta}\\ E_{\varphi}\approx -\mathrm{j}\omega A_{\varphi}\end{cases} \tag{10.11}$$

为了求得远区场，环上一点到场点的距离 R 可近似为：

$$R=\sqrt{r^2+b^2-2br\sin\theta\cos(\varphi-\varphi')}\approx r-b\sin\theta\cos(\varphi-\varphi') \tag{10.12}$$

将 R 的近似式代入 A 矢位的表达式（10.10），可得到球坐标中 A 矢位的三个分量：

$$
\begin{cases}
A_r = \dfrac{\mu_0 b}{4\pi r}\mathrm{e}^{-\mathrm{j}kr}\displaystyle\int_0^{2\pi} I_\varphi \sin\theta\sin(\varphi - \varphi')\,\mathrm{e}^{\mathrm{j}kb\sin\theta\cos(\varphi-\varphi')}\,\mathrm{d}\varphi' \\
A_\theta = \dfrac{\mu_0 b}{4\pi r}\mathrm{e}^{-\mathrm{j}kr}\displaystyle\int_0^{2\pi} I_\varphi \cos\theta\sin(\varphi - \varphi')\,\mathrm{e}^{\mathrm{j}kb\sin\theta\cos(\varphi-\varphi')}\,\mathrm{d}\varphi' \\
A_\varphi = \dfrac{\mu_0 b}{4\pi r}\mathrm{e}^{-\mathrm{j}kr}\displaystyle\int_0^{2\pi} I_\varphi \cos(\varphi - \varphi')\,\mathrm{e}^{\mathrm{j}kb\sin\theta\cos(\varphi-\varphi')}\,\mathrm{d}\varphi'
\end{cases}
\tag{10.13}
$$

在 yOz 平面，即 $\varphi=90°$的平面，$kb=1$ 时，由上式积分得：

$$
\begin{cases}
A_\theta = \dfrac{\mu b I_\mathrm{m}}{4r}\cos[\mathrm{J}_0(\sin\theta) + \mathrm{J}_2(\sin\theta)]\,\mathrm{e}^{-\mathrm{j}kr} \\
A_\varphi = 0
\end{cases}
\tag{10.14}
$$

式中，J_0 和 J_2 分别是第一类 0 阶和 2 阶贝塞尔函数。在 xOz 平面，即 $\varphi=0°$或 180°的平面

$$
\begin{cases}
A_\theta = 0 \\
A_\varphi = \dfrac{\mu b I_\mathrm{m}}{4r}\cos[\mathrm{J}_0(\sin\theta) - \mathrm{J}_2(\sin\theta)]\,\mathrm{e}^{-\mathrm{j}kr}
\end{cases}
\tag{10.15}
$$

由式（10.11）可求出辐射电场，从而得到这两个平面的方向函数为：

yOz 平面：

$$
f_\theta(\theta) = \cos[\mathrm{J}_0(\sin\theta) + \mathrm{J}_2(\sin\theta)]
\tag{10.16}
$$

xOz 平面：

$$
f_\varphi(\theta) = \mathrm{J}_0(\sin\theta) - \mathrm{J}_2(\sin\theta)
\tag{10.17}
$$

根据上述两式画出方向图如图 10.5 所示。

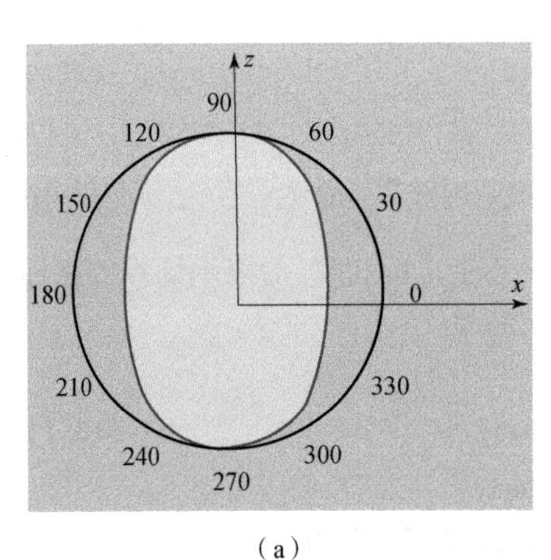

（a）

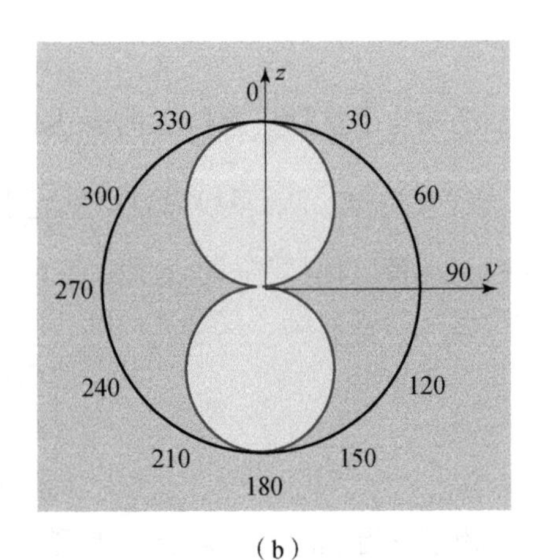

（b）

图 10.5　一个波长的圆环天线方向图

（a）xOz 平面；（b）yOz 平面

10.4　微带贴片天线设计

微带天线体积小，质量轻，剖面薄，易于与弹体共形，并且除了在馈电点要开引线孔外，不破坏弹体，不会扰动弹的空气动力学特性，适用于飞机、导弹、火箭这类高速飞行的物体。在电性能方面，其设计灵活多样，可以进行组合式设计，除功率分配器馈电网络外，固体器件如放大器、衰减器、开关、调制器、混频器、移相器都可以做在天线基片上。另外，从微带天线的生产制造上看，由于它基本上采用印制电路板的制造工艺，因此，制造成本低、产品一致性好，易于大批量生产。

天线分析的基本问题是求解天线在周围空间建立的电磁场，进而得出其方向图、增益和输入阻抗等特性指标。至目前为止大多数微带天线分析方法可分为两类。一类为简化分析法，即以降低精度或通用性为代价而保持分析的简单性；另一类为全波模型，即以牺牲计算简单性为代价而保持分析的严格性及精确性。

简化分析法是指微带天线模型引入一个或多个有效近似来简化问题。例如，传输线模型（Transmission Line Model）模拟天线的一段带有集中负载的传输线，腔体模型（Cavity Model）对贴片的周边用磁壁边界条件近似，多端口网络模型则是腔体模型理论的推广。这些模型是微带天线研究中最先发展起来的，它们不仅对微带天线的工作原理提供了很好的直观解释，而且对天线的实际设计也十分有用。这些模型的缺点是，当基板不十分薄时，其谐振频率和输入阻抗精度差，以及对处理有关问题如互耦、大阵表面波影响和不同基板结构等能力有限。虽然上述缺点是这些模型技术所固有，但今天这些模型的精度和它们在微带天线中的广泛应用已取得了显著的进展。

以严格方法计入介质基板影响的微带天线模型称为全波解。全波方法（Full Wave）具有准确性、完整性、通用性等优点，但同时它的计算也比较复杂，比较耗时。

在进行微带天线的设计时，一般先用简化模型得到一个粗略的解，然后再用全波方法进行修正。即使是这样，有时还需要遗传算法（GA）、共轭梯度法（CG）等高效的优化方法、空间映射（SM）等方法来进行分析和优化。

10.4.1 矩形贴片天线的传输线模型

如图 10.6 所示，矩形微带贴片尺寸为 $L\times W$，基片厚度 $h\ll\lambda_0$，λ_0 为自由空间波长。该贴片可看作长 L、宽 W 的一段微带传输线。沿 L 边终端处呈现开路，因而将形成电压波腹。一般取 $L\approx\lambda_g/2$，λ_g 为微带线上波长，于是 L 边另一端也呈电压波腹。天线的辐射主要由贴片与接地板之间沿这两端的 W 边隙缝形成。于是，矩形贴片可表示为相距 L 的具有复导纳的隙缝。其等效电路如图 10.7 所示。

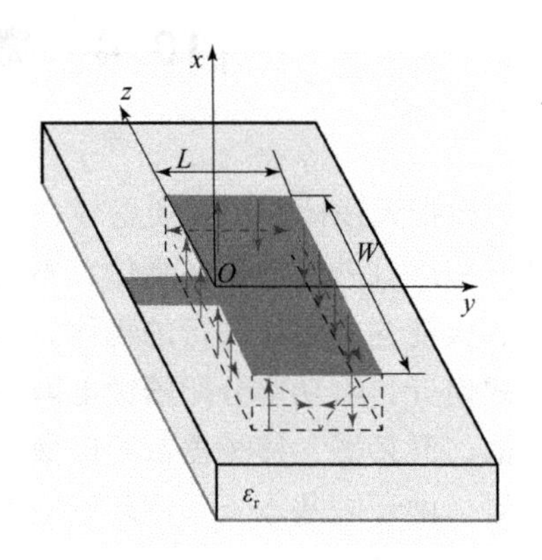

图 10.6　矩形微带天线结构及等效面磁流密度

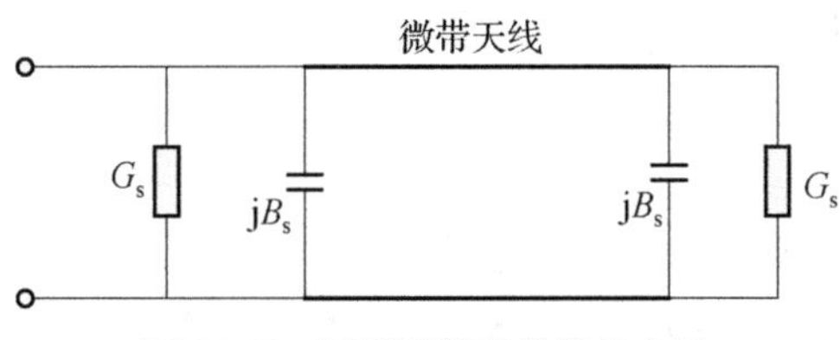

图 10.7　矩形微带天线等效电路

将两条隙缝的辐射场相叠加，便得到天线的总辐射场。其 H 面方向图函数可表示为

$$f_H=\frac{\sin\left(\dfrac{\pi W}{\lambda_0}\cos\theta\right)}{\dfrac{\pi W}{\lambda_0}\cos\theta}\sin\theta \tag{10.18}$$

E 面方向图函数为：

$$f_E(\varphi)=\frac{\sin\left(\dfrac{\pi h}{\lambda_0}\cos\varphi\right)}{\dfrac{\pi h}{\lambda_0}\cos\varphi}\cos\left(\frac{\pi L}{\lambda_0}\sin\varphi\right) \tag{10.19}$$

式中，$(\theta,\ \varphi)$ 为场点球坐标，θ 是 z 轴算起的极角，φ 是从 x 轴算起的方位角。

当 $W=1$ cm，$L=3.05$ cm，频率 $f=3.1$ GHz，$h\ll\lambda_0$ 时，这样计算的方向图如图 10.8 中虚线所示，可见与测试值（实线）较吻合。

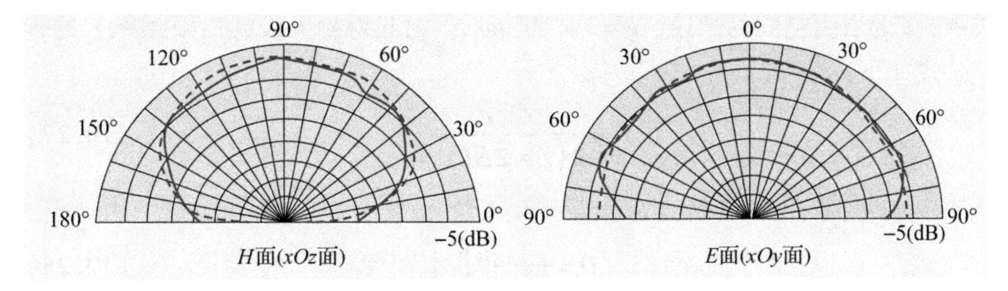

图 10.8　矩形微带天线方向图（$W=1$ cm，$L=3.05$ cm，$f=3.1$ GHz）

一条 W 边辐射隙缝的辐射电导为：

$$G_s = \frac{I_1}{120\pi^2}, I_1 = \int_0^{\pi} \sin^2\left(\frac{\pi W}{\lambda_0}\cos\theta\right)\tan^2\theta\sin\theta d\theta \tag{10.20}$$

其近似值为：

$$G_s = \begin{cases} \dfrac{1}{90}\left(\dfrac{W}{\lambda_0}\right)^2, & W < 0.35\lambda_0 \\ \dfrac{W}{120\lambda_0} - \dfrac{1}{60\pi^2}, & 0.35\lambda_0 \leqslant W \leqslant 2\lambda_0 \\ \dfrac{W}{120\lambda_0}, & W > 2\lambda_0 \end{cases} \tag{10.21}$$

除辐射电导外，开路端隙缝的等效导纳还有一电容部分。它由边缘效应引起，其电纳可用延伸长度 ΔL 来表示。

$$B_s = Y_0 \tan(\beta \Delta l) \approx \beta \Delta L / Z_0 \tag{10.22}$$

式中，

$$Z_0 \approx \frac{377}{\sqrt{\varepsilon_e}} \frac{h}{W}, \quad \beta \approx k_0 \sqrt{\varepsilon_e}$$

$$\varepsilon_e = \frac{\varepsilon_r + 1}{2} + \frac{\varepsilon_r - 1}{2}\left(1 + \frac{10h}{W}\right)^{-1/2} \tag{10.23}$$

$$\Delta L = 0.412h \frac{(\varepsilon_e + 0.3)(W/h + 0.264)}{(\varepsilon_e - 0.258)(W/h + 0.8)} \tag{10.24}$$

由图 10.7 可知，矩形微带天线的输入导纳就是将一条隙缝的导纳经长为 L、特性阻抗为 Z_0 的传输线变换后，与另一条隙缝并联的结果。如用延伸长度来表示电容效应，则有：

$$Y_{in} = G_s + Y_0 \frac{G_s + jY_0 \tan[\beta(L + 2\Delta L)]}{Y_0 + jG_s \tan[\beta(L + 2\Delta L)]} \tag{10.25}$$

谐振时，Y_{in}的虚部为零，得 $Y_{in} = 2G_s = G_{r0}$，谐振长度为：

$$L = \frac{\lambda_0}{2\sqrt{\varepsilon_e}} - 2\Delta L \tag{10.26}$$

式中，c 为自由空间的光速，$c=3\times10^{8}$ m/s。由此得到天线的谐振频率 f_{r} 的计算公式如下：

$$f_{r}=\frac{c}{2(L+2\Delta L)\sqrt{\varepsilon_{e}}} \tag{10.27}$$

天线的方向性系数为：

$$D=\frac{1}{15G_{s}}\left(\frac{W}{\lambda_{0}}\right)^{2} \tag{10.28}$$

如当 $W<0.35\lambda_{0}$，得 $D\approx6$，即约 7.8 dB。

10.4.2 矩形贴片天线的空腔模型

在薄微带天线（$h\ll\lambda_{0}$）的前提下，可将微带贴片与地板之间的空间看成是上下为电壁、四周为磁壁的漏波空腔。于是便可根据边界条件用模展开法或模匹配法解出该区域的内场。天线辐射场由空腔四周的等效磁流的辐射来得出，天线输入阻抗可根据空腔内场和馈源激励条件来求得。

1. 内场

采用图 10.9 坐标系，由模展开法得空腔内场一般解如下：

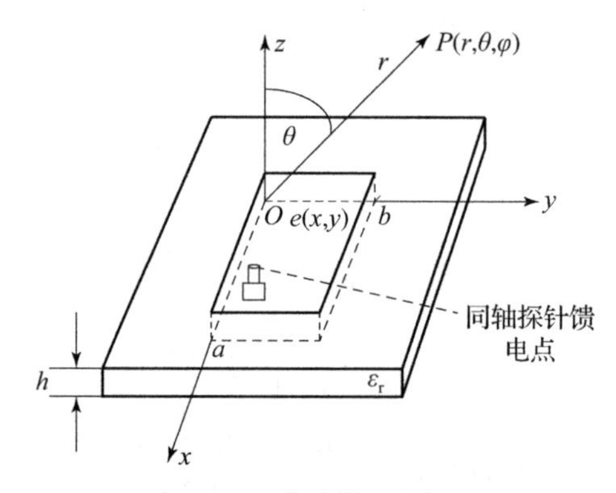

图 10.9 空腔模型坐标系

$$\begin{cases} E_{z}=\mathrm{j}k_{0}\eta_{0}\sum\limits_{m,n}\dfrac{1}{k^{2}-k_{mn}^{2}}\dfrac{\int_{s}J_{z}\varphi_{mn}^{*}\mathrm{d}s}{\int_{s}\varphi_{mn}\varphi_{mn}^{*}\mathrm{d}s}\varphi_{mn} \\ H_{x}=\dfrac{\mathrm{j}}{k_{0}\eta_{0}}\dfrac{\partial E_{z}}{\partial y} \\ H_{y}=\dfrac{-\mathrm{j}}{k_{0}\eta_{0}}\dfrac{\partial E_{z}}{\partial x} \end{cases} \tag{10.29}$$

式中，φ_{mn}为满足空腔边界条件的本征函数（本征模）；k_{mn}为其本征值（本征模的谐振函数）；k_0 为自由空间传播常数，$k_0=2\pi/\lambda_0=2\pi f/c$；$k$ 为内场的传播常数；η_0 为自由空间波阻抗，$\eta_0=\sqrt{\mu_0/\varepsilon_0}=377\ \Omega$；$J_z$ 为 z 向激励电流密度。对于规则形状贴片，可利用分离变量法解出 φ_{mn}及相应的 k_{mn}。

2. 输入阻抗

在计算天线输入阻抗时，若仅计入介质损耗则将导致很大的误差。为此，引入 k_{eff}来代替式（10.29）中的 k，取

$$k_{\text{eff}}=k_0\sqrt{\varepsilon_r(1-\text{j}\tan\delta_{\text{eff}})} \tag{10.30}$$

式中

$$\tan\delta_{\text{eff}}=\frac{1}{Q}=\frac{P_r+P_c+P_d+P_{sw}}{2\omega W_e}=\frac{1}{Q_r}+\frac{1}{Q_c}+\frac{1}{Q_d}+\frac{1}{Q_{sw}} \tag{10.31}$$

其中，Q_r、Q_c、Q_d 和 Q_{sw}分别代表由辐射功率 P_r、导体损耗功率 P_c、介质损耗功率 P_d 和表面波功率 P_{sw}所引起的相应 Q 值；W_e 是谐振时空腔的时间平均电储能。对矩形贴片有：

$$Q_r=\frac{\varepsilon_r ab}{60\lambda_0 h\delta_{0m}\delta_{0n}G_r} \tag{10.32}$$

$$Q_c=\pi h\sqrt{120\sigma/\lambda_0} \tag{10.33}$$

$$Q_d=1/\tan\delta \tag{10.34}$$

$$Q_{sw}=\left[\frac{1}{3.4(\varepsilon_r-1)^{1/2}h/\lambda_0}-1\right]Q_r \tag{10.35}$$

工作于 TM_{01} 模时，$G_r\approx 2G_s$，G_s 可由式（10.20）积分得出，代入式（10.32）便求得 Q_r。这样得出如图 10.10 所示 $Q_r h/\lambda_0$ 对 a/b 的关系曲线。

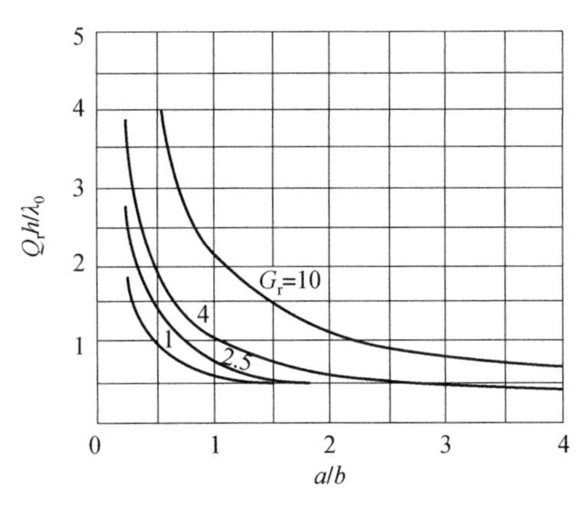

图 10.10　$Q_r h/\lambda_0$ 对 a/b 的关系曲线

若近似取 $G_r \approx 2G_s \approx (a/\lambda_0)^2/45$，则得

$$Q_r \approx \frac{3\varepsilon_r(b/a)}{8(h/\lambda_0)} \tag{10.36}$$

对于薄微带天线，Q_{sw}的效应往往可近似不计。

对于尺寸 $a_e \times b_e$（a_e、b_e 为等效尺寸）矩形贴片，其特征函数满足齐次波动方程及腔边界条件。有：

$$(\nabla^2 + k_{mn}^2)\varphi_{mn} = 0 \tag{10.37}$$

$$\frac{\partial \varphi_{mn}}{\partial n} = 0 \tag{10.38}$$

利用格林第一恒等式，经变换可得

$$k_{mn}^2 = \frac{\iint_{s'} |\nabla \varphi_{mn}|^2 \mathrm{d}s'}{\iint_{s'} |\varphi_{mn}|^2 \mathrm{d}s'} \tag{10.39}$$

式中，s'为包围源的表面。式（10.39）是波数的变分表示。对矩形微带天线有：

$$\begin{cases} \varphi_{mn} = \cos \dfrac{m\pi}{a_e} x \cos \dfrac{n\pi}{b_e} y \\ k_{mn} = \sqrt{\left(\dfrac{m\pi}{a_e}\right)^2 + \left(\dfrac{n\pi}{b_e}\right)^2} \end{cases} \tag{10.40}$$

把式（10.40）代入式（10.29）并用 k_{eff}代替 k 后，得出馈源点的电压，除以电流得出矩形贴片天线的输入阻抗：

$$Z_{\mathrm{in}} = \sum_{m,n} \frac{1}{G_{mn} + \mathrm{j}\left(\omega C_{mn} - \dfrac{1}{\omega L_{mn}}\right)} \tag{10.41}$$

式中：

$$G_{mn} = \omega \tan\delta_{\mathrm{eff}}/\alpha_{mn},\ C_{mn} = 1/\alpha_{mn},\ L_{mn} = \alpha_{mn}/\omega_{mn}^2,$$

$$\alpha_{mn} = \frac{h\delta_{0m}\delta_{0n}}{\varepsilon_0\varepsilon_r ab}\cos^2\left(\frac{m\pi x_0}{a_e}\right)\cos^2\left(\frac{n\pi y_0}{b_e}\right)\mathrm{J}_0\left(\frac{m\pi d_e}{2a_e}\right)$$

考虑到微带天线通常都工作于低阶模（如 TM_{01}）谐振频率附近，而远离其他谐振点，则上式简化为：

$$Z_{\mathrm{in}} = \frac{1}{G_{mn} + \mathrm{j}\left(\omega C_{mn} - \dfrac{1}{\omega L_{mn}}\right)} + \mathrm{j}\omega L' \tag{10.42}$$

其中，$L' = \sum_{(m',n') \neq (m,n)} \dfrac{\alpha_{m'n'}}{\omega_{m'n'}^2 - \omega_{mn}^2}$。由于$|\omega_{m'n'}^2 - \omega_{mn}^2|$大，$L'$很小，这样，微带天线的基本特性就如同一个 *RLC* 简单的并联谐振电路。当谐振时其输入电阻呈

最大值，对于工作于 TM_{01} 模时，可表示为：

$$R_{01}=R_{a}\cos^{2}\left(\frac{\pi y_{0}}{b_{e}}\right),R_{a}=\frac{120\lambda_{0}hQ}{\varepsilon_{r}ab} \tag{10.43}$$

可见在 y_0 处（a 边）R_{01} 最大，R_{01} 随 y_0 的增大而减小。R_a 一般为 100 ~ 300 Ω。为了与 50 Ω 馈线匹配，可根据上式将馈点移向贴片中部。

10.5　微带贴片天线设计示例

10.5.1　系统性能指标

根据系统环境要求和电路设计确定天线的性能指标如下：

（1）中心频率 $f_0=2.4$ GHz，带宽为 ±5 MHz。

（2）极化特性：线极化。

（3）要求的频带范围内，电压驻波比系数 VSWR≤2。

（4）输入阻抗：50 Ω。

（5）方向特性：考虑适应弹在飞行过程中的旋转特性，要求天线在与弹轴垂直的横截面（H 面）的方向图形可能为圆形。

（6）增益：$\theta=0°$（即天线测射方向），G≥4 dB。

（7）与弹体表面共形，需承受较大的压力和冲击力，温度范围大（-150 ~ +150 ℃），天线尺寸受弹体尺寸的限制。

10.5.2　基板材料、厚度与频带

设计的第一步是选择具有适当厚度的合适的介质基板。选择和评定基片是设计过程中极重要的一步。这是因为基板材料的 ε_r、$\tan\delta$ 值及其 h 直接影响着微带天线的一系列性能指标。

1. 对尺寸、体积和重量的影响

矩形微带天线贴片长度 L 与基片材料 ε_r 直接相关，ε_r 越大 L 值越小。当 L、W 取定后，则 h 的取值决定着天线的体积和重量。

2. 对方向特性的影响

如在传输线模型分析法中所述，矩形微带天线的 E 面方向图宽度与两辐射

边间距 L 有关。对于相同的工作频率采用不同 ε_r 的基板，则对应的 L 值不同，所以 E 面的波束宽度也就不同。

3. 对频带的影响

频带窄是微带天线的主要缺点之一。增大 h ，会使传输线特性阻抗增大，从而使频带变宽。ε_r 增大，一般会使带宽降低，从而提高对制造公差的要求。

4. 对辐射效率的影响

试验证明 h 对辐射效率有显著的影响，h 的增加可以使辐射效率增大。$\tan\delta$ 为介质损耗角正切，它的选取影响天线的效率，当 $\tan\delta$ 增加时会使馈电损耗增大。

在上述诸因素中，有的是相互制约的。例如，为了展宽频带和提高效率而增大基板厚度 h，但 h 的增加不但使重量增加而且破坏了低剖面特性，这在某些飞行器的应用中是很忌讳的。

工作环境是介质基板选择的另一重要因素，有些介质在高温时会发生翘曲，随温度变化尺寸发生变化，电性能也相应发生改变。材料的热胀系数及导热性要满足应用环境条件。在高速导弹、火箭、武器系统等的应用中，工作温度范围对性能的影响这方面的考虑是很重要的。另外介质基板的机械特性，比如可加工性、可塑性也必须满足使用要求。最后，性能价格比也是一个要考虑的因素。因此，在选择基片时，应考虑基片的许多性质：介电常数和损耗角正切以及它们随温度和频率的变化、均匀性、各向同性性、温度范围，尺寸随工艺过程、温度、湿度和老化的稳定性，基片厚度的均匀性等都是重要的因素。

现已有聚四氟乙烯、聚苯乙烯、聚烯烃、陶瓷等类的基片材料，使得在实际应用中，对基片的选择有相当大的灵活性。不过并没有一种理想的基片，因此选择原则倒不如说是取决于应用。

聚四氟乙烯（PTFE），因具有卓越的化学稳定性、宽广的耐高低温性、优异的电绝缘性、良好的阻燃性能和适中的机械强度，使它们在化学、电子电气、机械和军事工业中获得了广泛的应用。PTFE 具有以下优点：

（1）PTFE 具有十分宽广的使用温度范围，它可在 −250 ~ 260 ℃温度范围内长期使用，这是它重要的特性之一。

（2）PTFE 是一种高度非极性材料，具有极其优异的介电性能，在高频或超高频时，具有极小的介电常数和介质损耗角正切。而且突出地表现在 0 ℃以上时，介电性能不随频率和温度的变化而变化，也不受湿度和腐蚀性气体的影响。

（3）PTFE 的体积电阻率大于 $10^{17}\ \Omega \cdot \mathrm{cm}$，表面电阻率大于 $10^{16}\ \Omega$，在所有的工程塑料中处于最高水平。

（4）耐大气老化性十分突出，即使长期在大气中暴露，表面也不会产生任何变化。在将 PTFE 加工成制品时，也无须添加任何防老剂和稳定剂。

另外，介电常数较低的基片可增强产生辐射的边缘场，且在一定程度上可增加带宽。矩形微带贴片天线适合采用低介电常数的材料。

综合考虑以上各方面的要求，本系统天线采用 F_4B-2 聚四氟乙烯玻璃布双面覆铜箔板，其物理参数为 $\varepsilon_r = 2.55$，$\tan\delta = 0.0005$，$\sigma = 10^7$ S/m。F_4B-2 具有良好的电性能和较高机械强度，是优良的微波印制电路基板。

鉴于设计时带宽大就可以为加工留出更多的余地，减少机械加工的难度。因此，设计时要使天线的带宽尽可能大一些。但同时又考虑到天线是与弹体共形的，要将基板卷绕在弹体外面，h 也不宜取得过大。综合考虑，本系统设计时 h 取为 0.5 mm，带宽为 ±5 MHz。当基板厚度 $h < \dfrac{\lambda}{16}$时，VSWR≤2 的频带宽度的经验公式为：

$$\text{频带(MHz)} = 5.04 f^2 h \tag{10.44}$$

式中，f 是以 GHz 为单位的频率；h 是以 mm 为单位的基板厚度。用上式进行估算，取 $h = 0.5$ mm 时，$\Delta F = 14.5$ MHz，即 $\Delta F/f_0 = 0.6\%$（VSWR < 2）。满足技术要求。

10.5.3　天线尺寸的初步计算

在确定基板材料及其厚度后，应先确定最大可取的单元宽度 W。在安装尺寸允许的条件下 W 取得适当大些对频带、效率及阻抗匹配都有利，但当 W 尺寸大于下式给出的值时将产生高次模，从而引起场的畸变：

$$W = \frac{c}{2f_0}\left(\frac{\varepsilon_r + 1}{2}\right)^{-1/2} \tag{10.45}$$

式中，c 为光速；f_0 为谐振频率。将 ε_r 值代入式（10.45），得出最大可取的宽度 $W = 46.9$ mm。工作于主模 TM_{01} 模矩形微带天线贴片长度 L 近似为 $\lambda_g/2$，λ_g 为介质内波长。$\lambda_g = \lambda_0/\sqrt{\varepsilon_e}$，$\lambda_0$ 为自由空间波长，ε_e 为有效介电常数。由式（10.23），可知 ε_e 为

$$\varepsilon_e = \frac{\varepsilon_r + 1}{2} + \frac{\varepsilon_r - 1}{2}\left(1 + \frac{10h}{W}\right)^{-1/2} \tag{10.46}$$

但实际上由于边缘场的影响，在设计 L 的尺寸时应减去 $2\Delta L$。ΔL 的值由式（10.24）给出，即

$$\Delta L = 0.412h\frac{(\varepsilon_e + 0.3)(W/h + 0.264)}{(\varepsilon_e - 0.258)(W/h + 0.8)} \tag{10.47}$$

由式（10.26）有：

$$L = 0.5\lambda_g - 2\Delta L \tag{10.48}$$

根据上式，代入数据，于是计算得到 $\varepsilon_e = 2.51$，$\Delta L = 0.256$ mm，$L = 38.9$ mm。

10.5.4 馈电点位置的确定

首先求 Q 值，Q 是贴片的品质因数，再确定馈电点的位置。由式（10.31）有

$$\frac{1}{Q} = \frac{1}{Q_r} + \frac{1}{Q_{sw}} + \frac{1}{Q_c} + \frac{1}{Q_d}$$

由图 10.10，查得 $Q_r h/\lambda_0 = 0.7$，即 $Q_r = 175$。

由式（10.33）得：

$$Q_c = \pi h\sqrt{120\sigma/\lambda} = 4\ 866.9$$

由式（10.34）得：

$$Q_d = 1/\tan\delta = 2\ 000$$

由式（10.35）得：

$$Q_{sw} = \left[\frac{1}{3.4(\varepsilon_r - 1)^{\frac{1}{2}}h/\lambda_0} - 1\right]Q_r = 58Q_r \approx 10\ 150$$

$$Q = \left[\frac{1}{Q_r} + \frac{1}{Q_{sw}} + \frac{1}{Q_c} + \frac{1}{Q_d}\right]^{-1} = 153.4$$

基于弹表面面积的限制，单片矩形微带天线采用同轴馈电方式能够减小天线的尺寸。本系统馈电采用国产 SMA 同轴插座，阻抗为 50 Ω。根据式（10.43）得：

$$R_{in} = \frac{120\lambda_0 hQ}{\varepsilon_r WL}\cos^2\left(\frac{\pi x}{L}\right)$$

取 R_{in} 的值为 50 Ω，则计算得馈电点位置坐标为：$x = 13.5$ mm。

10.5.5 天线仿真

经软件 IE3D 进行仿真及优化设计，并进行调整，最后取定天线尺寸为：$W = 47$ mm，$L = 38.5$ mm，$x = 10$ mm。基板参数：$h = 0.5$ mm，$\varepsilon_r = 2.55$，$\tan\delta = 0.000\ 5$。同轴馈线：阻抗 50 Ω。带宽校验：$\text{FBW} = 1/\sqrt{2}Q \times 100\% \approx 0.46\%$，即 $\Delta F = 11.1$ MHz 满足技术要求。

基板尺寸的确定：从减小天线重量及安装面积和降低成本考虑，宽和长的尺寸应尽可能小，试验表明沿辐射元各边向外延伸 $\lambda_g/10$ 就可以了，即 8 mm。

以下为仿真所得的各参数图：

图 10.11 为矩形贴片图。

图 10.12 为其三维方向图。

图 10.13 为 $\theta=0°$时的增益图。

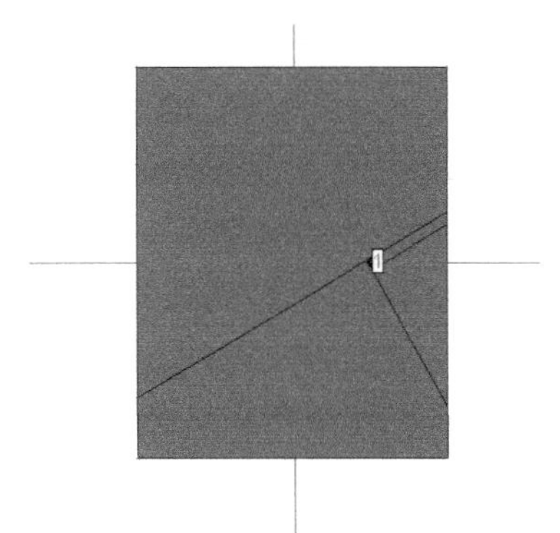

图 10.11　矩形贴片图（书后附彩插）

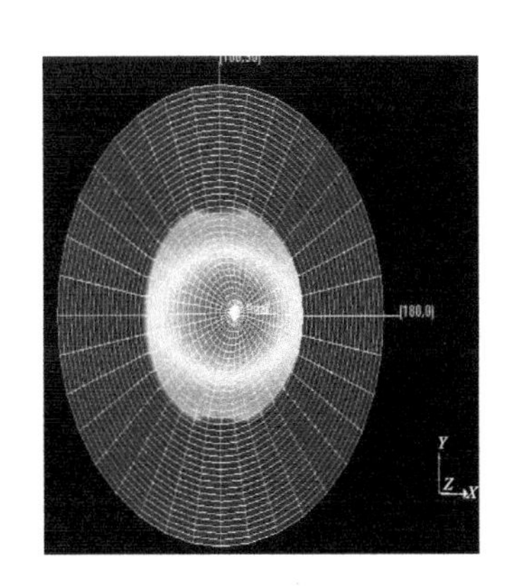

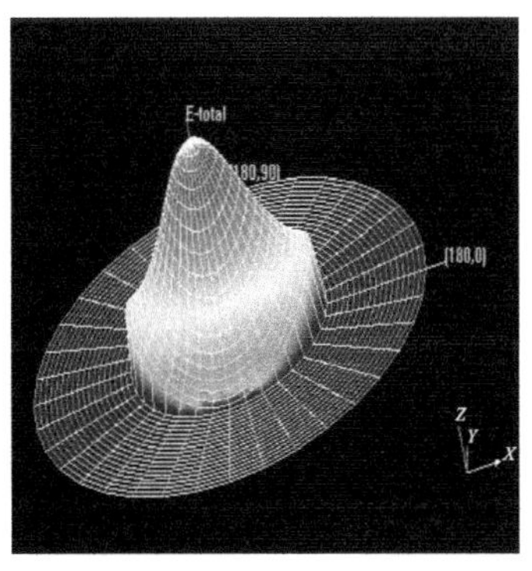

图 10.12　三维方向图（书后附彩插）

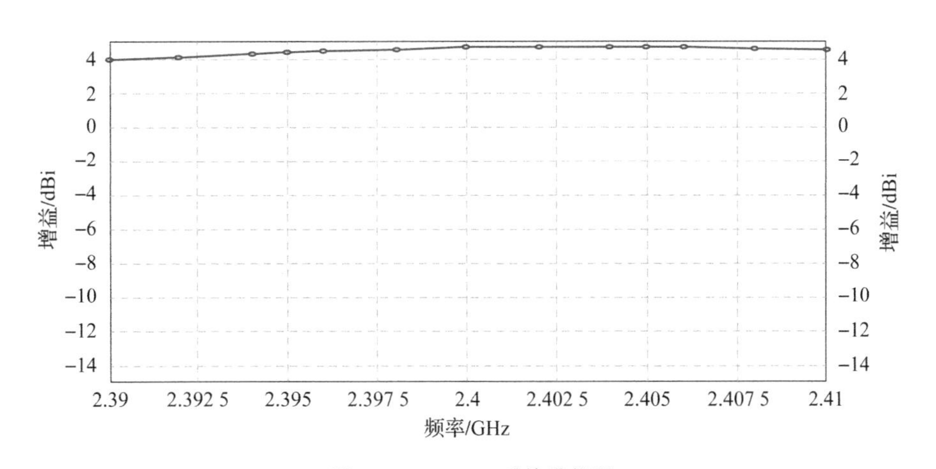

图 10.13　$\theta=0°$时的增益图

从图 10. 12 三维方向图不难看出，H 面方向图形近似为圆形，E 面方向图为半圆覆盖。从图 10. 13 可以看出，天线在所要求的频段内 $\theta = 0°$ 时其增益均大于 4 dB。

从表 10. 3 可以看出，天线在 2. 395 GHz 到 2. 41 GHz 之间的驻波比系数均小于 2。以上各参数均达到了性能指标中所规定的要求。

表 10. 3 驻波比系数 VSWR 的值

频率/GHz	2. 395	2. 396	2. 398	2. 4	2. 402	2. 404	2. 405	2. 406	2. 408	2. 41
Port 1	1. 964	1. 872	1. 716	1. 601	1. 535	1. 528	1. 546	1. 579	1. 681	1. 826

10. 5. 6 试验结果

按照图 9. 11 的原理框图制作原理样机，通过键盘输入装定数据。在噪声为 85 dB 的环境下试验，输入两个不同装定数据得到图 10. 14 所示的结果，从图中可以看出，引信接收解码后数据与输入装定数据基本一致，装定数据可靠度能满足要求。可见，弹载天线的设计和装定电路的设计均取得了预期的结果。

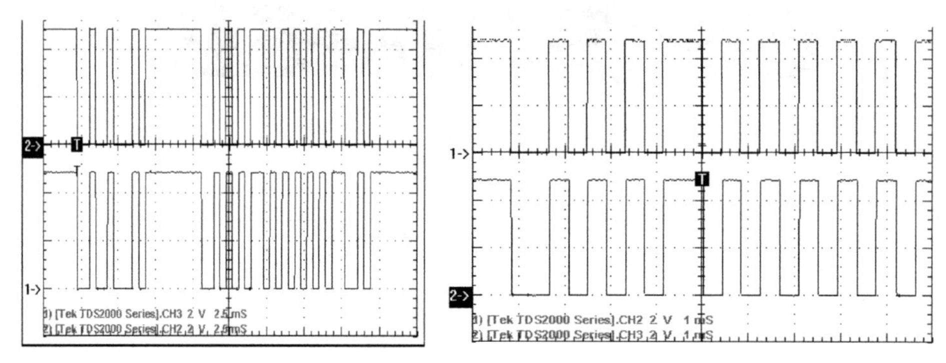

图 10. 14 试验结果

第11章

引信射频装定系统数据传输技术

由于需要在非常短的时间内将装定的信息从地面准确地传输到引信中去，而且装定信息的精度要求较高，所以，引信装定信息的数据编码方式是关键技术之一。为了在短时间内将装定数据正确传输到引信中，采用合适的信源和信道编码方法是非常重要的。信源编码技术在第6章已经进行了讨论，本章主要介绍射频装定系统信道编码技术、常用的检错码、信息传输的同步技术以及射频装定系统的编码设计。

11.1 引信信息射频装定系统的信道编码技术

11.1.1 信道编码的分类

数字通信要求传输过程中所造成的数码差错足够低。引起传输差错的根本原因是信道内存在噪声以及信道传输特性不理想所造成的码间串扰。通常，由于信道线性畸变所造成的码间串扰可以通过均衡的办法来消除。为此，我们常常只把信道的噪声作为造成传输差错的根本原因，为了提高数字通信系统的抗噪性能，可以采取增大发射功率、降低接收设备本身的噪声、选择好的调制与解调方式、加强天线的方向性等措施。但只能将差错减小到一定的程度。要进一步提高通信的可靠性，就需要采用信道编码技术，对可能或已经出现的差错进行控制。

信道编码是使不带规律性或规律性不强的原始数字信号变换为带上规律性或加强了规律性的数字信号，信道译码器则利用这些规律性来鉴别是否发生错误，或进而纠正错误。

为了在非常短的时间内将精度要求较高的装定数据正确传输到引信中，采用合适的编码方法是很重要的。一般来说，数据的编码应满足：①为了在非常短的时间内完成装定，码长要尽量短；②差错控制能力尽量大，以提高系统的传输可靠性；③编码规律简单，具体实现的装置简单、易于产生，成本低；

④与信道的差错特性尽量匹配等。可以用不同形式的代码来表示二进制的“1”和“0”。

从信道编码的功能区分，可划分为两类：一类是只能发现错误，称为检错编码；另一类是不仅可以发现错误，还能够自动加以纠正，称为纠错编码。

按编出的码组内部关系区分，又可分为线性编码和非线性编码。码组内表示信息的码元和起差错控制作用的码元（监督码元）之间的关系能用线性代数方程组予以描述的，称为线性编码。码组内信息码元和监督码元之间的关系不能用线性代数方程组描述的，称为非线性编码。

按对信息码元处理方法的不同，差错控制编码可分为分组码和卷积码。分组码是将信息码元序列划分成段落，每一段包含若干个信息码元（如 k 个），然后由这 k 个码元按一定规则产生出 r 个监督码元；信息码元和监督码元组合在一起，形成长度为 $n=k+r$ 的一个码组（或称码字）。在每个码字中，监督码元与本码组中的信息码元有关，与其他码组中的信息码元无关。而卷积码码组中的监督码元不仅与本码组中的信息码元有关，也与本码组相邻的前、后码组中的信息元有关。

11.1.2　差错控制的工作方式

差错控制的基本方式有4种：前向纠错（FEC），检错重传（ARQ），信息反馈（IRQ）和混合差错控制（HEC），如图11.1所示。

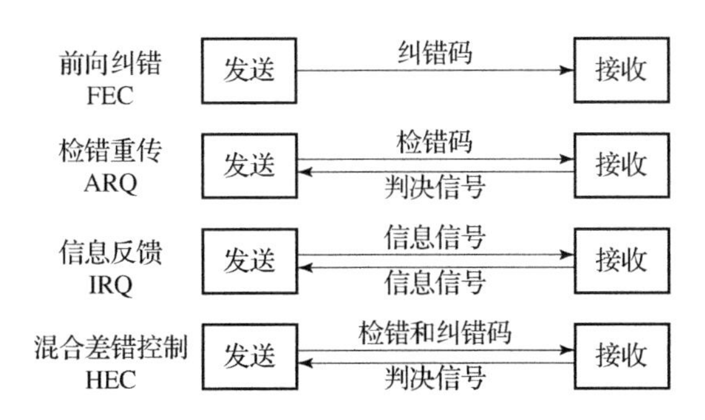

图11.1　差错控制的基本工作方式

（1）FEC是发送端将数字信息按一定规则附加多余码元组成有纠错能力的码，接收端收到码后，按预定的规则译码。若发现错误并确定其出错位置即进行纠正。前向纠错不要求反馈信道，纠错迅速、及时，具有恒定的信息传输速率。其主要缺点是：译码设备复杂，为了纠正较多的错码，需要附加的多余码较多。优点是能单向连续传输，适时性好。

（2）ARQ方式中设检错码，接收端对收到的码组进行检错，把判决信号通过反馈信道送回发送端，发送端根据判决信号将接收端认为错误的信号重发到发送端，直至码组无错为止。

ARQ 方式包括三种主要类型：发送等待型、连续工作型和混合型。在连续工作型中，可分为两种：往返重发 N 次型和选择性重发类型。发送等待型是一种最基本的 ARQ 方式，采用这种方式时，发送端每发出一个码组，将等待一段时间，以接收应答信号，根据收到的应答信号决定是发下一个新码还是重发上一码组。此方式多用于半双工通信及数据网之间的通信。

ARQ 方式的主要优点是只需少量的监督码元（为总码元数的 5%～20%）就能获得极低的输出误码率，与所用信道的差错统计概率无关，即对信道有良好的适应能力。由于无须纠错，该方式所需的编、译码设备比较简单。其缺点是要求双向信道，在信道干扰较大时，组码需要多次重发才能被接收端正常接收，通信效率较低。因此，对通信实时性要求较高的场合不适用。

（3）信息反馈记作 IF，又称反馈检验。接收端把收到的消息原封不动地通过反馈信道送回发送端，发送端把反馈回来的信息与原发送信息进行比较，从而发现错误，并把二者不一致的部分重发到接收端。由于没有纠错码，电路较简单，但需要反馈信道且传输效率低。

（4）HEC 是 FEC 和 ARQ 方式的结合。在该方式中，发送端发出的是具有纠错能力的码组。接收端在收到信号后，如果发现码组的差错个数在码的纠错能力之内，则自动进行纠错；如果差错个数太多，超过了码的纠错能力，但能被检测出来，则经反馈信道请求发送端重发该码组。HEC 具有 ARQ 和 FEC 的优点，在一定程度上避免了 FEC 复杂的编、译设备及不适应信道差错变化的缺点，克服了 ARQ 的信息连贯性差和通信速率低的缺点，是一种兼顾通信效率和通信可靠性较好的方式。

在数字通信系统中，是否采用差错控制方式及采用何种差错控制方式，要根据实际情况与要求而决定。通常应根据信道的差错统计特性、干扰的种类及对误码率大小的要求适当地进行选择。

在射频装定系统中，要在非常短的时间内将引信的装定时间准确地传输到引信中去，而且引信的装定精度要求较高，为使引信系统简单，采用单工通信，没有反馈信道，后三种纠错法不能使用。FEC 是冗余编码，数据量大。而以帧为单位的连续发送方法，在装定窗口中能收到 2 帧以上，已有数据冗余。为此，设计了检错重收的差错控制方式。其中检错采用最简单的奇偶校验码，在 14 位码元（待装定的时间数据）中插入两位校验码，接收时进行校验。如果在收到的第一帧数据中发现错误，则使用接收到的第二帧数据，这样可以降低误码率。在高速防空系统中一般均采用前向纠错方式。

11.1.3　常用检错码

用软件可以实现信道编码器的功能，由于软件功能灵活、修改方便的特点，可以有针对性地采用有效的编码方式，满足了引信通用化的要求。下面介绍完全可以由软件实现的常用信道编码。

1. 奇偶校验码

最常用的检错码是奇偶校验码，它在原编码的基础上增加一位奇偶校验位，使得整个编码的“码重”（编码中“1”的个数）固定为奇数（奇校验）或偶数（偶校验），在信息传输的过程中，如果有奇数位代码发生改变，码重的奇偶性就会发生变化，从而检查出差错；如果有偶数位代码发生改变，则码重的奇偶性不变，这时就检查不出差错。在奇偶校验中，合法代码的码重具有相同的奇偶性，则它们之间的码距大于或等于2，满足发现一个差错的条件。通过概率分析可以得知，如果发生一个差错的概率为 p，则发生两个差错的概率大约为 $p^2/2$，由于 p 是一个很小的值，因此发生更多差错的概率就更小。在发生差错，并且绝大多数都是出现一个差错的情况下，奇偶校验具有很高的实用性。奇偶校验码又称奇偶监督码，它只有一个监督元，是一种最简单，也是数据通信中应用最多的一种检错码。

在8051系列单片机中，编码是以字节为单位进行的，码长一般为8的整数倍。要判断一个字节编码中1的个数的奇偶性是很容易的，只要将这个字节的内容读入累加器ACC中，然后查看状态字PSW中的奇偶标志位P（PSW.0）即可。

2. 和校验

当干扰持续时间很短（如常见的尖峰干扰）时，差错一般是单个出现的，这时采用奇偶校验可以有效地达到检错的目的，但也有一些突发性干扰的出现时间较长（如雷电、电源波动等），引起连续的几个差错。在进行信息存储时，存储介质的缺陷也会引起连续的几个差错。如果差错的个数是2、4、6个，这时可以采用“和校验”。

如果一串信息有 n 个字节，可以对这 n 个字节进行“加”运算，然后将结果附在 n 字节信息后面一起传送，这附加的字节就是“校验和”。接收方按相同的算法对这 n 个字节信息进行运算，将运算结果和附加的校验字节进行比较，从而判断有无差错。

3. 循环冗余校验码（CRC）

虽然采用“和校验”可以发现几个连续位的差错，但不能检测出信息之间的顺序差错（任意交换各字节之间的位置，其校验和不变），检错能力有限。现在应用最广泛、功能最强大的检错码是循环冗余校验码（CRC）。CRC的基本原理是将一段信息看成一个很长的二进制数，然后用特定的数去除它，最后将余数作为校验码附在信息代码之后一起传送。在进行接收时进行同样的处理，如有差错就可以发现。

4. 行列监督码

行列监督码也叫方阵校验码，这种码不仅可克服奇偶监督码不能发现偶数个差错的缺点，还可以纠正某些位置的错码。其原理与简单的奇偶监督码相似，不同点在于每个码元都要受到纵、横两个方向的监督。行列监督码实质上是运用矩阵变换，把突发差错变成独立差错加以处理。因为这种方法比较简单，所以被认为是抗突发差错很有效的手段。

5. 等比码

等比码又称比码、恒比码或等重码（非零码组中“1”码的个数称为重码）。等比码每个码组中，“0”和“1”的个数之比都是恒定的。在检测等比码时，通过计算接收码组中“1”的数目，判定传输有无错误。这种码除了“1”错成“0”和“0”错成“1”成对出现的错误以外，还能发现其他所有形式的错误，因此检错能力很强。

11.2 信息传输同步技术

通信中的同步主要有载波同步、位同步、群同步几种。

（1）载波同步是为了在接收端获得相干载波。设计中对FSK信号的解调采用非相干解调法，这样可使设备简单，降低成本，因而不需要恢复载波，即可不考虑载波同步。

（2）位同步是指发送端和接收端控制波特率的时钟在频率和相位上的固定关系。位同步方法一种是在基带信号内插入导频，采用这种方法需要在接收端恢复导频，设备较为复杂。另一种是直接法，即直接从数字基带信号中提取位同步信号。直接法通常使用滤波法和锁相法。对于装定系统，由于数据长度和通信时间很短，在使用高精度时钟的情况下，发送端和接收端的时钟频率误差影响很小，所以在此设计中采用相位校正法。这种方法采用不归零的二进制编码，编码时使其基频成分丰富。接收端采用独立的时钟，并从数据中提取基频成分生成校正脉冲，对时钟的相位进行校正，使之同步于发送端的时钟，如图 11.2 所示。这种方法的优点是接收设备非常简单。

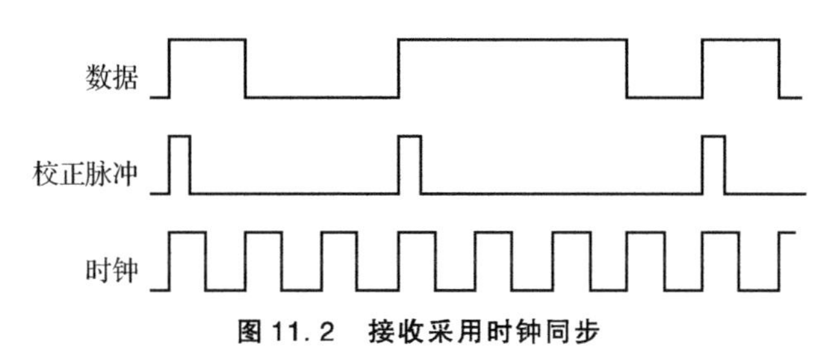

图 11.2　接收采用时钟同步

（3）群同步是整个信息包的同步，这在装定系统中尤为重要。因为装定窗口特性决定了信道的可用时间非常短，信息包的发送时刻就要很精确。在有测速线圈的装定系统中，群同步很容易实现，当测速线圈测到弹丸时，经一个延时，发送装定数据，这时引信刚好处于装定线圈中。从通信的角度看，相当于群同步信号有一个单独的信道。对于不测速的单线圈装定系统，群同步的实现就要从编码上加以考虑。对此，我们采用了以帧为单位的连续发送方法。每一帧数据包含完整的装定信息，并加有起止式同步码，引信在通过装定窗口时，会收到 3 帧以上的数据，如图 11.3 所示。这样做的另一个好处是有利于纠错。

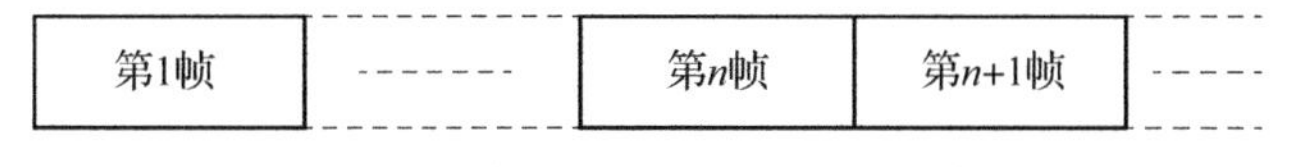

图 11.3　发送与接收的信号帧示意图

11.3　射频装定系统编码设计

11.3.1　数据通信协议

射频装定系统的数据通信协议主要包括数据的编码形式、调制解调方式、同步方式、数据帧的组成和数据传输速率等部分。

1. 编码形式

数据编码采用脉冲数字编码装定（二进制编码）。

2. 调制解调方式

射频装定系统的调制方式选用2FSK调制方式，解调方式则采用包络检波法。

3. 同步方式

采用位同步。

4. 校验码

为了检验所传输的比特流中每一位数据正确与否，需在待传输的数据中加入一个额外的码元，这些码元就是检验码。本系统在每帧数据中加入一位取反的奇偶校验码，即数据码元为“1”的个数为奇数时校验码为“0”（否则为“1”）。

5. 数据帧的组成

帧同步使用起止式同步法，同步码由起始码与停止码构成。

6. 数据传输速率

系统设计装定窗口时间为10 ms。为了满足信息装定的可靠性，要求在装定窗口至少接收数据帧三次，由于数据帧为26位，即在10 ms时间内，引信至少要能接收到84位数据。满足这样的要求，数据的传输波特率为8.4 kbit/s。系统设计实际的数据的传输波特率为50 kbit/s。按照50 kbit/s的速率，引信在装定的窗口内至少可以接收到17帧数据，完全满足要求。

11.3.2 装定数据编码设计

1. 信息位的确定

系统设计的引信作用方式有碰炸、近炸和定时炸三种，则方式选择需2位二进制编码。

系统设计的最大装定定时时间为30 s，时间间隔为2 ms，总共约有15 000个分划。二进制编码需要14位，因此若不加校验码，总共需要16位二进制编码。但是，16 位编码中还是有冗余。若选择碰炸和近炸方式，则 14 位定时时间无效。所以 14 位数据足以传送所有装定信息。

不带校验位的数据长度为 14 位。共可表示 $2^{14}=16\ 384$ 个不同码。

约定碰炸：00000000000010，表示碰炸；

约定近炸：00000000000110，表示近炸。

电子定时：NNNNNNNNNNNNNN，－N 表示定时分划。

接收机解码后若前 12 位均为“0”，后两位为“10”则判定为碰炸状态；接收机解码后若前 11 位均为“0”，后三位为“110”则判定为近炸状态；若前 12 位不全为“0”，则作用方式为电子定时。

2. 校验码

将 14 位数据码分成两段 7 位码，每段加入一位校验码，构成总共 16 位的发送数据。校验码采用取反的奇偶校验码，即前 7 位码元为“1”的个数为奇数时校验码为“0”。这样，每字节的数据不可能出现 0FFH 即 8 位全为“1”的情况，以区别于停止码。

3. 群同步（帧同步）方式

帧同步使用起止式同步法，同步码由起始码与停止码构成。在每一字节数据前插入一位“0”作为起始码。在两个字节数据后加入 8 位“1”作为停止码。因为数据不可能 8 位全为“1”，所以停止码不会与数据混淆。接收电路根据起始码与停止码来识别每一帧的数据。

4. 数据帧的构成

每帧数据由 2 字节数据和 2 位起始位、8 位停止位构成。数据高位在前，校验位在后。每帧数据总长为 26 位。图 11.4 为一帧数据构成。

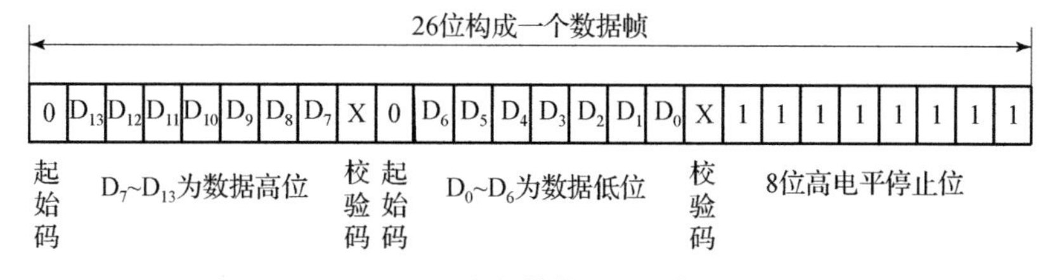

图 11.4　数据帧的组成示意图

引信装定的数据传输技术是实现引信系统与火控系统信息交联的射频装定的关键技术之一。上述数据传输方案已通过试验系统得以实现，工作可靠。

11.3.3 作用方式

1. 碰炸作用方式

发火控制电路如图 11.5 所示。发火回路由限流电阻 R_1，储能电容 C_1，电雷管及闸流管 X_1 组成。发射后电池经过限流电阻 R_1 对储能电容 C_1 充电，当闸流管导通时，C_1 存储的能量通过电雷管释放，引爆电雷管。C_1 的取值由电雷管起爆能量和发火电压决定，限流电阻的取值要控制 C_1 充电的时间常数，以保证在安全距离内储能电容的电压不高于电雷管的最低发火电压。限流电阻的另一功能是使充电电流小于电雷管的安全电流，并且在解除保险前电雷管短路开关是闭合的，因而保证了充电过程中电雷管的安全性。

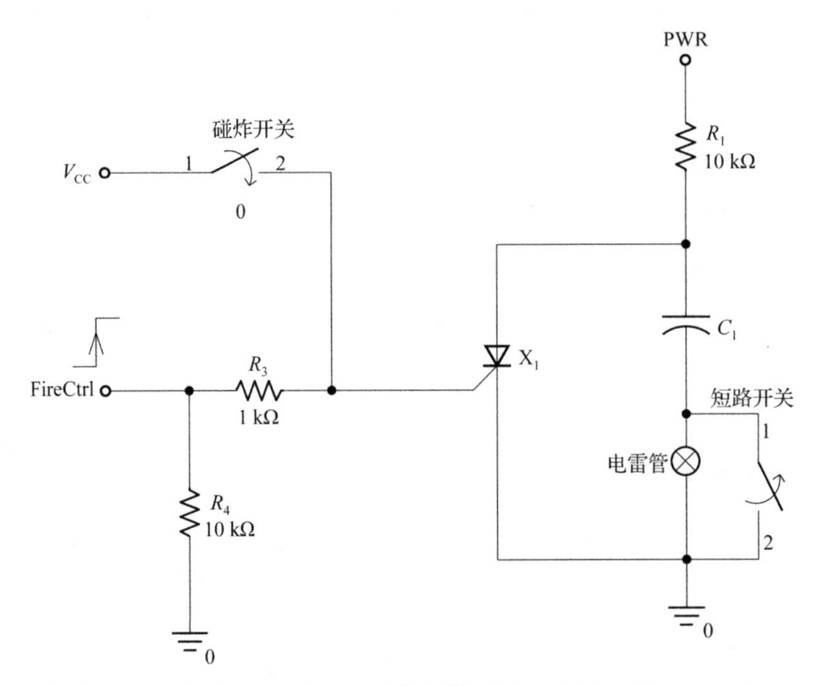

图 11.5 发火控制电路

控制电路由单片机、下拉电阻 R_4、隔离电阻 R_3 及碰炸开关组成。正常发火和自毁发火信号由单片机输出口提供，由于单片机复位后的缺省状态是开漏输出，因此配置了下拉电阻 R_4 将该引脚电位拉低，以确保安全。由于引信要求碰炸优先发火，因而闸流管的控制端经碰炸开关接至高电平，一旦开关闭合，闸流管将立即导通。由于单片机的输出脚在输出发火信号前是低电平，因此需在碰炸开关和单片机输出引脚间配置隔离电阻，以保证碰炸开关的可靠作用。

碰炸开关位于引信头部的风帽中，风帽顶部设计为双层结构，中间通过绝缘环起保护作用。碰炸开关的作用通过引信碰目标后的变形得到，碰炸开关的两极通过下部接线引入发火控制回路。火箭弹承载能力大，预制破片弹空炸后在空中形成的弹幕面积大，预制破片弹空炸后在空中形成的弹幕的弹片在空中有一定的存续时间，在这个时间内，向弹幕发射弹药，采用碰炸方式，可以使弹药在弹幕处引爆，增加弹幕的弹片密度和弹幕在预定位置上存续的时间，确保对来袭目标的毁伤。

2. 近炸作用方式

一般来说，空炸引信的炸点控制主要通过近炸和定距两种方式来实现。近炸方式依靠目标物理场的特性感知到目标的存在并探测相对目标的速度、距离和方向，在靠近目标最有利的距离上控制弹药爆炸的作用方式。

本设计是在 5 000 m 范围内，由火控雷达发射脉冲调幅波、火箭弹引信接收雷达的辐射波和空袭目标的反射波，根据多普勒信号定距空炸，设计近炸距离为 9 m。图 11.6 为雷达信号、火箭弹和来袭目标的相对运动示意图。

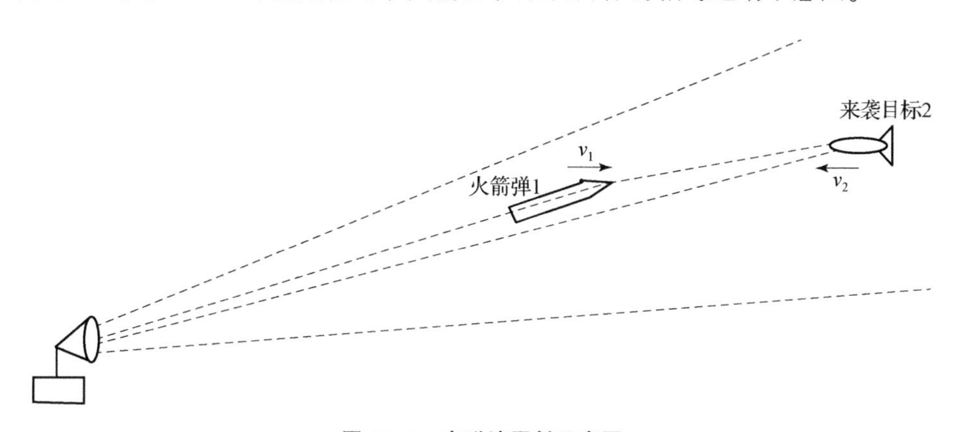

图 11.6　电磁波照射示意图

引信接收到的直射波信号和反射波信号分别被不同的多普勒信号调制。设火箭弹飞行存速为 v_1，来袭目标速度为 v_2，火箭弹与雷达之间的距离为 R，火箭弹与来袭目标之间的距离为 S。雷达发射的脉冲调幅波为：

$$u(t) = U\cos(\omega_0 t + \varphi) \tag{11.1}$$

式中，U 为发射信号的幅度；ω_0 为发射信号的频率；φ 为初相位。多普勒频率计算如下。

引信接收到的雷达直射波信号为：

$$u(t)=U\cos[\omega_0(t-\tau)+\varphi] \tag{11.2}$$

式中，τ 是电磁波从雷达传输到引信所需的时间，$\tau=R/c$，其中 c 为光速。产生的多普勒频率 $f_d=v_1/\lambda$。由于引信是远离雷达的，因此，接收雷达直射波信号为：

$$u(t)=U'\cos[2\pi(f_0-f_d)t+\varphi] \tag{11.3}$$

引信接收经来袭目标反射回来的反射信号为：

$$u(t)=U''\cos[2\pi(f_0-f_d)(t-\tau_s)+\varphi] \tag{11.4}$$

式中，τ_s 是电磁波在引信与来袭目标之间往返所需的时间，$\tau_s=2S/c$，产生的多普勒频率 $f_{ds}=2v_{12}/\lambda$，其中 v_{12} 为引信与来袭目标的相对速度，即 $v_{12}=v_1+v_2$。

因此。经来袭目标反射至引信的反射信号为：

$$u(t)=U''\cos[2\pi(f_0-f_d+f_{ds})t+\varphi] \tag{11.5}$$

直射波与反射波共同作用于引信的接收天线，经平方律检波，得到：

$$\begin{aligned}u_x(t)&=\{U'\cos[2\pi(f_0-f_d)t+\varphi]+U''\cos[2\pi(f_0-f_d+f_{ds})t+\varphi]^2\\&=\{U'\cos[2\pi(f_0-f_d)t+\varphi]\}^2+\{U''\cos[2\pi(f_0-f_d+f_{ds}6)t+\varphi]\}^2+\\&\quad 2U'U''\cos[2\pi(f_0-f_d)t+\varphi]\cos[2\pi(f_0-f_d+f_{ds})t+\varphi]\\&=\{1+\cos2[2\pi(f_0-f_d)t+\varphi]U'/2+\{1+\cos2[2\pi(f_0-f_d+f_{ds})t+\varphi]U''/2+\\&\quad U'U''\{\cos\{[2\pi(f_0-f_d)t+\varphi]+[2\pi(f_0-f_d+f_{ds})t+\varphi]\}+\\&\quad \cos\{[2\pi(f_0-f_d)t+\varphi]-[2\pi(f_0-f_d+f_{ds})t+\varphi]\}\}\end{aligned} \tag{11.6}$$

再经低通滤波器滤除高频分量和直流分量，得到：

$$\begin{aligned}u_d(t)&=U'U''\cos\{[2\pi(f_0-f_d)t+\varphi]-[2\pi(f_0-f_d+f_{ds})t+\varphi]\}\\&=U_d\cos(f_{ds}t+\varphi)\end{aligned} \tag{11.7}$$

式中，$U_d=U'U''$为多普勒信号的幅度。图 11.7 为引信接收信号的波形图。

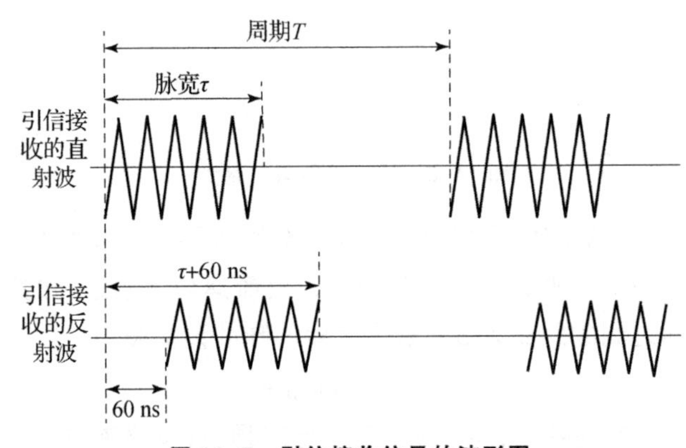

图 11.7　引信接收信号的波形图

从图 11.7 可以看到，当引信定距为 9 m 时，引信接收到的直射波和反射

波的持续时间为 $\tau + 60$ ns。因此，当雷达发射的脉冲宽度已知，可根据直射波和反射波的时间，确定引信和来袭目标的直线距离。

3. 定时作用方式

发射平台的雷达系统探测到目标后，根据弹丸的平均初速计算出火炮的射击诸元和引信的作用时间，并把它们分别赋予火控系统和引信的装定发射装置。然后将此作用时间以射频方式给引信装定，引信在弹丸飞行过程中精确计时，当达到装定的作用时间时引爆弹丸。系统设计的最大装定定时时间为 30 s，时间分划为 2 ms。

4. 预定作用方式

该系统设计除碰炸、近炸和定时炸作用方式外，还设置了预定作用方式。引信若在装定区内没有能接收到正确的一帧装定信息，单片机控制程序将转入内部预定工作方式，取出寄存器中预定的时间量（设计预定工作时间为 15 s），按预定的时间控制弹药起爆，以防止发生意外。不过这种情况发生的概率极低。

第12章

电磁波在等离子体中的传播特性

在火箭弹引信射频装定中，火箭弹工作的发动机喷焰会对电磁波的传输产生不利的影响。其影响主要表现在两个方面。一方面，火箭弹发动机喷射的尾焰含有高浓度和湍动非常激烈的非均匀的金属离子场，它们对电磁波有衰减和反射作用；另一方面，火箭弹发动机喷射的尾焰的高温射流会产生少量电离空气，在装定区形成等离子气，等离子气会对电磁波产生影响。对于前者，可以通过选取合适的装定窗口，避免其影响。本章讨论等离子体对电磁波传输的影响。

12.1 等离子体的频率

自从20世纪60年代起，美国和苏联观测到航天器进入大气层造成的通信中断以及高空核爆炸形成的宽达数百千米的雷达黑障时，人们已经意识到等离子体对电磁波有明显的屏蔽作用。

根据经典的物质结构理论，一切宏观物体都是由大量分子或原子组成的；所有分子都处于永不停息的无规则热运动中；同时，分子间还存在着分子力。这就构成了物质不同的聚集态。固体分子之间的作用力比较强，因此它能保持一定形状，如果使固体分子获得足够的能量，比如对它加热使其温度升高，则分子无规则热运动加剧，从而使固体分子间的约束减弱，分子间虽不会散开，但已不能保持固定形状，这时物质由固态变为液态。在外界进一步提供能量的情况下，液体分子无规则热运动进一步加剧，若分子力无法保持它们之间的平均距离，分子之间相互分散远离，分子的运动几乎是自由的，这就表现为气态。如果再对气体提供足够的能量，当气体的温度足够高时，构成分子的原子也获得足够大的动能，开始彼此分离，如果能量大到一定程度，一部分原子外层电子就会摆脱原子核的束缚成为自由电子，失去电子的原子变成带正电的离子，这个过程就是气体的电离。发生了电离的气体（无论是部分电离还是完全电离），称为电离气体。任何由中性粒子组成的普通气体，只要外界供给能量，使其温度升到足够高时，总可以成为等离子体。当气体中有足够多的原子被电离后，这种电离的气体已不是原来的气体了，而转化成新的物态——等离子态。等离子体具有很好的导电性，并在宏观上保持电中性。在普通气体中，即使只有 0.1% 的气体被电离，这种电离气体已是有了很好的等离子体性质，如果有 1% 的气体被电离，这样等离子体便成了电导率很大的理想导电体。等离子体产生的方法有多种，例如热致电离、气体放电、高能粒子轰击、激光照射等方法都能使气体电离成为等离子体。在军事上，核爆炸、放射性同位素的射线，高超音速飞行器的激波，燃料中掺有铯、钾、钠等易电离成分的火箭和喷气式飞机的射流，都可以形成弱电离等离子体。等离子体对电磁波的传播有很大的影响。在一定条件下，等离子体能够反射电磁波；在另一种条件下，又能够吸收电磁波。当存在磁场时，在等离子体中沿磁场方向传播的电磁波极化方向会产生所谓的法拉第旋转，从而使雷达接收的回波极化方向与反射时不一致，造成极化失真。

火箭弹发动机喷射的尾焰的高温射流会产生电离空气，在装定区形成等离子气（等离子体）。等离子体的频率是等离子体的重要特征。表征等离子体性质的重要参数之一是它的电子朗缪尔频率，通常称为等离子体频率 ω_p，它的量值取决于等离子体的自由电子密度 n_e。

等离子体的频率是指等离子体的一种电子的集体振荡频率，频率的大小表示了等离子体对电中性破坏反应的快慢。设等离子体的密度为 n_e，由于小扰动而引起的振荡电场的形式为 $E = E_0 e^{i\omega_e t}$，电子在电场中的运动方程为：

$$m_e \frac{dv}{dt} = eE_0 e^{i\omega_e t} \tag{12.1}$$

积分得

$$v = \frac{eE_0}{i\omega_e m_e} e^{i\omega_e t} \tag{12.2}$$

如忽略离子电流，则等离子体中的净电流密度为：

$$j = n_e ev = \frac{n_e e^2 E_0}{i\omega_e m_e} e^{i\omega_e t} \tag{12.3}$$

这里我们假设磁场 $B=0$，则把上式代入麦克斯韦方程

$$\varepsilon_0 \frac{\partial E}{\partial t} + j = 0 \tag{12.4}$$

即得

$$\left(i\omega_e + \frac{n_e e^2}{i\varepsilon_0 \omega_e m_e}\right) E_0 e^{i\omega_e t} = 0 \tag{12.5}$$

要使上式等于零，那必须

$$i\omega_e + \frac{n_e e^2}{i\varepsilon_0 \omega_e m_e} = 0 \tag{12.6}$$

将上式乘上 i，即得：

$$\omega_e^2 = \frac{n_e e^2}{\varepsilon_0 m_e} \tag{12.7}$$

如果用 ω_{pe} 表示电子振荡角频率，则

$$\omega_{pe} = \sqrt{\frac{n_e e^2}{\varepsilon_0 m_e}} \tag{12.8}$$

式中，e（$e = 1.602 \times 1^{-19}$C）为电子电量；ε_0（$\varepsilon_0 = 8.854 \times 10^{-12}$ F/m）为真空的介电常数；m_e（$m_e = 9.109 \times 10^{-31}$ kg）为电子质量。由于某种扰动，形成等离子体内部电子的集体振荡。在振荡过程中，不断进行着粒子热运动能与静电位能的转换，最后将由于碰撞阻尼或其他形成的阻尼而把能量耗散，使振荡终止。

上面的讨论只涉及等离子体电子的振荡，在实际等离子体内，可以用类似的方法去讨论离子振荡。其离子振荡角频率，参照式（12.8）得出：

$$\omega_{pi} = \sqrt{\frac{n_e e^2}{\varepsilon_0 m_i}} \tag{12.9}$$

式中，m_i 为离子质量。由于 $m_i \gg m_e$，$\omega_{pi} \ll \omega_{pe}$，因为我们把电子振荡频率称为等离子体振荡频率 ω_p，所以可近似用下式表示

$$\omega_p \approx \omega_{pe} = \sqrt{\frac{n_e e^2}{\varepsilon_0 m_e}}$$

式中，n_e 为每立方米的电子数（即电子密度）。这个频率称为等离子体频率。表 12.1 为不同电子密度对应的等离子体振荡频率（$f = \omega_p/2\pi$）。

表 12.1　等离子体最小自由电子数密度估计

频率/MHz	波长/cm	数密度/m^{-3}
100	300	$1.240\,6 \times 10^{14}$
300	100	$1.397\,3 \times 10^{15}$
1 000	30	$1.240\,6 \times 10^{16}$
2 000	15	$4.962\,4 \times 10^{16}$
4 000	7.5	$1.984\,9 \times 10^{17}$

续表

频率/MHz	波长/cm	数密度/m^{-3}
8 000	3.75	$7.939\,8\times10^{17}$
12 000	2.5	$1.786\,4\times10^{19}$

根据无场冷等离子体色散关系：$\omega^2=\omega_p^2+k^2c^2$（其中 $k=\dfrac{2\pi}{\lambda}$为波数，c 为光速），则可得冷等离子体中传播的平面电磁波的相速度和群速度为：

$$v_p=\frac{\omega}{k}=\frac{c}{\sqrt{1-\left(\dfrac{\omega_p}{\omega}\right)^2}} \tag{12.10}$$

$$v_g=\frac{d\omega}{dk}=\frac{kc^2}{\omega}=\frac{c}{\sqrt{1+\left(\dfrac{\omega_p}{\omega}\right)^2}} \tag{12.11}$$

由上式知，当 $\omega>\omega_p$ 时，相速度为实数，说明这种频率能传播。但当频率为 $0<\omega<\omega_p$ 时，相速度为虚数，表示电磁波不能传播。因此，等离子体频率 ω_p 又称为截止频率。

根据电磁波在等离子体内传播的特性，在对火箭引信信息射频装定的过程中，必须选择载波频率大于等离子体的振荡频率。

12.2　等离子体的电参量

由于介质的电磁性质可以用介电常数 ε、电导率 σ 和磁导率 μ 来表示，在电离层中 $\mu\approx\mu_0$，因此只需讨论前两个物理量就能了解介质的电磁特性。等离子体可被当作具有某种电参量 ε 和 σ 的连续媒质来研究。

在电场力的作用下，电子产生的平均位移为 $\vec{r}$，电子在磁场中受到洛伦兹力 $e\left(\dfrac{\partial r}{\partial t}\right)\times B$ 的作用，使电子绕磁场方向做旋转运动。同时电子还存在杂乱无章的热运动，相互之间存在碰撞，于是电子的运动方程为：

$$m_e\frac{\partial^2 r}{\partial t^2}+m_e v\frac{\partial r}{\partial t}=e\vec{E}+e\frac{\partial r}{\partial t}\times\vec{B} \tag{12.12}$$

式中，m_e 为电子质量；e 为电子电量；v 为电子平均碰撞频率（即单位时间里碰撞次数）（由于离子比电子重得多，所以不考虑离子的运动）。下面我们分析有碰撞（$v \neq 0$），但无外磁场（$B=0$）的情况。在没有波场的情况下，电子仅存在无规则热运动；但当有波场时，在热运动上会附加由波场引起的电子规则运动，介质中存在传导电流。由于不考虑外磁场，式（12.12）可化为：

$$m_e \frac{\partial^2 r}{\partial t^2} + m_e v \frac{\partial r}{\partial t} = e\vec{E} \tag{12.13}$$

化简得：

$$m_e \frac{\partial \vec{V}}{\partial t} + m_e v\vec{V} = e\vec{E} \tag{12.14}$$

此方程的解取如下形式：

$$\vec{V} = A\mathrm{e}^{\mathrm{j}\omega t} \tag{12.15}$$

将式（12.15）代入式（12.14）得：

$$\vec{V} = \frac{e\vec{E}}{m_e(\mathrm{j}\omega + v)} \tag{12.16}$$

如以 $\vec{V}$ 表示电子运动的速度，以 n_e 表示单位体积中的电子数，则电子运动产生的电流密度$\vec{J_1}$可表示为：

$$J_1 = n_e e\vec{V} = \frac{n_e e^2}{m_e(\mathrm{j}\omega + v)} \vec{E} \tag{12.17}$$

由麦克斯韦方程可知：

$$\nabla \times \vec{H} = \vec{J} + \varepsilon_0 \frac{\partial \vec{D}}{\partial t} = \vec{J_1} + \varepsilon_0 \frac{\partial \vec{E}}{\partial t} = \varepsilon_0 \left[\frac{n_e e^2}{m\omega_e \varepsilon_0(\mathrm{j}v - \omega)} + 1\right]\frac{\partial \vec{E}}{\partial t} \tag{12.18}$$

因为 $\omega_p \approx \omega_{pe} = \sqrt{\dfrac{n_e e^2}{\varepsilon_0 m_e}} = 2\pi f_p$，所以式（12.18）可写为

$$\nabla \times \vec{H} = \varepsilon_0 \left[1 - \frac{\omega_p^2}{\omega(\omega - \mathrm{j}v)}\right]\frac{\partial \vec{E}}{\partial t} \tag{12.19}$$

因为 $\varepsilon = \varepsilon_0 \varepsilon_r$，所以相对介电常数为

$$\varepsilon_r = 1 - \frac{\omega_p^2}{\omega(\omega - \mathrm{j}v)} = 1 - \frac{n_e e^2}{m_e \varepsilon_0 \omega(\omega - \mathrm{j}v)} \tag{12.20}$$

式（12.18）还可以做以下化简为：

$$\nabla \times \vec{H} = \varepsilon_0 \left[1 - \frac{n_e e^2}{m_e \varepsilon_0 (v^2 + \omega^2)}\right]\frac{\partial \vec{E}}{\partial t} + \frac{n_e e^2 v}{m_e(v^2 + \omega^2)}\vec{E} = \varepsilon \frac{\partial \vec{E}}{\partial t} + \sigma \vec{E} \tag{12.21}$$

其中

$$\varepsilon=\varepsilon_0\left[1-\frac{n_e e^2}{m_e\varepsilon_0(v^2+\omega^2)}\right] \tag{12.22}$$

$$\sigma=\frac{n_e e^2 v}{m_e(v^2+\omega^2)} \tag{12.23}$$

从式（12.22）和式（12.23）可以看出，介质参量 ε、σ 与频率有关，即等离子体是色散介质。此外，由于电子浓度 n_e 随空间而变，ε 和 σ 也随之改变，所以电离层是不均匀介质。当考虑电子碰撞时，电离层是有耗介质。

由于等离子体是一种色散媒质，它对电磁波的折射率 ρ 与电磁波的角频率 ω 有关，如式

$$\rho=\sqrt{1-\frac{\omega_p}{\omega^2}}=\sqrt{1-\frac{n_e e^2}{\varepsilon_0 m_e\omega^2}} \tag{12.24}$$

由式（12.24）可知，$\omega>\omega_p$时 ρ 为实数，电磁波传播速度 $v=c/\rho$ 也是实数，在一般情况下，等离子体不具有锐边界，它的自由电子密度在边界处较小，越深入等离子体，电子密度越大。在这种情况下，电磁波可透过边界进入等离子体。但当电磁波传播到具有临界电子密度，即 $\omega=\omega_p$，折射率 $\rho=0$ 的位置附近时，会被截止、反射。$\omega>\omega_p$的电磁波虽可在等离子体中传播，但要被等离子体吸收而逐渐衰减。等离子体对电磁波的吸收是由两方面原因造成的，原因之一是碰撞。电磁波的电场对电子做功，电子获得动能，再通过它与中性粒子、离子和其他电子的碰撞，把这种能量转换为粒子无规则运动的能量。原因之二是辐射，加速运动的电子，通过辐射失去从电磁波得到的能量。理论计算证明，第一个原因是主要的。对中性分子占绝大多数的弱电离等离子体，电子同中性分子的碰撞又是主要的。运用统计理论，可以推算出电子与中性分子的碰撞频率满足下式

$$v=\frac{3\pi}{4}a_2 VN \tag{12.25}$$

式中，a 为分子的等效直径；V 为电子的算术平均速率；N 为中性分子数密度。

角频率为 ω 的电磁波在均匀等离子体中传播距离 S 时，理论上计算其能量衰减的分贝数 L 为

$$L=\frac{18n_e vS}{\omega^2+v^2} \tag{12.26}$$

由式（12.26）可以看出，当 n_e 较大时，ω 值十分接近 v 值的电磁波会被等离子体强烈吸收。

12.3 相关试验

美国综合电气公司电子学实验室在1974年对两种炮弹和火箭弹做射频装定试验，试验示意图如图12.1所示。其中，火箭弹的口径为2.75英寸（约70 mm），弹长46英寸，发动机工作时间为1.5 s。天线为四个沿弹头四周均匀分布的隙缝，材料为聚四氟乙烯，抗冲击为28 000 g。射频装定发射机的载频为9.4 GHz。

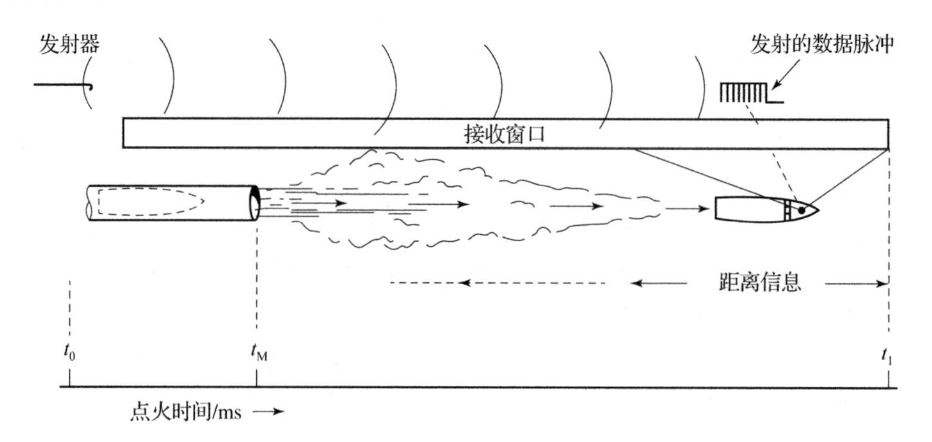

图12.1 试验示意图

如图12.1所示，发射天线置于合适的位置（具体取决于炮管长度和炮的类型）。在时间t_0处炮弹击发，在时间t_M处炮弹飞出炮口。从这一时间开始，弹内电源开始趋于稳定，无线收发电路和MCU控制电路及控制软件保持信息接收状态，并按预先设定的时间周期内完成数据的接收，在时间t_1处，MCU关闭接收频道，整个传输过程结束。

用固定装置固定好火箭发射架，使发射时保持发射系统稳定。发射机与火箭弹轴成10°夹角，试验得到的天线的衰减与时间的关系曲线如图12.2所示。1.5 s附近衰减最大，3 s后衰减趋于稳定，最小衰减大于2 dB。从上述试验中可以看出，只要采用合适的载频和抗干扰方法，火箭弹采用射频装定是可行的。

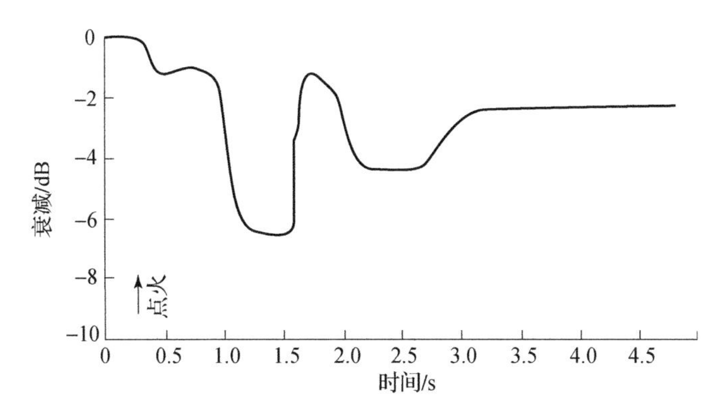

图 12.2　口径 2.75 英寸火箭的电磁波传播损耗

第 13 章

装定窗口设计和相关试验

筒式发射的弹药都存在一定的信息装定区，合理的装定区设计是十分重要的。本章针对火箭弹开展研究，通过装定区的选择、装定窗口的设计、系统精度和误码率分析与计算，以及信息射频装定试验，最后给出提高定时精度的措施。

13.1 引信信息装定区的选择

图13.1、图13.2为我国90B型122 mm多管火箭炮，火箭的最大射程达40 km。该系统由火箭发射车、侦察车、指挥车、气象雷达运载车和维修保养车辆组成，其侦察车带有便携式激光测距机，最大测距距离达10 km，最小为150 m，精度为±5 m。其热像仪可探测5 000 m远的目标，识别距离达到2 500 m。90B型122 mm多管火箭炮发射车的口径为122 mm，管数达40管，90A使用的火箭可装载4种弹头：高爆弹、高爆燃烧弹、钢珠高爆杀伤弹和子弹药运载器。40枚火箭弹全部发射所需的时间为18~20 s，完全再装填的时间为3 min。从图中可以看出火箭弹飞行过程中，尾焰的长度为1~2个弹长。

图13.1　90B型多管火箭炮发射情况

图 13.2　90B 型火箭弹单发飞行情况

本设计的对象为某型 70 mm 口径，32 管火箭炮，最大射程为 10 km，发动机工作时间为 0.5 s，可单发发射，也可多发齐射，发射间隔约 0.5 s。火箭飞行的最大速度为 700 m/s。

引信信息传输采用射频装定，即将来自火箭炮火控系统或人工输入系统的装定时间和作用方式信息，以频带传输方式通过天线发射给在一定距离处的弹上引信。引信按装定信息完成引信功能的选择和时间量的装定。火控系统提供对目标特性进行连续测定的数据，并给出瞬时的装定信息；通过射频装定系统使引信在装定区获得瞬时装定信息，完成装定后，闭锁接收电路，使引信装定信息在弹道的其他时间不受干扰。

图 13.3 为无线电射频装定示意图。如图所示，引信信息装定在弹道上完成。在弹道上进行信息装定时，因为弹内电源已充分激活，无须进行能量装定，这是在弹道进行信息装定的优点。

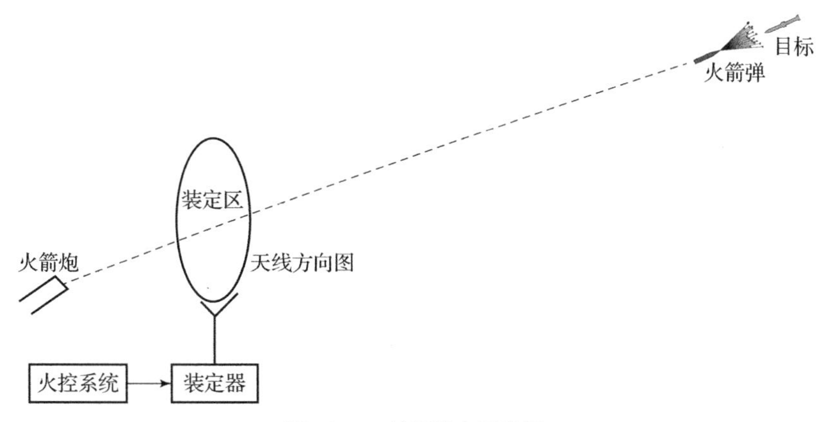

图 13.3　射频装定示意图

射频装定系统既可以对单发引信进行装定，也可以在连射时，进行连续装定，并且可以使每发引信获得不同的最佳装定信息。信息射频装定技术不仅提高了装定速度，特别是当发动机工作结束后，弹道参数稳定，无须对弹丸测速，装定精度较高，同时装定的可靠性也大为提高。

13.1.1 装定区的设计

系统设计装定区选在发动机工作结束后一段区域，即火箭弹速度为最大。如图 13.3 所示，装定区在弹道上的长度为 5 ~ 6 m，这时速度约为 500 m/s，火箭弹在该区飞行时间为 10 ~ 12 ms，在该区完全可以保证弹上引信至少接收装定信息 3 帧。火箭弹上天线接收载波信号，将经放大、滤波、解调后的数据帧输入到单片机的串口 RXD 端，单片机程控寻找装定信息的帧起始位信息，找到帧起始位信息后，接收一帧装定信息，经奇偶校验正确并解码后，置入方式选择和装定时间信息。若接收错误则重新寻找新的帧起始位信息，接收新的一帧进行校验。如接收数据正确，就完成装定，关闭引信接收电路，引信内部定时器工作，到达装定时间后输出发火信号，发火信号控制传爆序列，弹药起爆；或按照近炸方式、碰炸方式、定时方式工作。若在装定区内没有能接收到正确的一帧装定信息，单片机控制程序将转入内部预定工作方式，取出寄存器中预定的时间量，按预定的时间控制弹药起爆，以防止发生意外。不过这种情况发生的概率极低。

若是多发齐射，多发火箭弹（如两发或四发）经过装定区，在装定区多发弹药同时接收相同装定信息，同时起爆，在空中形成弹幕。

因为火箭弹发动机喷射的尾焰含有高浓度和湍动非常激烈的非均匀的金属离子场，对电磁波有衰减和反射作用。所以在连射情况时，后发炮弹的信息装定应避开前发炮弹的燃烧尾焰。若是连射情况，第二发炮弹经过装定区时，第一发离开装定区的距离约为 200 m。因为装定区的设计装定时间为 10 ms，远远小于 0.5 s，在时间上，我们可以看出，不会影响第二发弹药的信息装定。从图 13.2 可以看出，火箭弹发射后在飞行过程中，其尾焰长度为弹长的 1 ~ 2 倍。当第二发弹经过装定区时，第一发弹已经远离此装定区 200 m 左右。因此第一发的尾焰对装定区电磁波的传输几乎没有任何影响，可以不考虑。

高温射流产生的少量电离的空气，在装定区形成弱等离子体。在第 12 章，详细分析了等离子体对电磁波传输的影响。由于选择高频载波的频率大于截止频率，高频载波在装定区形成局部强场，且高频波段的电磁波穿过等离子体的能力较强，因此在连射条件下，由于尾焰产生的等离子体对后发的高频信息装定传输影响不大。所以，这样设计的装定区是合理的、可行的。当然，装定区可以移向炮口 80 ~ 100 m，但离炮口越近，前发弹燃烧的尾焰产生的等离子体对后发弹的影响越大。装定区离炮口的极限距离为4 m（设弹长为2 m，取火箭弹燃烧的尾焰为2倍弹长）。

13.1.2　装定窗口的设计

提出设计装定窗口的主要原因有以下几点。

1. 抗接收信号的起伏

由电磁场理论，设天线1为发射天线，其输入功率、有效面积、增益、效率和方向性系数分别为P_1、A_1、G_1、η_1和D_1；天线2为接收天线，其输入功率、有效面积、增益、效率和方向性系数分别为P_2、A_2、G_2、η_2和D_2。显然，发射天线在给定场点产生的功率密度为：

$$S(\theta,\varphi)=\frac{P_1}{4\pi r^2}G_1(\theta,\varphi) \tag{13.1}$$

式中，r为收、发天线间的距离。接收天线在该场点接收到的功率为：

$$P_2=S(\theta,\varphi)A_2 \tag{13.2}$$

由上式可以得到接收功率与发射功率的比值为：

$$\frac{P_2}{P_1}=\frac{A_2G_1(\theta,\varphi)}{4\pi r^2}=\frac{A_2\eta_1D_1(\theta,\varphi)}{4\pi r^2} \tag{13.3}$$

当收、发天线和介质为线性，则收、发天线满足互易定理。即当天线2作发射时，而天线1作接收时，式（13.3）的传递功率的比值保持不变，即：

$$\frac{A_2G_1(\theta,\varphi)}{4\pi r^2}=\frac{A_1G_2(\theta,\varphi)}{4\pi r^2} \tag{13.4}$$

或者说，对于任意天线，其增益和有效面积的比值为定值，即

$$\frac{G_1(\theta,\varphi)}{A_1}=\frac{G_2(\theta,\varphi)}{A_2}=\text{常数} \tag{13.5}$$

事实上，由有效面积的定义可知，该常数应为$4\pi/\lambda^2$。故式（13.3）可写成：

$$\frac{P_2}{P_1}=G_1G_2\left(\frac{\lambda}{4\pi r}\right)^2=\left(\frac{\lambda}{4\pi r}\right)^2\eta_1\eta_2q_2pD_1(\theta,\varphi)D_2(\theta,\varphi) \tag{13.6}$$

式中，q_2和p分别为接收天线（天线2）的阻抗匹配因子和极化匹配因子，其中：

$$q_2=1-\left|\frac{\rho-1}{\rho+1}\right|^2 \tag{13.7}$$

式中，ρ为天线到负载间传输线上的驻波比。

由式（13.6）可知，对于阻抗匹配和极化匹配的引信来说，由于弹的运

动，r 和 $D_1(\theta,\ \varphi)\ D_2(\theta,\ \varphi)$ 之积发生变化，因此 P_2 也发生变化，造成接收天线信号的起伏变化，如图 13.4 所示。为了避开接收信号的起伏对接收电路判别系统的影响，设计一个窗口，使得引信接收系统能在装定区内信号比较强的位置开启接收，经过 10 ms 关闭接收系统。考虑到火箭弹运动的不稳定性，选择接收窗口小于装定区，保证每一发引信的接收窗口都处在装定区内。因此，设置接收窗口可以消除由于接收信号的起伏变化造成的接收误差。同时，设计发动机工作结束后，火箭弹进入接收窗口，可以消除由于发动机点火造成的干扰。

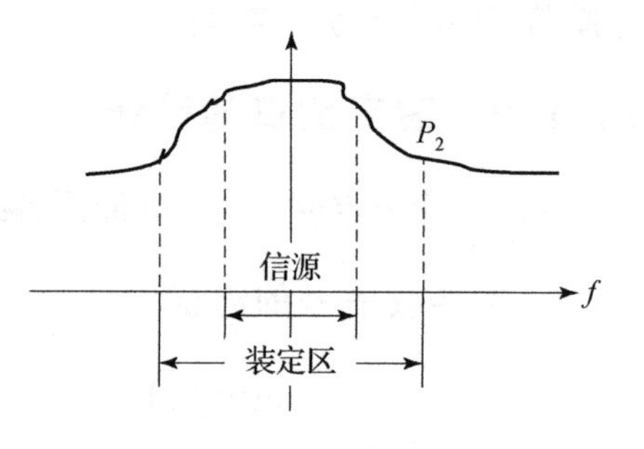

图 13.4　窗口与装定区示意图

2. 抗外部干扰

现代战场上，由于对抗日益严重，抗干扰已成为引信设计的一个重要问题。采用接收窗口，引信接收机只在弹道上十几毫秒内接收装定信息，窗口时间一过，引信接收机闭锁，不接收任何外部信号。在整个弹道上抗干扰性能大为提高，再因窗口与炮口之间有一段距离，因此，对方干扰将十分困难。

3. 微功耗的要求

引信接收电路只在接收窗口的十几毫秒内工作，其他时间不工作，不消耗功率，使弹上引信部分的功耗大幅度下降。

13.2　系统精度和误码率分析与计算

13.2.1　系统精度

系统精度主要由装定精度、定时精度和实际系统误差决定。

（1）装定精度：设计装定系统采用键盘数字输入或与火控计算机直接接口进行信息的数字传输，由于系统输入均为数字量，没有模拟量的输入，所以此系统不存在由量化引起的误差。

（2）定时精度：系统定时精度主要取决于引信定时系统的最小分辨率

（即最小定时单位）和定时电路的时基稳定度。

①定时分辨率即电子时间引信的最小计时单位，在单片机中为一个时钟周期。

②时基稳定度对定时精度也有影响。

（3）实际系统误差：实际系统的精度主要与定时起点的准确度有很大关系。若定时起点的准确度有很大的误差，即使系统本身的传输精度、定时精度再高，整个系统的实际误差也很大。定时起点对不同弹存在散布，因此有一定的起点误差。而火箭弹用电子时间引信，选择火箭弹离轨时电源激活作为定时的起点，系统定时起点统一，误差很小。

13.2.2　系统误码率分析

由于接收天线经过装定区的时间比装定时间大几倍，即使一次接收错误，可重新接收一次，至少可进行三次装定，以提高装定的可靠性，降低漏装的概率。对于由于特殊原因，在装定区时间内未能接收到或未能接收完一帧正确的装定信息，则引信系统按系统预定方式工作，使由此引起的误差最小，保证炮口和弹道的安全性。因此，在计算误码率的同时，还存在漏装率。

本设计采用奇偶校验，这是一种最基本的检错码。在 $n-1$ 个信息元后面附加一个监督元，使得长为 n 的码字中“1”的个数保持为奇数或偶数的码称为奇偶监督码。设码字 $A=[a_{n-1}, a_{n-2}, \cdots, a_1, a_0]$，它满足

$$a_{n-1}+a_{n-2}+\cdots+a_1+a_0=0 \tag{13.8}$$

式中，a_0 为监督元；“+”为模二加。由于这种码的每一个码字均按同一规则构成，故又称为一致监督码。利用式（13.8），由信息元即可求出监督元。另外，如果发生单个（或奇数个）错误，就会破坏这种关系，因此通过该式能检测码字中单个（或奇数个）错误。对于奇偶校验，它只能发现奇数个错误，而不能发现偶数个错误。但码字中发生单个错误的概率比发生 2 个、多个错误的概率要大得多。设码字中各码元的错误相互独立，误码率为10^{-4}，$n=8$ 的码字只错一个的概率为

$$\binom{8}{1}10^{-4}\times(1-10^{-4})^7\approx 8\times 10^{-4}$$

错 2 位的概率为

$$\binom{8}{2}(10^{-4})^2\times(1-10^{-4})^6\approx 2.8\times 10^{-7}$$

错 3 位、4 位…的概率更低。试验证明，采用奇偶校验来检出单个（或奇数个）错误，效果是令人满意的。

系统的漏装率 P_L：系统的漏装率就是三次接收均出现错误的概率，这种情况下引信系统得不到正确的装定信息。三次出现装定信息的错误接收是相互独立的，则有 $P_L = P^3$，设 $P = 10^{-4}$，得 $P_L = 10^{-12}$。由此看出，系统的漏装率更低。

13.3 引信信息射频装定试验

13.3.1 无线数据传输试验

试验一：为了更好地了解在晴天、阴天、雨天和雾天等环境下，无线数据传输的效果，发射机采用键盘每次输入 4 个数据，接收机每次接收 4 位数据并进行移位显示，这样便于观察接收数据是否正确。试验发射机的功率为 20 dBm，接收天线采用内置 PCB 天线，无障碍物。发射 10 组，每组 4 位数据，试验数据如表 13.1 所示，表中数据为误码率。

表 13.1 内置 PCB 天线在不同环境下数据传输情况

距离/m 环境	20	50	80	100
晴天	0	<40%	>90%	收不到
阴天	0	<50%	>95%	收不到
雾天	0	<70%	>95%	收不到
雨天	0	<80%	>95%	收不到

内置 PCB 天线试验样机如图 13.5 所示。

图 13.5 内置 PCB 天线试验样机

从试验结果可知，采用内置 PCB 天线，有效传输距离仅为 20 ~ 25 m，传输距离短，所以，引信天线采用内置 PCB 天线不可取。

试验二：试验条件和试验一相同，采用介质棒天线，发射 10 组，每组 4 位数据，试验数据如表 13.2 所示，表中数据为误码率。

表 13.2　介质棒天线在不同环境下数据传输情况

距离/m 环境	50		100		200		300		400		500	
	915 MHz	2.4 GHz	915 MHz	2.4 GHz	915 MHz	2.4 GHz	915 MHz	2.4 GHz	915 MHz	2.4 GHz	915 MHz	2.4 GHz
晴天	0	0	0	0	0	0	0	0	0	0	<9%	0
阴天	0	0	0	0	0	0	0	0	<3%	0	>10%	0
雾天	0	0	0	0	0	0	0	0	<4%	0	>10%	<2%
雨天	0	0	0	0	0	0	0	0	<5%	0	>12%	<2%
树林雾天	0	0	0	0	0	0	0	0	<5%	0	>12%	<2%

介质棒天线试验样机如图 13.6 所示。

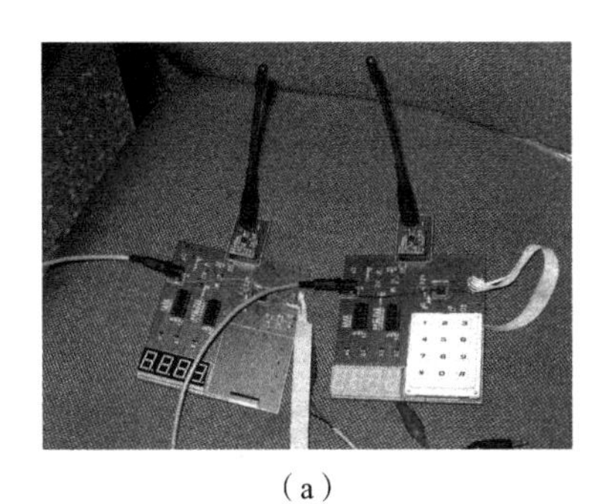

(a)

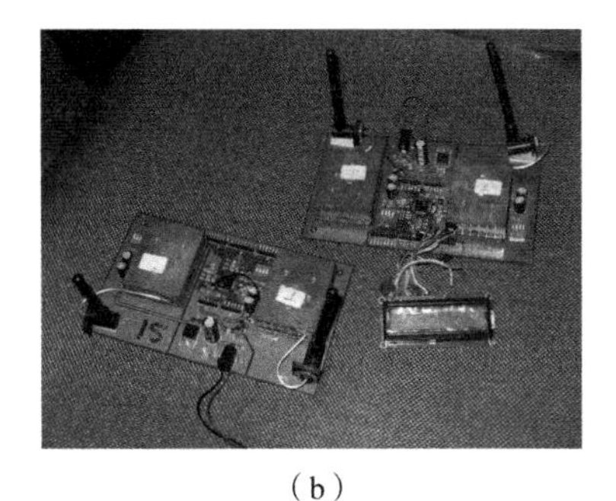

(b)

图 13.6　介质棒天线试验样机

(a) 915 MHz 试验样机；(b) 2.4 GHz 试验样机

通过试验，可以看出，在同样的条件下，介质棒天线比内置 PCB 天线接收效果好，915 MHz 频率比 2.4 GHz 频率接收效果差。在射频装定中，引信天线和频率的选择十分重要。

13.3.2　引信射频装定静态试验

试验一：发射机采用介质棒天线，引信采用环形天线、微带贴片天线。发射机功率为 20 dBm，频率为 2.4 GHz，每次装定数据后，通过单片机 JTAG 口，回读单片机存储器中的数据，与从发射机键盘输入的数据进行比较，在不同的环境下，每组试验数据 100 组。试验数据如表 13.3 所示，表中数据为误码率。

表 13.3　射频装定静态试验在不同环境下数据传输情况（发射机采用介质棒天线）

距离/m 环境	50		100		200		300		400		500	
	环形天线	贴片天线	环形天线	贴片天线	环形天线	贴片天线	环形天线	贴片天线	环形天线	贴片天线	环形天线	贴片天线
晴天	0	0	0	0	0	0	0	0	<5%	0	>9%	0
阴天	0	0	0	0	0	0	0	0	<7%	0	>15%	<2%
雾天	0	0	0	0	0	0	<2%	0	<10%	0	>20%	<5%
雨天	0	0	0	0	0	0	<2%	0	<11%	0	>25%	<5%
树林雾天	0	0	0	0	0	0	<2%	0	<15%	0	>31%	<7%

射频装定静态试验样机如图 13.7 所示。

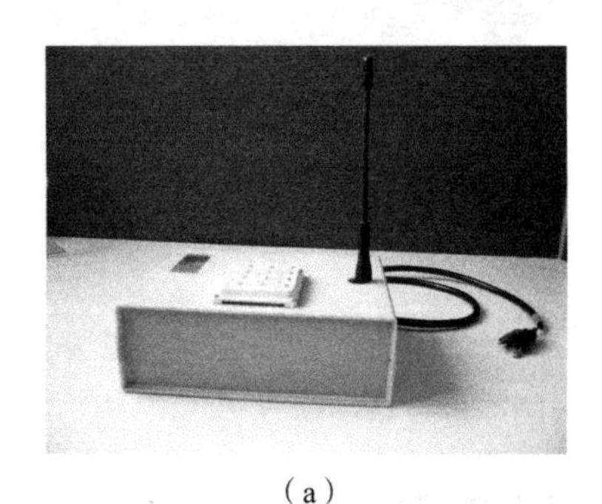
(a)

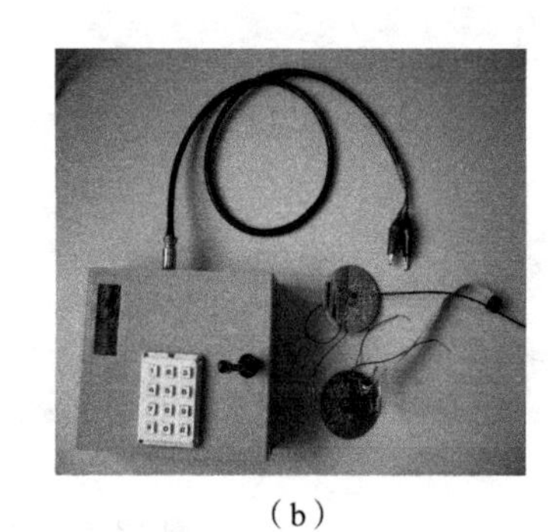
(b)

图 13.7　射频装定静态试验样机

(a) 介质棒天线发射机；(b) 发射机和引信电路板

从试验中可以看出，微带贴片天线优于环形天线。

试验二：发射机采用螺旋天线，引信采用环形天线、微带贴片天线。试验条件与试验一相同。试验数据如表 13.4 所示，表中数据为误码率。

表 13.4　射频装定静态试验在不同环境下数据传输情况（发射机采用螺旋天线）

距离/m 环境	50		100		200		300		400		500	
	环形天线	贴片天线	环形天线	贴片天线	环形天线	贴片天线	环形天线	贴片天线	环形天线	贴片天线	环形天线	贴片天线
晴天	0	0	0	0	0	0	0	0	<5%	0	>9%	0
阴天	0	0	0	0	0	0	0	0	<7%	0	>15%	<2%
雾天	0	0	0	0	0	0	<2%	0	<10%	0	>20%	<5%
雨天	0	0	0	0	0	0	<3%	0	<11%	0	>25%	<5%
树林雾天	0	0	0	0	0	0	<5%	0	<15%	0	>31%	<7%

螺旋天线试验样机如图 13.8 所示。试验用的环形天线、介质棒天线和微带贴片天线如图 13.9 所示。试验用的追弹、火箭弹如图 13.10 所示。试验的引信电路如图 13.11 所示。

图 13.8　引信电路板和螺旋天线试验样机

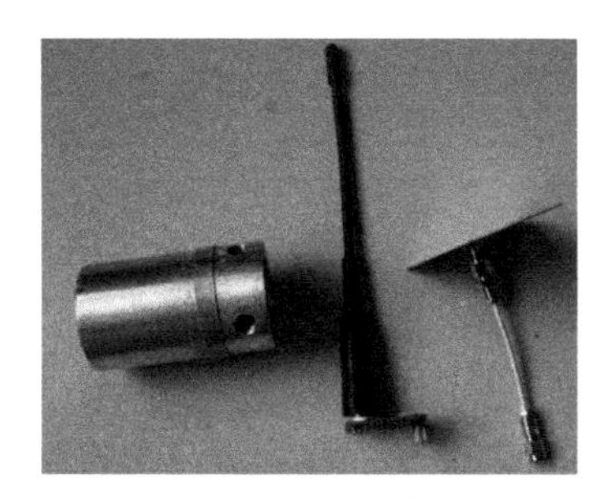

图 13.9　环形天线、介质棒天线和微带贴片天线

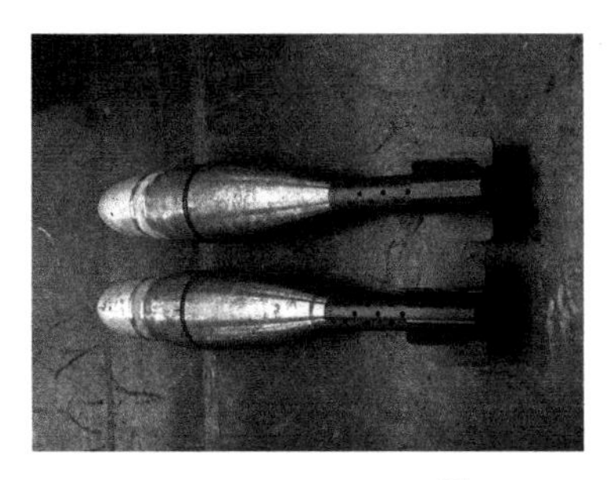

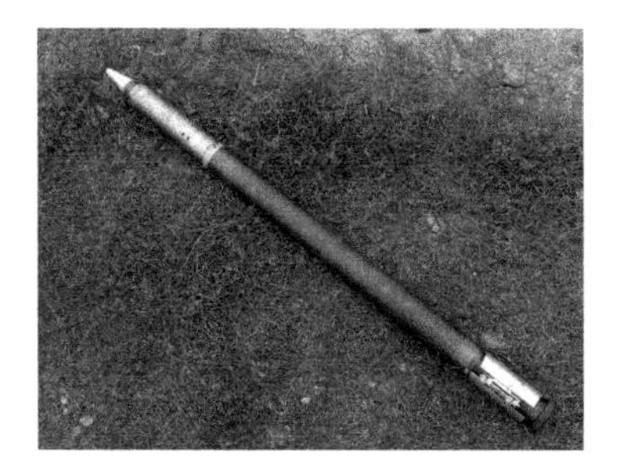

图 13.10　试验用弹药

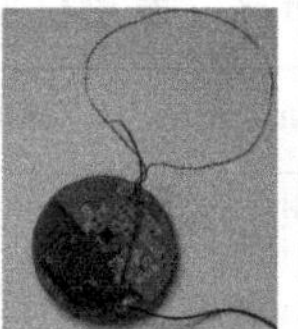

图 13.11　试验用引信电路板

结果分析：螺旋天线是最常用的典型的圆极化天线。在剧烈摆动或滚动的飞行器上装圆极化天线，可以在任意状态下收到信息。如果通信的一方或双方处于方向或位置不定的状态，如火箭弹处于微旋和飞行状态，为了提高通信的可靠性，收发天线之一应采用圆极化天线，所以，发射天线采用螺旋天线比其他的天线效果好。设计中，天线采用了圆极化设计，使得天线可以抗云、雨的干扰。在天文、航天通信及遥测、遥感设备中采用圆极化天线，除可防止信号漏失外，还能消除由电离层法拉第旋转效应引起的极化畸变的影响。

圆极化波具有这些性质：圆极化波是一等幅旋转场，它可分解为两正交等幅、相位相差 90°的线极化波；辐射左旋圆极化波的天线，只能接收左旋圆极化波，对右旋圆极化波也有相对应的结论；当圆极化波射到一个平面或球面上时，其反射波旋向相反，即右旋圆极化波变为左旋圆极化波，左旋圆极化波变为右旋圆极化波。

结论：对于火箭弹引信射频装定，发射天线采用 $D/\lambda = 0.25 \sim 0.46$ 的螺旋天线，其为端射型，定向性好，可以提高抗干扰能力。引信接收天线采用圆极化天线，可以抗云、雨的干扰，使得火箭弹能在全天候工作，但发射天线与接收天线一定要极化匹配。

13.3.3　测试火箭弹尾焰对电磁波影响的试验方案

图 13.12 为测试火箭弹尾焰对电磁波传输性能影响的试验装置。将火箭弹固定在火箭推力试验台上。射频信号源可产生不同频率的高频信号，如 L 波段、S 波段、C 波段、X 波段、Ku 波段、K 波段、Ka 波段、毫米波段等。频段标示如表 13.5 所示。高频信号通过发射天线发射，发射功率可调。接收天线接收信号，通过接收机处理，结果输入计算机。计算机对取得的数据进行分析、处理，包括频谱分析、衰减分析、信道抗噪性能分析，从而得出火箭弹尾焰对电磁波传输的影响。

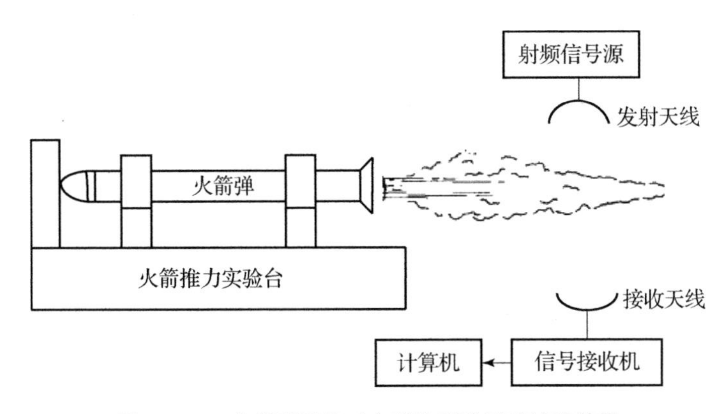

图 13.12　火箭弹尾焰对电磁波影响测试试验装置

表 13.5　频段的标示

波段	频率	波段	频率
HF	3～30 MHz	X 波段	8～12 GHz
VHF	30～300 MHz	Ku 波段	12～18 GHz
UHF	0.3～1.12 GHz	K 波段	18～27 GHz
L 波段	1～2 GHz	Ka 波段	27～40 GHz
S 波段	2～4 GHz	毫米波	40～300 GHz
C 波段	4～8 GHz		

试验内容包括：

(1) 在同一位置上（发射天线、接收天线距火箭弹的位置）、不同频率时，尾焰对电磁波传输影响差异。

(2) 在同一位置、相同频率，但发射功率不同时，尾焰对电磁波传输影响差异。

(3) 不同位置、相同频率和发射功率时，尾焰对电磁波传输影响差异。

(4) 不同位置、不同频率和发射功率时，尾焰对电磁波传输影响差异。

采用该试验方案，可有效获得不同频率段火箭弹尾焰对其传输特性的影响，以便合理安排发射机的位置和选定发射装定信息的时间。

13.4 定时精度提高措施

定时空炸的精度，直接影响弹药的毁伤效率。为了达到起爆时间的精度控制，须对装定过程影响精度的因素进行分析，在实际中控制这些因素的变化，以提高精度。影响定时精度的因素很多，如引信系统的定时误差、探测器探测误差、装定系统误差、发动机工作时间的散布、空气阻力、气象环境的影响等众多因素。这些因素中有些是相关的，有些是独立的。有些是可预知的，有些则是随机的。由于这些因素的影响，导致定时飞行的理想距离与实际距离之间存在误差。可以通过试验的方法，取得实际空炸数据，从而找出理想距离与实际距离之间的关系。通过试验，得到的是现场实际所得数据，实际上是综合考虑了多种影响因素。

设试验取得一组数据（x_i，y_i），$i=1$，2，3，…，N，x_i 为理想距离，y_i 为实际距离。可寻求 m 次多项式（$m \ll N$）：

$$y = \sum_{j=0}^{m} a_j x^j \tag{13.9}$$

使得总误差 $Q = \sum_{i=1}^{N}(y_i - \sum_{j=0}^{m} a_j x_i^j)^2$ 为最小。由于 Q 可以看作是关于 $a_j(j=0,1,\cdots,m)$ 的多元函数，故上述拟合多项式构造问题可归结为多元函数求极值问题。

令

$$\frac{\partial Q}{\partial a_k} = 0, k = 0, 1, \cdots, m \tag{13.10}$$

得

$$\sum_{i=1}^{N}(y_i - \sum_{j=0}^{m} a_j x_i^j)x_i^k = 0, k = 0, 1, \cdots, n \tag{13.11}$$

即有

$$\begin{cases} a_0 N + a_1 \sum x_i + \cdots + a_m \sum x_i^m = \sum y_i \\ a_0 \sum x_i + a_1 \sum x_i^2 + \cdots + a_m \sum x_i^{m+1} = \sum x_i y_i \\ \cdots \\ a_0 \sum x_i^m + a_1 \sum x_i^{m+1} + \cdots + a_m \sum x_i^{2m} = \sum x_i^m y_i \end{cases} \tag{13.12}$$

上式是关于系数 a_j 的线性方程组，通常称为正则方程组。

火箭弹发动机工作时是加速飞行。而当发动机工作结束后，由于空气的阻力，这时为减速飞行，且由于空气阻力作用导致飞行速度以不同速率衰减。由 $F = ma$，$a = \mathrm{d}v/\mathrm{d}t$（$f$ 为空气阻力，m 为弹丸的质量，a 为加速度），故空气阻力对速度的影响是非线性的。所以，理论距离和实际距离的关系是非线性的。如取二次曲线 $y = a_0 + a_1x + a_2x^2$ 作拟合时，$m = 3$，相应的正则方程组为：

$$\begin{cases} a_0N + a_1\sum x_i + a_2\sum x_i^2 = \sum y_i \\ a_0\sum x_i + a_1\sum x_i^2 + a_2\sum x_i^3 = \sum x_iy_i \\ a_0\sum x_i^2 + a_1\sum x_i^3 + a_2\sum x_i^4 = \sum x_i^2y_i \end{cases} \tag{13.13}$$

代入数据可以求出理想距离与实际距离之间的关系 $y = a_0 + a_1x + a_2x^2$。根据射表，装定时间 t 与理想距离有一个映射关系，设 $t \to Kx$，其中 K 为一种关系，经过二次曲线拟合后，装定的时间修正为 t'，$t' \to Ky$。

因为数据为现场实际所得数据，这种修正方法实际上综合考虑了各种影响因素，实践证明定距精度高。这种修正方法在计转数定距小口径炮空炸引信中的应用，取得了较好的效果。

第 14 章

网络化弹药引信组网通信原理

网络化弹药利用组网通信技术，将多个分布式节点子弹药组成一个或者多个具有协同作战、信息共享、可网络化控制的弹群体系。对网络化弹药引信而言，需要设计可靠的组网通信系统方案，使其满足网络化弹药引信信息共享与运用、安全控制、起爆时机控制、作用模式控制等多种功能。

14.1 组网通信方案分析与选择

14.1.1 网络拓扑结构的分析与选取

网络化弹药引信的网络拓扑结构代表了整个网络化弹群的连通性与覆盖性，其关系到整个网络中各节点间的通信干扰、路由选择以及通信效率等方面。为了保证网络化弹药在作战流程中信息共享的准确性、快速性等因素，需对网络化弹药组网系统结构进行慎重选择。对于网络化弹药典型的网络拓扑结构主要有三种：无中心的对称分布方式、由中心的集中控制方式，以及对于前两种的混合方式。

1. 分布式拓扑结构

分布式拓扑结构如图 14. 1 所示，在这种网络拓扑结构中，网络中的任意两个节点不需要中心转接站即可进行通信，网络中的任意一个节点都至少与另外两个节点相互连接，信息从一个节点传递到另一个节点时，有多种信息传输渠道。此网络拓扑结构的优点在于信息可分布性处理、可扩充，网络拓扑结构有较好的灵活性与可伸缩性。缺点在于信息控制复杂，不利于集中管理。

2. 集中式拓扑结构

集中式拓扑结构如图 14. 2 所示，在这种拓扑结构中，整个网络结果存于一个中心节点，中心节点主要负责对其余子节点的任务下发，协调子节点与其他节点之间的通信工作。其中心节点在网络中所占据的地位较高，信息处理量也较多。集中式组网的优点在于便于集中式管理，可以提高对信道的利用率，与分布式网络拓扑结构相比，具有更优的吞吐性能，同时结构简单，成本较低，易于实现。缺点在于网络信息容易交汇到中心节点上，造成信息流拥挤，一旦中心节点发生故障会影响到整个网络的工作。

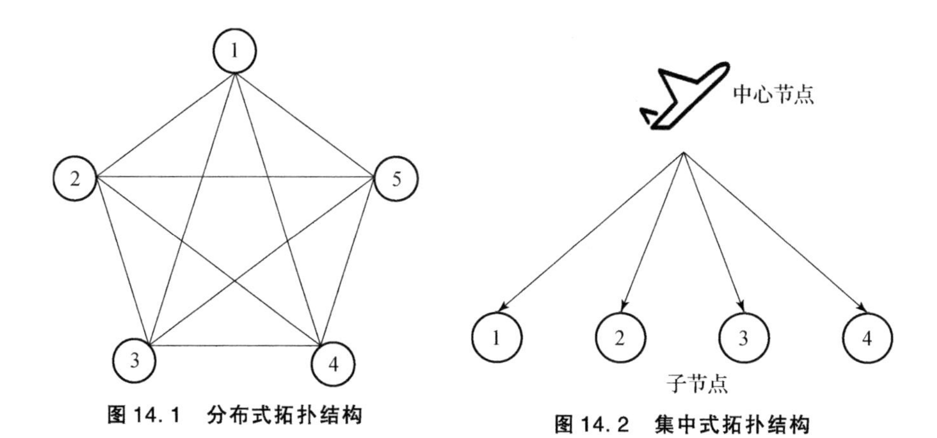

图 14.1　分布式拓扑结构

图 14.2　集中式拓扑结构

以基于网络巡飞弹的工作模式为例进行分析，巡飞弹多采用主机挂载、母舱抛撒等方式进行工作。进行巡飞工作时，巡飞弹发现目标可实时将信息传送给弹群网络中的主节点，主节点可以进行任务分发等工作，因此宜采用一主多从的集中式网络进行设计；除此之外，在整个系统的设计过程中，还需要考虑以下原则：

（1）成本高低。网络化弹药多应用于低成本巡飞弹领域，成本的高低决定了此网络系统是否具有实际广泛应用的前景。因此需控制网络拓扑结构的成本尽量低廉。

（2）硬件设计难易程度。网络化弹药引信采用集成度较高的 IC 电路进行设计，其通信模块作为引信设计流程中的一环，也应尽量确保硬件设计的精简，同时便于网络化弹药引信总体体积的微型化设计。

（3）低功耗。网络化弹药因体积小巧，同时希望其有较好的续航时间，从而满足长航时需求。且在巡飞过程中，网络中的节点之间可能存在频繁的信息交流，因此为了延长巡飞周期，必须仔细对网络化弹药组网拓扑结构以及硬件方案进行设计，尽可能减小维持网络交联所需要的功耗。

（4）模块化设计。该组网方案的设计为便于调试，应采用类似于网络化弹药引信上的传感器模块、电源模块等独立模块化设计。

综上所述，对于应用于小规模巡飞弹群的组网方案，宜选择集中式网络拓扑结构进行设计。

14.1.2 通信方式的分析与选择

应用于网络化弹药组网系统的组网技术是一种近距离无线通信技术，此类技术传输距离为10~200 m，收发功率较低，现有的主流无线组网方式为以下几种：蓝牙、WiFi、红外（IrDA）、ZigBee、UWB等。以网络化弹药协同作战为典型应用场景，对作战流程中信息交联的主要影响参数进行分析汇总：①系统消耗功率；②电池使用寿命；③网络节点数；④传输距离；⑤传输速率；⑥传输介质等。表14.1就这些参数对上述几种近距离无线传输方案进行对比。

表14.1 近距离无线传输方案对比

名称	蓝牙	WiFi	IrDA	ZigBee	UWB
系统消耗功率	较大	大	小	小	小
电池使用寿命	较短	短	长	最长	长
网络节点数	8	30	2	6 500	—
传输距离	10 m以内	20~200 m	5 m	1~100 m	0.2~40 m
传输速率	1 Mbit/s	11~54 Mbit/s	16 Mbit/s	20~250 kbit/s	53~480 Mbit/s
传输介质	2.4 GHz	2.4 GHz	980 nm红外	2.4 GHz	—

从表14.1可以得知，根据工作流程，首先排除传输距离最短的蓝牙（BlueTooth）和IrDA技术，对于ZigBee技术，虽然其可以实现最多6 500个节点的自组网方案，但通信速率最大只有250 kbit/s，不适用于此网络化弹药组网方案设计；超宽带技术又被称为脉冲无线发射技术，是指占用带宽大于中心频率的1/4或带宽大于1.5 GHz的无线发射方案。UWB通信频谱较宽，因战场环境复杂，易于噪声信号频谱重叠，存在带外、带内干扰的问题，因此并不适用于电磁环境复杂的网络化弹药工作场景之中。而对于WiFi，其传输范围传输速率都可以满足网络化弹药的需求，对于其功耗以及电量问题可以通过选择合适的低功耗芯片以及设计外围电路进行弥补，因此本章选择采用WiFi技术作为网络化弹药组网方案的通信方式。

14.2　引信组网通信系统总体方案设计

网络化弹药引信无线网络通信系统主要由系统控制模块、无线通信模块、电源模块和网络信息接口四大部分组成。对于系统控制模块，采用基于嵌入式系统的方案进行设计，嵌入式系统以计算机系统为基础，广泛应用于实际工程中，其软件和硬件都可以根据实际工程要求进行灵活裁剪，较符合实现智能弹药组网的基本条件；对于无线通信模块，其作为网络通信系统的收发装置，实现对不同指令的传输与接收，从而实现网络化弹药中子弹药的信息共享；引信网络信息接口可采用异步串口 RS－422 或其他通信接口方案；备用接口的设计可以为多余功能的添加提供方便。其网络化弹药引信无线通信系统的总体设计方案如图 14.3 所示。

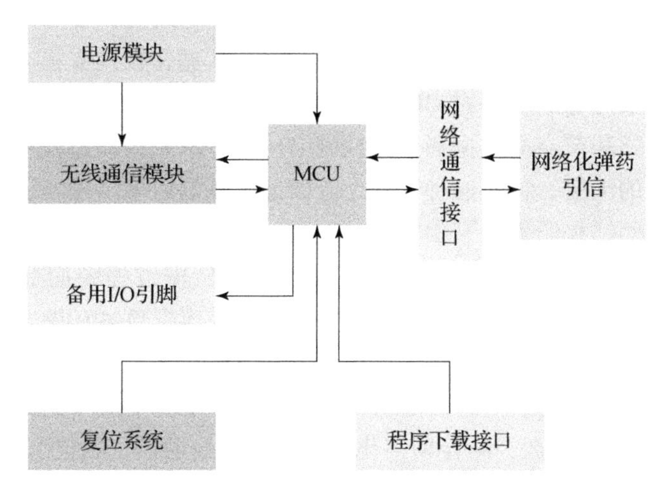

图 14.3　无线通信系统总体设计方案

14.3　无线通信可靠性算法设计

网络化弹药工作周期长、工况复杂，在整个工作流程中信息交汇量较多，且对于来自网络终端的数据链都通过无线通信形式收发，在此过程中，由于战场环境复杂、电磁干扰严重，因此对引信与网络平台间的数据通信可靠性提出了很高的要求。提升数据通信可靠性普遍的方法主要从以下两个角度进行分析。

一、抗干扰措施与电磁兼容设计

对引信与网络平台间通信产生干扰的典型干扰源包括：网络节点间通信频段高，射频信号强度高；直列式引信高压变换过程中，变换器电路开关频繁，电磁辐射强度大；战场环境主动干扰频繁，阻塞性、压制性干扰强度大；PCB板布局不合理，对高速串行通信线路造成显著干扰；干扰注入途径主要包括电源共模耦合、传输线近场耦合、空间电磁场耦合，等等。对于前两种干扰途径，主要通过隔离、退耦等措施，同时加强 PCB 布线布局优化，将干扰限制在有限范围内，阻断其传播通道。对于后者，主要通过屏蔽，对干扰场进行屏蔽，或对防护对象进行屏蔽。

二、数据纠错校验算法设计

网络化弹药引信所运用的数据包括弹药节点本地数据和节点间数据，根据接口分析所呈现的数据传输概况，弹药节点本地数据在板内或板间传输，短距离有线传输时较为稳定，通过 CRC 冗余校验码途径即可保证数据通信错误帧识别的问题；弹药节点间数据通过无线网络传输，信息传输过程中容易存在出错而产生误码的情况，针对这种情况，为保证信息的可靠传输与识别，通过设计对应的数据纠错校验算法来实现。

本节根据网络化弹药不同工况下，无线信息传输过程中的数据可能出错率，设计了一种数据纠错算法，使得数据通信误差容忍度$\leqslant 10\%$，从而满足在不同复杂的工况下引信数据传输的可靠性。

根据某网络化弹药引信通信协议，引信在实际工况中接收到的指令格式都为 10 字节的十六进制数，结合网络化弹药实际作战场景，制定以下通信规则：人为规定网络化弹药引信信息传输过程中收到 m 帧中有两帧数据完全相同时，则可认为此帧数据为正确帧，并按照此指令执行动作；当 m 帧中不存在相同帧时，即每帧数据在传输过程中都发生错误，则对总帧数中每帧数据同位置字节进行对比，最终选择同位置字节中相同率最高的字节作为纠正指令对应位置的数据。

首先对选取合适发送帧数 m 进行分析计算如下：

设在数据传输过程中，单字节出错概率为 P，则不出错的概率为 $(1-P)$，单帧数据不出错的概率为$(1-P)^n$，出错的概率为 $1-(1-P)^n$，以发送 m 帧数据中，收到至少相同的两帧数据视为数据发送成功，由贝努里定理对数据发送成功的概率计算如下：

全部帧出错的概率：

$$P_{全} = [1 - (1-p)^n]^m$$

只有一帧正确的概率：

$$P_1 = m[1-(1-P)^n]^{(m-1)} \times (1-P)^n$$

传输成功的概率：

$$P_{成} = 1 - P_{全} - P_1 = 1 - [1-(1-P)^n]^m - m[1-(1-P)^n]^{(m-1)} \times (1-P)^n$$

设数据传输过程中单字节出错的概率为 10%，计算其发送成功率：

发送帧数 $m=4$ 时，计算得到：

$$P_{成} = 1 - P_{全} - P_1 = 1 - 0.180 - 0.385 = 0.435 \tag{14.1}$$

发送帧数 $m=6$ 时，计算得到：

$$P_{成} = 1 - P_{全} - P_1 = 1 - 0.076 - 0.245 = 0.678 \tag{14.2}$$

发送帧数 $m=8$ 时，计算得到：

$$P_{成} = 1 - P_{全} - P_1 = 1 - 0.032 - 0.139 = 0.829 \tag{14.3}$$

发送帧数 $m=10$ 时，计算得到：

$$P_{成} = 1 - P_{全} - P_1 = 1 - 0.014 - 0.074 = 0.912 \tag{14.4}$$

综合网络化弹药引信数据收发快速性要求与传输可靠性考虑，选择以 10 帧数据为一次指令发送的方案。由上述计算可得，此时传输过程中可以正常执行指令的概率为 92.2%，有 8.8% 的可能性无法接收到正确指令，原因在于所接收到 10 帧数据中，只有一帧正确数据或者全部为错误数据，接下来对这 8.8% 的错误情况设计对应的纠错算法，所设计算法原理如下：

对于帧数据中的某个字节位，如果 10 帧数据中，同一字节位数据出错数 ≤4 时，则可以剩 6 个相同的字节作为正确字节，而当同一字节位数据出错数 >4 时，则错误字节数 ≥ 正确字节数，无法采用此方法进行纠错。算法原理示意图如图 14.4 所示（空白代表正确字节，黑色代表出错字节）。

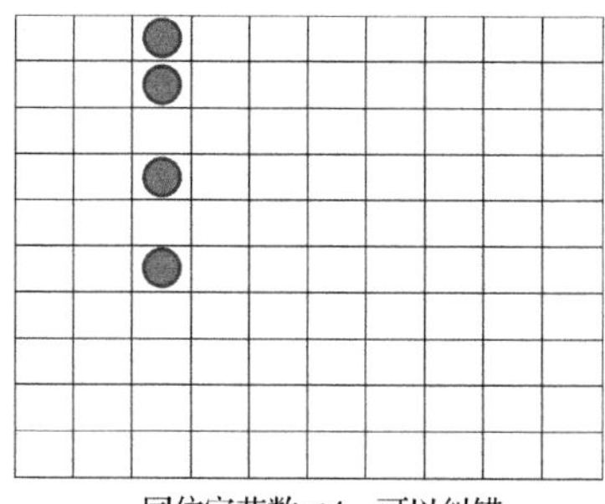

同位字节数≤4，可以纠错

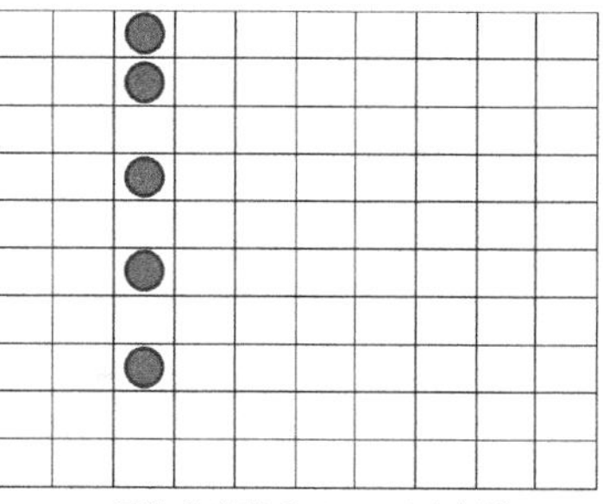

同位字节数大于4，无法纠错

图 14.4　算法原理示意图

依据误差容忍度≤10%的需求，一次指令发送方案中共100字节中，出现错误字节数应≤10，而当以10帧为一次指令进行数据传输失败时，传输过程中出现错误字节数一定≥9，则存在错误字节数为9、10两种情况。接下来对此方案错误情况进行计算分析。

P_5、P_6、P_7、P_8、P_9为同位字节出错个数的概率，则由贝努里定理计算得：

错误码字节数为9时：

同位字节出错数为5时：$P_5 = C_{10}^5\left(\frac{1}{10}\right)^5\left(\frac{9}{10}\right)^5 \times 10 = 1.49 \times 10^{-2}$

同位字节出错数为6时：$P_6 = C_{10}^6\left(\frac{1}{10}\right)^6\left(\frac{9}{10}\right)^4 \times 10 = 1.378 \times 10^{-3}$

同位字节出错数为7时：$P = C_{10}^7\left(\frac{1}{10}\right)^7\left(\frac{9}{10}\right)^3 \times 10 = 8.748 \times 10^{-5}$

同位字节出错数为8时：$P_8 = C_{10}^8\left(\frac{1}{10}\right)^8\left(\frac{9}{10}\right)^2 \times 10 = 3.645 \times 10^{-6}$

同位字节出错数为9时：$P_9 = C_{10}^9\left(\frac{1}{10}\right)^9\left(\frac{9}{10}\right)^1 \times 10 = 9 \times 10^{-8}$

由上述计算可见，当同字节错误码字节数为9时，该情况出现的概率已小到可以忽略不计，因此对于总出错字节数为10，同位字节出错数为5、6、7、8、9、10的概率近似等于总出错字节数为9的情况，因此：

$$P_{总} = 2(P_5 + P_6 + P_7 + P_8 + P_9) = 0.032\ 74 \tag{14.5}$$

则在8.8%无法正确接收数据的可能性中，采用此纠错算法可以完成数据纠错的概率为$P = 0.088 \times (1 - 0.032\ 74) = 0.085\ 12$，则综合计算所得数据成功接收（纠正）的成功率为$P'_{成} = 0.912 + 0.085\ 12 = 0.997\ 12$，证明了此算法的可行性，保证了网络化弹药通信过程中较好的可靠度。

14.4 组网系统工作流程

网络化弹药在进行集群飞行作战时，根据集中式网络拓扑结构，采用一个长机带动多个僚机的协同控制队形。执行任务时，长机以AP模式建立WiFi热点，依次投放从机，从机与主机分离后上电以STA模式加入主机建立的WiFi网络，当所有从机投放完毕，此集中式网络建立完成。

长机与僚机在巡飞侦察期间，依靠弹上传感器进行目标探测与搜寻，当长机发现目标时，由弹上导引头传感器对目标信息进行辨认，并根据相应的目标类型制定作战策略，对作战指令进行编码，选取执行任务的从机分发作战计划。当弹药节点接受分配的独立攻击任务时，则结合网络获得的目标类型信息，依靠弹药自身配备的传感器获取炸高信息或易损部位攻击信息。当从机发现目标时，可以依据战场需要选择自己攻击或者以无线通信方式将目标信息发送给主机，再由主机制定作战策略。基本工作流程如图 14.5 所示。

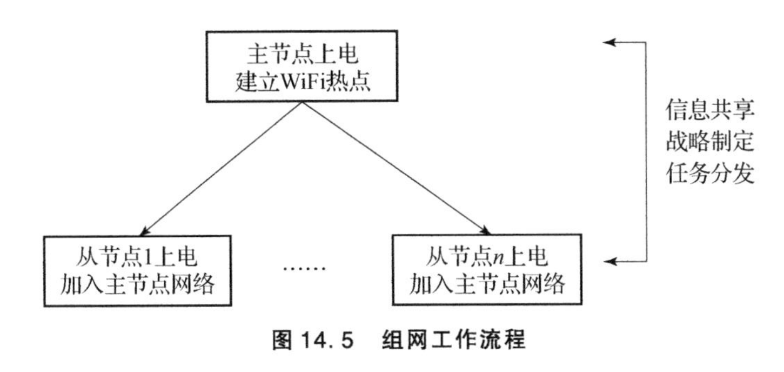

图 14.5　组网工作流程

14.5　系统硬件实现方案

1. 主控模块电路

系统主控模块采用 ARM 公司生产的基于 ARM CORTEX – M 系列的 STM32F103C8T6 型号的单片机，封装为 LQFP – 8，具有高达 72 MHz 的时钟频率，片上集成 32 ~ 512 KB 的 Flash 存储器和 6 ~ 64 KB 的 SRAM 存储器，该芯片具有引脚功能丰富、体积小巧、功耗低等优点，可以满足引信安全电路及其通信模块的控制功能需求，其电路原理图如图 14.6 所示。

2. 无线通信模块

无线通信模块是网络化弹药组网系统的基础，通信模块的通信性能直接决定整个系统进行信息交联的快速性及稳定性。因此选用传输距离远，传输速率快的 WiFi 方案；同时综合无线模块的功耗问题，本设计选择乐鑫公司生产的 ESP8266WiFi 模块，该模块工作在 2.4 GHz 频率波段，遵循 802.11 b/g/n 协议，内置 TCP/IP 协议栈，在有着最大集成度的同时可以满足较低功耗，包含丰富的 SPI 接口和 GPIO 接口。图 14.7 为 ESP8266 的原理示意图。

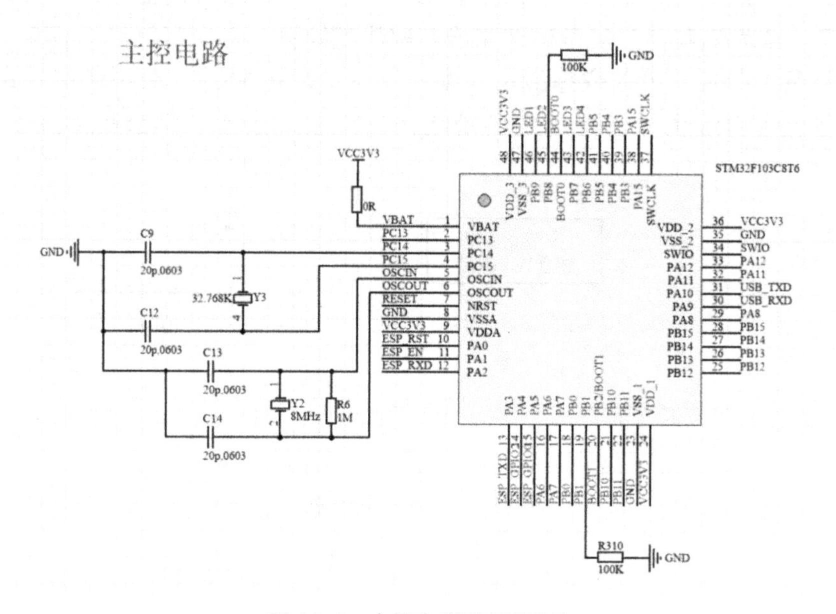

图 14.6　主控电路原理图设计

3. 引信与弹上计算机信息接口设计

引信与弹上计算机信息交互要求实时性强，且具有较高的抗干扰性能，综合各种信息传输方式，可选择 RS－422 串行通信。信息进入主控芯片前需进行电平转换，其硬件连接示意图如图 14.8 所示。

RS－422 与 TTL 进行电平转换有多种方式，可以采用标准的 RS－422 电平转换器完成，也可以使用三极管等元件搭建电平转换电路实现，还可以使用集成的电平转换芯片进行电平转换。采用 MAX3490 电平转换芯片完成弹上计算机与引信间信息传输时的电平转换，其电路原理图如图 14.9 所示。

弹上计算机信号在进入电平转换芯片前，为避免自然产生的浪涌电压、开关切换时产生的能量瞬变过压或者过流，设计了防浪涌电路。防浪涌电路采用三级防护原理，分别采用气体放电管、瞬态抑制管等电路进行设计。气体放电管采用 2030－23T－SM 型号，可以瞬时释放大电流；瞬态抑制管采用 CA065－200－WH 型号，在两端承受瞬态高能量冲击时，瞬间降低两极间阻抗，并将两级间电压钳位在电路安全电压。

电源模块中电平调理可选用集成 DC－DC 模块或 LDO 芯片，在此不再赘述。

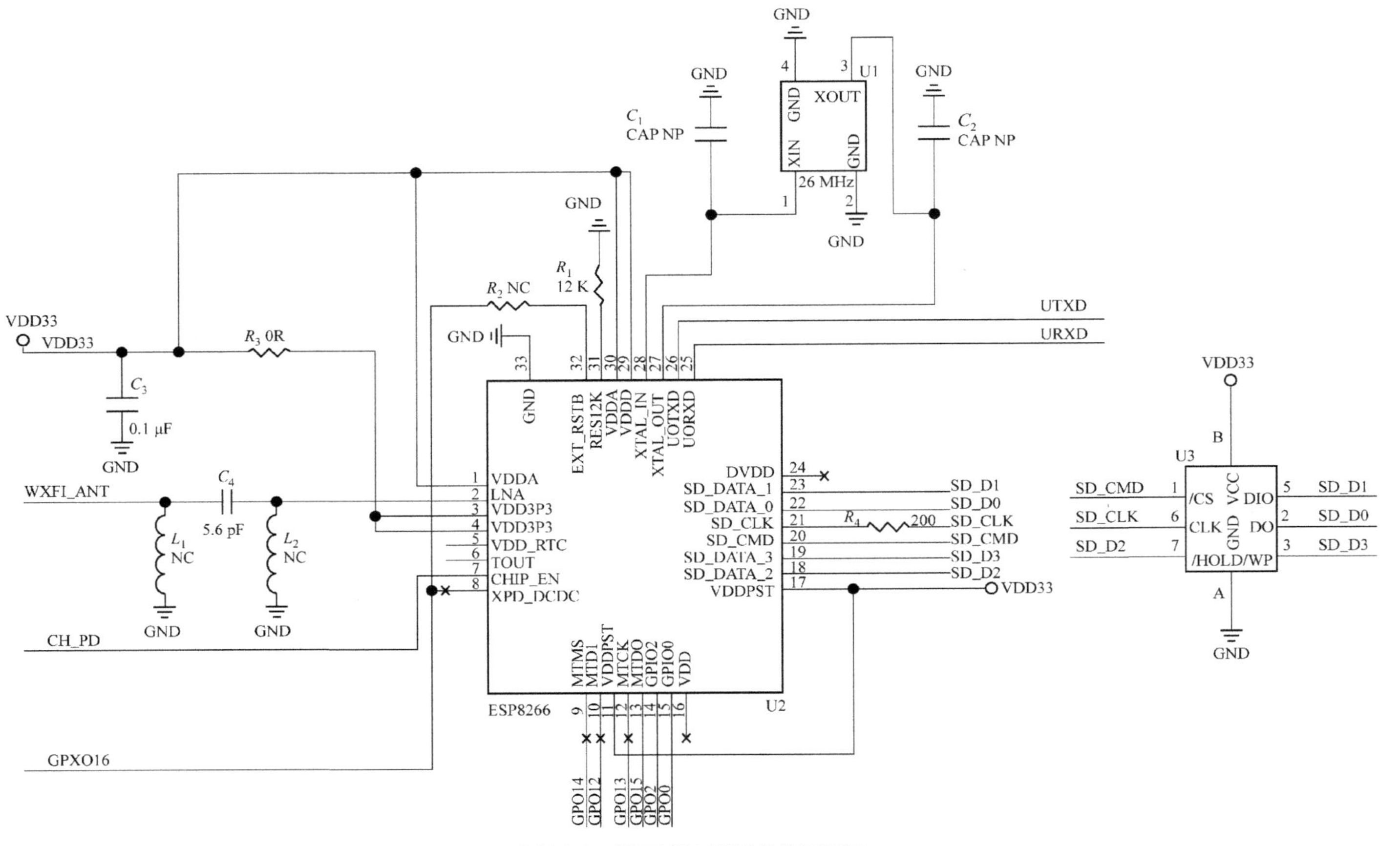

图 14.7　ESP8266 WiFi 芯片原理图

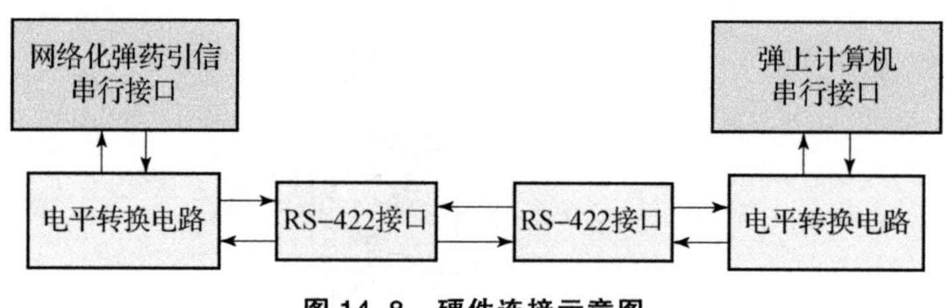

图 14.8 硬件连接示意图

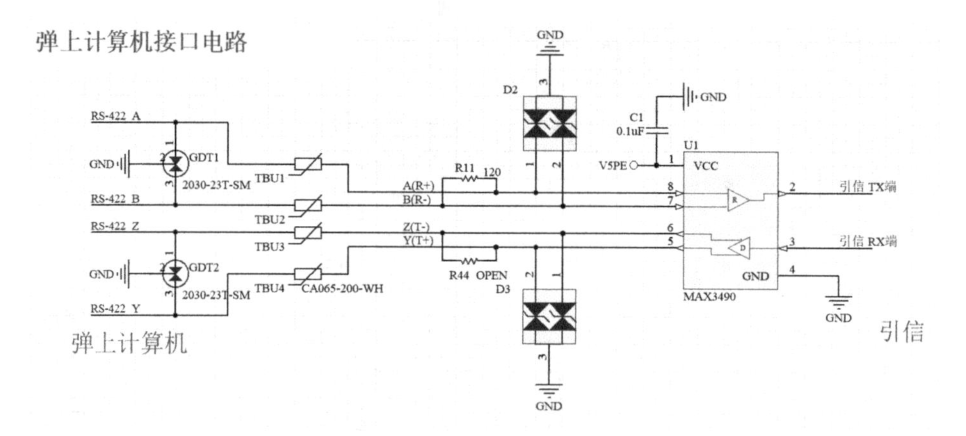

图 14.9 电平信号转换电路

第四篇
共底火有线信息交联技术

第 15 章

共底火有线信息交联基础理论

为适应现代战争中存在的立体威胁，提高坦克的信息反应和火力反应能力，需要使用信息化多功能坦克炮弹药替代传统单一毁伤模式弹药。这一类多功能弹药弥补了传统弹药毁伤功能单一，难以对各种复杂环境条件下的敌对目标进行打击的缺陷。为实现多功能弹药的多种毁伤效果，这类弹药所配用的引信必须具备与武器平台信息交联的能力。利用原击发通道构建共底火有线装定回路，以最大限度降低对武器平台的改动，实现入膛弹药与武器平台间的信息交联。本章介绍共底火有线装定系统的基本组成、装定过程能量流与信息流的基本概念及协调作用。

15.1 共底火有线装定系统概述

共底火有线装定系统框图如图 15.1 所示。信息装定与击发采用共线设计，利用原有击发通道，尽量减少对火炮等的改动。

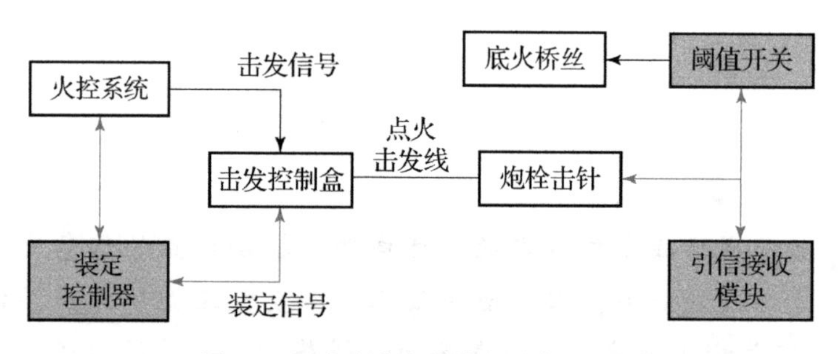

图 15.1 共底火有线装定系统示意图

火控系统启动测距后，根据测得的战场环境信息、目标信息等，换算出引信作用时间、弹丸初速及其相关修正数据等，连同人工选择的弹药种类及引信作用方式将数据打包经由火控总线传至装定控制器；装定控制器检测到击针与底火接触后，装定控制器用低电压、小电流为引信提供能量并装定信息，信息装定完成后反馈给火控系统。装定采用低电压小电流方式，底火中设计的阈值开关确保装定时无电流通过底火，确保装定过程安全。当给出射击指令后，火控系统提供大电流、高电压经由击发控制盒、炮栓击针、阈值开关到底火桥丝击发底火，完成弹丸发射。

装定控制器采用低电压小电流设计，设计装定输出电流小于底火桥丝的安全电流，确保即使底火中阈值开关失效时，也不会引燃底火桥丝。装定控制器设有安全保护模块，当输出电流过大时，直接切断装定输出，杜绝装定时产生意外发射的情况。

15.2　共底火有线装定过程能量流与信息流分析

对于能量和信息同步装定引信，弹丸爆炸输出能量由装药化学能、引信预储能或武器平台电能和引信作用信息决定，弹丸起爆能量流如图 15.2（a）所示。引信作用信息由特定公式决定，且引信在信息流获取工作中所需能量由武器平台提供，弹丸起爆信息流如图 15.2（b）所示。

弹丸运动信息由发射信息（发射时武器平台根据目标信息和环境信息设定的射角、射向等）、弹丸动能（由武器平台电能击发发射药化学能产生）和弹丸飞行过程中的环境信息决定，弹药发射信息流如图 15.2（c）所示，能量流如图 15.2（d）所示。图中“×”号代表节点之间为与关系，只有两个节点同时满足所有要求时，输出才满足要求。“+”号代表节点间为或关系，只要一个节点满足要求之一，输出就满足要求。

当引信不具有能量和信息同步传输（SPIT）功能时，其起爆能量流中无平台电能节点，起爆信息流中无作用时间信息、修正系数和弹丸初速信息等三个信息节点，其余拓扑结构与图 15.2 一致。

综上所述，弹药工作过程可抽象为发射能量流、发射信息流、起爆能量流和起爆信息流等两个子能量流和两个子信息流。值得注意的是，图 15.2 各个子流之间存在相同节点，且信息流可具有能量输入（见图 15.2（b）），能量流可具有信息输出（见图 15.2（d）），因此，各个子流之间存在强相关性。完整的信息和能量混合流拓扑如图 15.3 所示。

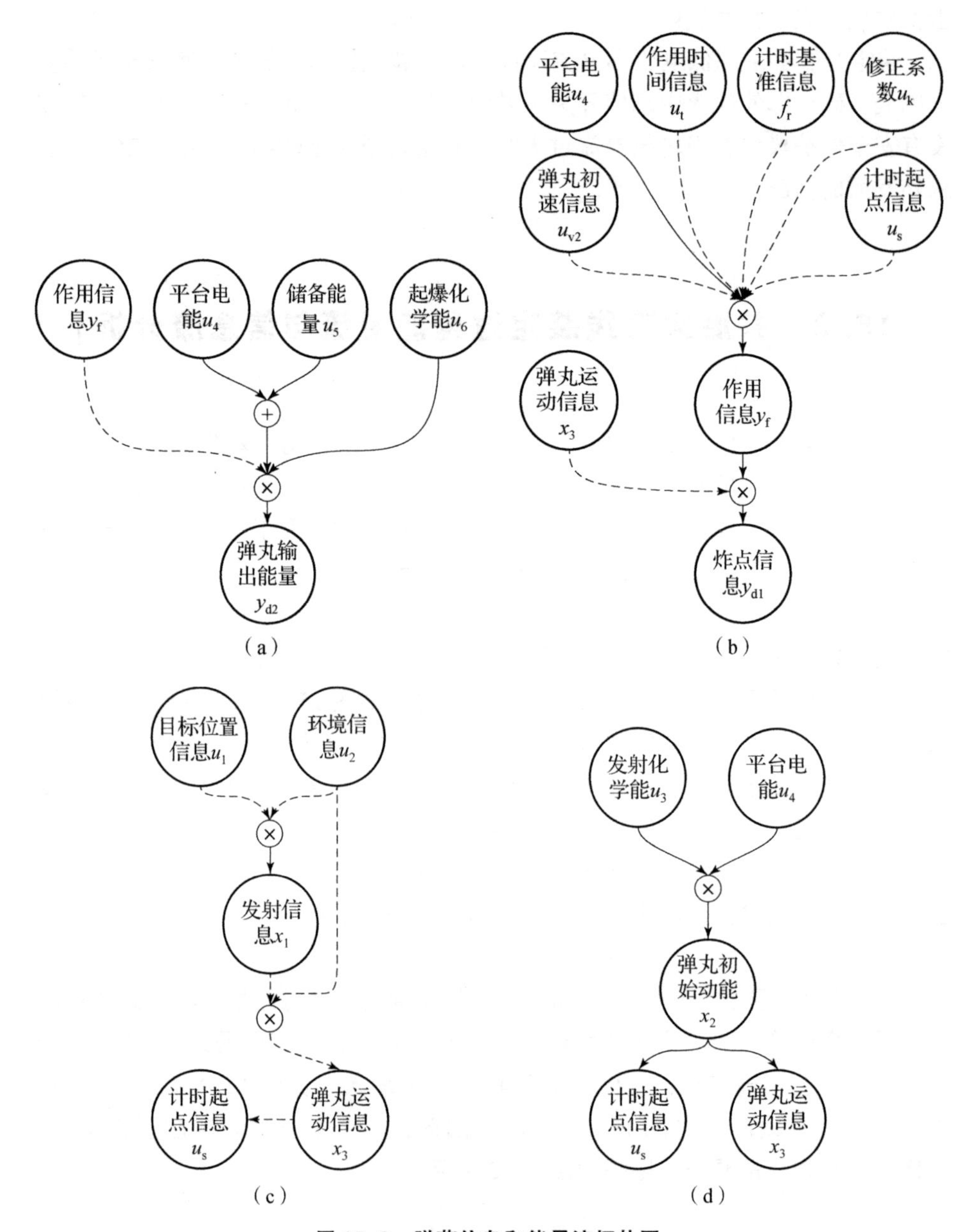

图 15.2 弹药信息和能量流拓扑图

(a) 弹丸起爆能量流；(b) 弹丸起爆信息流；

(c) 弹药发射信息流；(d) 弹药发射能量流

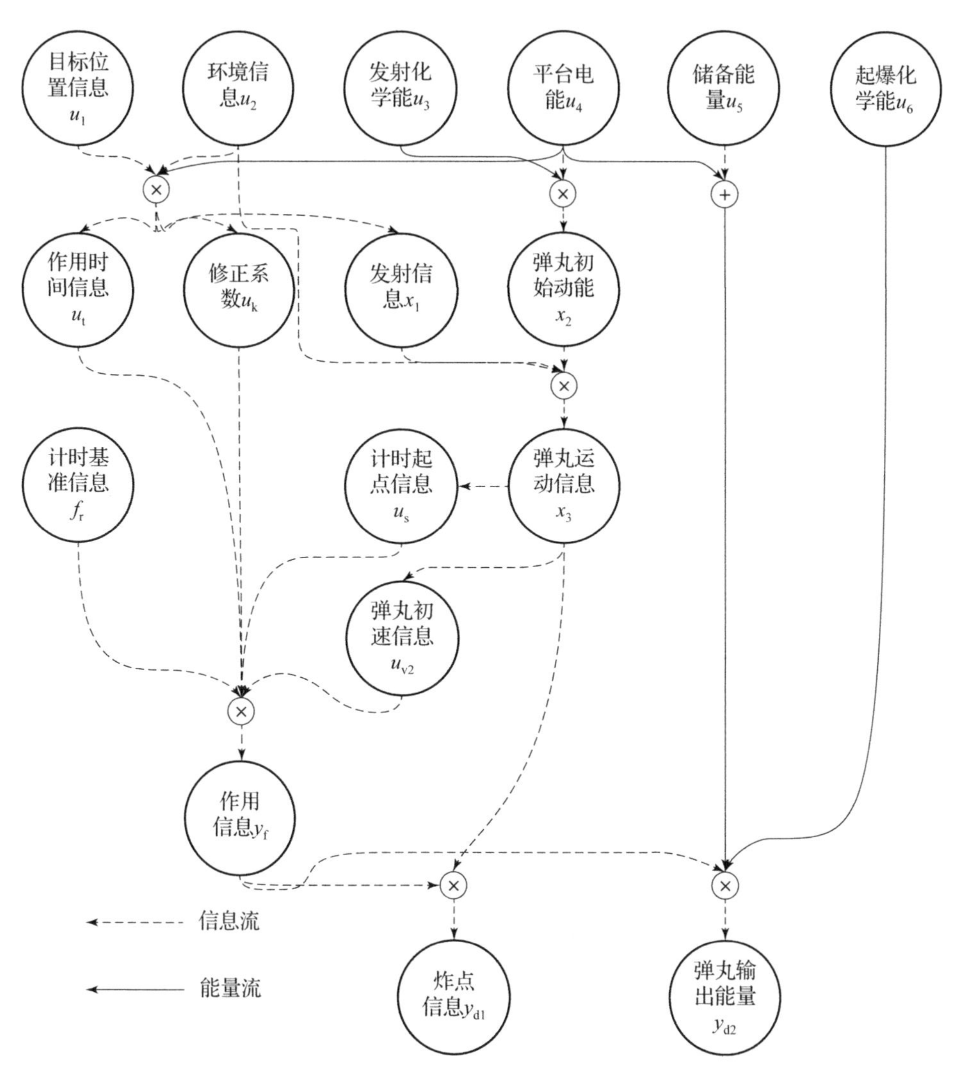

图 15.3　能量和信息混合流拓扑图

15.3　共线传输中能量流与信息流的协同作用

根据 15.2 节，提高共线传输能力和效果的方法包括引入新的信息和能量获取途径、提高每个信息流和能量流节点自身的准度和可靠性等两种。只要保证装定信息的准确，引入 SPIT 就能够同时为系统提供信息和能量获取途径，从而同时提高系统的性能。

由于本章采用共用底火回路的方式进行 SPIT，装定信息、起爆能量和发射能量均通过同一个通道传输，且通过同一个能量源供应能量，三者之间存在相互影响，反映在图 15.3 中，需要将图中的 u_4 能量流转换为如图 15.4 所示的能量流。图 15.4 中，平台电能被分为装定电能 u_{4a}和发射电能 u_{4b}两部分，其中，装定电能又分为信息装定电能 u_{4c}和能量装定电能 u_{4d}两部分。当采用共用底火回路的方式进行 SPIT 时，会有各种因素影响系统性能的优化。

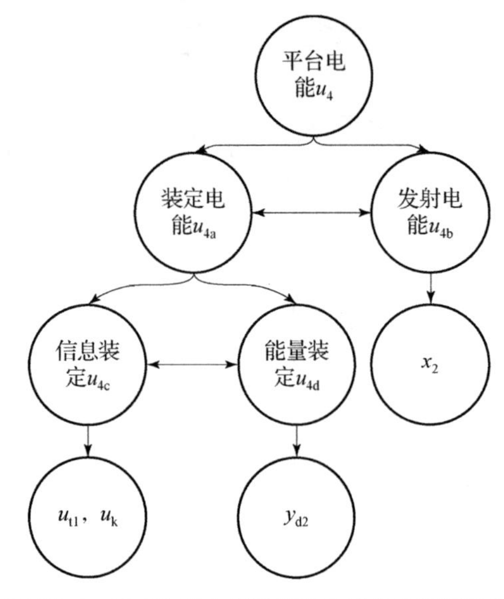

图 15.4　考虑目的地相互影响的平台电能能量流

对于 u_{4b}、u_{4c}和 u_{4d}，当三者之中任意一项达到最大值时，其余两项全为零。因此，底火共线 SPIT 存在两组矛盾量：u_{4a}和 u_{4b}以及 u_{4c}和 u_{4d}。对于 u_{4a}和 u_{4b}，当 u_{4a}增加时，装定能量增加，装定模型的准度和起爆系统输出都会更加稳定，但初始动能会更复杂，反之亦然。u_{4a}和 u_{4b}间的相互串扰及其抑制技术将在第 17 章中详细研究。

对于 u_{4c}和 u_{4d}，在 u_{4a}一定的情况下，增加 u_{4c}导致 u_{4d}减小，装定模型更精准，起爆系统输出趋于不可靠，反之亦然。u_{4c}和 u_{4d}间的权衡问题是影响 t_{o0}和 t_{o1}时刻选择的主要因素，该问题将在第 16 章中详细研究。

第 16 章

功率约束下能量和信息同步传输系统模型

在现有的 SPIT 方法中，按照发送端功率输出能力 P_{lmt} 和接收端功率需求 P_{need} 的关系可分为两类：其一为 $P_{lmt} \gg P_{need}$，此时，P_{lmt} 可视为无穷大，因此称之为无功率约束条件下的 SPIT 技术（主要包括射频卡技术和电力线通信技术等）；不满足第一类条件的 SPIT 可以称为功率约束下的 SPIT 技术。引信装定为一种特殊的功率约束下 SPIT 技术。

引信与武器平台的SPIT能够解决电池激活时间带来的初始能量缺口问题，甚至可以完全取代引信的储备式电源；并同时为引信提供初始目标信息和自身参数校准信息；因此，它对武器系统毁伤效能的提高有重大意义。

据第15章所述，在能量流方面，有较大影响的因素有引信起爆系统获得的能量储备不足、系统可靠度降低等。增加起爆系统能量储备的方法包括延长装定时间和提高能量传输功率等两种。在信息流方面，有较大影响的因素有：装定信息与目标和环境状态信息间的误差增大，系统精准度降低。造成误差增大的原因包括装定信息生成后无法预测的目标和环境状态变化，以及装定信息出现误码等两种。尽可能地缩短装定时间，能够减小目标和环境状态变化对装定信息有效性的影响；提高装定信息传输功率和增加信道编码长度能够减少装定信息误码概率。然而，由于发射能量流的限制，同步传输系统存在系统安全性上限P_{lmt}，发送功率无法无限制地提高。

因此，本章需要研究SPIT传输过程中存在发送功率约束下能量传输效率和信息传输速率的矛盾问题。

16.1　能量和信息同步传输系统模型

对于实际发送和接收系统，信息传输速率和能量接收效率均无法达到 16.2 节中的边界。本节对同步传输系统进行建模，分析实际发送和接收系统对同步传输的影响。

坦克炮膛内 SPIT 系统模型如图 16.1 所示。图中装定系统的能量流和信息流包括：能量源到引信的能量存储能量流，信息源到引信信息接收的下行信息流和引信信息发送到装定器的上行信息流。因此需要建立的模型包括能量传输模型，下行信息传输模型和上行信息传输模型。装定信道分为低通信道和带通信道，本节分别对低通信道和带通信道进行建模。

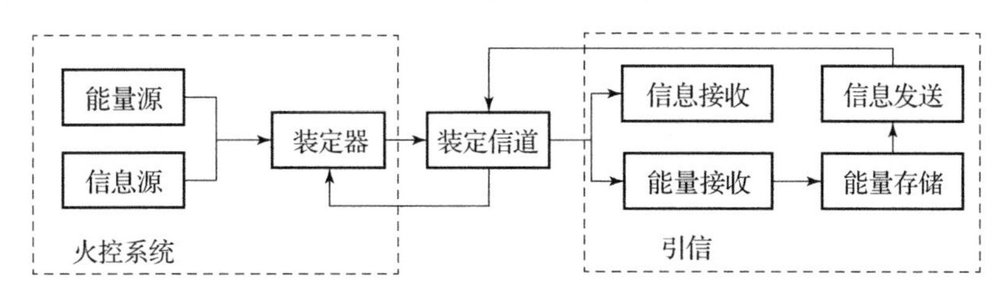

图 16.1　SPIT 系统模型框图

16.1.1　低通信道传输系统模型

低通信道传输系统模型如图 16.2 所示。图中，X 为信息源；E_{avlb} 为能量源；装定器由功率放大器和功率限制器组成；引信能量接收系统由肖特基二极管和低通滤波器 C_p 组成；信息接收系统由低通滤波器 C_s 和解码器组成；E_{avlb} 为直流恒压能量；X 为信息源输入的码元符号序列。X 中的码元分为两类，一类为供能码元 X_p，该码元只有一个码元符号（在整个时钟周期内均为高电平），另外一类为信息码元 X_s，在本节中，将分别计算二进制单极性码元和高斯码元的信道容量。

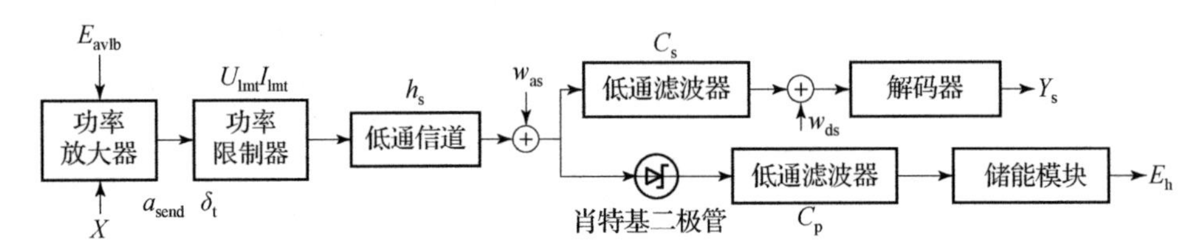

图 16.2 基带传输模型框图

在分时分配法中：

$$X = n_p X_p + \sum_{i=1}^{n_s} X_{si} \tag{16.1}$$

式中，n_p 为供能码元个数；n_s 为信息码元个数；$n_p/(n_p+n_s)=\delta_t$。

在比例分配法中：

$$X = \sum_{i=1}^{n_{total}} (X_p + X_{si}) \tag{16.2}$$

式中，n_{total}为总码元个数。序列 X 通过功率限制器加载到传输特性为 h_s 的低通信道上；因此，从低通信道输出的信息和能量同步传输信号为：

$$\sqrt{P_{lmt}} s_{out}(t) = \sqrt{P_{lmt}} h_s(t) * s_{in}(t) \tag{16.3}$$

式中，$s_{in}(t)$为以连续形式表示的 X；$s_{out}(t)$为信道输出信号；$P_{lmt}=U_{lmt}I_{lmt}$为功率限制器限制后的最大功率输出；U_{lmt}为电压上限；I_{lmt}为电流上限。为保证 P_{lmt}为最大输出功率，定义 $\max\{s_{in}(t)\}=1$，与传统 SPIT 研究中$\mathbb{E}\{s_{in}(t)\}=1$ 有所区别。

16.1.1.1 信息接收模型

在接收端，信号被分为两股分别传输到信息解码滤波器和能量接收滤波器。传输到解码器的信号为：

$$\begin{cases} \sqrt{P_{lmt}} s_d(t) + w_s(t) = c_s(t) * [\sqrt{1-a_{send}} \sqrt{P_{lmt}} s_{out}(t) + w_{as}(t)] + w_{ds}(t) \\ \sqrt{P_{lmt}} s_d(t) + w_s(t) = \sum_{i=1}^{n_s} \{c_s(t) * [\sqrt{P_{lmt}} s_{out}(t_{si}) + w_{as}(t_{si})] + w_{ds}(t_{si})\} \end{cases} \tag{16.4}$$

式中，$c_{\mathrm{s}}(t)$ 为信息解码滤波器传输函数；a_{send} 为功率分配系数，其含义将在下一节详述；$w_{\mathrm{as}}(t)$ 为接收端引入的信道噪声；$w_{\mathrm{ds}}(t)$ 为解码器噪声；$w_{\mathrm{s}}(t)$ 为装定接收噪声：

$$w_{\mathrm{s}}(t)=c_{\mathrm{s}}(t)*w_{\mathrm{as}}(t)+w_{\mathrm{ds}}(t) \tag{16.5}$$

当基带传输的信源输入为单极性二进制码元时，假定信道为二进制对称信道，则此时信道容量为：

$$C_{\mathrm{bsc}}^{\mathrm{up}}=1-H(p(Y_{\mathrm{s}i}=S_{\mathrm{s}1}|X_{\mathrm{s}i}=S_{\mathrm{s}1})) \tag{16.6}$$

式中，X_{s} 为 X 中的信息码元；Y_{s} 为 Y 中的信息码元；$S_{\mathrm{s}1}$ 为二进制码元中的一个码元符号；当噪声服从高斯分布时，$P(Y_{\mathrm{s}i}=S_{\mathrm{s}1}|X_{\mathrm{s}i}=S_{\mathrm{s}1})$ 为：

$$\begin{aligned}P(Y_{\mathrm{s}i}=S_{\mathrm{s}1}\mid X_{\mathrm{s}i}=S_{\mathrm{s}1}) &= P\left(S_{\mathrm{s}1}+\frac{w_{\mathrm{s}}}{\sqrt{P_{\mathrm{lmt}}\mathbb{E}\{s_{\mathrm{d}}^{2}(t)\}}}\leqslant\frac{S_{\mathrm{s}1}+S_{\mathrm{s}2}}{2}\right)\\ &=\int_{-\infty}^{\frac{S_{\mathrm{s}1}+S_{\mathrm{s}2}}{2}}\frac{\sqrt{P_{\mathrm{lmt}}\mathbb{E}\{s_{\mathrm{d}}^{2}(t)\}}}{(\sigma_{\mathrm{s}}\sqrt{2\pi})}\mathrm{e}^{-\frac{P_{\mathrm{lmt}}\mathbb{E}\{s_{\mathrm{d}}^{2}(t)\}(Y_{\mathrm{s}i}-S_{\mathrm{s}1})^{2}}{2\sigma_{\mathrm{s}}^{2}}}\mathrm{d}Y_{\mathrm{s}i}\end{aligned} \tag{16.7}$$

式中，$S_{\mathrm{s}2}$ 为二进制码元中另一个码元符号，且 $S_{\mathrm{s}2}>S_{\mathrm{s}1}$；$\sigma_{\mathrm{s}}$ 为装定接收噪声标准差；$\mathbb{E}\{s_{\mathrm{d}}^{2}(t)\}$ 为解码器输入信号的期望。当基带信道为高斯白噪声信道时，信道容量为：

$$C_{\mathrm{awgn}}^{\mathrm{up}}=\frac{1}{2}\log_{2}\left(1+\frac{P_{\mathrm{lmt}}\mathbb{E}\{s_{\mathrm{d}}^{2}(t)\}}{\sigma_{\mathrm{s}}^{2}}\right) \tag{16.8}$$

式（16.7）和式（16.8）确定了装定接收系统信道容量的边界。装定系统所发送的信息长度有限，且对每个引信只发送有限次数，无法满足式（16.7）和式（16.8）所要求的大编码长度，因此，需要求得特定的编码长度下的最优信息传输速率和最优编码长度。有限码长时，信息传输速率近似为：

$$R_{\mathrm{d}}\approx C^{\mathrm{up}}-\sqrt{\frac{V_{\mathrm{s}}}{n_{\mathrm{s}}}}\Phi^{-1}(\epsilon_{\mathrm{s}}) \tag{16.9}$$

式中，V_{s} 为信道散布，该散布与噪声和编码长度有关；$\Phi^{-1}(\cdot)$ 为取高斯分布分位数运算；ϵ_{s} 为系统允许的最大误码率。对于对称二进制信道，信息传输速率为：

$$R_{\mathrm{d}}\approx C_{\mathrm{bsc}}^{\mathrm{up}}-\sqrt{\frac{p_{\mathrm{serror}}(1-p_{\mathrm{serror}})}{n_{\mathrm{s}}}}\log_{2}\left(\frac{1-p_{\mathrm{serror}}}{p_{\mathrm{serror}}}\right)\Phi^{-1}(\epsilon_{\mathrm{s}}) \tag{16.10}$$

式中，$p_{\mathrm{serror}}=1-P(Y_{\mathrm{s}i}=S_{\mathrm{s}1}\mid X_{\mathrm{s}i}=S_{\mathrm{s}1})$，为装定码元交叉概率。对于高斯信道，信息传输速率近似为：

$$R_{\mathrm{d}}\approx C_{\mathrm{awgn}}^{\mathrm{up}}-\sqrt{\frac{r_{\mathrm{snr}}(2+r_{\mathrm{snr}})}{2n_{\mathrm{s}}(1+r_{\mathrm{snr}})^{2}}}\log_{2}e\Phi^{-1}(\epsilon_{\mathrm{s}}) \tag{16.11}$$

式中，$r_{\mathrm{snr}} = P_{\mathrm{lmt}}\mathbb{E}\{s_{\mathrm{d}}^{2}(t)\}/\sigma_{\mathrm{s}}^{2}$ 为装定接收信噪比。

16.1.1.2 能量接收模型

在图16.2中，能量接收系统通过肖特基二极管和滤波储能模块收集信道传输的能量，其中，信道中噪声的功率均值为0，无法被接收。由于功率限制器限制了系统的最大电流和最大电压，因此，传输到能量接收端的电压微分方程为：

$$
\begin{cases}
C_{\mathrm{p}}\dfrac{\mathrm{d}u_{\mathrm{p}}(t)}{\mathrm{d}t} = I_{\mathrm{lmt}} - I_{\mathrm{c}}, I_{\mathrm{lmt}}u_{\mathrm{p}}(t) < P_{\mathrm{lmt}}s_{\mathrm{out}}^{2}(t) \\
C_{\mathrm{p}}\dfrac{\mathrm{d}u_{\mathrm{p}}(t)}{\mathrm{d}t} = I_{\mathrm{sch}}\left(\mathrm{e}^{U_{\mathrm{sch}}(U_{\mathrm{lmt}}s_{\mathrm{out}}(t) - u_{\mathrm{p}}(t))} - 1\right) - I_{\mathrm{c}}, \\
\qquad u_{\mathrm{p}}(t) < U_{\mathrm{lmt}}s_{\mathrm{out}}(t) \cap I_{\mathrm{lmt}}u_{\mathrm{p}}(t) \geqslant P_{\mathrm{lmt}}s_{\mathrm{out}}^{2}(t) \\
C_{\mathrm{p}}\dfrac{\mathrm{d}u_{\mathrm{p}}(t)}{\mathrm{d}t} = -I_{\mathrm{c}}, u_{\mathrm{p}}(t) \geqslant U_{\mathrm{lmt}}s_{\mathrm{out}}(t)
\end{cases}
\tag{16.12}
$$

式中，C_{p} 为低通滤波器滤波储能电容；I_{sch} 为肖特基二极管饱和电流；U_{sch} 为肖特基二极管热电压倒数，方程中 $I_{\mathrm{sch}}(\exp(U_{\mathrm{sch}}(\cdot) - 1))$ 为肖特基二极管伏安特性曲线表达式。方程式（16.12）中，能量接收方程由三段组成：当充电功率 $I_{\mathrm{lmt}}u_{\mathrm{p}}(t) < P_{\mathrm{lmt}}s_{\mathrm{out}}^{2}(t)$ 时，接收端以恒流 I_{lmt} 接收装定能量；当充电功率 $I_{\mathrm{lmt}}u_{\mathrm{p}}(t) \geqslant P_{\mathrm{lmt}}s_{\mathrm{out}}^{2}(t)$ 且接收端电压 $u_{\mathrm{p}}(t) < U_{\mathrm{lmt}}s_{\mathrm{out}}(t)$ 时，接收端以电压 $U_{\mathrm{lmt}}s_{\mathrm{out}}(t)$ 接收装定能量；当接收端电压 $u_{\mathrm{p}}(t) > U_{\mathrm{lmt}}s_{\mathrm{out}}(t)$ 时，只有系统能量消耗，而无装定能量接收。求解方程式（16.12），得到接收端电压为：

$$
\begin{cases}
u_{\mathrm{p}}(t) = \dfrac{I_{\mathrm{lmt}} - I_{\mathrm{c}}}{C_{\mathrm{p}}}t, I_{\mathrm{lmt}}u_{\mathrm{p}}(t) < P_{\mathrm{lmt}}s_{\mathrm{out}}^{2}(t) \\
u_{\mathrm{p}}(t) = \dfrac{1}{U_{\mathrm{sch}}}\ln\left(\displaystyle\int\dfrac{U_{\mathrm{sch}}I_{\mathrm{sch}}\mathrm{e}^{U_{\mathrm{sch}}U_{\mathrm{lmt}}s_{\mathrm{out}}(t)}}{C_{\mathrm{p}}}\mathrm{e}^{\left(1+\frac{I_{\mathrm{sch}}}{I_{\mathrm{c}}}\right)\frac{U_{\mathrm{sch}}I_{\mathrm{sch}}t}{C_{\mathrm{p}}}}\mathrm{d}t + c_{\mathrm{pcs}}\right) - \left(1 + \dfrac{I_{\mathrm{sch}}}{I_{\mathrm{c}}}\right)\dfrac{I_{\mathrm{sch}}}{C_{\mathrm{p}}}t, \\
\qquad u_{\mathrm{p}}(t) < U_{\mathrm{lmt}}s_{\mathrm{out}}(t) \cap I_{\mathrm{lmt}}u_{\mathrm{p}}(t) \geqslant P_{\mathrm{lmt}}s_{\mathrm{out}}^{2}(t) \\
u_{\mathrm{p}}(t) = u_{\mathrm{p}}(t_{\mathrm{k}}), u_{\mathrm{p}}(t) \geqslant U_{\mathrm{lmt}}s_{\mathrm{out}}(t)
\end{cases}
\tag{16.13}
$$

式中，c_{pcs} 为积分常数项，其结果由微分方程的边界条件决定，$u_{\mathrm{p}}(t_{k})$ 为第 k 个状态切换时刻的电压值。方程式（16.12）的边界条件为：$u_{\mathrm{p}}(0) = 0$，当发生状态切换时，两方程得到的结果相等。

16.1.1.3 信息反馈模型

基带反馈传输模型如图16.3所示。反馈信号 X_{f} 通过信号加载器加载到反馈信道上，并通过反馈信道传输到装定器端的反馈解码器上。由于系统反馈信道与装定信道相同，$h_{\mathrm{f}}(t)=h_{\mathrm{s}}(t)$，因此装定器收到的反馈信号为：

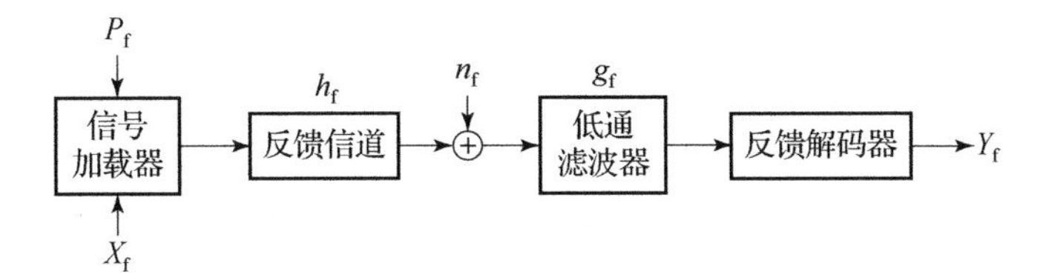

图 16.3　反馈传输模型

$$\sqrt{P_{\mathrm{f}}}s_{\mathrm{fout}}(t)=\sqrt{P_{\mathrm{f}}}g_{\mathrm{f}}(t)*h_{\mathrm{s}}(t)*s_{\mathrm{fin}}(t)+w_{\mathrm{f}}(t) \tag{16.14}$$

式中，P_{f} 为加载反馈信息所消耗的平均功率；$g_{\mathrm{f}}(t)$ 为信号加载器的低通特性；$w_{\mathrm{f}}(t)$ 为反馈噪声。与式（16.10）和式（16.11）相似，反馈信道的信息传输速率为：

$$R_{\mathrm{u}}\approx C_{\mathrm{bsc}}^{\mathrm{up}}-\sqrt{\frac{p_{\mathrm{ferror}}(1-p_{\mathrm{ferror}})}{n_{\mathrm{f}}}}\log_2\left(\frac{1-p_{\mathrm{ferror}}}{p_{\mathrm{ferror}}}\right)\Phi^{-1}(\epsilon_{\mathrm{s}}) \tag{16.15}$$

$$R_{\mathrm{u}}\approx C_{\mathrm{awgn}}^{\mathrm{up}}-\sqrt{\frac{r_{\mathrm{fsnr}}(2+r_{\mathrm{fsnr}})}{2n_{\mathrm{f}}(1+r_{\mathrm{fsnr}})^2}}\log_2\mathrm{e}\Phi^{-1}(\epsilon_{\mathrm{s}}) \tag{16.16}$$

式中，$p_{\mathrm{ferror}}=1-P(Y_{\mathrm{fi}}=S_{\mathrm{f1}}|X_{\mathrm{fi}}=S_{\mathrm{f1}})$，为反馈码元交叉概率；$n_{\mathrm{f}}$ 为反馈码元个数；$r_{\mathrm{fsnr}}=P_{\mathrm{f}}/\sigma_{\mathrm{s}}^2$，为反馈信噪比。

16.1.2　带通信道传输系统模型

针对分装弹药无法采用有线连接作为传输信道的问题，设计了带通传输系统模型，如图 16.4 所示。带通传输系统的装定器端及引信接收端与基带传输系统相似，而信道部分除了低通传输线外增加了无线传输天线。装定器输出到低通传输线上的信号为：

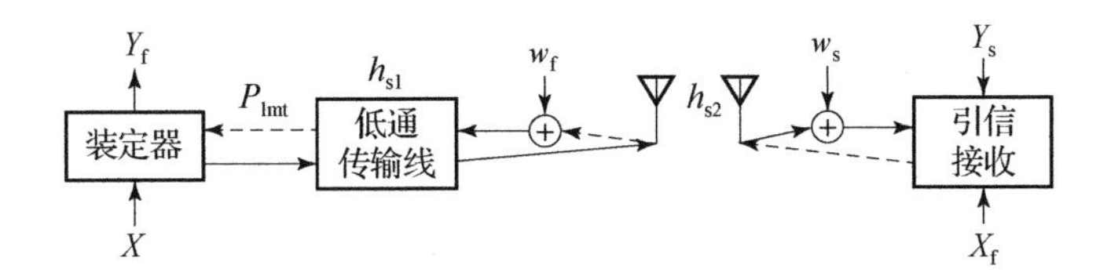

图 16.4　带通传输系统模型

$$\sqrt{P_{\mathrm{lmt}}}\tilde{s}_{\mathrm{in}}(t)=\sqrt{P_{\mathrm{lmt}}}X\mathrm{e}^{\mathrm{j}2\pi f_c t} \tag{16.17}$$

式中，$\tilde{s}_{\mathrm{in}}(t)$ 为复信道输入信号；$s_{\mathrm{in}}(t)=\mathrm{Re}[\tilde{s}_{\mathrm{in}}(t)]$，$\mathrm{Re}(\cdot)$ 为取实部运算；f_c 为带通信号载波频率。传输到引信接收端的复信号为：

$$\sqrt{P_{\text{lmt}}}\tilde{s}_{\text{out}}(t)=\sqrt{P_{\text{lmt}}}h_{\text{s1}}(t)*h_{\text{s2}}(t)*\tilde{s}_{\text{in}}(t)+w_{\text{as}}(t) \tag{16.18}$$

式中，$\tilde{s}_{\text{out}}(t)$为复信道输出信号，$s_{\text{out}}(t)=\text{Re}[\tilde{s}_{\text{out}}(t)]$；$h_{\text{s1}}(t)$为低通传输线信道特性，$h_{\text{s2}}(t)$为带通传输线信道特性。

在带通传输系统接收端，为了提高能量利用率，采用全波整流模块作为能量和信息接收方法，如图 16.5 所示。图中，信号经过全波整流后被分成两股，分别进行能量接收和信息接收，而在图 16.2 中，低通信道能量接收与信息接收的分离发生在肖特基二极管整流之前。根据全波整流原理，通过整流器的带通实信号为$\left|\sqrt{P_{\text{lmt}}}\tilde{s}_{\text{out}}(t)\right|$。该信号通过低通滤波器 C_{p} 给储能模块供电，并通过带通滤波器 C_{s} 进行信息解调和解码接收。在本节分析过程中，假定 C_{p} 和 C_{s} 均满足 16.2.3 节所述的最优接收端功率分配条件，且带通信道为加性高斯白噪声信道。

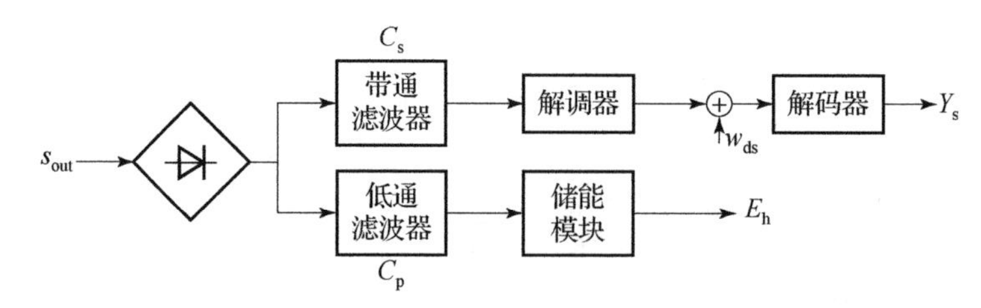

图 16.5　带通模型能量和信息接收方法

当采用二进制编码时，其信息传输速率与式（16.10）相同，而码元正确传输概率变为：

$$P(Y_{si}=S_{\text{s1}}\mid X_{si}=S_{\text{s1}})=\int_{-\frac{S_{\text{s1}}+S_{\text{s2}}}{2}}^{\frac{S_{\text{s1}}+S_{\text{s2}}}{2}}\frac{1}{(\sigma_{\text{as}}\sqrt{2\pi})}\text{e}^{-\frac{P_{\text{lmt}}\mathbb{E}\{s_{\text{d}}^2(t)\}(Y_{si}-S_{\text{s1}})^2}{2\sigma_{\text{as}}^2}}\text{d}Y_{si} \tag{16.19}$$

式中，$\sigma_{\text{as}}\to 0$；或：

$$p(Y_{si}=S_{\text{s1}}\mid X_{si}=S_{\text{s1}})=\int_{-\infty}^{\frac{S_{\text{s1}}+S_{\text{s2}}}{2}}\frac{1}{(\sigma_{\text{ds}}\sqrt{2\pi})}\text{e}^{-\frac{P_{\text{lmt}}\mathbb{E}\{s_{\text{d}}^2(t)\}(Y_{si}-S_{\text{s1}})^2}{2\sigma_{\text{ds}}^2}}\text{d}Y_{si} \tag{16.20}$$

式中，$\sigma_{\text{ds}}\to 0$。

当采用高斯编码时，其信息传输速率为：

$$C_{\text{s}}=\log_2\left(1+\frac{P_{\text{lmt}}\mathbb{E}[a(t)]\mathbb{E}[s_{\text{out}}^2(t)]}{\sigma_{\text{s}}^2}\right) \tag{16.21}$$

在带通模型中，由于发送端和接收端隔离，能量接收端以 $P_{\text{lmt}}s_{\text{out}}^2(t)$ 的恒定功率接收装定能量，其充电微分方程为：

$$\begin{cases} C_{\mathrm{p}} \dfrac{\mathrm{d}u_{\mathrm{p}}(t)}{\mathrm{d}t} = \dfrac{a_{\mathrm{send}} P_{\mathrm{lmt}} s_{\mathrm{out}}^{2}(t)}{u_{\mathrm{p}}(t)} - I_{\mathrm{c}}, u_{\mathrm{out}}(t) < u_{\mathrm{out}}(t) \cap u_{\mathrm{out}}(t) < U_{\mathrm{lmt}} s_{\mathrm{out}}(t) \\ C_{\mathrm{p}} \dfrac{\mathrm{d}u_{\mathrm{p}}(t)}{\mathrm{d}t} = I_{\mathrm{sch}} \left(\mathrm{e}^{U_{\mathrm{sch}}(U_{\mathrm{lmt}} s_{\mathrm{out}}(t) - u_{\mathrm{p}}(t))} - 1 \right) - I_{\mathrm{c}}, u_{\mathrm{p}}(t) < u_{\mathrm{out}}(t) \cap u_{\mathrm{out}}(t) \geqslant U_{\mathrm{lmt}} s_{\mathrm{out}}(t) \\ C_{\mathrm{p}} \dfrac{\mathrm{d}u_{\mathrm{p}}(t)}{\mathrm{d}t} = -I_{\mathrm{c}}, u_{\mathrm{p}}(t) \geqslant u_{\mathrm{out}}(t) \end{cases} \tag{16.22}$$

其中，$u_{\mathrm{out}}(t)$为：

$$u_{\mathrm{out}}(t) = \frac{\ln\left(\dfrac{P_{\mathrm{lmt}} + 1}{u_{\mathrm{p}}(t) I_{\mathrm{sch}}}\right) + u_{\mathrm{p}}(t)}{U_{\mathrm{sch}}} \tag{16.23}$$

与式（16.13）相比，带通能量接收模型少了恒流充电过程，其接收到的总能量与式（16.14）相同。带通信息反馈与信息装定通过同一天线进行，信道为对称信道，则传输到反馈接收端的复信号为：

$$\sqrt{P_{\mathrm{f}}}\tilde{s}_{\mathrm{fout}}(t) = \sqrt{P_{\mathrm{f}}} h_{\mathrm{s1}}(t) * h_{\mathrm{s2}}(t) * \tilde{s}_{\mathrm{fin}}(t) + w_{\mathrm{f}}(t) \tag{16.24}$$

式中，$\tilde{s}_{\mathrm{fin}}(t)$为复信道反馈输入信号。反馈信道信息传输速率与式（16.15）和式（16.16）相同。

16.1.3　两种信道的性能对比

本节通过计算分析、对比低通传输系统和带通传输系统的性能。首先，仿真分析二者的能量接收性能。仿真参数为：$U_{\mathrm{lmt}} = 12$ V、$I_{\mathrm{lmt}} = 0.05$ A、$C_{\mathrm{p}} = 200$ μF、$I_{\mathrm{c}} = 0.01$ A、$h_{\mathrm{s1}} = 1$、$h_{\mathrm{s2}} = 1$；肖特基二极管为 BAT54 系列，其参数为：$U_{\mathrm{sch}} = 26 \times 10^{-3}$ V、$I_{\mathrm{sch}} = 10^{-6}$ A；带通传输系统能量传输频率为 1 MHz。图 16.6 展示了能量接收端电压与功率的仿真结果。图中，低通传输系统采用恒电流传输，其储能模块电压线性上升。当 $a_{\mathrm{send}} = 1$ 时，在 58 ms 处，能量传输转换为恒压模式，而后达到储能极限。带通传输系统为恒功率传输，电压累积速率随着电压上升而降低；当 $a_{\mathrm{send}} = 1$ 时，在 50 ms 处，能量传输转换为恒压模式。当增加信息传输，且 $a_{\mathrm{send}} = 0.5$ 时，能量传输速率明显下降。

从图 16.6 中可以得出结论，带通系统所使用的恒功率能量传输方法能够较为完全地利用传输到能量接收端的功率，而低通系统有部分功率被浪费，降低了能量传输效率，如图 16.6（b）所示。图 16.6（b）为充电过程中的平均功率变化。图中，低通模型只有在状态切换时刻达到最优功率；带通模型采用单一频率信号，平均功率维持在 $P_{\mathrm{lmt}}/\sqrt{2}$。只有在 $h_{\mathrm{s1}} = 1$ 及 $h_{\mathrm{s2}} = 1$ 的理想状态下，带通模型的能量传输速率才优于低通模型，事实上，无线传输信道必然存

在功率损耗 $h_{s2}=1$ 时不成立，此时，带通模型劣于低通模型。

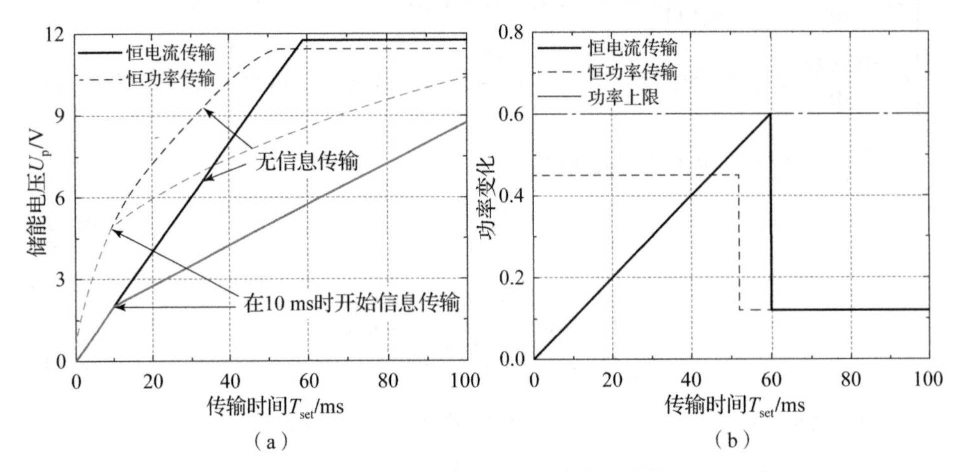

(a)　　(b)

图 16.6　能量接收端电压与功率仿真结果

(a) 能量接收端电压变化曲线；(b) 能量接收端功率变化曲线

图 16.7 仿真了信道编码长度与信息传输速率间的关系。其仿真参数为：误码率为 10^{-6}、信噪比为 5，其余仿真参数与能量接收仿真中相同。在图 16.7 中，不论低通信道还是带通信道均存在编码长度下界。当编码长度为 100 时，不论高斯信道模型还是二进制对称信道模型均与当前误码率下的信息传输速率边界相差较远。且由于接收端结构差异，带通传输系统的信息传输速率边界要小于低通传输系统。

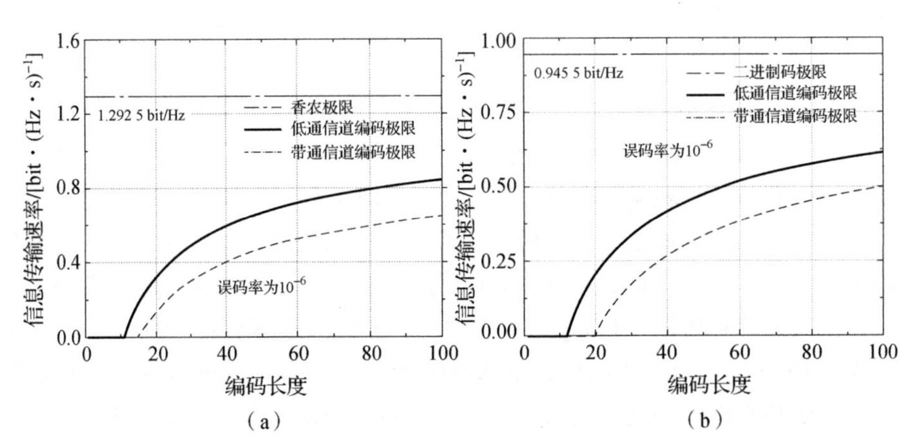

(a)　　(b)

图 16.7　信道编码长度与信息传输速率间的关系

(a) 高斯信道模型；(b) 二进制对称信道模型

从图 16.7 中可以看出，增加编码长度可以增加信息传输速率。然而，装定信息为定长信息，增加编码长度导致需传输的码元增多，且随着编码长度的增加，信息传输速率的增长变慢，因此，存在使信息的总传输时长最短的最优编码长度。假定信源信息的长度为 n_{s0}，则在编码长度 $n_s \geqslant n_{s0}$ 时，最短传输时长为：

$$\begin{cases} \min\limits_{n_s} t_s \\ t_s = n_s/(B_d R_d) \end{cases} \tag{16.25}$$

式中，B_d 为装定信道带宽。根据式（16.10）和式（16.11），最优时长与 n_s 和信噪比有关。不同信噪比下的最优编码长度和短传输时长如图 16.8 所示。图 16.8 中，信源编码后的装定信息长度为 48 bit、信道带宽为 100 kHz。图 16.8（a）表明，最优编码长度随着信噪比的增加而迅速降低，直至编码长度与信息总长度一致。图 16.8（b）表明，在低信噪比条件下，低通模型信息传输时长显著小于带通模型，高信噪比条件下，二者差别较小。当信噪比大于 7.5 dB 时，采用高斯编码与二进制编码的差别不大。

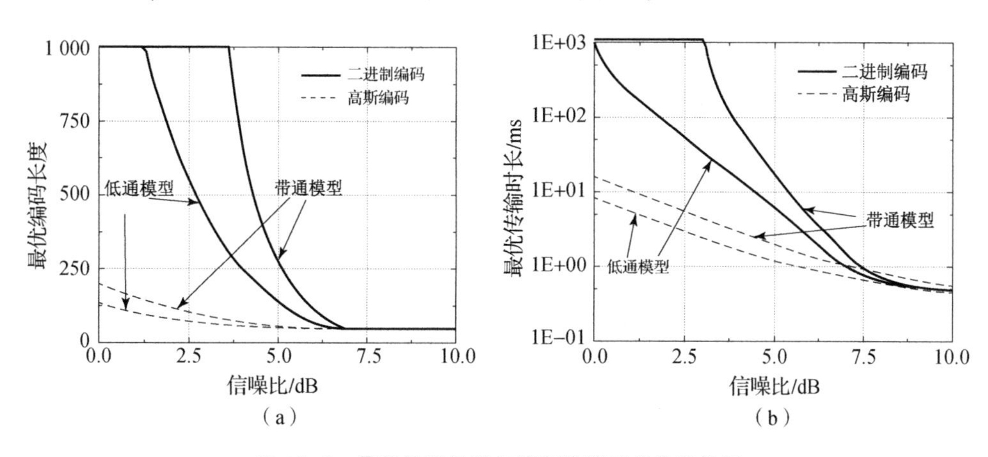

图 16.8　最优编码长度与最短传输时长仿真结果

（a）最优编码长度；（b）最短传输时长

根据图 16.7，在相同信道条件下信道编码长度与信息传输速率间的关系保持不变。信息反馈传输与信息装定通过同一信道进行，因此，其信道编码长度规律与图 16.7 中低通信道曲线一致。同样，信息反馈传输的最优编码长度和最优传输时长如图 16.9 所示。图 16.9 中，信源编码后的反馈信息长度为 8 bit。由于反馈信息的信息长度很短，当信噪比为 10 dB 时，高斯编码的最优编码长度尚大于 8 bit。图 16.9（b）中，高斯编码曲线和二进制编码曲线出现交叉，在信噪比大于 7.5 dB 时，二进制编码优于高斯编码。低通模型和带通模型曲线完全重合，信息反馈性能一致。

根据上述仿真结果，在理想状况下，低通信道的能量传输性能比带通信道差，信息下行传输性能优于带通信道，二者反馈性能一致，若考虑信道特性，低通信道将显著优于带通信道，因此，本节最终选用低通信道传输系统作为SPIT系统的设计方案，且本节应用场景中，信噪比较高，可采用二进制编码方案进行信道编码。

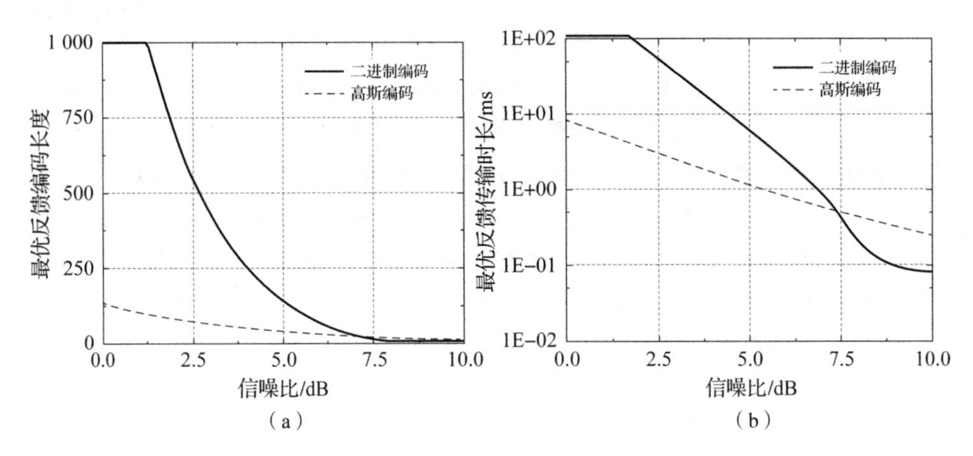

图 16.9　最优反馈编码长度与最优反馈传输时长

(a) 最优反馈编码长度；(b) 最优反馈传输时长

16.2　功率约束下能量和信息同步传输过程中的功率分配策略

根据前述分析，能量及信息传输速率均与传输功率正相关，根据香农定理，信息发送必须存在一定的带宽，而能量传输效率在发射端为单一频率时效率最高，因此，发射端功率需要在单一频率和一个通频带间分配。

对于任何可实现的能量和信息同步传输系统，信息接收所消耗的功率无法被能量接收端收集，能量接收端收集的功率无法用于信息解码，因此，在接收端需要将峰值为 P_{lmt} 的总功率分成能量接收和信息接收两部分。只有发射端和接收端功率分配匹配时，才能达到理想传输效率。

16.2.1　发送端动态功率分配策略

系统的总峰值功率受到 P_{lmt} 的限制，并通过能量分配系数 $a(t)$ 决定能量传输和信息传输分别使用的功率，因此，$a(t)$ 决定了信道容量的大小和能量接收的快慢。

发送端动态功率分配策略：发送端编码调制后的复信号为

$$\sqrt{P_{\text{lmt}}}\tilde{s}_{\text{in}}(t)=\sqrt{P_{\text{lmt}}}(A_{\text{c}}(t)\mathrm{e}^{\mathrm{j}\phi_{\text{c}}(t)}+A_{\text{s}}(t)\mathrm{e}^{\mathrm{j}\phi_{\text{s}}(t)}) \tag{16.26}$$

式中，$A_{\text{c}}(t)$和$\phi_{\text{c}}(t)$分别为能量信号的幅值和相位；$A_{\text{s}}(t)$和$\phi_{\text{s}}(t)$分别为信息信号的幅值和相位。令$A_{\text{c}}^2+\max\{A_{\text{s}}^2(t)\}=1$，则发送端能量分配比例为$a(t)=A_{\text{c}}^2(t)$。

在接收端，需要设计与发送能量分配比例相对应的接收能量分配模块，接收端分配比例为：

$$a_{\text{rcv}}=\frac{a_{\text{r1}}(h_{\text{s}}(t)*A_{\text{c}}(t))^2+a_{\text{r2}}(h_{\text{s}}(t)*A_{\text{s}}(t))^2}{s_{\text{out}}^2(t)} \tag{16.27}$$

式中，a_{r1}和a_{r2}分别为发送端发出的两种信号在接收端的功率分配比例；$h_{\text{s}}(t)$为下行传输信道特性；$s_{\text{out}}(t)$为传输到接收端的信号。接收端功率分配模块如图 16.10所示。

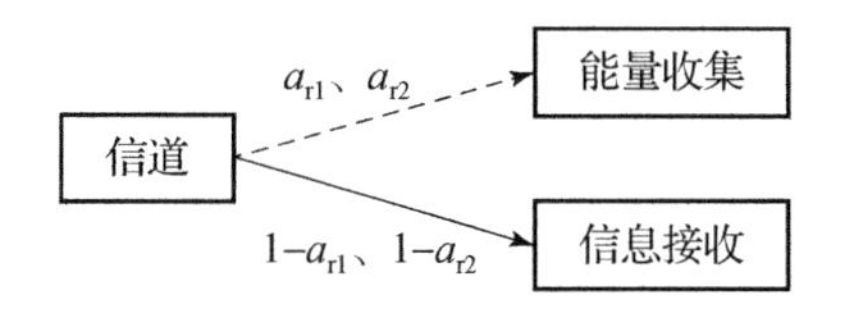

图 16.10　接收端功率分配模块示意图

16.2.2　比例分配和分时分配策略

对于能量和信息同步传输系统，完全的动态能量功率分配系统难以实现，且难以通过数学方法分析，因此，我们对两种特殊的功率分配策略（比例分配策略和分时分配策略）分别进行研究。

比例分配法：

$$a(t)=a_{\text{send}} \tag{16.28}$$

即$A_{\text{c}}(t)$为常数，当传输信道为低通信道时，显然，通过直流通道进行能量传输的效率最高，因此$\phi_{\text{c}}=\pi/2$。当传输信道为带通信道时，带宽为“0”时能量传输效率最高。此时$\phi_{\text{c}}=\omega_{\text{c}}t+\phi_0$，其中$\omega_{\text{c}}$为常数。接收端输出为：

$$\begin{cases}s_{\text{p}}(t)=\sqrt{a_{\text{r1}}a_{\text{send}}}s_{\text{out}}(t)+\sqrt{a_{\text{r2}}(1-a_{\text{send}})}s_{\text{out}}(t)\\ s_{\text{d}}(t)=\sqrt{(1-a_{\text{r2}})(1-a_{\text{send}})}s_{\text{out}}(t)\end{cases} \tag{16.29}$$

式中，$s_{\text{p}}(t)$为能量接收端信号；$s_{\text{d}}(t)$为信息接收端信号。

分时分配法将整个装定过程分为数个时间片段，在每个时间片段内$a(t)=1$或$a(t)=0$。接收端输出为：

$$\begin{cases} s_{\mathrm{p}}(t) = \begin{cases} \sqrt{a_{\mathrm{r1}}} s_{\mathrm{out}}(t), t = t_{\mathrm{p}i} \\ \sqrt{a_{\mathrm{r2}}} s_{\mathrm{out}}(t), t = t_{\mathrm{s}j} \end{cases} \\ s_{\mathrm{d}}(t) = \sqrt{1 - a_{\mathrm{r2}}} s_{\mathrm{out}}(t), t = t_{\mathrm{s}j} \\ \delta_{\mathrm{t}} = \dfrac{\sum t_{\mathrm{p}i}}{\sum t_{\mathrm{p}i} + \sum t_{\mathrm{s}j}} \end{cases} \tag{16.30}$$

式中，$t_{\mathrm{p}i}$为能量传输时段；$t_{\mathrm{s}j}$为信息传输时段；δ_{t} 为分时分配系数；$\sum t_{\mathrm{p}i} + \sum t_{\mathrm{s}j}$ 为总装定时长。因此，分时分配法的意义为：在整个装定传输时段中，有总时长为 $t_{\mathrm{p}i}$的时间片段被用来传输能量，剩余时间片段用来传输信息。

16.2.3 能量传输效率和信息传输速率的边界

从式（16.29）和式（16.30）中可以看出，能量传输效率和信息传输速率边界由 a_{send}、δ_{t}、a_{r1}和 a_{r2} 决定，且能量与信息接收功率负相关。在本节中，我们分析能量传输效率和信息传输速率的上界。比例分配条件下的能量传输效率和信息传输速率边界为：

$$\begin{cases} P_{\mathrm{p}} \leqslant (a_{\mathrm{r1}} a_{\mathrm{send}} + a_{\mathrm{r2}}(1 - a_{\mathrm{send}})) |h_{\mathrm{s}}|^2 P_{\mathrm{lmt}} \\ R_{\mathrm{d}} \leqslant \log_2\left(1 + \dfrac{(1 - a_{\mathrm{r2}})(1 - a_{\mathrm{send}}) |h_{\mathrm{s}}|^2 P_{\mathrm{lmt}}}{(1 - a_{\mathrm{r2}}) \sigma_{\mathrm{as}}^2 + \sigma_{\mathrm{ds}}^2}\right) \end{cases} \tag{16.31}$$

式中，P_{p} 为能量接收功率；h_{s} 为常数信道特性；σ_{as}为接收端输入噪声方差；σ_{ds}为信息解码噪声方差。

分时分配条件下，能量传输效率和信息传输速率边界为：

$$\begin{cases} P_{\mathrm{p}} \leqslant [\delta_{\mathrm{t}} a_{\mathrm{r1}} + (1 - \delta_{\mathrm{t}}) a_{\mathrm{r2}}] |h_{\mathrm{s}}|^2 P_{\mathrm{lmt}} \\ R_{\mathrm{d}} \leqslant (1 - \delta_{\mathrm{t}}) \log_2\left(1 + \dfrac{(1 - a_{\mathrm{r2}}) |h_{\mathrm{s}}|^2 P_{\mathrm{lmt}}}{(1 - a_{\mathrm{r2}}) \sigma_{\mathrm{as}}^2 + \sigma_{\mathrm{ds}}^2}\right) \end{cases} \tag{16.32}$$

对比式（16.31）和式（16.32）即可得到两种功率分配模式的差异。

首先，我们通过仿真分析接收端分配系数对能量传输效率和信息传输速率边界的影响。在仿真中，取 $P_{\mathrm{lmt}} = 0$ dBW、$|h_{\mathrm{s}}|^2 = 1$、$\sigma_{\mathrm{as}} = \sigma_{\mathrm{ds}} = 0$ dB，仿真结果如图 16.11 和图 16.12 所示。其中，图 16.11 为接收端分配系数对比例分配的影响，图 16.12 为接收端分配系数对分时分配的影响。对比图 16.11（a）、图 16.11（b）、图 16.12（a）和图 16.12（b）可以看出：不论 a_{send}和 δ_{t} 取何值，均存在一条最优直线 $a_{\mathrm{r1}} = 1 - a_{\mathrm{r2}}$，使得能量传输效率达到最大；最大接收功率与 a_{r1}和 a_{r2}的关系随 a_{send}和 δ_{t} 的变化而变化。对比图 16.11（c）、图 16.11（d）、图 16.12（c）和图 16.12（d）可以看出：信息接收速率与 a_{r1}无关，当 $a_{\mathrm{r2}} = 0$ 时，信息接收速率达到最大值。根据图 16.11 和图 16.12 可以得到结

论：接收端最优分配系数为 $a_{r1}=1$、$a_{r2}=0$。此外，当 $a_{send}=\delta_t$ 时，在最优点处，比例分配与分时分配的能量接收功率相同，而分时分配的信息接收速率小于比例分配。

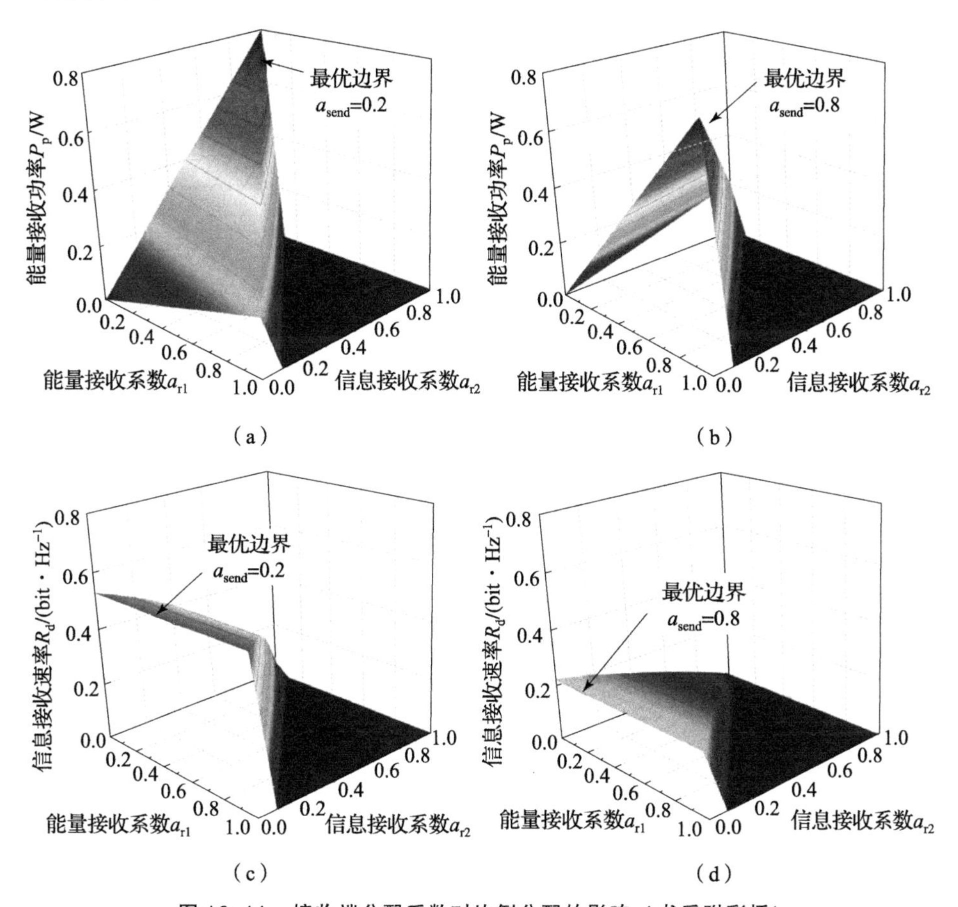

图 16.11　接收端分配系数对比例分配的影响（书后附彩插）

（a）对能量接收功率的影响（$a_{send}=0.2$）；（b）对能量接收功率的影响（$a_{send}=0.8$）

（c）对信息接收速率的影响（$a_{send}=0.2$）；（d）对信息接收速率的影响（$a_{send}=0.8$）

接着，我们在 $a_{r1}=1$、$a_{r2}=0$ 的条件下仿真对比两种发送功率分配方法的边界，其中，$P_{lmt}=0$ dBW、$|h_s|^2=1$。仿真结果表明，比例分配法的边界与 σ_{as} 和 σ_{ds} 的大小有关，当 $\sigma_{as}\gg\sigma_{ds}$ 时，仿真结果如图 16.13（a）所示，当 $\sigma_{as}\ll\sigma_{ds}$ 时，仿真结果如图 16.13（b）所示。在图 16.13 中，当 $\sigma_{as}=1$ dB 时，P_p 的最大值为 1 W，此时 $a_{send}=1$ 或 $\delta_t=1$；R_d 的最大值为 0.92 bit/Hz，此时 $a_{send}=0$ 或 $\delta_t=0$。P_p-R_d 平面的极值点为（1，0.92），所有曲线均无法达到该极值点。在分时分配法中，信息传输速率和能量接收功率负线性相关。在比

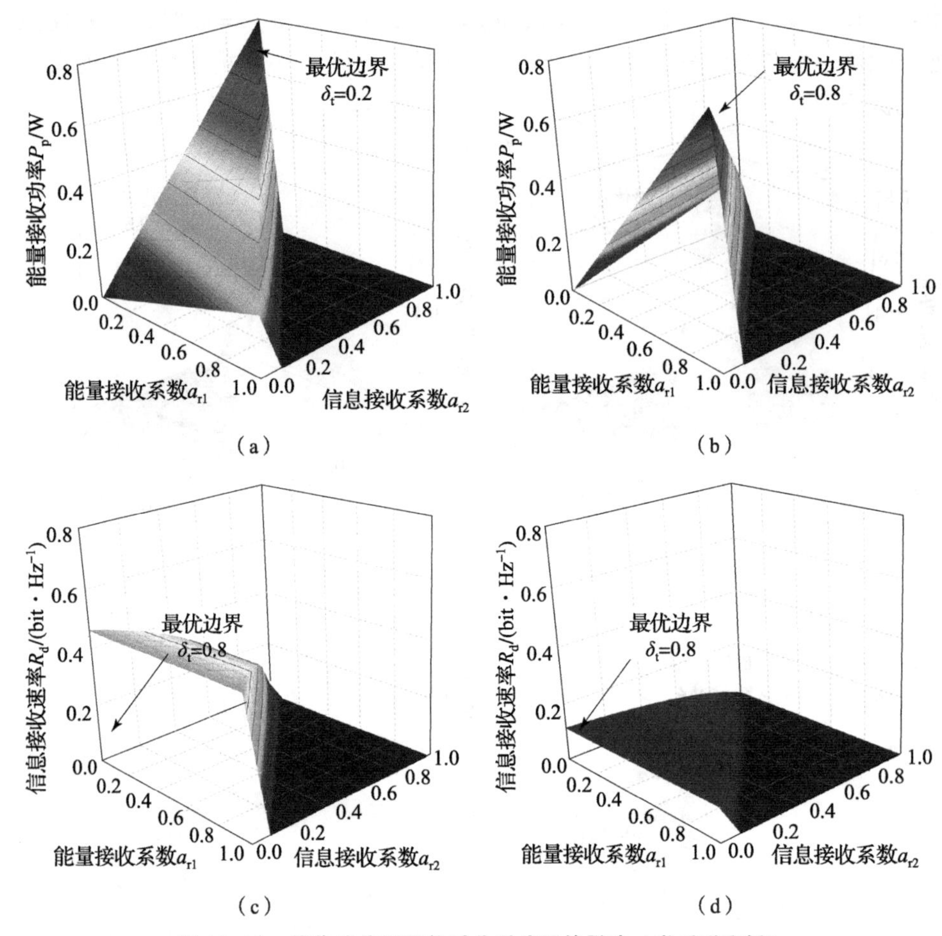

图 16.12　接收端分配系数对分时分配的影响（书后附彩插）

(a) 对能量接收功率的影响（$\delta_t=0.2$）；(b) 对能量接收功率的影响（$\delta_t=0.8$）

(c) 对信息接收速率的影响（$\delta_t=0.2$）；(d) 对信息接收速率的影响（$\delta_t=0.8$）

例分配法中，P_p-R_d 曲线为一上凸递减曲线，因此，除了 $P_p=0$ 和 $R_d=0$ 两个点外，比例分配法均优于分时分配法。随着信噪比的增加，比例分配法的优势逐渐缩小，当信噪比很大时，二者几乎无差别。对比图 16.13（a）和图 16.13（b）可知：比例分配法相对于分时分配法的优势大小只与噪声方差大小和噪声引入位置有关，但噪声引入位置的影响很小。

从图 16.11、图 16.12 和图 16.13 中可以得出结论：最优接收端功率分配方法为 $a_{r1}=1$、$a_{r2}=0$；两种发送端功率分配方法中，比例分配法优于分时分配法。然而，上述功率分配结果均为理想条件下得到，未考虑实际发送和接收系统对功率分配效果的影响。

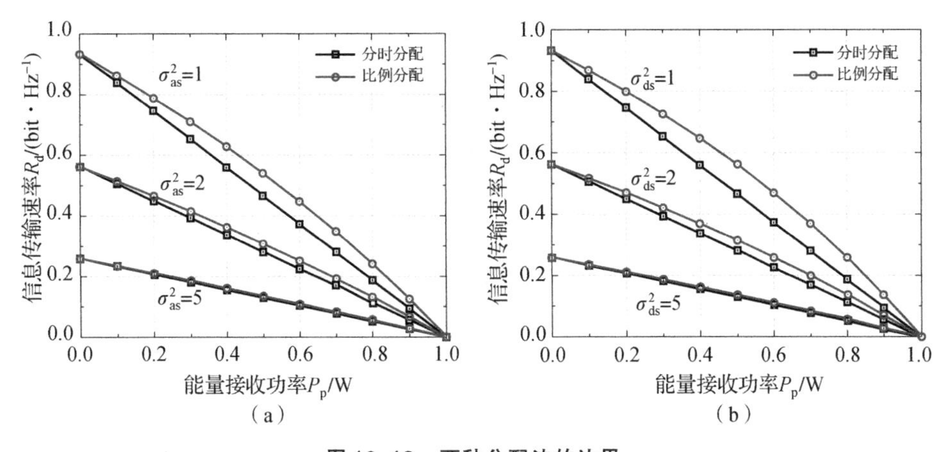

图 16.13　两种分配法的边界

(a) $\sigma_{ds}=-10$ dB；(b) $\sigma_{as}=-10$ dB

16.3　基于混合功率分配的最优传输系统设计

从 16.2.3 节可知，比例分配策略优于分时分配策略。然而，从系统可实现性角度考虑，接收系统需要接收到一定能量后才能启动，在此期间传输的信息无法被接收，因此，传输系统必然同时存在分时分配和比例分配，为一混合功率分配系统。

16.3.1　混合功率分配策略

根据式（16.26）和式（16.27），由于系统装定和反馈使用相同信道，只能采用半双工模式工作，混合功率分配模型为：

$$s_p(t)=\begin{cases}s_{out}(t), t=t_{pi}, t_{fk}\\ \sqrt{a_{send}}s_{out}(t), t=t_{sj}\end{cases}$$

$$s_d(t)=\sqrt{1-a_{send}}s_{out}(t), t=t_{sj}$$

$$\delta_t=\frac{\sum t_{pi}+\sum t_{fk}}{\sum t_{pi}+\sum t_{sj}+\sum t_{fk}} \tag{16.33}$$

式中，t_{fk}为反馈传输时段。在反馈传输过程中，装定信息传输无法进行，因此设定 $a_{send}=1$ 以达到最优传输效率。根据式（16.33），混合功率分配法工作时序如图 16.14 所示。图 16.14 中，引信的整个工作生命周期（时长为 T_{life}）被分为两个工作状态：在时长为 T_{set} 的第一个工作状态中，装定器同步向引信传输能量和信息；在剩余的工作生命周期中，引信消耗接收到的能量对环境进行探测，并根据探测到的环境信息和装定信息执行起爆控制等任务。第一个时长为 T_{set} 的工作状态又可分为四个时间片段：第一个时间片段时长为 t_{set1}，装定器在该阶段给引信提供启动能量，该阶段没有任何信息在装定器与引信间传输；第二个时间片段时长为 t_{set2}，在该阶段引信向装定器反馈供能确认信息；第三个时间片段时长为 t_{set3}，在该阶段装定器对引信进行信息和能量同步传输；第四个时间片段时长为 t_{set4}，在该阶段引信向装定器反馈装定状态信息。

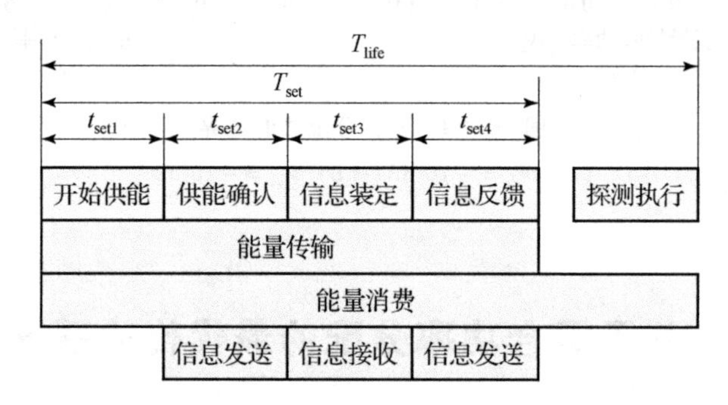

图 16.14　混合功率分配法工作时序图

从图 16.14 中可以看出：能量消费在整个 T_{life} 持续时间内均存在；能量传输在整个 T_{set} 持续时间内均存在；下行信息传输存在于 t_{set3}；上行信息传输存在于 t_{set2} 和 t_{set4}。在不同时间片段内，由于系统中参与工作模块的不同，能量传输速率与能量消耗速率也不同，如图 16.15 混合功率分配系统结构框图所示。图 16.15 中，在时间片段 t_{set1}、t_{set2} 和 t_{set4} 传输到能量接收端的功率为 P_{lmt}；在时间片段 t_{set3} 传输到能量接收端的功率为 $(1-a_{send})P_{lmt}$。在时间片段 t_{set1} 和 t_{set3} 中，能量消耗为维持接收系统工作所需的恒定功率消耗 P_c，在时间片段 t_{set2} 和 t_{set4} 中，除恒定功率消耗外，还存在额外的反馈功率消耗 P_f。

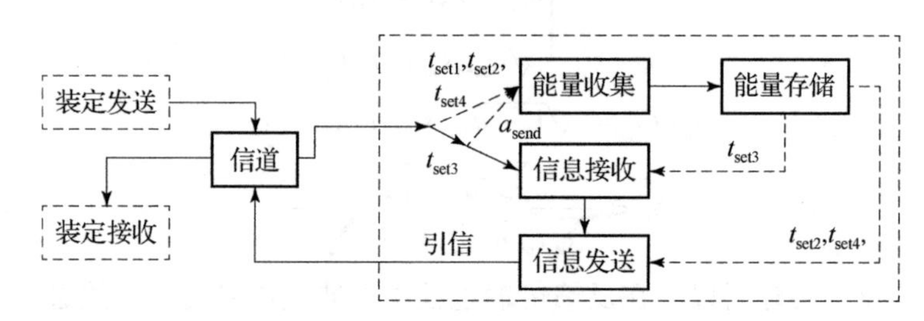

图 16.15　混合功率分配系统结构框图

16.3.2　混合功率分配传输时间最小化算法

首先对传输模型的接收能量和传输及反馈信息量进行计算。假设图 16.14 中，供能确认阶段可以通过检测传输线电流或电压变化得到，即 $t_{set2}=0$，则整个装定过程由开始供能、信息装定和信息反馈三个过程组成。在能量和信息传输需求固定的情况下，需要尽可能压缩装定时间 T_{set} 以提高信息的实时性，因此，将 T_{set} 作为优化目标。我们考虑如下优化问题：

$$\min_{t_{set1},t_{set3},t_{set4},a_{send},P_f} T_{set} \tag{16.34}$$

$$\text{s.t.}\quad B_f R_f t_{set4} \geqslant I_u \tag{16.34a}$$

$$B_d R_d t_{set3} \geqslant I_d \tag{16.34b}$$

$$U_{ne} \leqslant u_p(T_{set}) \leqslant U_{lmt} \tag{16.34c}$$

$$u_p(t_{set1}) \geqslant U_{up} \tag{16.34d}$$

$$0 < a_{send} < 1, 0 < P_f \tag{16.34e}$$

式中，U_{ne} 为储能系统电压需求；U_{lmt} 为储能系统电压上限，系统储能电容的容量为 C_p，则系统的储能上限为 $U_{lmt}^2 C_p/2$；I_d 为所需下载的数据量；I_u 为所需上传的数据量；U_{up} 为系统最小工作电压。问题描述式（16.34）是一个五维非凸优化问题，且边界条件同时存在等式和不等式。利用边界条件中的等式，可以对该问题进行降维，从而降低问题的求解难度。

由于 $T_{set}=t_{set1}+t_{set3}+t_{set4}$，当 a_{send} 和 P_f 为定值时，该优化问题为线性规划问题，其最优值在边界处得到，因此，边界条件表达式（16.34a）和式（16.34b）均应当取等号。优化问题变为：

$$\min_{a_{send},P_f} T_{set} \tag{16.35}$$

$$u_p(T_{set}) \geqslant U_{ne} \cup u_p(t_{set1}) = U_{up} \vee u_p(T_{set}) = U_{ne} \cup u_p(t_{set1}) \geqslant U_{up} \tag{16.35a}$$

$$0 < a_{send} < 1, 0 < P_f \tag{16.35b}$$

式中，边界条件表达式（16.35a）的含义为：边界条件表达式（16.34c）或式（16.34d）中的任意一个取等号。问题描述式（16.35）为二维非凸优化问题，本节将设计一种改进的两步搜索法寻找该优化问题的最优解。由于式（16.34c）或式（16.34d）中必有一个取等号，因此，只需要在这两条曲线中的一条上搜索，同时验证是否满足另一个约束，这样，只需要搜索两条曲线而非整个平面，大大降低搜索算法复杂度。

该算法的具体步骤如表 16.1 所示。

表 16.1　最短装定时间搜索算法

0.	初始化 $a_{send}[0]$、$P_f[0]$、终止条件 ϵ 和搜索步长 l_a、l_p；
1.	将 $a_{send}[i]$、$P_f[j]$ 代入式（16.34a）、式（16.34b）和式（16.34c）计算得到 $T_{set}^1[i,j]$，并验证是否满足式（16.34d）；
2.	将 $a_{send}[i]$、$P_f[j]$ 代入式（16.34a）、式（16.34b）和式（16.34d）计算得到 $T_{set}^2[i,j]$，并验证是否满足式（16.34c）；
3.	当仅有步骤 2 满足边界条件或步骤 1 和步骤 2 均满足条件且 $T_{set}^1[i,j] \geqslant T_{set}^2[i,j]$ 时，若 $\lvert T_{set}^2[i,j] - T_{set}^2[i,j-1]\rvert < \epsilon$，则跳转到步骤 5；当仅有步骤 1 满足边界条件或步骤 1 和步骤 2 均满足条件且 $T_{set}^1[i,j] < T_{set}^2[i,j]$ 时，若 $\lvert T_{set}^1[i,j] - T_{set}^1[i,j-1]\rvert < \epsilon$，则跳转到步骤 6；
4.	当步骤 1 和步骤 2 均不满足条件时，$P_f[j+1] = (P_f[j] + P_f[j-1])/2$；否则 $P_f[j+1] = P_f[j] + l_p/2$；跳转到步骤 1；
5.	若 $\lvert T_{set}^2[i,j] - T_{set}^2[i-1,j]\rvert < \epsilon$，则终止计算，输出结果；否则 $a_{send}[j+1] = a_{sendf}[j] + l_a/2$；跳转到步骤 1；
6.	若 $\lvert T_{set}^1[i,j] - T_{set}^1[i-1,j]\rvert < \epsilon$，则终止计算，输出结果；否则 $a_{send}[j+1] = a_{sendf}[j] + l_a/2$；跳转到步骤 1。

16.3.3　最优分配策略仿真和最优传输时序设计

本小节通过仿真计算最短时间搜索算法的搜索结果，并根据搜索结果设计能量和信息同步传输时序。仿真参数为：$U_{lmt} = 12$ V、$I_{lmt} = 0.05$ A、$C_p = 200$ μF、$I_c = 0.01$ A、$h_s = 1$、$I_d = 48$ bit、$I_u = 8$ bit、$B_f = B_d = 100$ kHz、$U_{ne} = 11.5$ V、$U_{up} = 4.5$ V。根据上述参数仿真得到的 a_{send}、P_f 和最短传输时间的关系如图 16.16 所示。图 16.16（a）中，采用表 16.1 所述算法得到的最优传输点为 $a_{send} = 0.975$，$P_f = 0.04$ W，此时，最短传输时长为 58.2 ms；图 16.16（b）中，采用表 16.1 所述算法得到的最优传输点为 $a_{send} = 0.3$，$P_f = 0.2$ W，此时，最短传输时长为 59.7 ms。从图 16.16 中可以看出，除了最优传输点外，系统还存在一个很平坦的最优平面，在最优平面上，最短传输时间均在 60 ms 左右，最长约为 65 ms，只要 a_{send} 和 P_f 在最优平面上任取一值，即可获得相对较好的系统性能，大大简化了系统复杂度。随着信噪比的减小，最优平面的范围也迅速缩小。为保证不同噪声环境下系统性能，在实际系统设计中，不使用最优点，转而使用最优平面上的合适点，以降低高信噪比下的系统性能为代价，换取系统综合可靠度的提升。

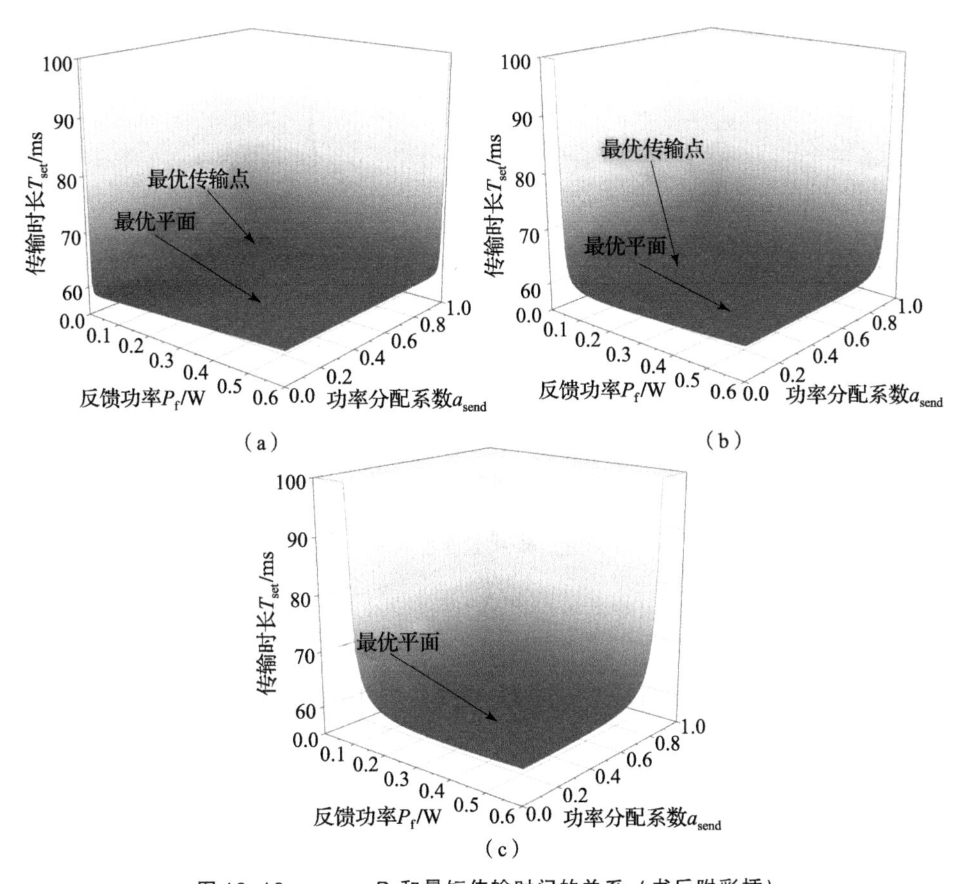

图 16.16　a_{send}、P_f 和最短传输时间的关系（书后附彩插）

(a) $\sigma_{as}=\sigma_{ds}=\sigma_{af}=\sigma_{df}=-20$ dBW；(b) $\sigma_{as}=\sigma_{ds}=\sigma_{af}=\sigma_{df}=-13$ dBW；

(c) $\sigma_{as}=\sigma_{ds}=\sigma_{af}=\sigma_{df}=-10$ dBW

比较 $a_{send}=0.975$、$P_f=0.04$ W，$a_{send}=0.3$、$P_f=0.2$ W 及 $a_{send}=0.5$、$P_f=0.5$ W 点在不同噪声环境下的最短传输时间，其结果如图 16.17 所示。图 16.17 中，当信噪比较大时，三者的传输时长均很短，其中，$a_{send}=0.975$，$P_f=0.04$ W 的性能最好，$a_{send}=0.5$，$P_f=0.5$ W 的性能最差，但三者相差不大。对于所有的 a_{send}和 P_f 组合，随着噪声的增加，其最优时长曲线均存在一个拐点，在拐点之前，最优时长保持稳定，噪声大于拐点时，传输时长迅速增加。因此，该拐点可以视为 a_{send}和 P_f 组合的噪声性能极限，对于 $a_{send}=0.975$、$P_f=0.04$ W，其拐点出现在噪声约为 −17 dBW 时，对于 $a_{send}=0.5$、$P_f=0.5$ W，其拐点出现在噪声约为 −8 dBW 时。因此，在混合功率分配法中，采用 $a_{send}=0.5$、$P_f=0.5$ W 组合进行信息和能量同步传输，能够保证高信噪比条件下传输时长不明显增加的同时，兼顾低信噪比情形下的传输可靠度。

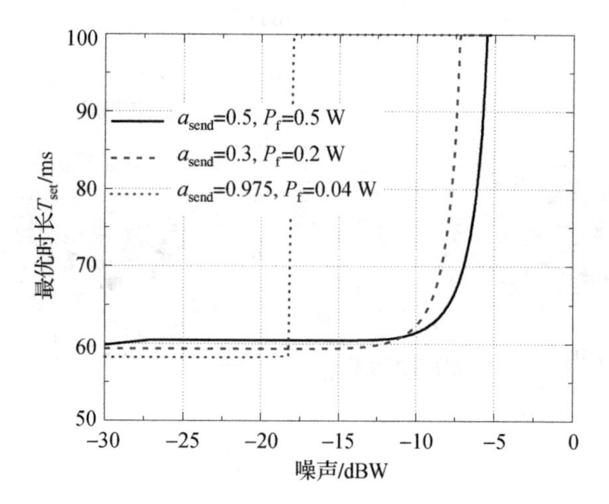

图 16.17　不同 a_{send}和 P_f 组合在不同噪声下的性能

16.4　非理想接收端滤波器对传输系统的影响

在前述同步传输系统中，设定了接收端分配比例为 $a_{r1}=1$、$a_{r2}=0$，该分配比例要求图 16.2 中的两个滤波器均为理想滤波器。当这两个滤波器为非理想滤波器时，a_{r1}和 a_{r2}在每个频率下均不同。本节通过将频带离散化的方法，分析非理想接收滤波器和发送端 DC/DC 变换器中可能出现的窄带噪声对传输系统的影响，并计算每个子频带的最优功率分配。

16.4.1　频带离散化的低通同步传输模型

针对图 16.2 的系统模型，将带宽为 B_s 低通信道等分为 N_{OD}个信息传输子信道以及一个直流能量传输通道。通过第 k 个子信道传输的信号为：

$$\sqrt{P_{lmt}[k]}\tilde{s}_{out}[k](t)=\sqrt{P_{lmt}[k]}h_s[k](t)*\tilde{s}_{in}[k](t) \qquad (16.36)$$

式中，$P_{lmt}[k]$为第 k 个子信道的最大传输功率；$h_s[k]$为第 k 个子信道的信道参数；$\tilde{s}_{in}[k]$为第 k 个子信道的输入信号。每个子信道的功率分配比例为：

$$1-a_{send}=\sum_{k=1}^{N_{OD}}a_{send}[k] \qquad (16.37)$$

式中，$a_{send}[k]$为每个子信道的功率分配系数。能量传输通道中传输功率为

$a_{send}[0]P_{lmt}$。则引信接收端接收到的总信号为：

$$\sqrt{P_{lmt}}\tilde{s}_{out}(t)=\sqrt{a_{send}[0]P_{lmt}}+\sum_{k=1}^{N_{OD}}\left(\sqrt{a_{send}[k]P_{lmt}}\tilde{s}_{out}[k](t)+\tilde{n}_{d}[k](t)\right)+\tilde{n}_{s}(t) \tag{16.38}$$

式中，$\tilde{n}_{d}[k](t)$为由发送端输入的窄带噪声，该噪声只存在于特定的频段中，系统的总信道容量为：

$$R_{d}=\sum_{k=1}^{N_{OD}}B_{s}[k]\log_{2}\left(1+\frac{P_{lmt}a_{send}[k](1-a_{r}[k])\mathbb{E}[s_{out}^{2}[k](t)]}{\sigma_{as}^{2}+\sigma_{ds}^{2}+\sigma_{d}^{2}[k]}\right) \tag{16.39}$$

式中，$a_{r}[k]$为每个子信道的信息接收端分配系数，$\sigma_{d}^{2}[k]$为窄带噪声的方差。传输到能量接收端的功率为：

$$P_{rcv}=\sum_{k=0}^{N_{OD}}P_{lmt}a_{send}[k]a_{r}[k]\mathbb{E}[s_{out}^{2}[k](t)] \tag{16.40}$$

信息反馈不存在接收端功率分配结构，因此，不需进行分析。式（16.36）~式（16.40）为频带离散化的同步传输模型。

针对上述模型，采用优化固定能量接收功率下的信息传输速率的方法对其进行分析，以确定非理想接收端滤波器对传输系统的影响，优化问题为：

$$\max_{a_{send}} R_{d} \tag{16.41}$$

$$\text{s. t. } a_{send}[0]P_{lmt}+\sum_{k=1}^{N_{OD}}\left(a_{send}[k]P_{lmt}+\sigma_{d}^{2}[k]\right)\leqslant P_{lmt} \tag{16.41a}$$

$$P_{rcv}\geqslant P_{c} \tag{16.41b}$$

$$a_{send}[k]\geqslant 0 \tag{16.41c}$$

式中，条件表达式（16.41a）限制了总功率不能超过最大输出功率，式（16.41b）限制了最小能量接收功率。该优化问题为一凸优化问题，可以采用拉格朗日方程法求解，其拉格朗日方程为：

$$L(\lambda,\beta,a_{send})=R_{d}-\lambda\left(a_{send}[0]P_{lmt}+\sum_{k=1}^{N_{OD}}\left(a_{send}[k]P_{lmt}+\sigma_{d}^{2}[k]\right)-P_{lmt}\right)+\beta(P_{c}-P_{rcv}) \tag{16.42}$$

式中，λ和β为拉格朗日方程的系数。对所有的a_{send}做差分得到等式：

$$\lambda=\beta a_{r}[0] \tag{16.43}$$

$$B_{s}[k]\log_{2}e\left(\frac{\sigma_{as}^{2}+\sigma_{ds}^{2}+\sigma_{d}^{2}[k]}{\sigma_{as}^{2}+\sigma_{ds}^{2}+\sigma_{d}^{2}[k]+P_{lmt}a_{send}[k](1-a_{r}[k])}\right)\cdot \frac{P_{lmt}(1-a_{r}[k])}{\sigma_{as}^{2}+\sigma_{ds}^{2}+\sigma_{d}^{2}[k]}-\lambda a_{send}[k]+\beta P_{lmt}a_{r}[k]=0 \tag{16.44}$$

联立式（16.43）和式（16.44）求解得到信息发送子信道分配结果为：

$$a_{\text{send}}[k] = \mathrm{Re}\left(\frac{B_{\text{s}}[k]\log_2 e}{\lambda P_{\text{lmt}} - \beta P_{\text{lmt}} a_{\text{r}}[k]\mathbb{E}[s_{\text{out}}^2[k](t)]} - \frac{P_{\text{lmt}}(1 - a_{\text{r}}[k])\mathbb{E}[s_{\text{out}}^2[k](t)]}{\sigma_{\text{as}}^2 + \sigma_{\text{ds}}^2 + \sigma_{\text{d}}^2[k]}\right) \tag{16.45}$$

式中，$k=1$，…，N_{OD}。能量发送子信道 $a_{\text{send}}[0]$ 的分配结果为：

$$a_{\text{send}}[0] = 1 - \sum_{k=1}^{N_{\text{OD}}}\left(a_{\text{send}}[k] + \frac{\sigma_{\text{d}}^2[k]}{P_{\text{lmt}}}\right) \tag{16.46}$$

由于要求 R_{d} 达到最大值，约束式（16.41b）必须取等号：

$$\sum_{k=1}^{N_{\text{OD}}} a_{\text{send}}[k]a_{\text{r}}[k]\,\mathbb{E}[s_{\text{out}}^2[k](t)] + a_{\text{send}}[0] = \frac{P_{\text{rcv}}}{P_{\text{lmt}}} \tag{16.47}$$

联立式（16.45）~式（16.47）即可求得 $a_{\text{send}}[0]$。

16.4.2 非理想接收端滤波器对传输系统的影响仿真

在仿真中，设定两个滤波器均为一阶 *RC* 滤波器，信息接收端的滤波器参数为电阻 3.9 Ω、电容 20 nF，能量接收端滤波器参数为电阻 1 Ω、电容 200 μF。其余参数和子信道功率分配仿真结果如图 16.18 所示。图 16.18 分别仿真了不同子信道分割数量、P_{lmt}和 DC/DC 噪声情形下的子信道功率分配情况，在四张图中，$a_{\text{send}}[0]$的仿真结果一致，如表 16.2 所示。表 16.2 中，$a_{\text{send}}[0]$的取值总是使得 $P_{\text{rcv}} \approx P_{\text{lmt}}a_{\text{send}}[0]$，$P_{\text{rcv}}$为 0.05 W，该结果表明，由信息传输子信道流入能量接收端的能量很少，能量接收端接收到的几乎所有能量均由直流能量传输通道提供。因此，在发送端，信息传输的总功率分配系数可表示为 $1 - a_{\text{send}}[0]$，该结果表明，按照滤波器频率特性对离散子信道进行频带功率分配，可以很好地分离信息传输功率和能量传输功率，提高传输效率。

图 16.18（a）和（c）的仿真结果表明，每个子信道分配到的功率随频率上升而迅速下降，频率大于某个临界点的子信道分配到的功率为 0，不会被使用。子信道功率分配曲线随着 P_{lmt}的增长而变得平缓，P_{lmt}越大，越多的子信道被投入使用，且频率较低的子信道分配比例降低，因此，增大功率限制，能够提高传输系统的频带利用率。图 16.18（b）和（d）的仿真结果表明，当系统中存在窄带 DC/DC 噪声时，出现噪声的子信道会被跳过，转而提高其他子信道的分配比例，从而避免信息受到噪声的影响。对比图 16.18（a）和（c），子信道划分数量不影响仿真结果，当子信道划分数量减半时，每个子信道分配到的功率加倍，且有效带宽不变。

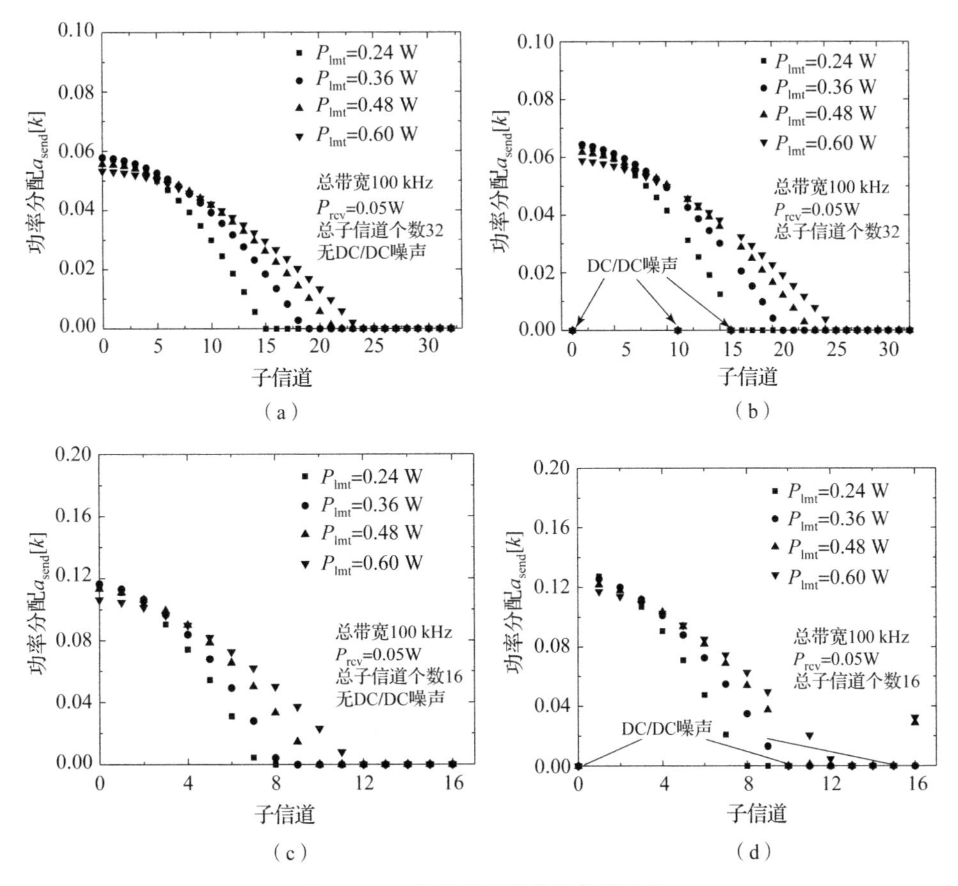

图 16.18　子信道功率分配仿真结果

(a) 32 个子信道，无噪声；(b) 32 个子信道，有噪声

(c) 16 个子信道，无噪声；(d) 16 个子信道，有噪声

有效带宽的仿真结果如图 16.19 所示。系统仿真的最大带宽为 100 kHz，然而，图中最大有效带宽为 73 kHz，在现有的功率限制下，有部分带宽无法使用，系统有效带宽随功率限制的增加而增长。图 16.19 表明，限制系统性能的主要因素为最大功率约束，而非带宽约束。

表 16.2　$a_{send}[0]$的仿真结果

P_{lmt}/W	0.24	0.36	0.48	0.6
$a_{send}[0]$	0.208	0.138	0.104	0.083
P_{rcv}/W	0.05	0.05	0.05	0.05

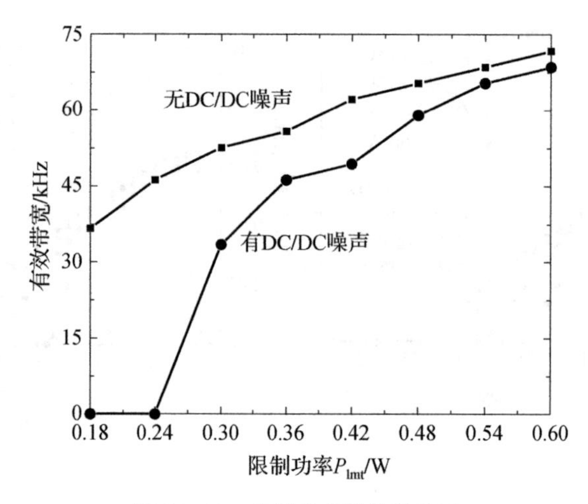

图 16.19　有效带宽的仿真结果

第 17 章
子系统间能量流串扰抑制方法及抑制系统设计

本章采用共用底火回路的 SPIT 系统进行信息交联。根据第 16 章的研究，装定能量和发射能量的相互影响会导致子系统间的能量流串扰，因此需要对二者的相互影响进行抑制。

本章首先需要对能量流串扰的机理进行研究，建立能量流串扰失效模型，而后根据串扰失效模型提出串扰抑制方法并设计串扰抑制系统。在前人设计的串扰抑制系统中，设计者只考虑了装定能量流对发射能量流的串扰，并分别设计了瞬态电压抑制（TVS）法和二极管法两种串扰抑制方法。TVS 法利用装定电压小于发射电压这一特殊条件，选取 TVS 管击穿电压大于装定电压，装定能量流无法通过 TVS 管进入底火击发回路，而 TVS 管击穿电压小于击发电压，发射能量能够击穿 TVS 导通发火回路，从而实现串扰抑制。二极管法通过设定装定电压为负，击发电压为正，并将二极管正向串联在底火击发回路中实现串扰抑制功能。

上述设计中存在的不足包括：①仅为针对特定发射能量流设计，缺乏通用于不同发射系统的设计方法；②仅考虑了装定能量流对发射能量流的串扰，并未对串扰失效模型进行系统分析，且并未研究发射能量对装定系统的串扰；③未对串扰抑制模块失效时弹丸提前发射概率和引信的安全性进行研究。因此，本章需要研究共用底火回路的 SPIT 系统能量流串扰问题及其抑制方法。

17.1　子系统间能量流串扰抑制方法

能量流串扰造成的影响包括：发送端能量同时串扰入多个接收端，目标接收端功率减小，能量累积效率降低，造成接收端能量不足失效；接收端接收多个发送端能量，接收端功率异常增大（装定接收系统功率异常增大会造成瞬时功率过大失效，底火发火系统功率异常增大会造成能量累积过快、弹丸提前发射失效）；高能发送端串扰入低能发送端，造成低能发送端功率反向输入损坏失效，如图17.1所示。图17.1中，高能发送端为击发系统，低能发送端为装定控制器，两个接收端分别为底火发火系统和装定接收系统。

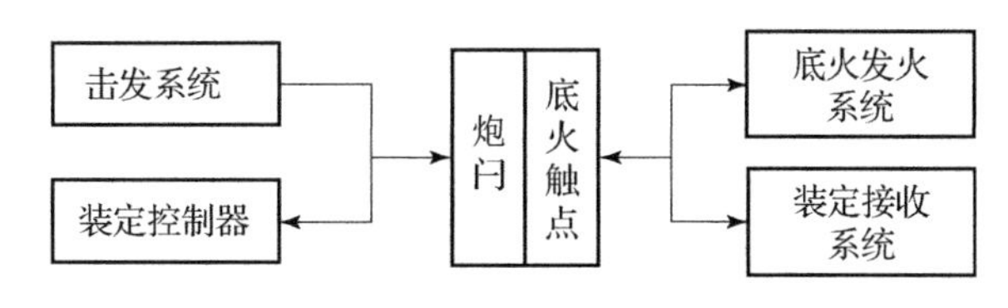

图17.1　能量流串扰示意图

当发送端与接收端之间串扰率已知时，能量接收端瞬时功率可表示为：

$$P_{ti}(t)=\boldsymbol{\eta}_i\boldsymbol{P}_s^{\mathrm{T}}+n_{ti} \tag{17.1}$$

式中，$\boldsymbol{\eta}_i$ 为所有发送端对接收端 i 的传输效率向量；P_{t1} 为底火桥丝上的瞬时功率，P_{t2} 为装定接收端的瞬时功率，P_{t3} 为装定控制器的瞬时反向输入功率；$\boldsymbol{P}_s$ 为发送端瞬时功率向量；n_{ti} 为接收端噪声。由式（17.1）可以看出，接收端功率为发送端功率和噪声的线性组合。接收端的总输入能量为：

$$E_{ti}(t_d) = \int_0^{t_d} P_{ti}(t)\,dt \tag{17.2}$$

式中，t_d 为能量观测时刻。接收端在能量输入的同时还存在能量消耗，且底火桥丝起爆时刻由其温度变化决定，根据前人研究，桥丝温度变化也为瞬时功率的积分，与能量的定义相似，因此，接收端能量可扩展为广义累积能量，其形式为：

$$E_{ti}(t_d) = \int_{t_0}^{t_d} \phi(P_{ti}(t), E_{ti}(t_0))\,dt \tag{17.3}$$

式中，t_0 为能量累积开始时刻，即 t_0 时刻之前的能量对 t_d 时刻的能量无影响；$\phi(\cdot)$为广义能量计算所用线性算子，该算子内容随广义能量含义变化而变化。该式可以同时代表温度累积和能量累积两种情形。

17.1.1 能量流马尔科夫模型

为了用式（17.3）对能量流串扰进行描述，需要首先研究接收端能量的累积规律。首先，分析系统中装定系统不存在，即 $P_{t2} = P_{s2} = 0$ 时，底火桥丝的接收端瞬时功率 P_{t1} 的特征。此时，由于装定系统不存在，底火桥丝能够不受串扰地工作，根据其工作流程，P_{t1} 具有如下特征：①在武器平台发现目标前，$P_{t1} = 0$；②从平台发现目标后的某一固定时刻开始出现一个 $P_{t1} \geqslant 0$ 的脉冲；③弹丸发射后，桥丝断开，$P_{t1} \equiv 0$。

为使用马尔科夫链对 E_{t1} 进行建模，将 P_{t1} 的整个输出过程按照选定的步长 τ 离散化为 K_m 个时间区间，弹丸在第 K 区间内发射，如图 17.2 所示。

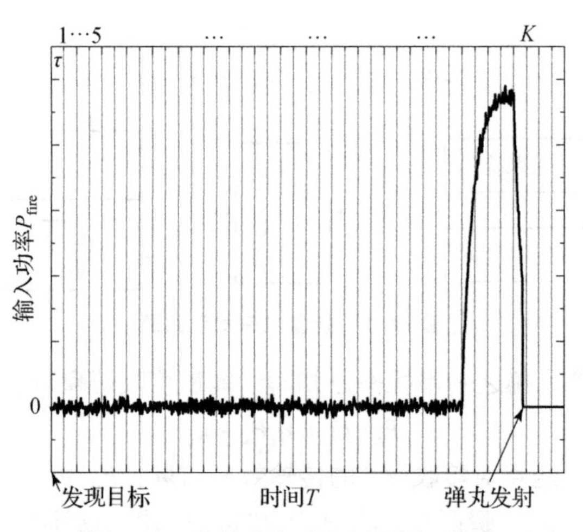

图 17.2　发射功率时域离散化示意图

电桥丝的点火条件为：平台给桥丝提供足够大的电流，使得桥丝温度在极短时间内达到桥丝汽化的临界温度且温度保持在临界温度以上足够长时间。根据该点火条件，选取桥丝温度作为广义能量，则根据桥丝升温爆发模型，用差分方程表示的广义能量变化规律为：

$$E_{t1}[n+1]=\frac{P_{t1}[n+1]+P_{t1}[n]}{2\rho_b c_b V_b}\tau-\left(\frac{h_b A_b \tau}{\rho_b c_b V_b}-1\right)E_{t1}[n]+\frac{h_b A_b \tau}{\rho_b c_b V_b}T_0 \tag{17.4}$$

式中，n 为当前状态转移步数；$P_{t1}[n]=P_{t1}(n\tau)$ 为第 n 步采样时刻的瞬时功率；ρ_b 为桥丝材料密度；c_b 为桥丝材料比热容；V_b 为桥丝体积；h_b 为桥丝换热系数；A_b 为桥丝与空气接触的表面积；T_0 为环境温度。桥丝汽化临界温度 T_w 服从高斯分布，其标准差为均值的 5%。当 $E_{t1}<T_w$ 时，弹丸发射的概率为 0；当 $E_{t1}\geqslant T_w$ 时，弹丸发射概率服从事件发生次数为 1、时间长度为 τ 的泊松分布：

$$p_{iN}[n+1]=\mathrm{e}^{-\lambda_{t1}[n+1]\tau}\lambda_{t1}[n+1]\tau \tag{17.5}$$

式中，$\lambda_{t1}[n+1]=1/t_f[n+1]$ 为第 $n+1$ 步的泊松分布抵达率，$t_f[n+1]$ 为当前桥丝温度下的平均爆发时间，根据该泊松分布，桥丝温度高于临界温度的时间越长，发射概率越大。

将 E_{t1} 从小到大划分为 N 个状态以建立桥丝温度的马尔科夫链模型，其中，前 N_1 个状态 $E_{t1}<T_w$，弹丸发射概率为 0，状态 N_1 至 $N-1$ 中，弹丸发射概率为式（17.5）。将弹丸已发射状态定义为状态 N，则发射能量流共有 $N+1$ 个状态，其中，前 N 个状态 E_{t1i}（$i\in\{0,\cdots,N-1\}$）为桥丝温度采样点。根据上述分析，发射能量流的状态转移过程如图 17.3 所示。其状态转移矩阵为：

$$\boldsymbol{p}_f[n+1]=\begin{bmatrix} p_{f00} & \cdots & p_{f0N} \\ \vdots & & \vdots \\ 0 & \cdots & 1 \end{bmatrix} \tag{17.6}$$

式中，p_{fNN} 定义为 1；p_{fiN}（$i\neq N$）为在当前桥丝温度下，弹丸在采样周期 τ 内成功发射的概率。因此，前 N 个状态的状态转移概率为：

$$p_{fij}=P_e(E_{t1}[n+1]=E_{t1j}\,|\,E_{t1}[n]=E_{t1i})(1-p_{fiN}) \tag{17.7}$$

值得注意的是，当 $i<N_1$ 时，桥丝爆发概率为 0，$p_{fiN}=0$。根据式（17.4），式（17.7）中右边一项为：

$$\begin{aligned}P_e(E_{t1}[n+1]=E_{t1j}\,|\,E_{t1}[n]=E_{t1i}) &= P_e(P_{I1}[n+1]+P_{I1}[n]=2(\rho_b c_b V_b E_{t1j}+\\ &h_b A_b(E_{t1i}-T_0))/\tau-\eta_{11}(P_{s1}[n+1]+P_{s1}[n]))\end{aligned} \tag{17.8}$$

式中，$P_{I1}[n]$ 为第 n 步采样时刻的干扰功率，其分布由式（17.1）中系数 $\boldsymbol{\eta}_i$

和噪声 n_{ti} 的分布决定。从上式可以看出，第 $n+1$ 步的 p_{fij} 与第 n 步的桥丝温度、发送端功率和干扰功率有关，因此，发射能量流模型为一阶非时齐马尔科夫链，如图 17.3 所示。

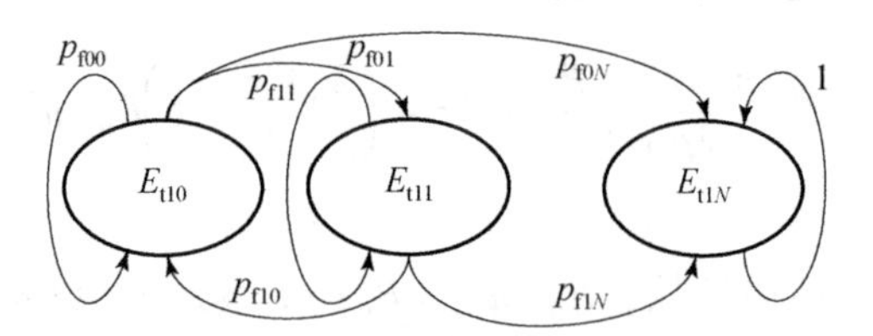

图 17.3　发射能量流马尔科夫链

与发射能量流不同，根据第 16 章所述，装定能量流的工作目标为：在弹丸发射时，引信完成信息交联且储备的总能量大于引信生命周期所需能量，因此，可将装定能量流的广义累积能量定义为引信当前储备的能量：

$$E_{t2}[n+1]=\frac{P_{t2}[n+1]+P_{t2}[n]-P_{c}[n+1]}{2}\tau+E_{t2}[n] \tag{17.9}$$

式中，$P_{c}[n+1]$ 为引信在第 $n+1$ 步的平均消耗功率。$E_{t2}[n+1]$ 的状态空间为 $[0,\ C_{p}U_{p}^{2}/2]$。将状态空间离散化为 M 个状态变量，其中 $E_{t20}=0$，$E_{t2(M-1)}=C_{p}U_{p}^{2}/2$。第 $M+1$ 个状态变量为引信系统失效，无法完成装定及控制工作。

在装定能量流和发射能量流传输阶段，装定系统失效的主要表现形式为引信电路失效或装定器电路失效，根据 GJB299C—2006，装定系统失效服从指数分布：

$$p_{iM}[n+1]=\mathrm{e}^{-\lambda_{t2}[n+1]}\lambda_{t2}[n+1]\tau \tag{17.10}$$

式中，$\lambda_{t2}[n+1]=\pi_{V}\lambda_{t2M}$ 为第 $n+1$ 步的指数分布失效率，π_{V} 为当前电路输入电压下的电压应力系数，λ_{t2M} 为基础失效率。根据上述分析，装定能量流的马尔科夫链如图 17.4 所示。其状态转移矩阵为：

$$\boldsymbol{p}_{s}=\begin{bmatrix} p_{s00} & \cdots & p_{s0M} \\ \vdots & & \vdots \\ 0 & \cdots & 1 \end{bmatrix} \tag{17.11}$$

其中，前 M 个状态间的相互转移概率为：

$$p_{sij}=P_{e}(P_{I2}[n+1]=(E_{t2j}-E_{t2i})/\tau-\eta_{22}P_{s2}[n+1])(1-p_{siM}) \tag{17.12}$$

式中，$P_{I2}[n+1]$ 为第 $n+1$ 步采样时刻的干扰功率，干扰功率的概率分布随时间的变化而变化，因此，装定能量流模型也为一阶非时齐马尔科夫链。

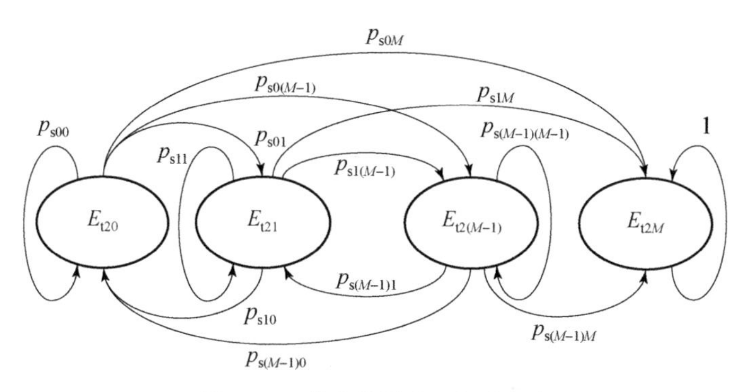

图 17.4　装定能量流马尔科夫链

17.1.2　串扰失效的改进非聚合马尔科夫链表示

上小节建立了发射能量流与装定能量流马尔科夫链模型，然而，该马尔科夫链模型不能很好地反应能量流的时序特征，也难以表示能量流之间的相互影响，因此，本小节将把能量流模型转换为非聚合马尔科夫链模型。非聚合马尔科夫链用于建立时变负载的马尔科夫链模型，它可以给时变非马尔科夫系统赋予马尔科夫性，并使马尔科夫链具有显式时序表示，从而减小时序蒙特卡罗仿真方法消耗的计算资源。然而，非聚合马尔科夫链只能处理周期性负载，且只能处理单一负载随多种因素变化的情况，因此，需要对非聚合马尔科夫链进行改进。

首先，将图 17.3 发射系统能量流展开成非聚合马尔科夫链。选择非聚合马尔科夫链的状态变量为概率分布 $P_e(P_{t1}[n])$。由于 $P_{t1}[n+1]$ 只与（n，$n+1$）区间内的输入功率和噪声有关，而与 $P_{t1}[n]$ 相互独立，因此，当不考虑桥丝是否爆发时，从分布 $P_e(P_{t1}[n])$ 转移至 $P_e(P_{t1}[n+1])$ 的转移率为 1。考虑桥丝是否爆发时，在每次转移后利用 $P_e(P_{t1}[n])$ 抽样得到 $P_{t1}[n]$，并利用式（17.8）计算得到 $E_{t1}[n]=E_{t1i}$。根据式（17.5），$E_{t1}[n]$ 对应弹丸发射概率为 $p_f[n]=p_{fiN}$。此时，从 $P_e(P_{t1}[n])$ 转移至 $P_e(P_{t1}[n+1])$ 的转移率为 $1-p_f[n]$，改进的非聚合马尔科夫链如图 17.5 所示。图中，K_m 为最大转移次数，当马尔科夫链转移 K_m 次且未转移到弹丸发射状态时，系统转移回状态 $P_{t1}[0]$。从图 17.5 中可以看出，其状态转移矩阵为：

$$\begin{bmatrix} 0 & 1-p_f[0] & 0 & \cdots & p_f[0] \\ 0 & 0 & 1-p_f[1] & \cdots & p_f[1] \\ \vdots & \vdots & \vdots & & \vdots \\ 1-p_f[K_m] & 0 & \cdots & 0 & p_f[K_m] \\ 1 & 0 & \cdots & 0 & 0 \end{bmatrix} \tag{17.13}$$

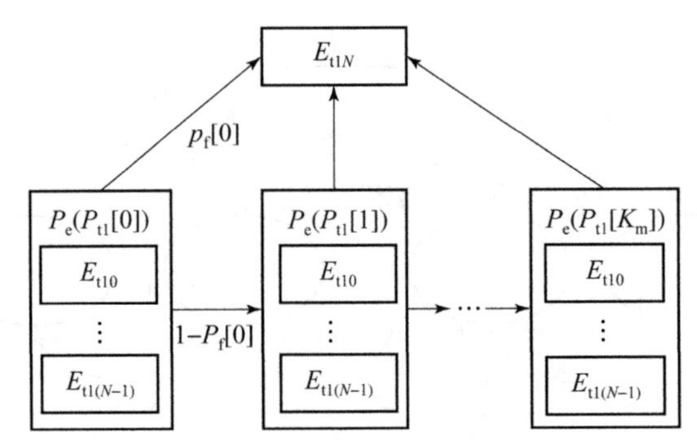

图 17.5　发射能量流非聚合马尔科夫链

式中，$p_f[n]$为弹丸在第 n 步转移时发射的概率，由式（17.6）中状态转移矩阵的最后一列决定，因此，$P_e(P_{t1}[n])$至$P_e(P_{t1}[n+1])$的转移率变为 $1-p_f(n)$；定义弹丸发射状态到 $P_{t1}[0]$状态的转移概率为 1。状态转移矩阵(17.13) 的非零元素仅存在于主对角线的上方一条斜线、最后一列和第一列倒数第二个元素，为一稀疏矩阵。根据 CK 方程，弹丸发射失败的概率为：

$$p_1 = \prod_{n=0}^{K_m}(1 - p_f[n]) \tag{17.14}$$

弹丸的期望发射时间为：

$$\mathbb{E}(t_f) = \tau\sum_{K=1}^{K_m}\prod_{n=0}^{K-1}(1 - p_f[n])p_f[K]K \tag{17.15}$$

从式（17.14）和式（17.15）中可以看出，只需要仿真得到每一步的 $E_{t1}[n]$ 即可通过式（17.5）得到$p_f[n]$，从而计算弹丸发射失败概率和弹丸期望发射时间。图 17.5 的非聚合马尔科夫链的含义为：在每次转移过程中，桥丝要么爆发，要么继续进行能量累积，直至爆发或超出规定的发射时长。

接着，在图 17.5 中引入装定能量流和发射能量流的串扰。此时，非聚合马尔科夫链的状态变量为概率分布函数

$$P_e(P_{t1}[n],P_{t2}[n]) = P_e(\eta_1,\eta_2)P_e(P_{I1}[n],P_{I2}[n]) \tag{17.16}$$

其中，$P_e(\eta_1,\eta_2)$为能量接收效率的联合分布，当串扰抑制系统不存在时，能量接收效率由接收端负载分布和串扰方式决定；当串扰抑制系统存在时，其由串扰抑制系统参数分布和失效概率决定；$P_e(P_{I1}[n],P_{I2}[n])$为接收端干扰的联合分布，当接收端只有高斯白噪声干扰时，$P_e(P_{I1}[n],P_{I2}[n]) = P_e(P_{I1}[n])P_e(P_{I2}[n])$。与发射能量流相似，串扰能量流需要考虑装定系统失效状态 E_{t2M}的影响。因此，串扰能量流马尔科夫链如图 17.6 所示。

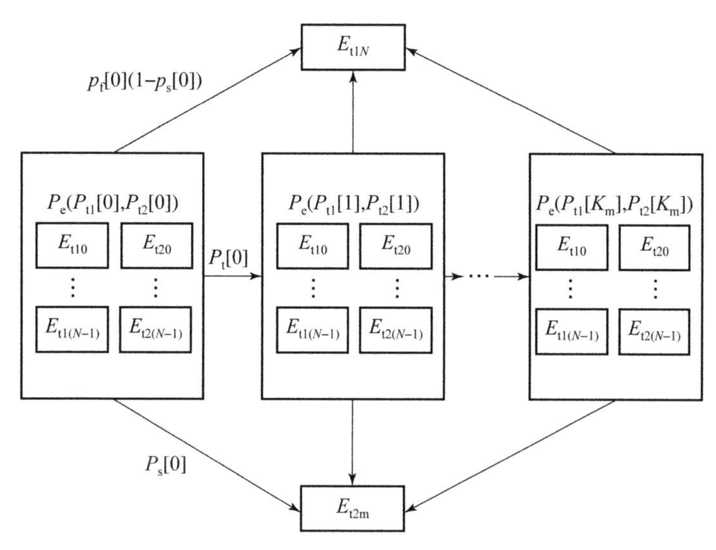

图 17.6　串扰能量流非聚合马尔科夫链

$p_s[n]$为引信在第 n 步转移时失效的概率，由式（17.11）中状态转移矩阵的最后一列决定，且与 $p_f[n]$相互独立，转移概率 $p_t[n]$为：

$$p_t[n]=1-p_s[n]-p_f[n]+p_s[n]p_f[n] \tag{17.17}$$

根据图 17.6，系统返回状态 $P_e(P_{t1}[0],\ P_{t2}[0])$前存在三种状态：①引信故障状态（$E_{t1i}$，$E_{t2M}$），$i\in\{0,\cdots,N-1\}$，其出现概率为：

$$p_e=\sum_{j=0}^{K_m}p_s[j]\prod_{n=0}^{j-1}p_t[n] \tag{17.18}$$

弹丸发射失败状态 $n=K_m$，其出现概率为：

$$p_1=\prod_{i=0}^{K_m}p_t[i] \tag{17.19}$$

弹丸发射成功状态（E_{t1N}，E_{t2j}），$j\in\{0,\cdots,M-1\}$，其出现概率为：

$$p_{fs}=\sum_{j=0}^{K_m}p_f[j](1-p_s[j])\prod_{i=0}^{j-1}p_t[i] \tag{17.20}$$

根据 E_{t2j}的不同，该状态可以分为两个子状态：当 $E_{t2j}<E_n$ 时，引信接收到的能量小于维持其后续工作所需能量，为能量装定失败状态；当 $E_{t2j}\geqslant E_n$ 时，引信接收到的能量大于维持其后续工作所需能量，为能量装定成功状态。

根据上述分析，能量流串扰效应的仿真算法如下：

（1）初始化：按照发射能量流放电方程（电容放电或直流放电）生成 $P_{s1}[n]$曲线，按照装定过程生成 $P_{s2}[n]$曲线，$n=\{1,2,\cdots,K_m\}$，使得任意时刻 $P_{s1}[n]+P_{s2}[n]\leqslant P_a$，其中 P_a 为能够提供的总电能；令迭代步长 $n=0$。

（2）根据干扰分布 $P_e(P_{I1}P_{I2})$和 $P_e(\eta_1,\eta_2)$分别抽样得到 $P_{I1}[n]$、

$P_{t2}[n]$、$\eta_1[n]$和$\eta_2[n]$，第 n 步的接收端功率为：

$$P_{ti}[n]=\eta_i[n]\begin{bmatrix}P_{s1}[n]\\P_{s2}[n]\end{bmatrix}+P_{ii}[n] \tag{17.21}$$

（3）根据得到的 $P_{ti}[n]$计算 $E_{ti}[n]$，并将 $E_{ti}[n]$代入式（17.6）和式（17.11）中求得 $p_f[n]$和 $p_s[n]$。

（4）根据图 17.6 计算状态转移率，并进行状态转移，若到达状态（E_{t1i}，E_{t2M}）或 $n=K_m$，则返回步骤（2）；若到达状态（E_{t1N}，E_{t2j}），则计算 E_{t2j}确定引信状态，而后返回步骤（2）。

（5）统计到达各个状态的次数，得到能量流串扰效应仿真结果。

17.1.3 能量流串扰效应仿真

利用上节介绍的非聚合马尔科夫链对能量流串扰效应进行仿真分析。仿真参数如表 17.1 所示。发射泊松分布抵达率为 $\lambda_{t1}[n]=E_{t1}[n]/T_w\times\tau$；引信电压应力系数为 $\pi_V[n]=E_{t2}[n]/T_w\times\tau$。

表 17.1 能量流串扰效应仿真参数

参数名称	参数取值	参数名称	参数取值
最大允许时长 t_M/ms	150	发射能量输出时刻 t_f/ms	100
仿真步长 τ/μs	100	引信基础失效率 λ_{t2M}	0.002 2
桥丝临界温度期望 T_w/K	2 800	桥丝临界温度方差	$0.05\times T_w$
桥丝材料比热容 c_b /$(\mathrm{J\cdot kg^{-1}\cdot K^{-1}})$	440	桥丝体积 V_b/m³	1.28×10^{-13}
桥丝换热系数 h_b	10	桥丝侧表面积 A_b/m²	3.19×10^{-8}
环境温度 T_0/K	250	桥丝材料密度 ρ_b/$(\mathrm{kg\cdot m^{-3}})$	8.4×10^3

为验证 17.1.1 节模型的有效性，对桥丝接收功率、温度和发火时间进行了仿真，其中能量源输入方式为电容放电，仿真结果如图 17.7 所示。从图中可以看出，非聚合马尔科夫链仿真得到的桥丝接收功率和温度曲线与理论计算一致。与理论计算相比，非聚合马尔科夫链方法可以获得桥丝的点火时间信息。

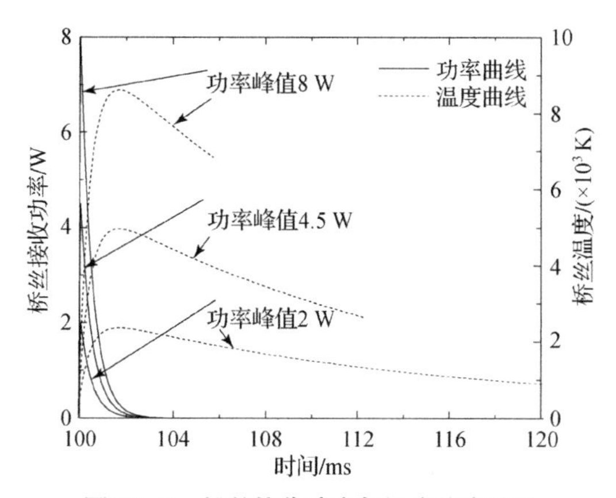

图 17.7　桥丝接收功率与温度仿真结果

首先考虑能量流对称串扰的串扰效应。此时，假定发射能量源和装定能量源均工作在恒定功率模式且 $P_{s1}=P_{s2}=1$ W，串扰系数 $\boldsymbol{\eta}_{11}=\boldsymbol{\eta}_{22}=[0.5,1]$，$\boldsymbol{\eta}_{12}=\boldsymbol{\eta}_{21}=1-\boldsymbol{\eta}_{11}$，在每个系数组合下仿真 1 000 次，仿真结果如图 17.8 所示。图 17.8（a）显示了装定能量流对底火桥丝的串扰效应，从图中可以看出，随着装定能量流串扰比例的增加，发火率上升。当串扰进入发火回路的能量小于发射所需能量时，平均发火时间几乎不变，当串扰进入发火回路的能量大于发射所需能量时，平均发火时间迅速下降，最终下降到 10 ms 附近，10 ms 的时间不足以完成 SPIT，导致装定失败，弹丸精准度降低。图 17.8（b）显示了串扰对装定系统的影响，从图中可以看出，当串扰率增加时，引信储能迅速减少，装定成功率迅速降为 0，当耦合率较小时，出现了数次引信失效事件，但次数很少，证明引信装定过程中的可靠性很高。

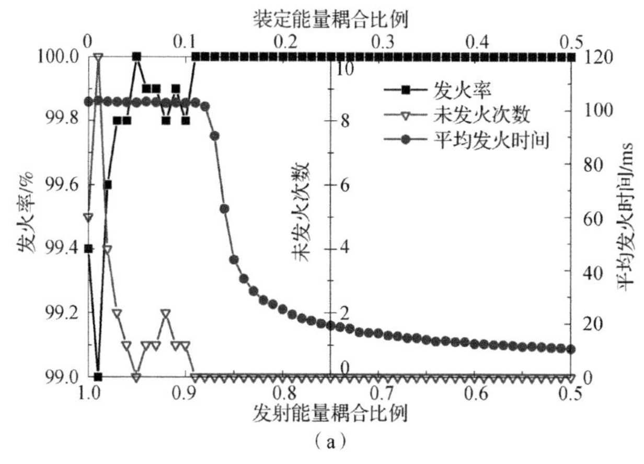

（a）

图 17.8　能量流对称串扰仿真结果

（a）弹丸发射仿真结果

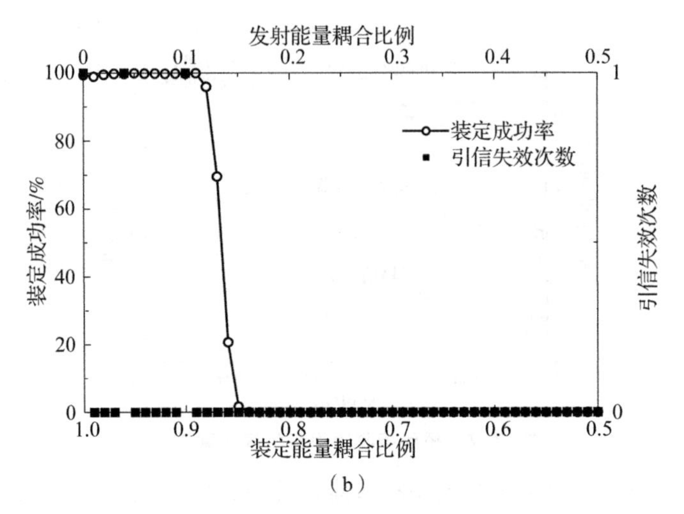

（b）

图 17.8　能量流对称串扰仿真结果（续）

（b）引信装定仿真结果

出现图 17.8 中现象的原因为：底火桥丝的阻抗很小，当系统为对称耦合时，大部分的能量均流入底火桥丝。

对于实际的底火回路，其能量耦合系数由回路参数决定，因此，需要对实际回路中的能量流串扰进行仿真分析。在仿真中，假定发射能量源输入方式为电容放电或恒压放电，装定能量源输出方式为恒定功率输出，则底火回路可简化为图 17.9 所示电路。

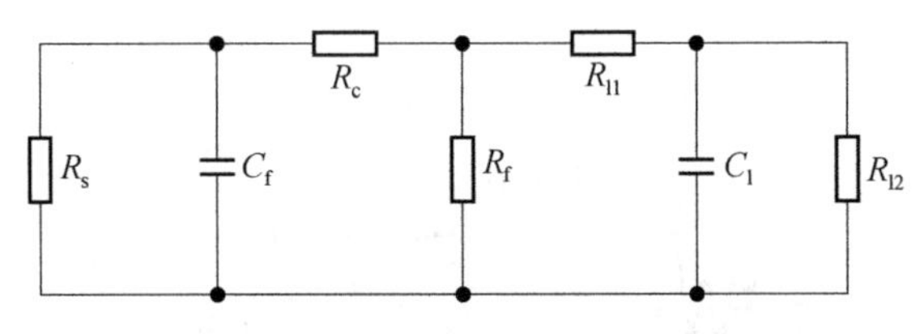

图 17.9　能量输出回路简化示意图

在电容放电时，其发射能量流方程组为：

$$\begin{cases} \dfrac{\mathrm{d}u_f(t)}{\mathrm{d}t} = -\dfrac{u_f(t)}{R_s C_f} - \dfrac{i_1}{C_f} \\ \dfrac{\mathrm{d}u_l(t)}{\mathrm{d}t} = -\dfrac{u_l(t)}{R_{l2} C_l} + \dfrac{i_2}{C_l} \\ (R_c + R_f) i_1 - R_f i_2 = u_f(t) \\ R_f i_1 - (R_f + R_{l1}) i_2 = u_l(t) \end{cases} \tag{17.22}$$

式中，$u_f(t)$ 为发火电容电压，初始时刻 $u_f(t_f) = 24\ \mathrm{V}$；$u_l(t)$ 为引信负载电容

充电电压，$u_1(t_f)$需要通过装定能量流计算；$C_f = 500\ \mu F$，为发火电容；$R_c = 5\ \Omega$，为线路损耗；$R_f = 2\ \Omega$，为桥丝负载；$R_s = 50\ \Omega$，为装定器反向阻抗；$R_{l1} = 1\ \Omega$，为引信串联负载；$C_l = 200\ \mu F$，为引信负载电容；$R_{l2} = 5\ k\Omega$ 为引信并联负载；i_1 为流过 R_c 的电流；i_2 为流过 R_{l1} 的电流。装定能量流方程组与式（17.22）的区别在于，第一项和第三项改变为：

$$\begin{cases} \dfrac{P_s^2}{u_s(t)} = i_1 \\ (R_c + R_f)i_1 - R_f i_2 = u_s(t) \end{cases} \tag{17.23}$$

式中，$u_s(t)$为装定器输出电压；初始时刻 $u_1(0) = 0$。恒压放电的发射能量流方程第一项为：

$$\frac{U_f}{R_s C_f} = \frac{i_1}{C_f} \tag{17.24}$$

式中，$U_f = 24\ V$，为能量源恒压输出值。

根据式（17.22）和式（17.23）可以计算出桥丝和引信的负载电压曲线和负载功率曲线，并利用 17.1.2 节中的方法仿真，令发射能量流输出时刻$t_f = 20\ ms$，计算和仿真波形如图 17.10 所示，其中，发射时刻等于 9.3 ms，为 1 000 次仿真中弹丸发射时刻均值。从图中可以看出，在耦合系数由图 17.9 所示电路决定的情况下，装定能量流对底火桥丝的串扰会导致弹丸提前发射。

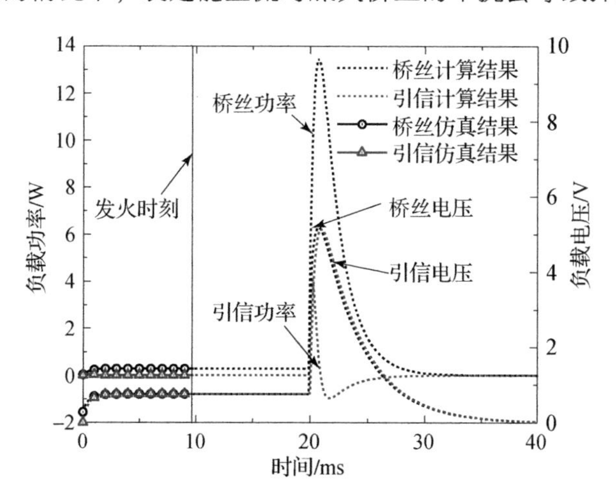

图 17.10　传导串扰仿真波形

上述仿真表明，在完全没有串扰抑制系统的情形下，装定能量流会直接造成底火发火，弹丸发射，无法完成装定，系统不满足使用要求，因此，需要设计能量流串扰抑制系统。

17.1.4 能量流串扰抑制边界条件

理想能量流串扰抑制效果为 $\eta_1=[1,0]$、$\eta_2=[0,1]$，此时，能量流串扰完全消失。然而，达到该理想效果所需的成本过高，因此，需要寻求一种容易达到的能量流串扰抑制边界条件。

假设装定控制器的能量输出无法对击发系统产生影响，串扰抑制边界条件为：

（1）在回路中未出现发射能量时，底火桥丝上的温度累积应当小于发火所需温度：

$$E_{t1}(t)<\alpha_s T_w, t<t_f \tag{17.25}$$

式中，$\alpha_s<1$，为装定能量流抑制安全系数。

（2）当发射能量出现在回路中时，底火桥丝上的温度最大值应当大于可靠发火温度，且维持一段时间：

$$\exists t_l, t_u, \text{s.t. } E_{t1}(t)>T_w, t_l\leqslant t\leqslant t_u, t_l>t_f, t_u-t_l>1/\lambda_{t1} \tag{17.26}$$

式中，t_l 和 t_u 为桥丝温度超过可靠发火温度时间的下界和上界。

（3）到达装定接收系统的瞬时功率应当小于引信最大安全输入功率：

$$P_{t2}(t)<P_{l2} \tag{17.27}$$

式中，P_{l2}为引信最大允许输入功率。

（4）到达装定接收系统的能量大于引信最小需求能量：

$$E_{t2}(t_r)\geqslant E_n \tag{17.28}$$

式中，t_r 为弹丸实际发射时刻。

（5）通过能量限制器的瞬时功率不能大于底火发火系统的最大安全功率：

$$P_{t1}(t)<P_a \tag{17.29}$$

式中，P_a 为发火系统最大安全功率。

（6）能量无法从发射能量源流入装定控制器：

$$P_{s2}\geqslant 0 \tag{17.30}$$

式中，当能量流入装定控制器时 P_{s2}为负。

将边界条件代入式（17.1）、式（17.4）和式（17.9）即可得到能量流串扰抑制系统的边界条件。为对能量流串扰抑制系统建模，将式（17.1）转化为：

$$\begin{cases}P_{t1}(t)=\eta_{b1}(t)\eta_{a1}(P_{s1}+\eta_{c1}(t)\eta_{c2}(t)P_{s2})+n_{t1}\\P_{t2}(t)=\eta_{b2}(t)\eta_{a2}(P_{s1}+\eta_{c1}(t)\eta_{c2}(t)P_{s2})+n_{t1}\end{cases} \tag{17.31}$$

式中，$\eta_{a1}(t)$和$\eta_{a2}(t)$为线路损耗及功率分配系数；$\eta_{b1}(t)$为发射串扰抑制系数；$\eta_{b2}(t)$为装定串扰抑制系数；$\eta_{c1}(t)$和$\eta_{c2}(t)$为能量限制系数。

17.2　能量流串扰抑制系统设计

根据边界条件，能量流串扰抑制系统可由能量限制模块、发射串扰抑制模块和装定串扰抑制模块组成，其结构如图 17.11 所示。其中能量限制模块位于炮上装定系统内部，串接在装定控制器的输出端与炮闩之间，由以下子模块组成：①装定电流限制模块，限制装定控制器输出电流，使得装定器输出功率总是小于底火发火系统发火能量；②能量单向模块，限制能量流方向，只允许能量流从装定系统流出，防止发射能量倒灌入装定控制器导致装定控制器损坏，如图 17.12 所示。装定串扰抑制模块和发射串扰抑制模块位于弹药内部，装定串扰抑制器模块接于底火触点和弹上装定接收系统之间，发射串扰抑制模块则串接于底火触点与底火发火系统之间。二者原理为：装定串扰抑制模块允许装定能量流通过，并使引信对发射能量流呈现高阻态，防止对发射能量的分流导致发射异常和发射能量流损坏引信；发射串扰抑制模块允许发射能量流通过，并使底火回路对装定能量流呈现高阻态，如图 17.13 所示。

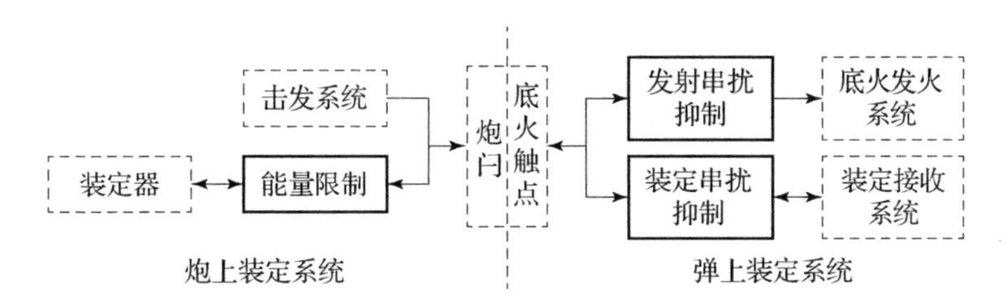

图 17.11　能量流串扰抑制系统结构框图

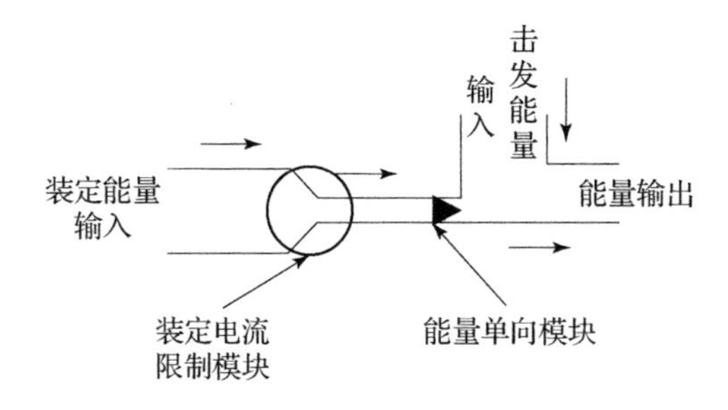

图 17.12　能量限制模块功能示意图

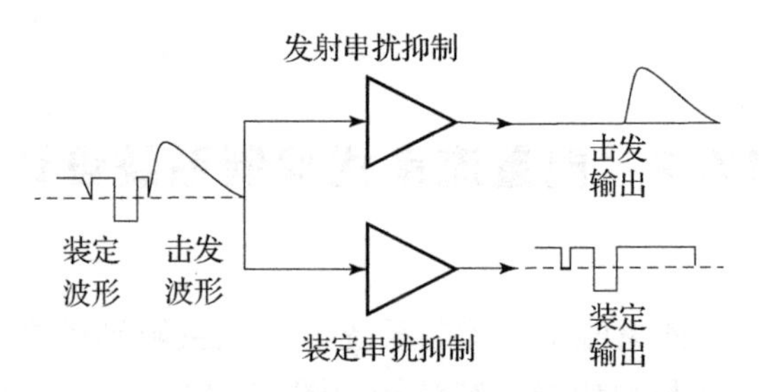

图 17.13 发射和装定串扰抑制模块功能示意图

系统工作过程为：装定控制器在接收到装定指令和装定信息后，将调制过的装定能量输出到能量限制器，能量限制器检测炮闩处能量流状态，在炮闩处未出现发射能量流的情况下将经过限制的装定能量流传输到炮闩，能量流通过炮闩与底火触点分别到达发射串扰抑制器与装定串扰抑制器，二者分别判断通过底火触点的能量流类型，当装定能量流出现在炮闩时，发射串扰抑制器阻止装定能量流通过，而装定串扰抑制器将装定能量流输出到弹上装定接收系统中，装定接收系统利用装定能量流的能量并从中提取装定信息。当发射能量出现在炮闩时，能量限制器立即阻断装定能量流传输，并限制能量流流入装定控制器中。发射能量流通过底火触点与发射串扰抑制器到达底火发火系统，引燃底火发射弹丸，装定串扰抑制器可抑制过大的发射能量流传输到弹上装定接收系统中，防止弹上系统被发射能量损坏。

17.2.1 能量流串扰抑制函数设计

对于传导串扰，发射能量源为电容储能或恒压源，装定能量源为恒功率源。若装定能量为交流能量，可采用频域特征进行区分。但无源频域区分结构能量损耗较大，有源频域区分结构复杂，状态切换延迟较高。因此，采用直流能量作为装定能量，并采用时域特征对二者进行区分。

发射串扰抑制器设计需满足边界条件式（17.25）和式（17.26）。其中，式（17.25）保证在发射能量出现之前发射串扰抑制器断开，式（17.26）保证从发射串扰抑制器检测到发射能量时刻 t_1 至底火桥丝点燃时刻 t_u 发射串扰抑制器维持导通。满足该条件的发射串扰抑制器为：

$$\eta_{b1}(t)=\begin{cases}0, t<t_j\\1, t\geqslant t_j, u_1(t)>0\end{cases}\tag{17.32}$$

$$t_j=\min\{t \mid u_1(t)\geqslant U_j\}$$

式中，U_j 为阈值判别电压；$u_1(t)$ 为发射串扰抑制器输入电压；$\{t \mid u_1(t)\geqslant U_j\}$ 为 $u_1(t)\geqslant U_j$ 的时刻集合；t_j 为 $u_1(t)\geqslant U_j$ 时刻的最小值。由式（17.32）得到

的发射串扰抑制器为一电压阈值判别模块，其工作过程为：当 $u_1(t) < U_j$ 时，发射串扰抑制器无输出；当 $u_1(t) \geqslant U_j$ 发生时，发射串扰抑制器导通，并维持导通状态直到 $u_1(t) = 0$。

能量限制器需要满足的条件包括：

（1）边界条件式（17.29）保证发射串扰抑制器损坏时，装定能量流不引起底火发火。对于固定的底火桥丝电阻 R_f，其安全输入功率为 $P_a = I_a^2 R_f$，其中，I_a 为安全电流。因此，需要能量限制器电流输出满足 $i_2(t) \leqslant I_a$。

（2）电压输出小于发射串扰抑制器描述式（17.32）的阈值，即 $u_2(t) \leqslant U_j$。

（3）装定能量满足边界条件式（17.28），引信从装定过程中获得充足的能量。满足以上条件的能量限制器为：

$$\eta_{c1}(t) = \begin{cases} \left(\dfrac{U_a}{\max(u_{in}(t))}\right)^2, i_2(t) < I_a \\ \left(\dfrac{I_a}{i_2(t)}\right)^2, i_2(t) \geqslant I_a \end{cases} \tag{17.33}$$

式中，$u_{in}(t)$ 为装定控制器输出电压；$U_a < U_j$，为发射串扰抑制器安全电压。当装定控制器输出电流 $i_2(t) < I_a$ 时能量限制器输出为装定控制器输出的等比衰减，当 $i_2(t) \geqslant I_a$ 时，能量限制器输出电压为 $I_a R_f$。

装定串扰抑制器需满足边界条件式（17.27），发射过程中弹上系统不损坏，和边界条件式（17.28），引信从装定过程中获得充足的能量且装定信息不失真。满足条件的装定串扰抑制器为：

$$\eta_{b2}(t) = \begin{cases} 1, u_1(t) < U_m \\ \left(\dfrac{U_m}{u_1(t)}\right)^2, u_1(t) \geqslant U_m \end{cases} \tag{17.34}$$

式中，U_m 为装定接收系统最大允许输入电压。当 $u_1(t) < U_m$ 时，装定串扰抑制器电压输出为 $u_1(t)$，当 $u_1(t) > U_m$ 时，装定串扰抑制器电压输出为 U_m。

能量限制器中的能量单向模块需满足边界条件式（17.30），能量单向传输。其方法为：

$$\eta_{c2}(t) = \begin{cases} 1, i_2(t) \geqslant I_c \\ 0, i_2(t) < I_c \end{cases} \tag{17.35}$$

式中，I_c 为能量流换向电流，当 $i_2(t) \geqslant I_c$ 时，认为能量流由装定控制器流向炮闩；当 $i_2(t) < I_c$ 时，能量流由炮闩流向装定控制器，能量单向模块切断能量流。将式（17.32）~式（17.35）代入式（17.31）即可得到能量流串扰抑制结果。当系统中只存在装定能量流，且装定电流较小时，串扰抑制结果为：

$$\begin{cases} P_{t1}(t) = n_{t1} \\ P_{t2}(t) = \eta_{a2}\left(\dfrac{U_a}{\max(u_{in}(t))}\right)^2 P_{s2} + n_{t2} \end{cases} \tag{17.36}$$

当系统中只存在装定能量流，且装定电流较大时，串扰抑制结果为：

$$\begin{cases} P_{t1}(t) = n_{t1} \\ P_{t2}(t) = \eta_{a2}\left(\dfrac{I_a}{i_2(t)}\right)^2 P_{s2} + n_{t2} \end{cases} \tag{17.37}$$

当发射串扰抑制器损坏时，串扰抑制结果为：

$$\begin{cases} P_{t1}(t) = \eta_{a1}\left(\dfrac{I_a}{i_2(t)}\right)^2 P_{s2} + n_{t1} \\ P_{t2}(t) = \eta_{a2}\left(\dfrac{I_a}{i_2(t)}\right)^2 P_{s2} + n_{t2} \end{cases} \tag{17.38}$$

当系统中出现发射能量流时，串扰抑制结果为：

$$\begin{cases} P_{t1}(t) = \eta_a P_{s1} + n_{t1} \\ P_{t2}(t) = \left(\dfrac{U_m}{u_1(t)}\right)^2 \eta_a P_{s2} + n_{t2} \end{cases} \tag{17.39}$$

17.2.2 能量流串扰抑制参数取值

观察式（17.32）~式（17.39）可知，通过对式中的 U_j、U_m、U_a、I_a 和 I_c 进行取值，就可以完成一个特定的串扰抑制系统设计。如当 $U_j>0$ 时，发射串扰抑制器为一电压阈值判别器，该判别器通过判断底火触点上的电压值控制其自身导通或关断。其比 TVS 发射串扰抑制器能量损耗小，且能适应更多的发射能量形式。对于车载系统，当发射电压为车载电压 $U_f=24$ V 时，可设置 $U_m>U_f$，则 $\eta_{b2}(t)=1$ 在装定过程和发射过程中都成立，不需要装定串扰抑制器。此状态下，可设计 $I_c=0$，则能量单向模块为一正向二极管，这种系统装定能量输出过程中 $u_{in}(t)>0$，可称为正电压串扰抑制系统。

当 $U_j=0$ 时，发射串扰抑制器为一正向二极管，发射能量流工作在正电压条件下，装定能量流工作在负电压条件下。装定串扰抑制器设计为 $U_m=0$，此时，装定串扰抑制器为一反向二极管。此状态下，设计 $I_c<0$，能量单向模块为电流判别开关模块，当反向电流过大时，关闭装定控制器输出端，这种系统装定能量输出过程中 $u_{in}(t)<0$，可称为负电压串扰抑制系统。

若装定能量和信息传输过程中发射能量突然出现，则由式（17.32），发射能量占据炮闩并导致发射串扰抑制器导通，弹丸发射。同时根据式

(17.35) 此时 I_c 满足能量流换向条件，装定控制阀阻断装定控制器与炮闩间能量和信息流，保护装定控制器。因此，当装定信息传输完成后，不需等待装定能量消失，只需发射能量出现弹丸便发射。若装定信息未传输完成时发射能量出现，则装定失败，弹丸发射并以默认工作方式作用。在实际使用中，需要发射前预留时间窗口保证装定信息传输完成。

17.3　串扰抑制效果仿真和串扰抑制可靠性验证

本节通过仿真分析和对比前节设计的两种能量流串扰抑制系统的优劣。从这三个方面进行分析：①所有串扰抑制模块均完好时系统的抑制效果；②部分模块损坏时的串扰抑制效果；③串扰抑制系统的可靠性。

17.3.1　串扰抑制效果仿真

首先，通过理论计算和 Pspice 软件仿真分析两种串扰抑制系统的抑制效果，两个串扰抑制系统的设计参数如表 17.2 所示，$\eta_{a1}(t)=\eta_{a2}(t)=1$，其余仿真参数与表 17.1 相同。

表 17.2　串扰抑制系统设计参数

系统类别	U_j/V	U_m/V	U_a/V	I_a/mA	I_c/mA
正电压抑制系统	16	35	12	50	0
负电压抑制系统	0	0	-12	-50	-100

首先，计算和仿真所有串扰抑制模块均完好时系统的抑制效果，其结果如图 17.14 所示。图 17.14 (a) 和 (b) 为正电压串扰抑制系统的计算和仿真结果，图 17.14 (c) 和 (d) 为负电压串扰抑制系统的计算和仿真结果，计算和仿真结果均表明，两种串扰抑制系统都能有效地隔离装定能量流和发射能量流：在发射电压出现在回路中之前，底火桥丝上均无电压，引信的装定输入端能够正常充电，在发射电压出现后，底火桥丝电压能够迅速上升，累积能量达到发火条件，而装定器输出端电压和引信装定输入端电压不受影响。

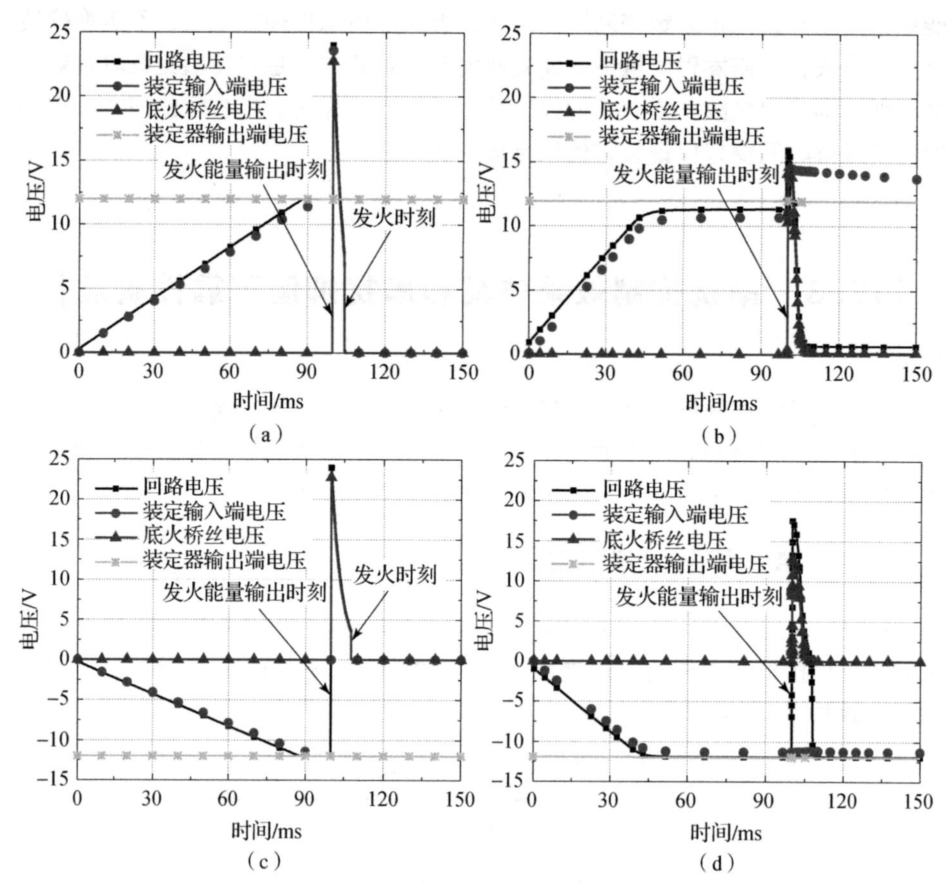

图 17.14 串扰抑制效果仿真结果

(a) 正电压理论计算结果；(b) 正电压 Pspice 仿真结果

(c) 负电压理论计算结果；(d) 负电压 Pspice 仿真结果

对比理论计算结果和仿真结果，仿真结果中当发射电压出现时，回路电压要比理论计算结果低很多，这是由于理论计算结果未考虑到串扰抑制系统中的各个元件带来的功率损耗。对比正电压和负电压的结果可知，不论是计算还是仿真都表明，正负电压系统在发射回路最大电压和装定输入端电压上升速率等方面都不存在明显区别，可以认为二者的性能一致。

图 17.15 展示了两种串扰抑制系统传输到引信的装定输入功率和底火桥丝输入功率。从图中可以看出，两种串扰抑制系统装定输入功率和底火桥丝输入功率均相同，对比结果表明，两种方法没有明显的传输功率差异。

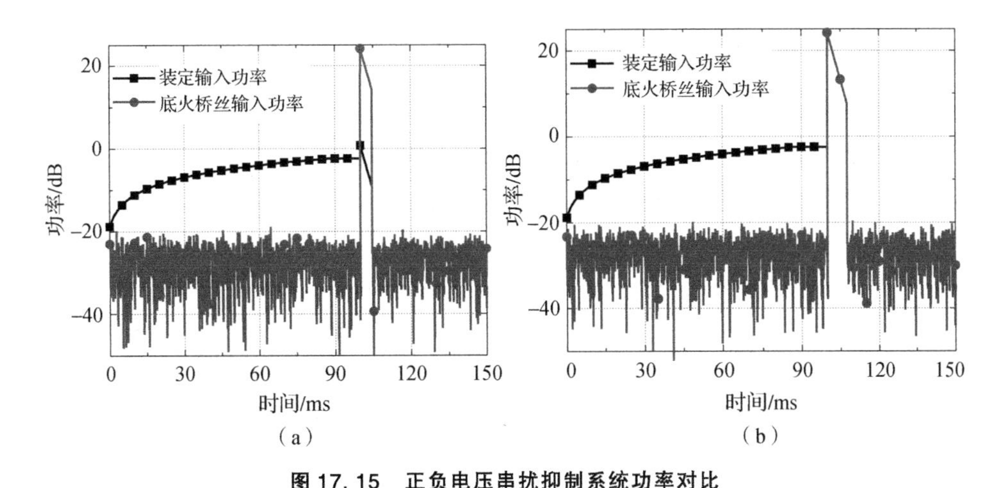

图 17.15　正负电压串扰抑制系统功率对比

(a) 正电压理论计算结果；(b) 负电压理论计算结果

为了比较两种串扰抑制模块的区别，对不同发射电压下的发射串扰抑制模块放电情况进行了仿真，在不同输入电压下，桥丝两端的电压如图 17.16 所示。图 17.16 (a) 中，当最大输入电压小于 16 V 时，输出电压始终为 0，当最大输入电压大于 16 V 时，发射串扰抑制模块正常放电直至电压变为 0 V。图 17.16 (b) 中，不论输入电压大小，发射串扰抑制模块均能够放电。因此，当发射电压不足时，采用负电压抑制系统的弹丸仍能够正常发射。对比图 17.16 (a) 和 (b)，当两个模块均正常放电时，正电压模块的电压损耗小于负电压模块。

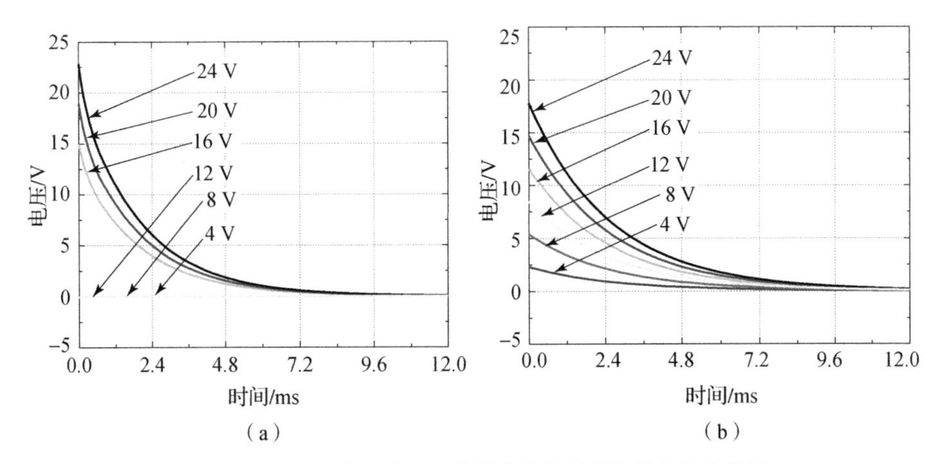

图 17.16　不同发射电压下发射串扰抑制模块放电仿真结果

(a) 正电压仿真结果；(b) 负电压仿真结果

17.3.2　串扰抑制系统可靠性验证

串扰抑制系统的可靠性是其性能的重中之重，本小节通过对比两种系统的失效危害和可靠性评价二者的优劣。当发射串扰抑制模块失效时，装定能量直接流入底火桥丝中，需要装定输出端的能量限制模块保证桥丝不发火，该情形的仿真结果如图 17.17（a）所示。图中，模块损坏时刻为 50 ns，两个模块均出现了 375 mV 左右的脉冲，脉宽约为 5 ns，该脉冲不足以导致底火桥丝发火，而后，底火桥丝上的电压稳定在 100 mV，二者性能接近。当负电压装定串扰抑制模块失效时，发射电压直接加载到引信上，引信输入电压从 -12 V 瞬间提升到 16 V，这种变化很可能损坏引信，而正电压系统本就不需要装定串扰抑制模块，发射电压对引信无影响，如图 17.17（b）所示。对两个系统而言，当能量限制模块失效时，发射电压出现均会损坏装定控制器。综上所述，正电压系统具有引信可靠度不受发射电压影响的优势。

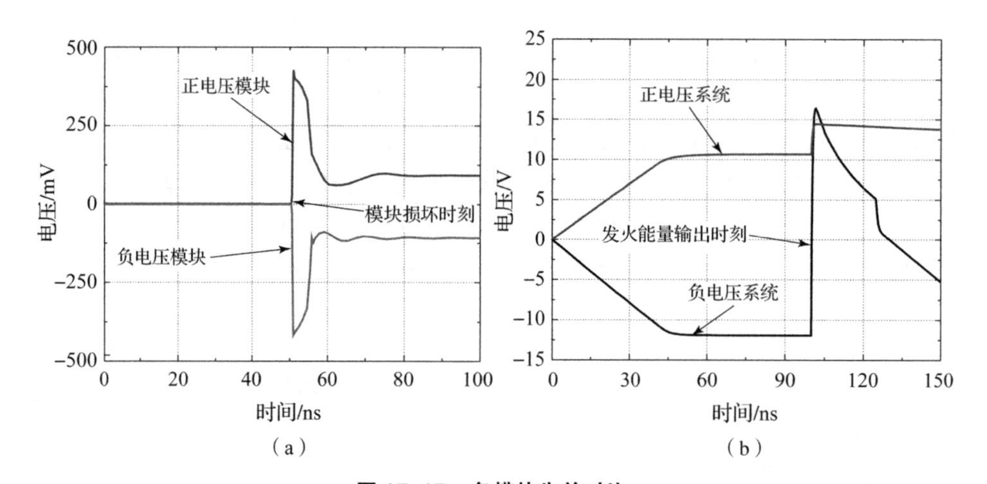

图 17.17　各模块失效对比

（a）发射串扰抑制模块失效；（b）装定串扰抑制模块失效

在同步传输和发射阶段，引信的失效模式主要有发射失败、装定失败、引信失效和装定器失效等 4 种，表 17.3 仿真了各模块失效时各个失效时间的出现次数。仿真结果表明，串扰抑制系统完全正常时，引信各类失效的出现次数均很少；发射串扰抑制模块失效时，装定必然失败；负电压系统装定串扰抑制模块失效时，引信必然失效；能量流限制模块失效时，装定器必然失效，由于负电压串扰抑制系统的装定器电势比底火桥丝更低，装定器失效时发射能量完全流入装定器，发射必然失败。

表 17.3　各模块失效时系统失效事件发生数量对比

仿真次数 各 1 000 次	失效类型	无失效	发射串扰抑制 模块失效	装定串扰抑制 模块失效	能量限制 模块失效
正电压串扰抑制系统	发射失败次数	0	0	0	0
	装定失败次数	0	1 000	0	1 000
	引信失效次数	0	0	0	0
	装定器失效次数	0	0	0	1 000
负电压串扰抑制系统	发射失败次数	0	0	10	1 000
	装定失败次数	0	1 000	1 000	1 000
	引信失效次数	0	0	1 000	0
	装定器失效次数	0	0	0	1 000

根据前述对比，两种串扰抑制系统性能接近，正电压串扰抑制系统会更可靠一点。

第18章

共底火有线交联系统设计与试验

18.1 系统设计

本章设计灵巧引信系统的最终目标是实现最佳毁伤控制。引信系统共有两个工作阶段，第一阶段：弹丸发射前，火控系统通过装定器进行能量和信息同步传输，所传输信息包括引信标准起爆时间、弹丸标准初速和起爆时间修正系数；第二阶段：弹丸发射后，引信开始探测弹丸速度，并根据弹丸初速修正起爆时间，在到达预定起爆时间时起爆弹丸。需要设计的内容包括能量和信息同步传输系统和灵巧引信炸点控制系统两部分。

18.1.1 底火共线能量和信息同步传输系统设计

能量和信息同步传输系统选择火炮原有的发射回路，在弹丸发射前将能量和信息同步传输给引信。该设计不改动火炮结构，仅在发射回路中并联装定器和弹上接收系统，并对电底火进行改造。

整个能量和信息同步传输系统由装定器、信道和串扰抑制系统以及接收系统三个子系统组成。其中，装定器放置于火炮上，接收系统位于弹丸的引信内，信道和串扰抑制系统由炮上信道和弹上信道两部分组成。根据前面的研究结果和现有技术，三个系统的组成和连接关系如图 18.1 所示。

图 18.1 中，装定器由能量接口、信息接口、信息转换编码模块、调制模块、解调模块和信息解码模块组成。信道由炮上传输回路、炮闩、底火触点、

弹上传输回路组成；信道共有车载电源端口、装定器端口、底火桥丝端口和引信接收系统端口等四个端口。根据其设计，在各个端口设置了串扰抑制模块。其中，在装定器端口设置了功率和电流限制模块，在引信接收端口设置了装定串扰抑制模块，在底火桥丝端口设置了发射串扰抑制模块，功率和电流限制模块集成在装定器中，装定串扰抑制模块集成在接收系统中，发射串扰抑制模块集成在底火桥丝接电件中。接收系统由功率分离模块和反馈模块组成。

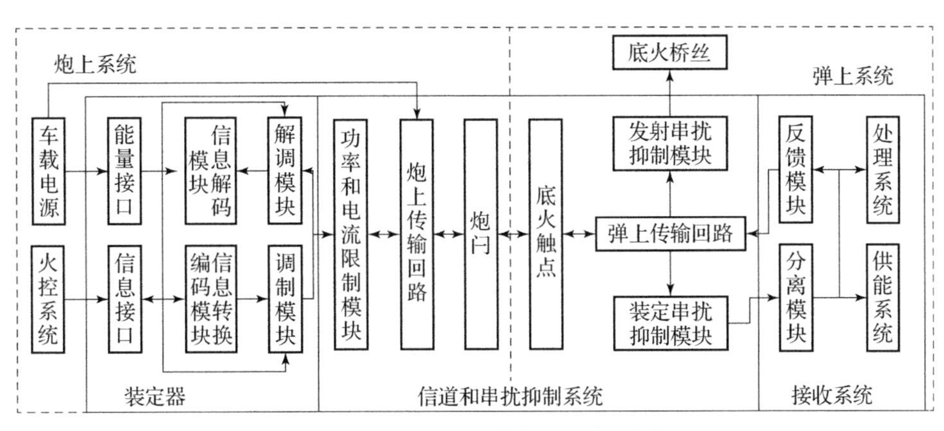

图 18.1 能量和信息同步传输系统组成框图

根据图18.1，能量和信息同步传输系统的工作流程描述如下：

（1）车载电源启动，通过能量接口装定器提供电源，装定器启动，等待火控传输装定信息和弹药入膛。

（2）火控系统发现目标，并观测目标类型、测量目标距离，从指挥信息中心下载作战区域的气温、气压、风速、风向、海拔等环境信息。然后根据所观测到的目标信息解算引信作用方式、作用时间、标准初速和修正系数等引信作用信息。

（3）火控系统通过信息接口将引信作用信息传输给装定器，装定器通过信息转换编码模块将引信作用信息按照前节所述发送端功率分配方案进行编码，并通过解调模块检测弹药是否入膛。

（4）检测到弹药入膛后，调制模块调制编码信息，把装定能量和信息通过功率和电流限制模块同步加载到信道上。

（5）装定能量和信息传输到弹上传输回路后被分为两股，通往底火桥丝的装定能量和信息被发射串扰抑制模块阻止，通往接收系统的能量和信息通过装定串扰抑制系统传输到分离模块。

（6）分离模块分离能量和信息，将能量送往供能系统，将信息送往处理系统，处理系统解调并解码装定信息。

(7) 处理系统根据装定信息解算出反馈信息，并将反馈信息通过反馈模块编码和调制反馈信息，将反馈信息发送回信道中。

(8) 反馈信息通过信道传输到装定器的解调模块中，经过解调和解码后得到装定结果信息，并通过信息接口传输给火控系统。

(9) 火控系统控制车载电源向炮上传输回路输出发射能量，经过弹上传输回路并打开发射串扰抑制模块将发射能量输出到底火桥丝上，弹丸发射。

为满足最佳毁伤控制需求，能量和信息同步传输系统的设计参数和指标如表 18.1 所示。

表 18.1　能量和信息同步传输系统的设计参数和指标

参数/指标名称	参数/指标内容	参数/指标名称	参数/指标内容
车载电源电压/V	16～30（标称值为 24 V）	装定器最大输出电流/mA	50
最大同步传输时长/ms	100	发射串扰抑制导通电压/V	16
下行数据量/bit	48	接收系统最大输入电压/V	35
上行数据量/bit	8	供能系统储能电容容值/μF	200
装定器最大输出功率/W	0.6		

为验证能量和信息同步传输系统各子系统是否达到设计性能，需要进行的试验包括：功率约束下能量和信息同步传输试验，发射能量和装定能量串扰抑制试验和传输系统与火炮的兼容性试验。

18.1.2　引信电路设计

为了实现最佳炸点控制，灵巧引信必须具有可装定、可探测、可处理和可控制等特征，根据这四个特征可以将灵巧引信划分为供能系统、装定系统、处理系统、探测系统和控制系统等五个子系统。各个子系统的组成和相互关系如图 18.2 所示。图中，供能系统由电池模块和储能模块组成；装定系统组成如图 18.1 所示；处理系统在硬件层为一单片机，在软件层由观测信息解算模块和控制命令输出模块组成；探测系统由地磁传感器和放大器组成；控制系统由充能控制模块、执行能量存储模块和能量输出控制模块组成。

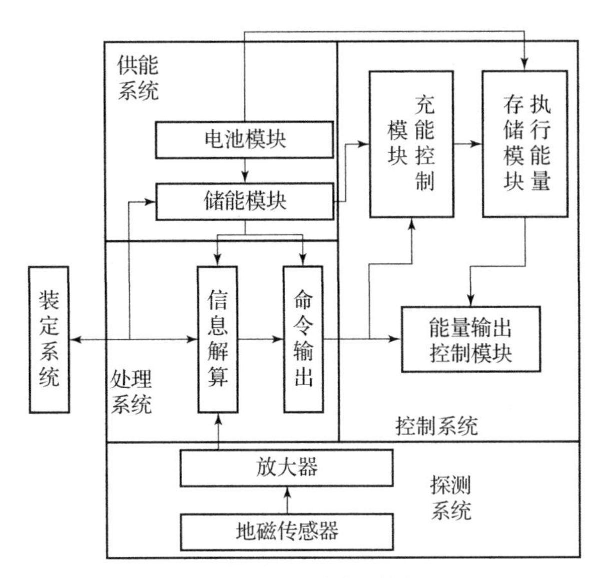

图 18.2　灵巧引信结构框图

系统工作流程及时序如图 18.3 所示。图中，系统可分为四个并行的信息流和能量流：系统能量流、系统信息流、控制能量流和控制信息流。系统工作可分为两个阶段：发射前和发射后。系统能量流的工作时序为：发射前，车载电源通过装定系统给引信传输能量；发射后，引信利用接收到的能量工作一定时间，直至电池激活后由电池给引信提供能量。系统信息流的工作时序为：发射前，火控系统通过装定系统传输装定信息给引信；发射后，探测系统启动，探测环境信息，处理系统解算装定信息和环境信息，并根据解算结果修正控制命令。在发射前，控制信息流和执行能量流均不出现，在发射后，控制信息流和控制能量流按时序分为三个阶段：弹道安全阶段，该阶段处理系统发出封闭命令，控制系统阻止系统能量给执行能量存储模块充能和执行能量输出；执行能量充能阶段，该阶段处理系统发出充能命令，供能系统给控制系统提供执行能量；执行能量输出阶段，该阶段控制系统根据处理系统发出的起爆命令输出执行能量。

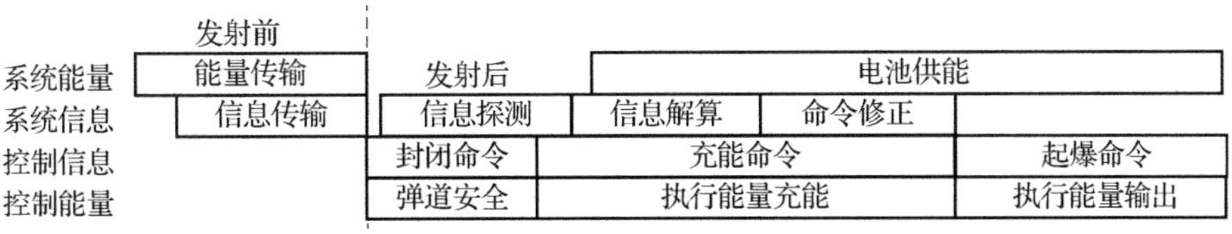

	发射前	发射后		
系统能量	能量传输		电池供能	
系统信息	信息传输	信息探测	信息解算	命令修正
控制信息		封闭命令	充能命令	起爆命令
控制能量		弹道安全	执行能量充能	执行能量输出

图 18.3　系统工作时序框图

18.2 能量和信息同步传输系统试验

18.2.1 功率约束条件下能量和信息同步传输试验

为了验证图 18.1 中装定器和接收系统的传输性能，以及第 17 章中同步传输模型和最优分配策略进行了能量和信息同步传输试验。试验中设计了两种装定时序，用以对比不同功率分配方案的装定效果，如图 18.4 所示。时序一：以接收系统上电信号作为信息传输起始点，在该时序中，解码器测量输出电压，当解码器测量到的电压大于接收系统上电电压时，装定器开始发送装定信息，接收系统测量接收端电压，当接收端电压达到充电完成电压时，接收系统发送反馈信息；时序二：以充电完成信号作为信息传输起始点，解码器测量输出电流，当输出电流减小到接收系统工作电流时，开始信息传输，接收系统在结算出反馈数据后，立即发送反馈信息。

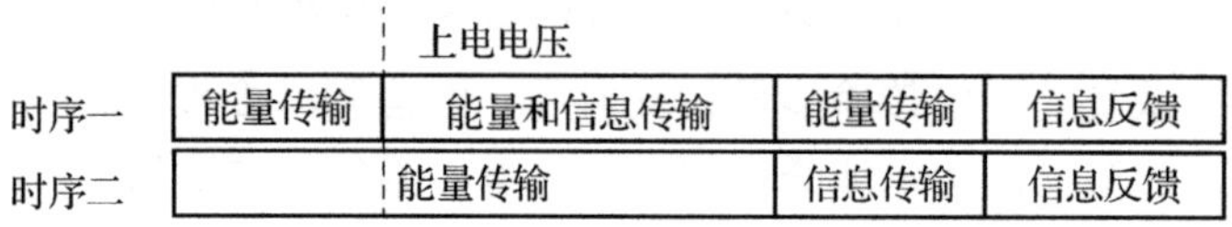

上电电压

时序一 能量传输 | 能量和信息传输 | 能量传输 | 信息反馈

时序二 能量传输 | 信息传输 | 信息反馈

图 18.4 装定试验时序图

试验中的被试品包括一个 18.1.1 节所设计的装定器以及一个 18.1.2 节所设计的灵巧引信。引信供能系统中储能模块为 200 μF 的电容，稳压芯片为 LTC3642 型 DC/DC，其最小工作电压为 4.5 V，选取 5 V 作为接收系统上电电压。

试验结果如图 18.5 所示。图中，共进行了三组能量和信息同步传输试验：(a) 在充电完成时发送装定信息；(b) 在接收系统上电后发送装定信息，发送端功率分配比例为 9/64；(c) 在接收系统上电后发送装定信息，发送端功率分配比例为 9/16。试验中，测量得到接收系统信息输入端的信噪比约为 20 dB，装定信息传输总时长均为 8 ms，反馈信息传输总时长均为 1.6 ms。试验 (a) 的能量传输完成时间为 57 ms，总传输完成时间为 69 ms，试验 (b) 的能量传输完成时间和总传输完成时间均为 63.2 ms，试验 (c) 的能量传输完成时间和总传输完成时间均为 62.4 ms。虽然试验 (a) 充电完成时间较短，但由于在充电完成后才进行信息传输，总传输时间较长。对比试验 (b) 和试验（c）可以看出，增加发送端功率分配比例，可以减小总装定完成时间，其原理为，根据前述优化算法，在试验所处的噪声环境下，信息传输所需要的功率很小，而试验中所用的功率分配比例远超信息传输所需。对比试验（b）和试验（c）以及第17章的仿真结果可知，试验所得到的传输时长与仿真结果很接近，但未达到该信噪比条件下信息和能量同步传输的最短传输时长58.2 ms。

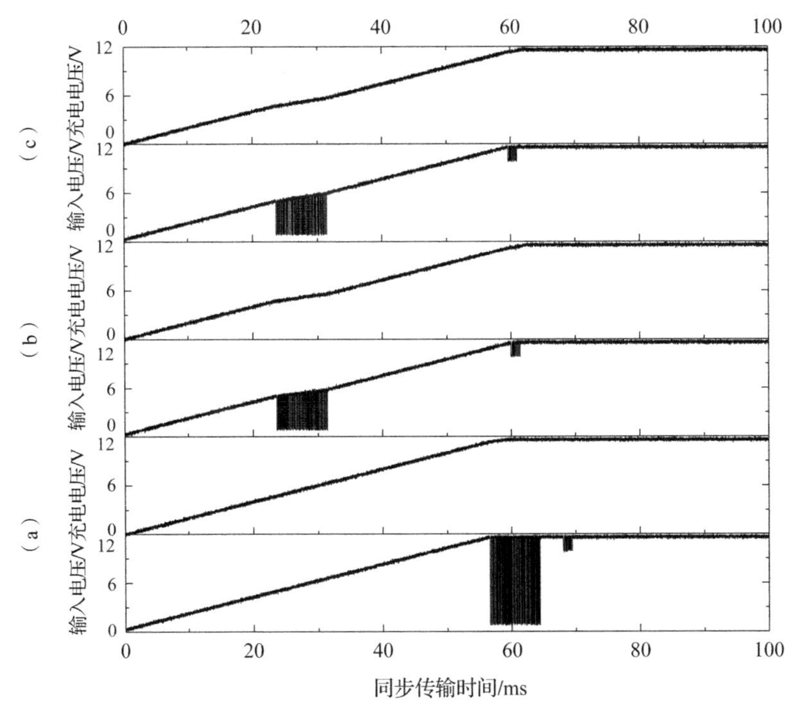

图18.5　信息和能量同步传输试验结果

（a）充电完成；（b）接收系统上电；（c）减小信息传输功率

试验结果表明，根据第16章所建立的能量和信息同步传输模型及功率分配优化算法设计的装定时序和发送端功率分配方案能够有效地缩短装定时间，在保证充足的能量供应的同时，提高装定信息的实时性。试验结果与理论计算得到的最短传输时长尚有一定距离，其原因为，为保证在不同环境下的信息传输可靠度，设置了远高于当前信噪比条件下最短传输时长的信息传输功率，且为校正控制基准误差，将装定信息传输总时长统一为8 ms，限制了装定信息传输速率。

18.2.2 发射能量和装定能量串扰抑制试验

本节通过试验验证第17章中设计的串扰抑制系统对能量流串扰的抑制效果，同时探究串扰抑制系统对能量传输的影响。试验内容包括：测试功率和电流限制模块的功率和电流限制效果；验证发射串扰抑制模块和装定串扰抑制模块在发射能量流和装定能量流下的工作状态；验证同步传输系统在添加了串扰抑制系统后的传输性能变化情况。

18.2.2.1 功率和电流限制模块功能试验

首先，验证功率和电流限制模块对装定能量流的限制效果。试验方法为：①用带有功率和电流限制模块的装定器对一可调电阻输出能量，测量其在不同阻值下的电压值，并计算当前电流值，根据电流和电压测量结果判断模块工作状态。②用装定器对某型电底火输出装定能量（该电底火无发射串扰抑制模块），观察电底火是否会被装定能量点燃，试验现场布置如图18.6（a）所示，试验中，为保证现场安全，电底火被放置于一个隔离房间内，试验用电底火如图18.6（b）所示。

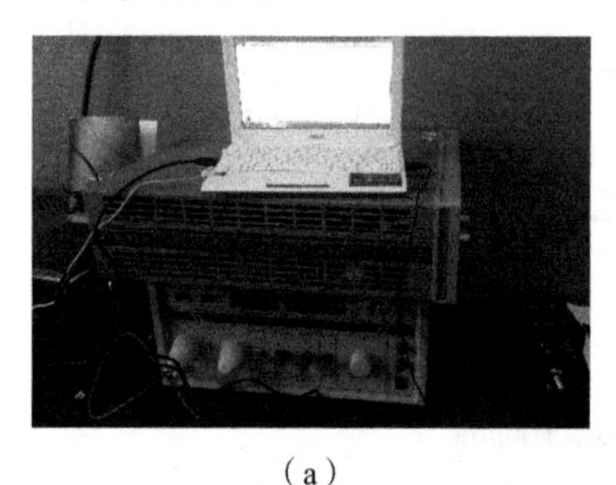

（a）

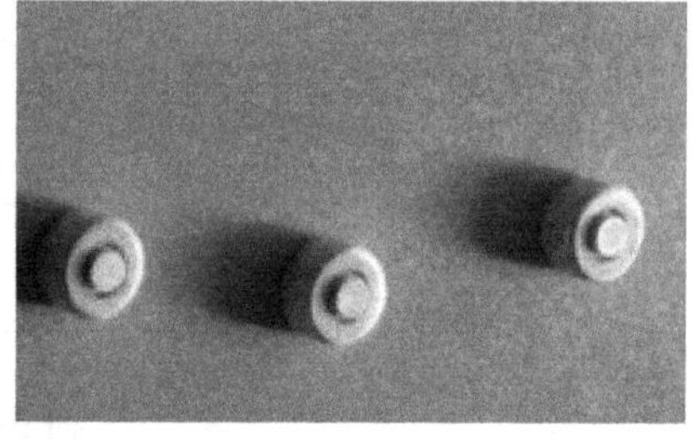

（b）

图18.6 功率和电流限制模块试验现场布置

（a）试验现场布置；（b）试验用电底火

图18.7展示了装定能量对可调电阻的输出结果。图中，可调电阻的取值为10 ~5 000 Ω，当输出电压小于11.6 V时，输出电流几乎不变，当输出电压稳定在11.6 V时，输出电流随电阻上升而减小。通过图18.7得到模块平均电流限制为47.2 mA，平均功率限制为0.55 W，满足指标要求。

表18.2展示了装定能量对无发射串扰抑制模块的电底火的输出结果。在试验中，共采用经过常温15 ℃保温的底火40枚，低温－55 ℃保温的底火30枚和高温70 ℃保温的底火30枚，对每枚底火输出三次装定能量，观察底火是否发火。在试验中，所有底火均未发火。观察试验前和试验后的底火平均电阻可知，底火电阻在试验前后无变化。

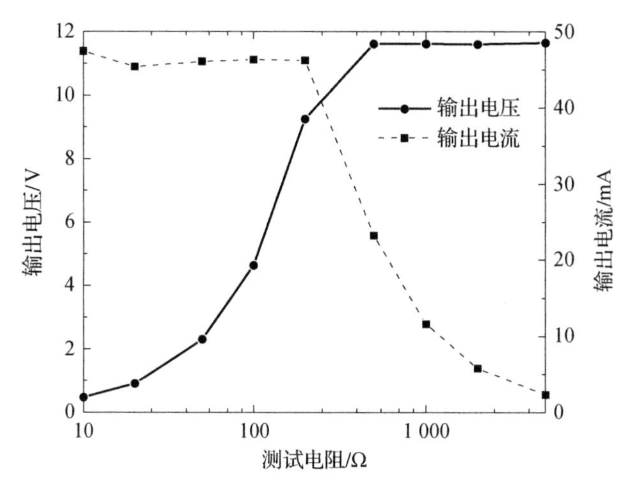

图 18.7　装定能量对可调电阻输出结果

表 18.2　装定能量对无发射串扰抑制模块的电底火输出试验结果

底火温度/℃	测试数量/枚	试验前平均电阻/Ω	试验后平均电阻/Ω	发火数量/枚	能量输出次数/次
15	40	29	30	0	3
-55	30	36	36	0	3
70	30	38	39	0	3

接着，验证模块对发射能量流的限制效果。试验方法为：在装定系统的输出端并联接入一个 24 V 恒压源，在试验开始时关闭恒压源，装定系统按照装定流程执行操作，在装定过程中及装定完成后打开恒压源，观察功率和电流限制模块两端的电流电压变化情况。

试验结果如图 18.8 所示。图中，炮闩的电压为曲线炮闩输入；当功率和电流限制模块不存在时，装定器输出端的电压为装定器输出 1；当功率和电流限制模块存在时，装定器输出端电压为装定器输出 2。从图中可以看出，在击发能量出现前，炮闩处电压与装定器输出电压相同。当击发能量输出时，在功率和电流限制模块不存在的条件下，击发能量直接倒灌入装定器，将装定器电压拉升到与击发电压一致，此时装定器实测输出电流为 -113 mA，存在较大能量输入，当装定器中存在电流检测等类型的元件时，此反向电流会导致其负载过大，降低其可靠性及使用寿命。在功率和电流限制模块存在的条件下，当击发能量出现在炮闩时，装定器输出端保持其电压稳定，且无电流输入或输出，装定器不会被损坏。

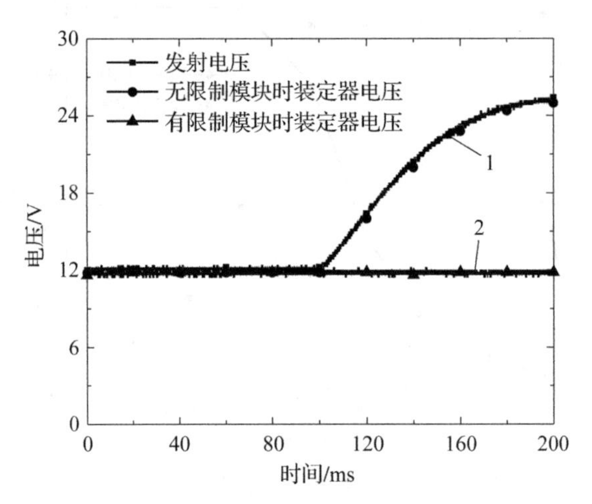

图 18.8　发射能量对装定器的影响试验

18.2.2.2　发射串扰抑制模块功能试验

发射串扰抑制模块集成在底火接电件中，如图 18.9 所示。试验内容为：①试验发射串扰抑制模块在不同电压下的状态变化规律；②测试发射串扰抑制模块的导通电压散布；③测量装定能量输出时底火桥丝两端的电压波形。试验参数为：发射串扰抑制模块最大截止电压设定为 16 V，两个标称值为 1 Ω 的串联大功率电阻被用来模拟底火桥丝。

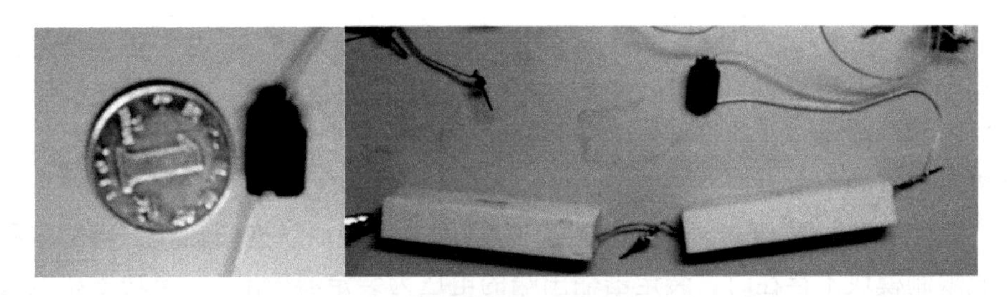

图 18.9　发射串扰抑制模块及其测试连接照片

试验一，模拟桥丝起爆试验。试验方法为：采用电容充电电压为 12 ~ 30 V 的 1 000 μF 电解电容对发射回路放电，测量放电时刻前后发射回路和底火桥丝两端的电压；试验结果如图 18.10 所示。图中，发射电容分别充电至 12 V、18 V、24 V 和 30 V；电容电压为 12 V 时，发射串扰抑制模块断开，发射回路电压为 12 V，桥丝两端电压为 0 V；电容电压为 18 V、24 V 和 30 V 时，发射串扰抑制模块导通，回路中出现放电波形，由于试验用放电开关和回路导线存在一定的内阻，开关导通后回路的最大电压小于电容充电电压。从 12 V 至 30 V 的电容充电电压、回路电压和桥丝电压之间的关系如表 18.3 所示，当开关未导通时，充电电压与回路电压之间无电压差，开关导通后，由于桥丝电阻很小，回路中的电阻损耗导致回路电压低于充电电压，但导通点依然在 14 V 至 16 V 之间，回路电阻对导通点无影响；回路电压与桥丝电压间的电压差很小，表明发射串扰抑制模块压降很小。

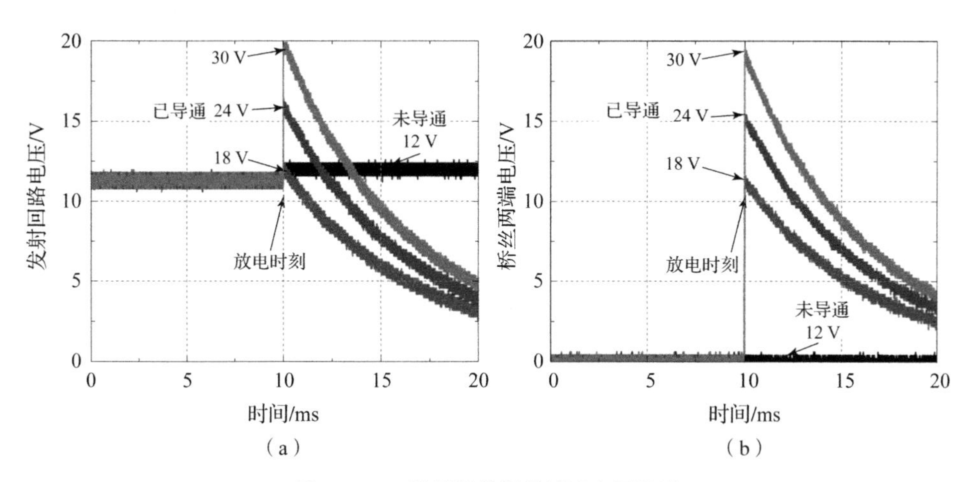

图 18.10　模拟桥丝爆发试验电压波形

(a) 发射回路电压；(b) 桥丝两端电压

表 18.3　电容充电电压、发射回路电压和底火桥丝电压间的关系

充电电压/V	12	14	16	18	20	22	24	26	28	30
回路电压 /V	12	14	11	12	14	16	17	18	20	21
桥丝电压 /V	0	0	10	11	12	14	15	16	18	19

试验二，导通点散布测量试验。选取 100 个发射串扰抑制模块，替换入上述测量回路中，分别测量在 14 ~ 16 V 范围内以 0.1 V 为间隔，测量其导通点，测量结果如表 18.4 所示。表中，完全导通点的散布很小，最大完全导通点为 15.9 V，能够满足 16 V 发火的指标要求。试验中发现发射串扰抑制模块存在两个导通点：临界导通点和完全导通点，如图 18.11 所示。

表 18.4　导通点散布测量试验结果　V

完全导通点期望	完全导通点标准差	最大完全导通点	最小完全导通点
15.7	0.1	15.9	15.4

续表

临界导通点期望	临界导通点标准差	最大临界导通点	最小临界导通点
14.6	0.1	14.8	14.3

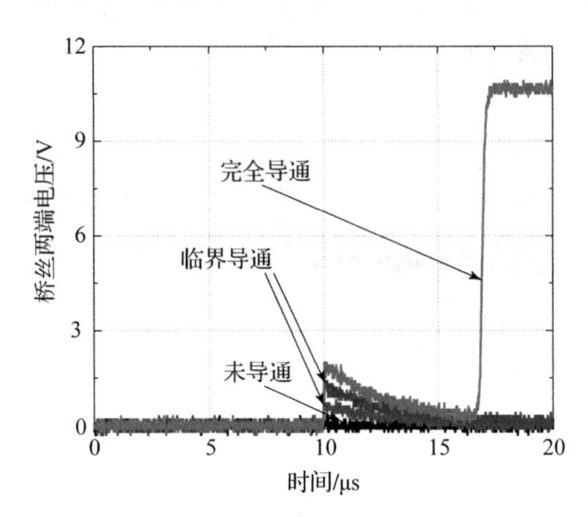

图 18.11　临界导通波形

当发射电容电压小于临界导通点时，桥丝两端的电压为 0；当发射电压大于临界导通点且小于完全导通点时，桥丝两端会出现一个持续时间很短的脉冲电压；当发射电容电压大于完全导通点时，电容能够对桥丝正常放电。最小临界导通点 14.3 V 可以作为串扰抑制模块电压抑制上限，装定能量流中最大电压不允许超过最小临界导通点。

试验三，装定噪声对底火桥丝的影响。试验方法为：用装定器对发射回路输出装定能量，观察底火桥丝两端的噪声变化情况，试验结果如图 18.12 所示。图 18.12（a）中，能量和信息同步传输系统未接入回路，此时平均功率谱密度为 -47 dBW；图 18.12（b）中，能量正在传输，此时平均功率谱密度为 -46 dBW；图 18.12（c）中，能量和信息正在同步传输，此时平均功率谱密度为 -46 dBW；对比三张图可知，在回路中无能量和信息同步传输系统时，噪声功率比能量和信息同步传输时小约 1 dB，没有明显差距，表明装定噪声能够通过发射串扰抑制模块传导至底火中，但与本底噪声相比，装定噪声很小，不会导致桥丝两端的噪声功率明显增加。

试验结果表明，功率和电流限制模块的电流限制为 47 mA，功率限制为 0.55 W，与第 17 章中的仿真结果一致，满足设计指标要求；按照第 17 章的方法设计的功率和电流限制模块能够保证在发射串扰抑制模块损坏或不带有发射

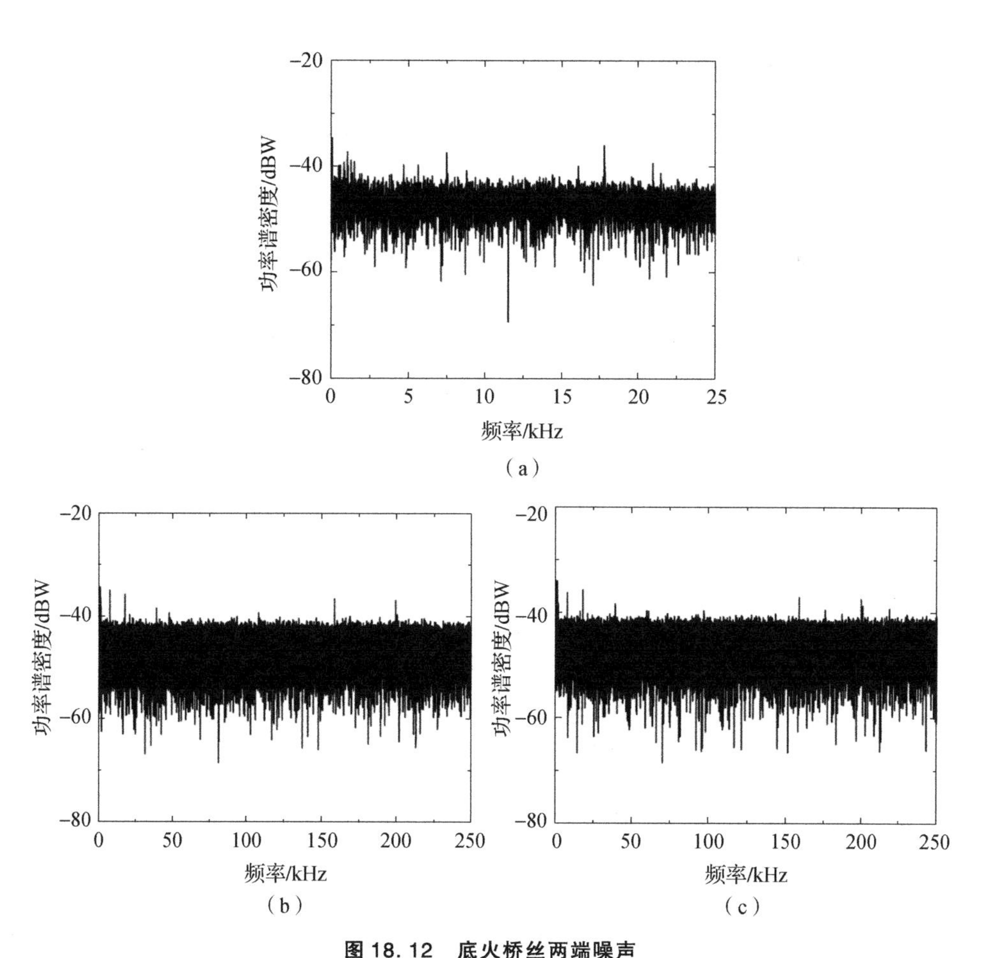

图 18.12　底火桥丝两端噪声

(a) 回路中无能量和信息同步传输系统；(b) 装定能量输出阶段；

(c) 能量和信息同步输出阶段

串扰抑制模块时，装定能量不会导致电底火发火；不论装定过程是否正在进行，功率和电流限制模块均能够有效地限制发射能量流入装定器，防止装定器损坏。

按照第 17 章的方法设计的发射串扰抑制模块能够在电压大于导通电压时可靠导通，导通后除非电压下降到 0，否则模块不会截止，与本章中的仿真结果一致，满足功能要求；模块最大导通电压范围为 15.9 V，且散布很小，最大导通电压小于 16 V，满足最小发火电压要求；最小临界导通电压为 14.3 V，大于能量和信息同步传输所用 12 V 电压，满足串扰抑制需求。泄漏到底火桥丝上的噪声远小于环境噪声，不会对桥丝造成影响。

18.2.3 传输系统与火炮的兼容性试验

上节中的各项试验验证了各个子系统能够达到能量和信息同步传输系统的指标要求。本试验的目的为：验证能量和信息同步传输系统与火炮系统的兼容性，该系统能够使用在未经改造的电击发火炮上。试验步骤为：①将装定器和24 V稳压电源用发射能量传输线接入炮闩，将接收系统与一个无装药的药筒和底火连接；②将药筒推入炮膛，关闭炮闩后按照装定和发射时序输出装定能量流和发射能量流，测量接收系统收到的能量和信息，确定能量是否充足，信息是否正确，并测量底火桥丝两端的电压和通过底火桥丝的电流；③改变发射能量传输线长度，在每种传输线长度下进行10次测试，观察不同发射能量传输线长度对能量和信息同步传输及弹丸发射的影响，试验结果如表18.5所示，表中，采用1 m、10 m、20 m和30 m各进行了10次试验，所有距离下能量传输均成功，在30 m时，信息传输不成功；桥丝两端的电压和电流测试结果表明，传输线长度对串扰抑制模块的性能没有影响，能够保证桥丝正常发火。

表18.5 不同传输线长度下能量和信息同步传输及弹丸发射试验结果

传输线长度/m	1	10	20	30
回路电阻/Ω	0.4	2.4	4.3	5.9
能量传输成功次数	10	10	10	10
信息传输成功次数	10	10	10	0
桥丝两端平均电压/V	15.3	10.2	6.7	5.4
桥丝两端平均电流/A	7.3	4.9	3.2	2.6

试验结果表明，所设计的信息和能量同步传输系统与火炮兼容性很好，只要使用改造底火，无须对火炮本身进行改造，就能够在现有火炮上使用。对传输线长度的试验说明，现有状态下同步传输系统的极限传输距离为20 m，其原因为，现有发射能量传输线的分布电容无法控制，且受环境湿度影响大，当环境湿度较大时，分布式电容对信息传输带宽影响很大，带宽过低会导致信息传输失败。

第19章

引信装定器与武器系统总线接口技术

引信与武器系统信息交联中至关重要的环节就是保障引信信息装定的快速性和正确性。信息的装定是通过引信装定器来完成的，而作用时间、作用方式等装定信息是依据战场环境及目标的实时变化情况，这些目标特性主要是依靠火控系统来获取，通过火控系统把信息快速准确地传递给装定器，最后由装定器通过接触或非接触的方式完成对引信的信息装定。在某些系统中，还要求装定器能够把装定结果反馈给火控系统，并依据该信息来确认装定的正确性，并最终决策武器发射与否。由此，必然存在火控系统与装定器之间的信息传递。

火控系统与装定器之间的信息传递是通过火控系统与装定器之间的接口来实现的。由于火控系统与包括引信装定器在内的武器系统中的多个子系统存在信息传递，为简化接口，通常采用总线的方式来完成这一任务。武器系统中常用的有1553B总线、MIC总线、CAN总线、FlexRay总线以及RS－232、RS－422或RS－485等串行总线。其中1553B和MIC是以指令/响应为特点的实时控制网的通信规程，也是目前使用最广泛的通信规程之一；CAN则采用载波监听多路访问（CSMA）的通信规程；FlexRay总线将事件触发和时间触发两种方式相结合，具有高效的网络利用率和系统灵活性特点，可以作为武器系统内部网络的主干网络。RS－232总线是一种异步串行通信总线，传输距离一般小于15 m，传输速率小于20 kbit/s；RS－422由RS－232发展而来，改进了RS－232通信距离短、速度低的缺点，采用差动传输，差动工作是同速率条件下传输距离远的根本原因，这正是它与RS－232的根本区别；RS－485总线是在RS－422基础上发展而来的，具有良好的抗噪声干扰性、长的传输距离和多站能力等优点。

火控系统与装定器之间的接口具体选用哪一种方式，需根据武器系统的应用特点来决定。本章将简要介绍这几类总线，并对它们进行比较。

19.1　1553B 总线

1553B 总线是美国军用标准 MIL - STD - 1553 总线的简称，其中 B 就是 BUS，MIL - STD - 1553 总线是飞机内部时分制命令/响应型多路复用数据总线。1553B 数据总线标准是 20 世纪 70 年代由美国公布的一种串行多路数据总线标准。该标准得到了各国的认同，是当前世界各国陆战平台中使用最广泛的总线。中国相应的国军标是 GJB289A—1997，全称《数字式时分制指令/响应型多路传输数据总线》，它规定了数字式时分制指令/响应型多路传输数据总线及其接口电子设备的技术要求，同时规定了多路传输数据总线的工作原理和总线上的信息流及要采用的电气和功能格式。

MIL - STD - 1553 总线的传输速率为 1Mbit/s，字的长度为 20 bit，数据有效长度为 16 bit，信息量最大长度为 32 个字，传输方式为半双工方式，传输协议为命令/响应方式，故障容错有典型的双冗余方式，第二条总线处于热备份状态；信息格式有 BC 到 RT、RT 到 BC、RT 到 RT、广播方式和系统控制方式；能挂 31 个远置终端，终端类型有总线控制器（BC）、远程终端（RT）和总线监控器（BM）；传输媒介为屏蔽双绞线。

MIL - STD - 1553 总线耦合方式有直接耦合和变压器耦合。直接耦合方式最长距离为 1 英尺（约 30.5 cm），输入电平需要 1.2 ~ 20.0 V，输出电压为 6.0 ~ 9.0 V；而变压器耦合方式最长距离为 20 英尺（约 6.10 m），输入电平需要0.86～14.0 V，输出电压为18.0～27.0 V。

19.1.1　1553B总线的几个重要概念

1. 时分多路复用

在一根传输线上串行传输多路信号有三种方法，一是时分多路复用（TDM），二是频分多路复用（FDM），三是序列分割多路复用（SDM）。1553B总线采用的是第一种方法，即对多个信号源的不同信号在不同的时间片段上进行采样和传输。

这种TDM方式可以比拟成一个旋转开关，各个开关位置可以看成一个信号通道，当开关活动臂通过每个位置时各个通道的数据就被采样。利用这种方法把各个信号通道上的采样信号顺次地加到公用的传输通道上，从而使各通道的信号在不同的时间片段上传输出去，而接收端在同步开关（同步信号）的作用下又把信号分解出来，分配到各信号应该去的通道中。

时分多路复用的优点是：①容量大，可以是几十路，甚至是几百路，采样脉冲可以在1 μs以下；②抗干扰性强；③精度高，可以达到1%～0.5%。

缺点是对同步的要求严格，如果不能实现同步，或者同步有延迟，就会出现很大误差，造成数据传输中断。

2. 编码同步

如上所述，采用时分制传输数据，必须实现收发两端信号的时钟同步，有三种方式可以实现：

方式一，收发两端采用精密的时钟发生器；

方式二，单独添加一条时钟总线来传输同步时钟信号；

方式三，将数据信号进行编码，使数据信息本身具有自同步的功能。

1553B总线综合采用方式一和方式三，一方面在各RT上采用精密的时钟发生器，另一方面在信号上利用曼彻斯特Ⅱ型双相码进行编码来保证数据传输的同步。

曼彻斯特Ⅱ型双相码相当于双相电平码，在每位中间出现电平变化，前高后低表示“1”，前低后高表示“0”。为了同步每一个字的传输，1553B用3个位长的无效曼彻斯特Ⅱ型双相码作为同步头，表示一个字的开始。在三个位长的同步头中，前1.5位为高、后1.5位为低的表示是命令字或状态字，而命令字和状态字则由内容来区分；前1.5位为低、后1.5位为高的表示是数据字。这样就可以在码型上进行数据传输的同步并能将数据和命令区分开来。

3. 双链路冗余

为了保证数据传输的安全性和数据链路的稳定性、可靠性，1553B 总线规定采用双链路冗余机制，如图 19.1 所示，即有两条通信链路 A 和 B 同时工作，两条链路上传输一样的信息，当总线管理器发现 A 链路上数据传输错误并无法恢复时，自动切换到 B 链路上进行数据传输，这一冗余机制有效地确保了通信的可靠和稳定。

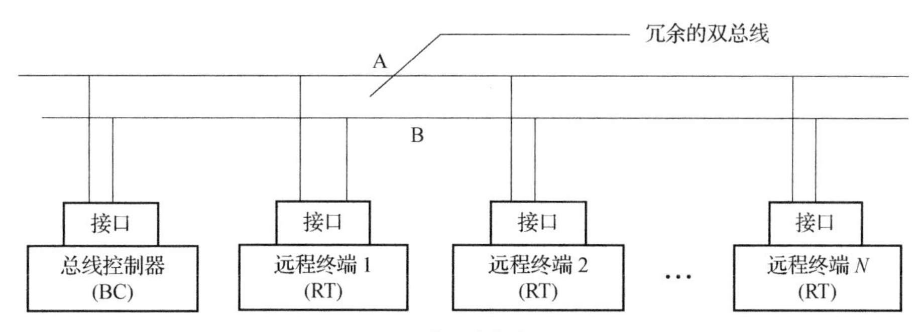

图 19.1　双链路冗余数据总线示意图

4. 指令/响应

指令/响应是 1553B 总线的操作规定，仅当总线控制器向远端终端发送指令后，远端终端才能响应接收到的指令进行相关的动作，并向总线控制器作出回应。

19.1.2　MIL－STD－1553 通信协议

1553B 通信网由总线控制器（Bus Controller，BC）和远程终端（Remote Terminal，RT）组成，BC 控制数据流从 BC 流向 RT，RT 流向 BC，以及 RT 流向 RT。数据流的基本形式是消息，1553B 规定每次传输一个消息的完整过程应包括指令字和数据字（或指令字和状态字）几个部分。

1. 消息字的格式和含义

每一种字长为 20 位，有效信息位是 16 位，每个字的前三位为同步字头，最后一位是奇偶校验位（补奇位），16 位加上奇偶位是以曼彻斯特码传输，每位占的时间是 1 μs（1 Mbit/s）。指令字是传输指令的消息格式，规定了该次传输过程的方式，必须由总线控制器发送，并指定某一 RT 接收或使网络处于广播状态。其格式如图 19.2 所示。其同步位是先正后负，代表本消息是指令字。RT 地址占 5 位，表明总线上最多可挂接 32 个节点，每一个节点又有 32

个分地址，用分地址的 5 位来表示。

1	2	3	4	5	6	7	8	9	10	11	12	13	14	15	16	17	18	19	20
同步位			RT 地址					T/R	分地址/方式					数据字数/方式码					P

图 19.2　1553B 协议指令字格式

总线控制器发出指令字，RT 去识别指令字，然后 RT 发出状态字，总线控制器判别状态字后，再进入下一过程。状态字的格式如图 19.3 所示。其同步位格式与指令字相同，也是先正后负。

1	2	3	4	5	6	7	8	9	10	11	12	13	14	15	16	17	18	19	20
同步位			RT 地址					消息错误	测量手段	服务请求	备用			广播指令接收	RT 忙	子系统标志	动态总线控制	RT 标志	奇偶校验 P

图 19.3　1553B 协议状态字格式

数据字的内容代表传输的数据。其同步位与指令字和状态字不同，是先负后正，数据位为 16 位，正好传输一个字长的数据，第 20 位为奇偶校验位。其格式如图 19.4 所示。

1	2	3	4	5	6	7	8	9	10	11	12	13	14	15	16	17	18	19	20
同步位			数据																P

图 19.4　1553B 协议数据字格式

传输过程中各种字所需的时间为：命令字、状态字和数据字均为 20 μs，响应时间最长为 12 μs，帧与帧之间传输是有时间间隔的，一般时间间隔为 10 ~ 30 μs；在应用中，典型使用的主帧时间一般为 40 ~ 640 μs。

2. 1553B 通信协议的基本规则

1553B 通信协议规定了如何利用三种基本消息字类型来进行终端间的数据通信。遵循的原则如下：①所有的消息都由来自 BC 的命令字开始；②在消息之间必须留有最小的间距；③如果 RT 响应一个命令，那么这个响应必须以一个状态字作为开始；④数据字之间可以没有间距。

在 1553B 总线协议中有两种类型的微秒级的间距：RT 响应时间和消息间间距。RT 响应时间是在终端必须作出响应时的特定的时间窗口，在 4 ~ 12 μs 的范围内。而消息间间隔总是 4 μs，这是消息之间最小的时间间隔。所有的时间间隔的测量标准是一样的，即由前一字最后一位（奇偶校验位）的脉冲过零点到下一字的同步头脉冲过零点。

3. 消息的有效性

消息在传输的过程中有可能出现各种各样的错误，包括电气特性或者协议，因此判断消息是否有效是由 RT 方式来完成的。

根据消息和字出现错误的原因可以分为两种类型：一种是无效，另一种是非法。

无效消息字是指指令字或者数据字具有以下特征之一：①不正确的同步特征；②在数据字的位中含有无效的曼彻斯特Ⅱ型双相码；③奇偶校验出错。

无效消息则是指具有以下特征之一的消息：①含有一个无效字；②不连续的数据，如两个数据字之间存在间距；指令字和数据字之间存在间距；状态字和数据字之间存在间距；③一个字计数错误，如 RT 没有收到由指令字中规定的正确数量的数据字。

非法指令是指所包含的内容不符合协议规定或者没有实现的可能。如一个 RT 被要求从一个不存在的子地址上发送数据。

如果 RT 检测到一个指令字具有无效的错误，协议规定 RT 将忽略整个消息。换句话说，RT 将抛弃整个消息而不会产生错误标志，它也不会对该无效消息进行响应。

如果 RT 检测到一个数据字具有无效的错误，它将在返回的状态字中设置消息错误位，同时所传送的状态字将被保留起来；如果 BC 想再次获得该消息，BC 可以使用方式指令来得到。

BC 必须验证所有收到的从 RT 传来的状态字或数据字，一旦发现错误，BC 将抛弃所收到的该信息。

19.1.3　1553B 总线的特点

1553B 总线具有以下特点，使其在武器系统通信中得到了广泛的应用。

1. 传输速率快

保证实时性的要求，传输一个消息所需的时间要短。在 1553B 中规定了位速率为 1 Mbit/s。

2. 总线效率高

由于系统的扩展是以总线为媒介的，因此采取了提高总线效率的种种措施，即规定了涉及总线效率指标的某些强制性要求。例如指令响应时间、消息间隔时间及每次消息传输的最大和最小数据块长度等。

3. 具有合理的差错控制措施

在1553B规程中，总线控制器BC向终端RT发出一个命令或传送一个消息时，RT在规定的响应时间内应回送一个状态字，如果传送有错，RT就拒绝发回状态字，由此报告上次传输无效。

4. 具有完善的通信控制与系统管理功能

1553B的通信规程不仅能完成总线控制器至终端（BC - RT），终端到控制器（RT - BC），以及终端到终端（RT - RT）的数据通信的控制任务，而且还具有调查故障情况以及进行容错管理的功能。为此还应专门规定一些用于系统管理的命令（方式指令）。

19.1.4 1553B总线在武器通信中的应用

1553B总线的优良性能使其在现代武器系统中得到了越来越多的重视，已成为战车、舰船、飞机等武器平台上电子系统的主要工作支柱。

航空电子系统通常包括十多个机载计算机子系统，如何有效地实现各子系统之间的数据通信对整个航空系统的成败无疑起着关键性的作用。自1973年美国公布了军用标准MIL - STD - 1553总线后，它就迅速地被应用于空军，在F - 16、F - 18、B - 1和AV - SB等多种飞机上得到应用。

目前世界上可以作为军用标准和专门的舰用战术数据总线有许多种，但使用得最多的还是当推美国的MIL - STD - 1553。1553B的传输介质有同轴电缆、屏蔽双绞线、光缆等，通过变压器耦合或直接耦合方式把终端耦合到总线上去。这种数据总线的传输速率、传输距离、远程终端数，能较好地满足各类中小型舰艇以及潜艇系统通信的要求，故应用十分普及。

军用车辆及各类战车作为陆军地面武器的作战平台，经常工作在强振动、高噪声、粉尘多、温度变化大的恶劣环境中。因此，其内部电子设备间的数据通信要求通过严格的故障检测，以达到较高的可靠性、残存性和容错能力。在实时性方面，动力系统一体化控制要分别对发动机和变速器进行控制，二者之间的数据通信要求一条消息的最大响应时间一般极短，这样才能实现对发动机和变速器的实时控制，从而提高整个动力系统的综合性能。此外，还有一些对数据通信的特殊要求，如协议简单性，短帧信息传输、信息交换的频繁性，网络负载的稳定性、高安全性和性价比高等。1553B总线具有很高的可靠性和很好的实时性，对于动力传动一体化控制这种数据通信种类多、数据量大、实时性要求较高、网络节点少的系统，1553B总线比现有的绝大多数总线具有更多的性能优势。

1553B总线在武器通信系统应用中的关键技术一般有以下几条：

一是总线接口硬件和软件设计。采用接口卡或接口控制器形式与武器各子系统的硬件连接。同时，需要编写相应的通信控制软件，包括传输层软件和驱动层软件，通过信息和资源的共享，按照武器的作战目标，在应用层上真正实现功能的综合。

二是接口控制文件（Interface Control Document，ICD）。ICD由通过1553B数据总线在武器各电子设备之间互连的接口信号组成。根据武器的控制策略和控制目标，必须编写符合要求的ICD文件，确定总线上传输的周期性数据和随机数据。只有这样才能确定数据流之间的相互关系，高效率地实现功能的综合，有效提升武器的作战性能。

三是总线表。总线表是指一个周期内所有可能传输的总线命令集。根据武器平台的控制要求，确定一个周期内传输的命令和消息队列，按照大小周期划分时间片，对消息队列进行排序和优化，使总线负载达到平衡，提高总线的利用率和数据传输的实时性。

19.2 MIC总线

设计一个成功的1553B总线系统，会面临软件和硬件上的许多问题。MIC总线恰恰是针对这些问题，较好地给予了解决和补充。

MIC（MEPCAM Interface Chip，即Multiplexed Electrical Power Control and Monitor/ Management Interface Chip）是专门为解决恶劣的军事环境（包括核辐射）中电力和数据分配及管理问题而开发的一种简单的高可靠性时间分割多路传输串行现场数据总线。MIC总线是近年引入我国的，受到专业人士的广泛关注，并在陆战平台电子综合化系统应用该总线的问题上取得共识。

19.2.1 MIC数据总线控制器

MIC典型芯片的结构框图如图19.5所示。它的并口端（粗线）是与上位机进行数据传递的接口，可以设置成16位或者32位，通过5位地址可以读写控制器内部寄存器。由并口数据总线、地址线、读写控制线、片内线构成与上位机的并行接口。上位机可以通过 ISA 或者 PCI 总线对控制器写入“发送命令”或“数据”，以及从控制器中读取“接收的终端数据”或“总线状态”等操作。

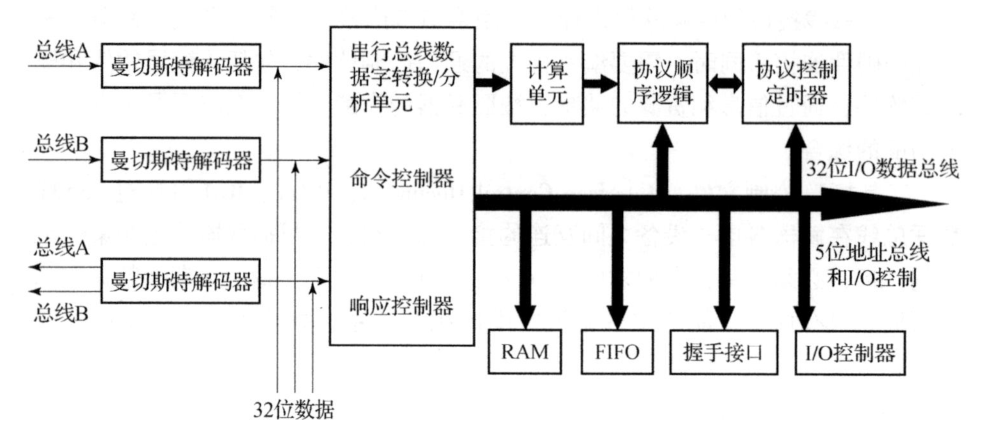

图 19.5 MIC 典型芯片结构框图

MIC 典型芯片可以被设置为四种工作模式。

（1）PIM 处理器接口模式；

（2）RSM 远端开关模式；

（3）DIM 数据输入模式；

（4）DOM 数据输出模式。

当 MIC 总线典型芯片设置为处理器接口模式，即成为总线控制器。

当上位机写入命令和数据到总线控制器后，由控制器根据写入命令做相应的操作。控制器中设有一个 32×32 位的 FIFO（先进先出）接收寄存器和一个 32×32 位的 FIFO 发送寄存器（用于寄存发送到终端的数据）、一个命令寄存器（用于保存发送的命令）以及多个状态寄存器。通信数据帧为单字命令和多字命令，多字命令数据帧由 32 个数据字（32 位）和一个命令字（32 位）构成。

MIC 典型芯片设置为 RSM 工作模式，即为 MIC 局域网的远端模块。它一般处于接收状态，准备接收总线控制器发送来的命令和数据。当终端接收到命令和数据后，自动从接收状态转为发送状态，根据接收的命令做相应的响应，将数据回传至总线控制器。发送完毕，再转为接收状态。同时根据接收的命令做相应的操作。

可进行的操作有：①输出 32 位开关状态控制信号；②采集 32 路 16 位的

A/D 转换数据；③输出 32 路 16 位的 D/A 转换数据。

总线远端模块可以连接 16 位数据宽度的 RAM 或 ROM 器件，设有器件的 6 位地址输入（MODAD），可以访问 64 个器件。网上的每个总线终端盒总线控制器（设有协控制器时）都有独立的地址。

总线控制器可以在上位机的控制下，及时发送命令和数据或接收响应数据。总线控制器发送命令和数据时，发送的命令字中含有目的地的终端地址，只有地址（MOMOD）与命令字中的地址相同的终端作出响应。

为提高系统的可靠性，MIC 总线上采用主控制器和协控制器。当主控制器正常工作时，协控制器处于监控状态，当主控制器失效时，协控制器将取代主控制器。另外，采用冗余总线也确保了系统通信的可靠。

19.2.2 MIC 总线协议

1. 指令概述

MIC 协议由 9 种基本指令组成，其中 8 种需要响应。这 9 种指令分别是：

（1）设置指令（Set – up Command）；

（2）自检指令（Self – test Command）；

（3）检取模块指令（Peek Module Command）；

（4）执行指令（Execute Command）；

（5）检取单一设备指令（Peek Single Device Command）；

（6）检取单一数据设备指令（Peek Single RSM/DIM – Data Device Command）；

（7）检取多设备指令（Peek Multiple Device Command）；

（8）检取多数据设备指令（Peek Multiple RSM/DIM – Data Device Command）；

（9）广播指令（无须响应）（Broadcast Command）。

如图 19.6 所示，总线控制器向远端模块（终端）发送一条指令，所有在总线上的远端模块都能接收到该指令，经判别是发送给自己的某模块将立即发送响应，总线控制器收到响应后即将有关数据发出。

2. MIC 总线的数据格式

所有 MIC 命令和响应都是 32 位曼彻斯特编码，除了执行命令外，每一条命令都以同步脉冲头、32 位数据字和一个奇偶校验位组成，执行命令则包括命令字和紧随其后的 1 ~ 32 个数据字。MIC 的数据字格式如图 19.7 所示。

同步信号：和 1553B 总线一样，同步脉冲是宽度为 3 位的先高（1.5 位）后低（1.5 位）的无效曼彻斯特信号。

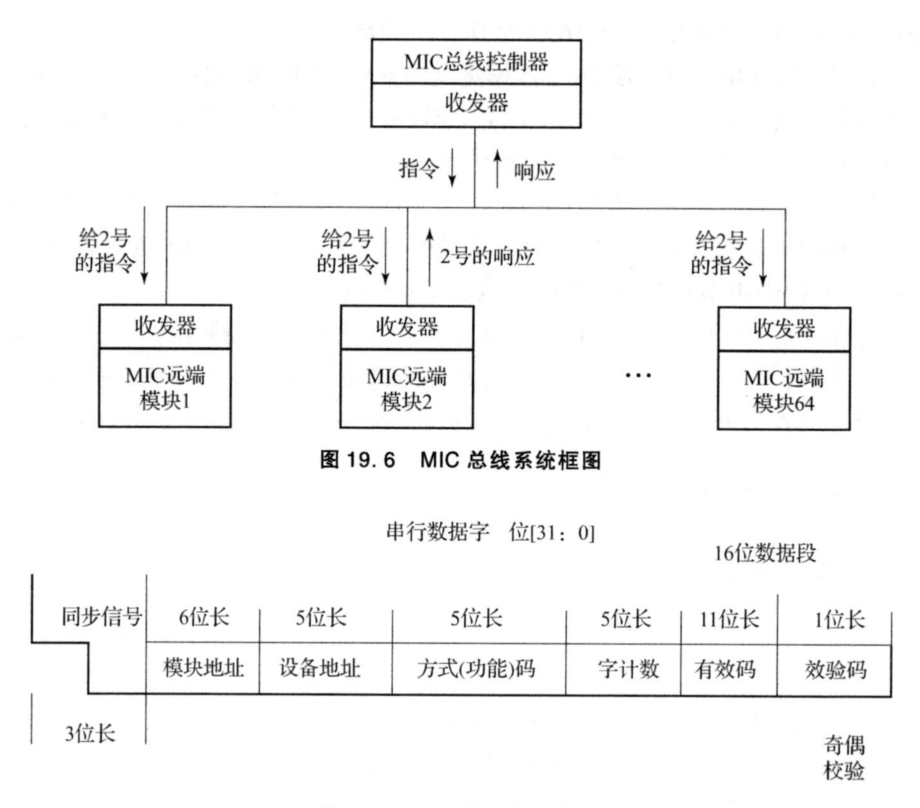

图 19.6　MIC 总线系统框图

图 19.7　MIC 的数据字格式

模块地址：6 位模块地址是用来在 MIC 总线上对 1 ~ 64 个模块（终端或主控制器）进行寻址。为了达到最大的数据完整性和故障诊断能力，每个指令和响应都包含有模块地址。当远程模块从总线控制器上接收到指令时，远程模块将命令中的地址值和自身模块地址 MOMOD［0：4］相比较，如果比较相符，说明该指令对自己是有效的，就立刻回复被请求的响应给总线控制器。当数据被传送到处理器之前，为了让总线控制器能够明确该响应是来自正确的远端模块，响应中也应包含远端模块的地址。在单一 MIC 总线结构中，总线控制器本身也可以不设置地址，这样系统可以寻址 64 个独立的远端终端。如果系统设置了两个或两个以上的主控制器/协控制器时，并且它们之间要互相通信，就必须各自规定地址。

设备地址：5 位设备地址是用来对远端模块中的 32 个存储空间或设备中的某一个进行寻址。

方式（功能）码：5 位方式码用来表明所传输的数据是指令、响应、广播还是数据字。其格式见表 19.1。

数据：16 位数据段是用来接收来自远端模块的数据或者向远端模块发送数据。同时，这一段也用来提供字计数和在正确命令中的有效码。

字计数：5 位字计数是用来表示在执行指令中所包含的到远端模块的数据字数目以及在一个返回的检取多设备响应中所包含的数据字数目。

有效码：11 位的有效码端出现在执行指令和自检指令中，提供一个附加的保证以确认远端模块没有错误地改变它的输出控制接口。有效码的值是具有固定意义的。

表 19.1 MIC 总线协议方式代码一览表

类别	代码	含义
指令	00000	设置指令
	00001	检取多设备指令
	00010	执行指令
	00011	检取模块指令
	00100	检取单一设备指令
	00101	自检指令
	00110	检取多 RSM/DIM 数据设备指令
	00111	检取单一 RSM/DIM 数据设备指令
正常响应	01000	设置正常响应
	01001	检取多设备正常响应
	01010	执行正常响应
	01011	检取模块正常响应
	01100	检取单一设备正常响应
	01101	自检正常响应
	01110	检取多 RSM/DIM 数据设备正常响应
	01111	检取单一 RSM/DIM 数据设备正常响应
异常响应	10000	保留
	10001	检取多设备异常响应
	10010	执行异常响应
	10011	保留

续表

类别	代码	含义
异常响应	10100	检取单一设备异常响应
	10101	自检异常响应
	10110	检取多 RSM/DIM 数据设备异常响应
	10111	检取单一 RSM/DIM 数据设备异常响应
广播/数据	11000	保留
	11001	保留
	11010	数据字
	11011	模块广播开
	11100	保留
	11101	模块广播关
	11110	保留
	11111	“我还存在”消息

19.2.3 MIC 总线的应用

应用 MIC 总线，有利于分布式控制系统的设计，它可以将众多的软件和硬件功能集成到单个元件上，所设计的芯片可以让总线上的远端模块不需要微处理器就能实现对通信的控制或者执行输入输出的功能。由于在硬件层上实现了许多 1553B 总线在软件层上的功能，减轻了软件开发功能。MIC 协议也非常简单，不需要系统软件去执行例如定时器控制、响应确认、总线控制器轮换或者其他多余的通信等耗费时间的任务。这样高集成度的结构简化了系统的设计，设计者可以将更多的注意力放在应用层的开发上。MIC 数据通信也是分时复用串行数据总线，一根串行总线和一根复用总线构成双总线冗余网，按照规定最多可以挂接 64 个终端。每个终端可以通过期间引脚设置独立的 6 位二进制地址。串行通信速率为 1.33 ~ 2.0 Mbit/s，实时性强。目前已经应用于美军 M1A2 主战坦克上。

19.3　CAN 总线

控制器局域网（Controller Area Network，CAN）总线是德国 Bosch 公司在 20 世纪 80 年代初为解决现代汽车中众多的控制与测试仪器之间的数据交换而开发的一种串行数据通信总线，由于具有高性能、高可靠性以及独特的设计，越来越受到人们的重视，已经形成国际标准，并已经被公认为几种具有前途的现场总线之一。

随着 CAN 在各种领域的应用和推广，对其通信格式标准化的要求日益增长。1991 年 9 月 Philips Semiconductors 公司制定并发布了 CAN 技术规范（Version 2.0）。该技术规范包括 A 和 B 两部分。CAN 2.0A 给出了 CAN 报文标准格式，而 CAN 2.0B 给出了标准和扩展的两种格式。此后，1993 年 11 月 ISO（国际标准化组织）正式颁布了道路交通运输工具、数据信息交换、高速通信控制器局域网（CAN）国际标准 ISO11898，为控制器局域网的标准化、规范化铺平了道路。

19.3.1　CAN 总线工作原理

CAN 总线使用串行数据传输方式，且总线协议支持多主控制器。当 CAN 总线上的一个节点（站）发送数据时，它以报文形式广播给网络中所有节点。

每组报文开头的 11 位字符为标识符，定义了报文的优先级，这种报文格式称为面向内容的编址方案。在同一系统中标识符是唯一的，不可能有两个站发送具有相同标识符的报文。当几个站同时竞争总线读取时，这种配置十分重要。

当一个站要向其他站发送数据时，该站的 CPU 将要发送的数据和自己的标识符传送给本站的 CAN 芯片，并处于准备状态；当它收到总线分配时，转为发送报文状态。

CAN 芯片将数据根据协议组织成一定的报文格式发出，这时网上的其他站处于接收状态。每个处于接收状态的站对接收到的报文进行检测，判断这些报文是否是发给自己的，以确定是否接收它。

1. CAN 总线的信号特征

CAN 总线上，利用 CAN_H 和 CAN_L 两根线上的电位差来表示 CAN 信号。

CAN 总线上的电位差分为显性电平和隐性电平。其中显性电平为逻辑 0，隐性电平为逻辑 1。

ISO11898 标准（125 kbit/s ~ 1 Mbit/s）中，CAN 信号的表示如图 19.8（a）所示，ISO11519 标准（10 ~ 125 kbit/s）中 CAN 信号的表示如图 19.8（b）所示。

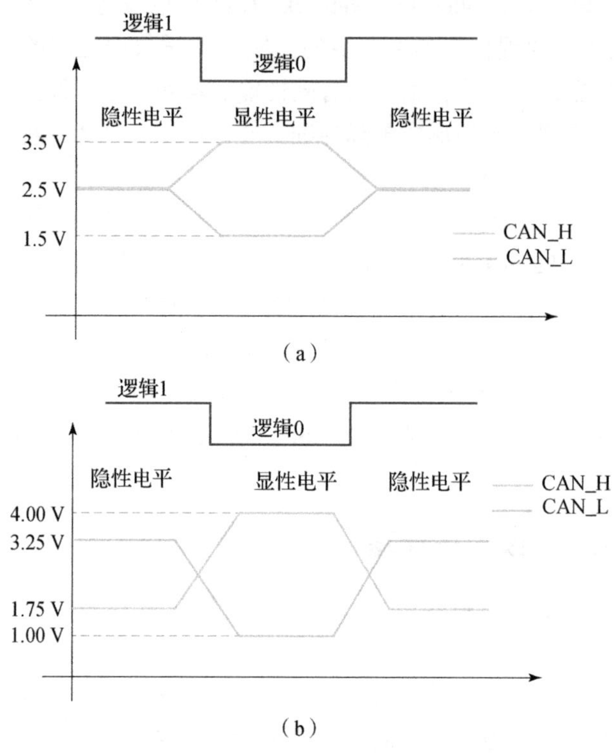

图 19.8　CAN 信号的表示

（a）ISO11898 标准；（b）ISO11519 标准

2. CAN 总线的信号传输

发送过程：如图 19.9 所示，CAN 控制器将 CPU 传来的信号转换为逻辑电平（即逻辑 0 显性电平或者逻辑 1 隐性电平）。CAN 发射器接收逻辑电平之后，再将其转换为差分电平输出到 CAN 总线上。

接收过程：如图 19.10 所示，CAN 接收器将 CAN_H 和 CAN_L 线上传输的差分电平转换为逻辑电平输出到 CAN 控制器，CAN 控制器再把该逻辑电平转化为相应的信号发送到 CPU 上。

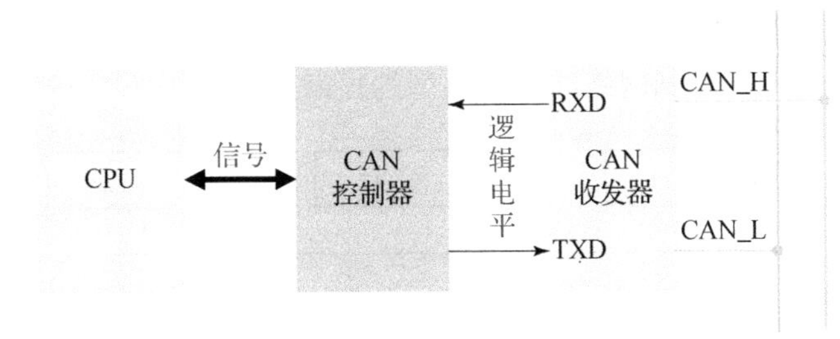

图 19.9　CAN 总线信号发送过程

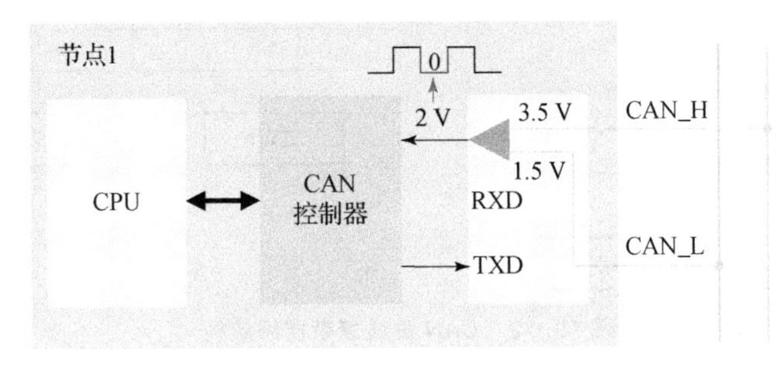

图 19.10　CAN 总线信号接收过程

19.3.2　CAN 总线系统的构成

1. CAN 总线系统网络结构

理论上讲，只要在两个 CAN 节点间连上线缆，就构成了最简单的 CAN 总线系统。但是一般的 CAN 总线系统是由控制器节点、功能节点（执行器或传感器等）、监控节点以及人机界面组成，一个简单的 CAN 总线节点主要由上位计算机或微控制器和 CAN 接口（适配器）构成，如图 19.11 所示。

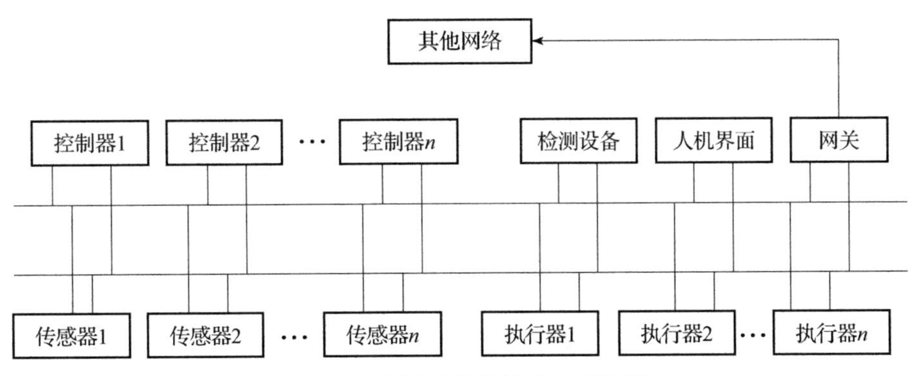

图 19.11　CAN 总线简单系统网络结构

CAN 总线系统作为控制局域网还可以通过网关和其他网络（如以太网）互连构成大型复杂的控制网络结构。典型的复杂网络结构如图 19.12 所示。

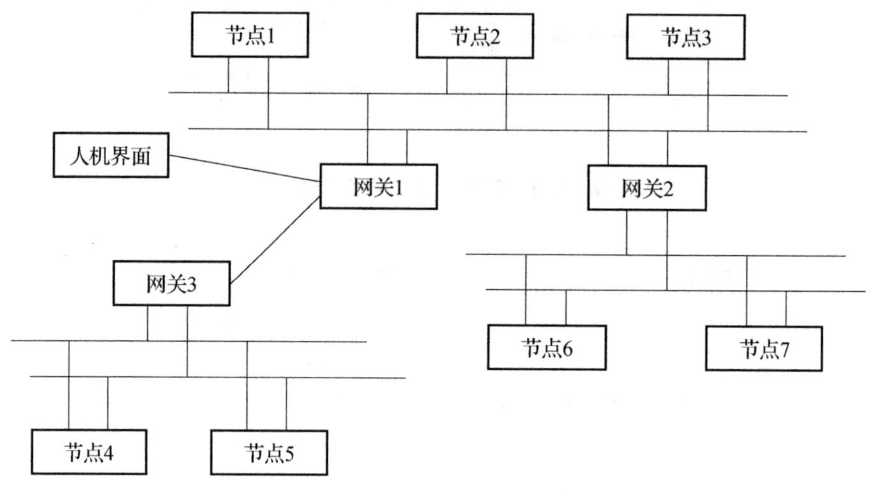

图 19.12　CAN 总线复杂网络结构

由于 CAN 总线的含义中不包含冗余，如果在陆战平台电子综合化中要设计双冗余的 CAN 总线，就必须重新附加设计 CAN 总线的冗余机制。

2. CAN 总线系统的通信方式

CAN 总线系统根据节点的不同，可以采取不同的通信方式以适应不同的工作环境和效率。CAN 总线系统常工作在多主式通信方式，没有主节点或从节点的区别。网络上任一个节点均可以在任意时刻主动向网络上的其他节点发送信息。CAN 总线系统支持点对点、点对多点及全局广播地传输数据。为避免总线冲突，CAN 总线系统根据需要将各个节点设置为不同的级别，采用非破坏总线仲裁技术加以解决。

在具体应用中，为了系统的可靠性和整体性，也可以考虑让 CAN 总线只工作在主从式通信方式下。在系统中设置主节点负责监控各从节点，并向各从节点发布指令，接收、处理来自从节点的数据。从节点执行主节点的指令产生动作。

19.3.3　CAN 总线通信协议

1. CAN 总线通信协议规则

（1）总线访问。CAN 总线的访问机制类似于以太网，即采用载波监听多路访问的方式。CAN 总线控制器只能在总线空闲时开始发送，并采用硬同步，所有的 CAN 控制同步都位于帧起始的前沿。为了避免异步时钟因累积误差而错位，CAN 总线用硬同步后满足一定条件的跳变进行重同步。所谓总线空闲，就是网络上至少存在 3 个空闲位时的网络状态，CAN 总线节点只有在监听网络出现 3 个空闲位时，才开始进行数据发送。

（2）仲裁。仲裁规则已在前面做了说明。它解决总线冲突的方法比以太网的 CSMA/CD 方法有很大的改进。以太网是碰撞检测的方式，即一旦检测到两个或多个节点同时发送信息帧时，所有发送节点都退出发送，待随机时间后再发送。

（3）编码/解码。帧起始、仲裁域、控制域、数据域和 CRC 序列均使用位填充技术进行编码。在 CAN 总线中，每连续五个同状态的电平插入一位与它相补的电平，还原时每 5 个同状态的电平被删除，保证了数据的透明。

（4）出错标注。当检测到位错误、填充错误、形式错误或应答错误时，检测出错条件的 CAN 控制器将发送一个出错标志。

（5）超载标注。一些 CAN 总线控制器会发送一个或多个超载帧以延迟下一个帧的发送。

2. CAN 总线报文的帧结构

CAN 总线通信协议规定了 4 种不同的帧格式，即数据帧、远程帧、错误帧和超载帧。其中数据帧主要用于传送数据，远程帧主要用于请求数据，超载帧主要用于扩展帧序列的延迟时间，而当局部检测到出错条件后就产生一个全局信号出错帧。

（1）数据帧。

数据帧由 7 段组成，即帧起始标志位、仲裁段、控制段、数据段、CRC 段、应答段和帧结束标志位。数据段长度可以为 0。

在 CAN 2.0B 中存在两种不同的帧格式，主要区别在标识符的长度。标准 CAN 的标识符是 11 位，而扩展格式 CAN 的标识符长度可达 29 位。

（2）远程帧。

远程帧主要用来请求数据，当总线上某节点需要另一个节点发送特定的数据给自己时，就会发送远程帧给该节点来产生响应。因此对于远程帧来说，其本身不包含数据段，除了 RTR 位被置成“1”表示被动状态外，其余部分与数据帧相同。

（3）错误帧。

错误帧由两段组成。第一段由来自各点的错误标志叠加而成，随后的第二段表示出错界定符。报文传输过程中，检测到任何一个节点出错，即于下一位开始发送端停止发送。

（4）超载帧。

超载帧和错误帧一样由两段组成，第一段表示超载标志，第二段表示超载界定符。当某节点因内部原因要求缓发下一个数据帧或远程帧时，它向总线发出超载帧。

（5）帧间空间。

数据帧和远程帧与前面的帧相同，都由被称为帧间空间的时间段分开。相反，超载帧和错误帧前面没有帧间空间，并且多个超载帧前面也不被帧间空间分隔。

3. CAN 总线的位定时、同步和仲裁

CAN 总线的数据传输率最高可达 1 Mbit/s，常用石英晶振做时钟发生器，可独立进行位定时的设置，即使网络中节点间的时钟周期不一样也能获得相同的位速率。如果网络中频率不稳定，只要在允许范围内，节点会通过重同步进行弥补。

在 CAN 总线中，位定时有一点小的偏差就会导致总线性能严重下降，虽然在许多情况下，可修补由于位定时设置不当而产生的错误，但不能完全避免出错情况，并且在遇到多个节点同时发送的情况下，错误的时序会使节点启动错误认可标志，使节点不能赢得总线控制权。

CAN 总线使用载波监测、多路侦听/冲突避免的通信模式。允许总线上任何一个节点都可以同时取得总线控制权，各节点通过监测总线是否处于繁忙状态来决定何时控制总线发送数据。一旦发生冲突，则根据事先设置好的优先级来避免冲突发生。当然，这是以提高协议编码复杂程度为代价的。这一仲裁方法也有不足，主要表现在当总线上的节点多且要求传送的数据量大时，具有低优先级的节点获得总线控制权的机会急剧下降，导致该节点的实时性降低或丧失。

19.3.4 CAN 总线的特点

CAN 属于总线式串行通信网络，是一种共享的广播总线，即所有的节点都能够接收传输信息。在 CAN 总线的硬件部分提供了本地地址过滤，允许各个节点仅对所关心的信息进行相应的处理。总线的数据通道具有高性能、高可靠性、实时性和灵活性的特点。具体可概括如下。

（1）通信方式灵活。CAN 为多主方式工作，网络上任一节点均可在任意

时刻主动地向网络上其他节点发送信息，且不需要“节点地址”等节点信息。

（2）CAN 网络上的节点信息分成不同的优先级，可满足不同的实时要求。

（3）CAN 采用非破坏性总线仲裁技术，在网络负载很重的情况下也不会出现网络的瘫痪。

（4）CAN 只需通过报文滤波即可实现点对点、一点对多点及全局广播等几种方式传送、接收数据，无须专门的“调度”。

（5）CAN 的直接通信距离最远可达 10 km（传输速率 5 kbit/s 以下）；通信速率最高可达 1 Mbit/s（此时通信距离最长为 40 m）。图 19.13 所示为传输距离对 CAN 速率的影响曲线。

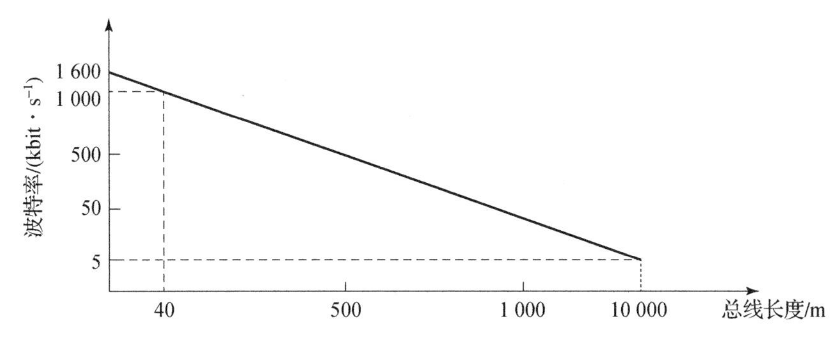

图 19.13　传输距离对 CAN 速率的影响

（6）CAN 上的节点数主要取决于总线驱动电路，目前可达 110 个；报文标识符可达 2 032 种（CAN 2.0A），而扩展标准（CAN 2.0B）的报文标识符几乎不受限制。

（7）CAN 总线通信格式采用短帧格式，传输时间短，受干扰概率低。每帧字节数最多为 8 个，不会占用过长的总线时间，保证了通信的实时性。

（8）CAN 的每帧信息都有 CRC 校验及其他校验措施。CRC 码检错能力强，实现容易，是目前应用最广泛的校验方法之一。

（9）CAN 总线通信接口中集成了 CAN 协议的物理层和数据链路层功能，可完成对通信数据的帧处理，包括位填充、数据块编码、循环冗余校验、优先级判别等。

（10）CAN 采用两线差分式的信息传输方式，通信介质可为双绞线、同轴电缆或光纤，选择灵活。

（11）CAN 节点在错误严重的情况下具有自动关闭输出功能，以使总线上其他节点的操作不受影响。

19.3.5 CAN 总线的应用

基于 CAN 总线的特点，CAN 总线在军用车辆中主要有以下应用案例：

（1）CAN 总线应用于电控柴油机标定系统。

（2）CAN 在分布式火控仿真系统中的应用。分布式火控仿真系统原理如图 19.14 所示。图中 CAN Station 2、CAN Station 3、CAN Station 4 分别对应于目标跟踪信息处理仿真平台、火控计算机仿真平台和炮控系统仿真平台。CAN Station 1 对应于战技指标评估平台，用于记录整个仿真系统的运行数据及其中间量，对仿真运行结果进行评价。

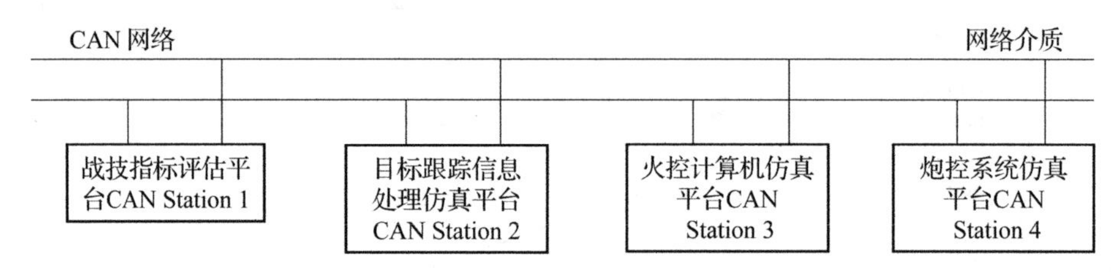

图 19.14 分布式火控仿真系统结构原理图

（3）CAN 在军用车辆车载显控终端的应用。车载显控终端作为整个数字化系统的管理中枢，起着至关重要的作用。它将车内各个子系统的工作情况及时反馈给车长，帮助车长了解车况、战况。它还将车长的命令发送给各个子系统，实现车长对战车的控制。车载显控终端系统通过 CAN 总线实现三防显示及控制、中央充放气状态显示与控制、灭火抑爆状态显示及控制、惯性导航状态显示与控制并接收惯导定位信息、北斗定位信息，同时在电子地图上标注实际位置和航向。

CAN 总线在导弹中有以下应用：

（1）CAN 总线在导弹系统全弹设计中的应用。在导弹武器系统的导弹系统设计时，可以考虑将弹上各分系统采用模块化设计，每个模块均带有微处理器，各模块之间采用 CAN 总线作为通信媒介，CAN 总线设计时采用冗余设计。

（2）CAN 总线在导弹遥测系统中的应用。导弹遥测系统弹上部分采用 CAN 总线将弹上各传感器、变换器、控制系统、记录装置、存储器、总线监视器和弹上测试控制计算机相连接。遥测系统中的每一部分都必须具有智能终端仪器功能，即每一部分必须具有带 CAN 总线控制器的微处理器作为核心控制器。

（3）CAN 总线技术在导弹制导与控制系统仿真中的应用。在武器系统设计阶段，可以通过计算机仿真试验，检验武器系统设计方案的合理性，考核环境对整个武器系统性能的影响，及时发现和解决研制过程中可能出现的各种问题等，起到缩短研制周期、降低成本、提高效费比等重大作用。

弹上多采用主动导引头装置，其制导与控制仿真系统包括：目标测量、导弹测量、惯测、舵机、弹上计算机、仿真主控计算机等模块。制导与控制仿真系统可通过两路独立的 CAN 总线实现信息的连接和控制。

19.4　FlexRay 总线

FlexRay 总线是由宝马、飞利浦、飞思卡尔和博世等公司共同制定的一种用于汽车的总线技术，是继 CAN 和 LIN 之后最新的研发成果，可以有效管理多重安全和舒适功能。FlexRay 关注的是当今汽车行业的一些核心需求，包括更高的数据速率、更灵活的数据通信、更全面的拓扑选择和更精准的容错运算。

FlexRay 能够为下一代车内系统提供所需的速度和可靠性。FlexRay 在物理上通过两条分开的总线通信，每一条的数据速率是 10 Mbit/s，其网络带宽是 CAN 的 20 倍之多；FlexRay 具备的冗余通信能力可实现通过硬件完全复制网络配置，并进行进度监测。

另外，FlexRay 可以进行同步（实时）或异步的数据传输，来满足车辆中各种系统的需求。例如，分布式控制系统通常要求同步数据传输。

为满足不同的通信需求，FlexRay 在每个通信周期内提供静态段和动态段。静态段可以提供有界延迟，而动态段则有助于满足在系统运行时间内出现不同的带宽需求。FlexRay 帧的固定长度在静态段用固定时间触发的方法来传输信息，而在动态段则用灵活时间触发的方法来传输信息。

FlexRay 的各种特点均适合实时控制的功能。

19.4.1　FlexRay 总线系统的构成

1. 节点结构

如图 19.15 所示，一个完整的 FlexRay 节点通常包含电源供给系统、通信控制部分、总线驱动部分、总线监控部分和主机 5 部分。这五部分也可以按功能重新划分为控制器和驱动器两部分，其中控制器部分由主机处理器（Host）和通信控制器（Communication Controller，CC）组成，驱动器部分则由总线驱动器（Bus Driver，BD）和总线监控器（Bus Guardian，BG）组成。FlexRay 系统通常包含 2 个信道，系统信道的数量由总线驱动器和总线监控器的数目决定。每个节点的通信控制器是独立工作的，彼此互不干扰，能够避免通信信道中产生定时错误。两个或多于两个 FlexRay 节点能够组成一个通信集群中的容错单元。

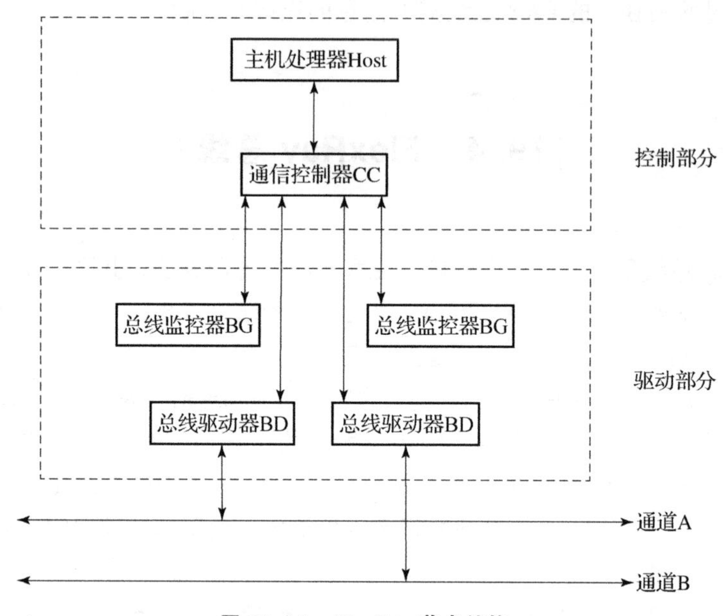

图 19.15　FlexRay 节点结构

2. 拓扑结构

FlexRay 网络拓扑结构可分为总线型、星型以及混合型三种。每种拓扑结构还有单通道和双通道之分。值得注意的是，星型拓扑结构除了有源星型和无源星型之分外，还存在级联的形式。

（1）总线型拓扑结构。

在此结构中，设备上的所有电子节点都共用一条传输线路，所有节点都直接与总线相连，所采用的传输介质一般是同轴电缆。使用了双通道的总线型拓扑结构如图 19.16 所示。

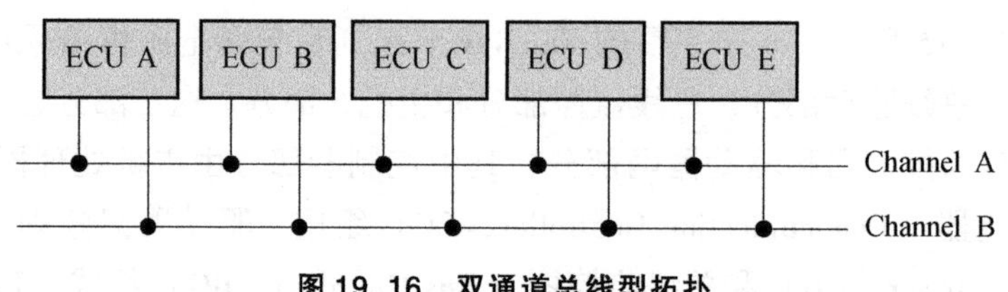

图 19.16　双通道总线型拓扑

（2）星型拓扑结构。

在此结构中，设备上每个电子节点都与一个中心节点相连，都能与中心节点直接通信，中心节点较其他节点而言要复杂很多，而其他节点的通信负担都较小。图 19.17、图 19.18 分别表示了星型拓扑结构的单通道和双通道两种形式。

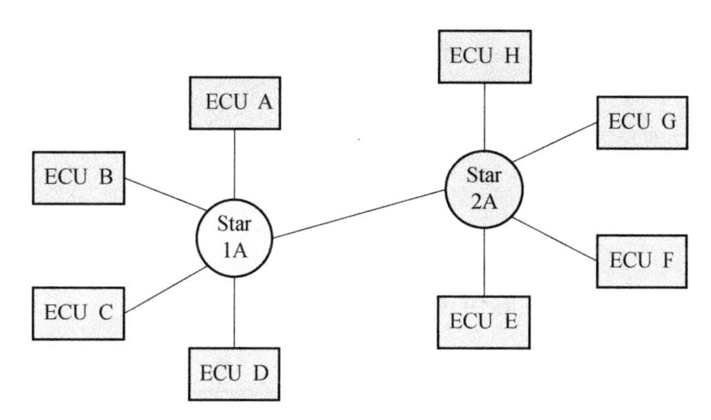

图 19.17　单通道星型拓扑

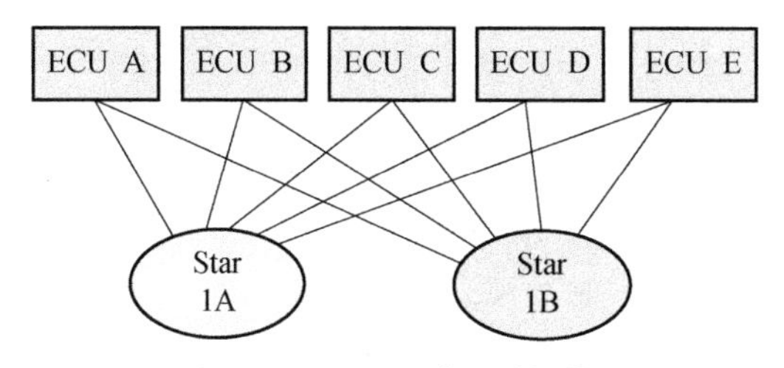

图 19.18　双通道星型拓扑

（3）混合型拓扑结构。

采用混合型网络拓扑结构能够满足很多大规模网络的建设需求。它的故障诊断和隔离很方便，一旦诊断出哪个电子节点发生故障，就能直接将节点与全网隔离，此外，混合型网络拓扑结构还有利于扩展新的节点。图 19.19、图 19.20 分别表示了混合型拓扑结构的单通道和双通道两种形式。

19.4.2　FlexRay 数据传输

FlexRay 规范定义了 OSI 参考模型中的物理层和数据链路层，每个 FlexRay 节点通过一个 FlexRay Controller 和两个 FlexRay Transceivers（用于通道冗余）与总线相连，FlexRay Controller 负责 FlexRay 协议中的数据链路层，FlexRay Transceivers 则负责总线物理信号接收发送。

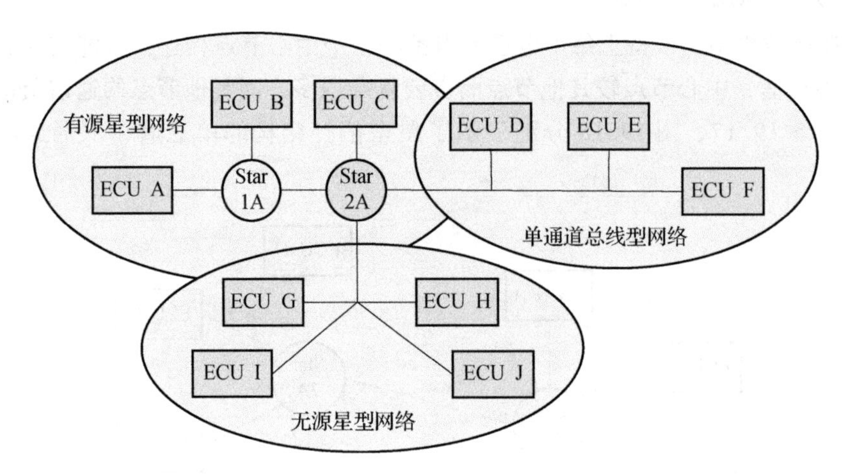

图 19.19　单通道混合型拓扑

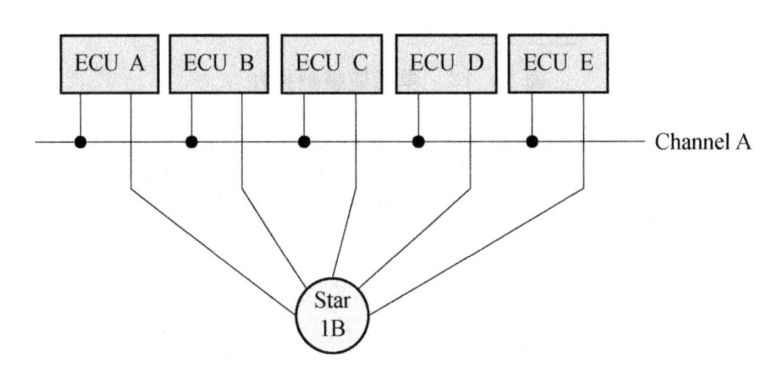

图 19.20　双通道混合型拓扑

FlexRay 可采用屏蔽或不屏蔽的双绞线，每个通道由两根导线，即总线正（Bus - Plus，BP）和总线负（Bus - Minus，BM）组成。采用不归零法（Non - Return to Zero，NRZ）进行编码。

可通过测量 BP 和 BM 之间的电压差识别总线状态，这样可减少外部干扰对总线信息的影响，因这些干扰同时作用在两根导线上可相互抵消。每一通道需使用 80 ~ 110 Ω 的终端电阻。如图 19.21 所示，将不同的电压加载在一个通道的两根导线上，可使总线有四种状态：Idle_LP（Low power）、Idle、Data_0 和 Data_1。

显性：差分电压不为 0 V（Data_0 和 Data_1）；

隐性：差分电压为 0 V（Idle_LP、Idle）。

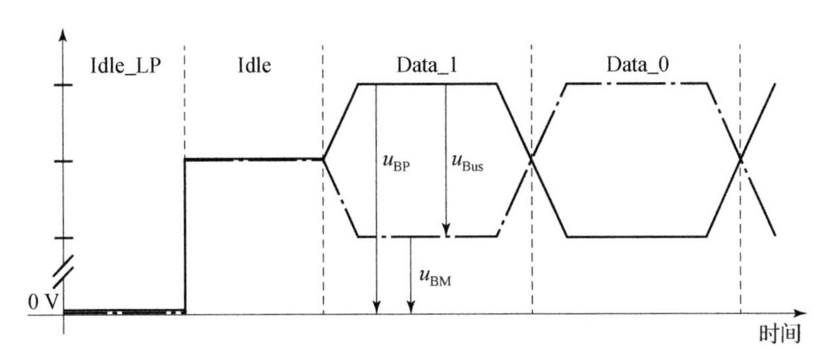

图 19.21　FlexRay 电气信号状态

19.4.3　FlexRay 总线通信协议

1. FlexRay 通信

FlexRay 是通过通信周期循环的方式进行信息传输，FlexRay 网络的周期时间长度一般是 1 ~ 5 ms 的固定值，通信周期是 FlexRay 协议所规定的媒体访问的基本单位。FlexRay 通信协议通过时间分层（Time Hierarchy）的方法来定义通信周期，通信周期分为 4 个时间层次，如图 19.22 所示。

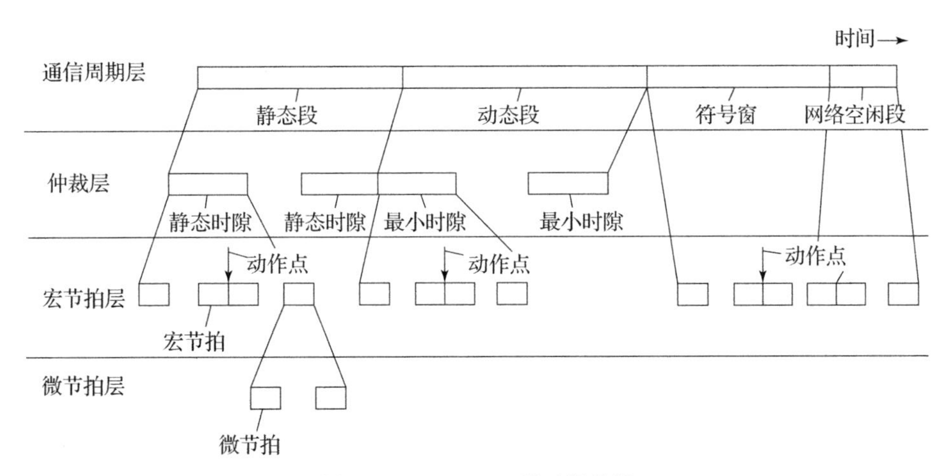

图 19.22　FlexRay 的时间分层

最高层，即为通信周期层（Communication Cycle Level）。在这一层上，通信周期包括静态段（Static Segment）、动态段（Dynamic Segment）、符号窗（Symbol Window）和网络空闲段（Network Idle Time，NIT）四部分。在静态段中，通过时分多址 TDMA 技术实现时间触发；而在动态段中，采用灵活的时分多址 FTDMA 技术；符号窗用于发送专用通信符号；网络空闲段内无数据通信，主要用于时钟同步处理。

通信周期层的下一层是仲裁层（Arbitration Grid Level）。仲裁网格（Arbitration Grid）构建了 FlexRay 媒体接入仲裁主体架构。在静态段中，仲裁网格是一组连续的静态时隙（Static Slot）（等长时间间隔），由若干个静态时隙组成了通信周期静态段。在动态段中，仲裁网格是一组连续的最小时隙（Minislot），也是等长时间间隔，若干个最小时隙构成通信周期动态段。

仲裁层的下一层为宏节拍层，若干个宏节拍分别组成静态时隙、最小时隙、符号窗以及网络空闲段，所以整个通信周期是由众多宏节拍组成的。在这个层次中，某些宏节拍的边界被指定成动作点（Action Point），在静态段、动态段和符号窗中动作点指示立即开始数据发送，有时（仅限在动态段中）动作点也用于指示结束数据发送。

最低层次是微节拍层（Microtick Level）。微节拍是比宏节拍更小的时间片，若干个微节拍组成一个宏节拍。

（1）静态段的通信。

静态段由多个固定大小和配置的静态时隙构成，静态段的通信具有以下几个特点：

①同步帧只能在已经连接好的通道上进行数据的发送。

②异步帧可以选择在一个通道上发送数据，也可以选择在两个通道上发送数据。

③静态段采用的是基于时分多址的通信方式，能为网络中的每个节点分配固定大小的时隙。

④每个时隙都是通过响应节点的方式来进行数据通信的。

⑤每个时隙一次只能分配给一个节点，但能同时分配给该节点内的多个报文。

⑥在网络通信开始后不能对已经分配好的时隙进行任何修改，因此在网络通信开始之前就应合理分配需要在通信周期静态部分传输的信息，并在一定程度上限制要传输的最大数据量，不能超过其固定长度。这也是为什么即使受到了外部环境的干扰，FlexRay 总线也能有效地减少因外部干扰所带来的抖动和延迟。

（2）动态段的通信。

与静态段有所不同，动态段可以根据需要通过改变时隙长度来动态分配它的带宽长度，有效地提高了带宽利用率和消息传输中的灵活性，动态段的通信也具有以下几个特点：

①动态段采用的是基于 FTDMA 的通信技术，可用于时间不确定的消息帧传输，因为 FTDMA 相对于 TDMA 拥有更好的灵活度。

②动态段采用的是基于事件触发的消息传输机制，可以在总线任务量非常大的情况下依然保证高优先级任务的信息传输。

③在动态段中应该把紧急和重要的消息放在较低序列号的时隙中，使得这类消息在每个周期都有机会被传输，这样能够有效降低消息传输时的风险。

④当节点的时隙号对应于发送的帧 ID 时，该节点待发送的消息就会被自动发送，当没有节点有消息需要发送时，时隙计数器自动加 1，所有节点等待下一个时隙。

⑤动态段不仅能减少因静态段时隙固定而浪费的网络资源，还能保证消息总线上消息传输的确定性。

2. 数据帧

一个数据帧由头段（Header Segment）、有效负载段（Payload Segment）和尾段（Trailer Segment）三部分组成，如图 19.23 所示。

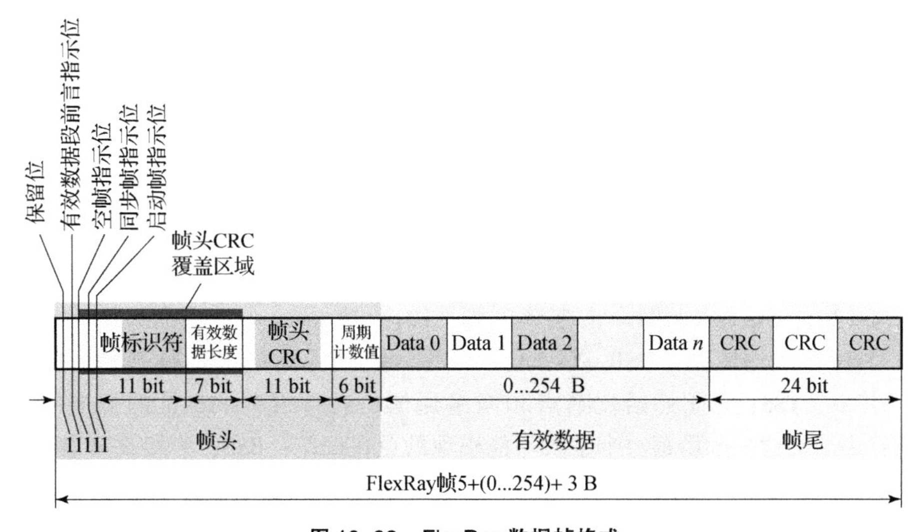

图 19.23　FlexRay 数据帧格式

3. FlexRay 编码

静态段的帧和动态段的帧分别按照图 19.24 和图 19.25 进行编码。

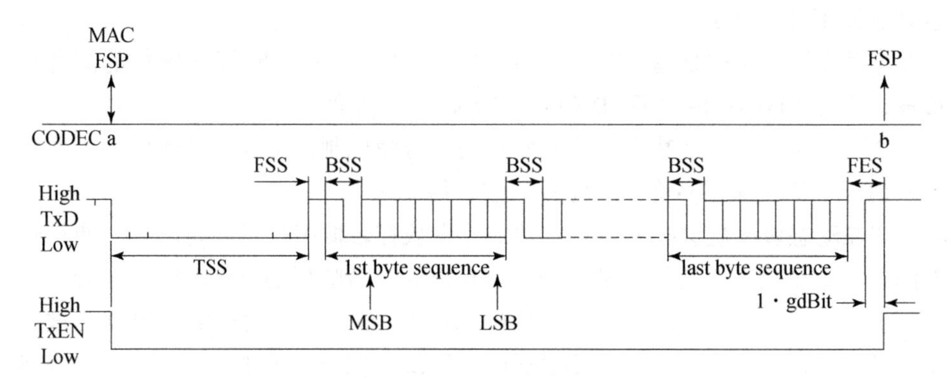

图 19.24　静态段帧编码

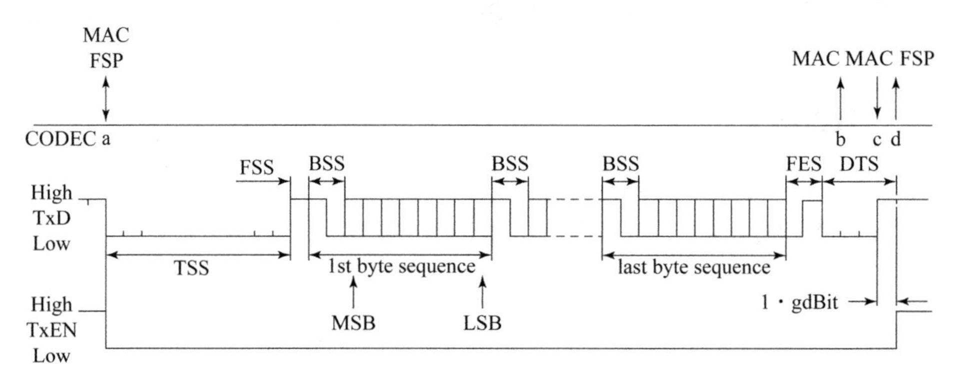

图 19.25　动态段帧编码

图 19.24、图 19.25 中，MAC—媒体接入控制；FSP—帧和符号处理；CODEC—编码与解码进程；FSS—帧起始序列；BSS—字节起始序列；FES—帧结束序列；High—高电平；TxD—发送数据；Low—低电平；TSS—传输起始序列；1st byte sequence—第一个字节序列；last byte sequence—最后一个字节序列；TxEN—发送使能；MSB—最大位；LSB—最小位；1 · gdBit—1 个位时间。

其中，TSS：用于初始化节点和网络通信的对接（5 ~ 15 位的低电平）；FSS：用于补偿 TSS 后第一个字节可能出现的量化误差；BSS：给接收节点提供数据定时信息（一位高电平并紧随一位低电平）；FES：用于标识数据帧最后一个字节序列结束（一位低电平紧随一位高电平）。

对于动态区数据还额外需要 DTS（动态段尾部序列）：仅用于动态帧传输，用于表明动态段中传输时动作点的精确时间，防止接收段过早检测到网络空闲状态（一位长度可变的低电平和高电平）。

将这些序列和有效位（MSB 到 LSB）组装起来就完成了编码过程，最终构成在网络传播的比特流。

19.4.4　FlexRay总线的特点

FlexRay提供了传统车内通信协议不具备的大量特性，包括：

（1）传输速率：FlexRay的每个信道具有10 Mbit/s带宽，由于它不仅可以像CAN和LIN网络这样的单信道系统一样运行，而且还可以作为一个双信道系统运行，因此可以达到20 Mbit/s的最大传输速率，是当前CAN最高运行速率的20倍。

（2）同步时基：FlexRay中使用的访问方法是基于同步时基的，该时基通过协议自动建立和同步，并提供给应用。时基的精确度介于0.5 μs和10 μs之间（通常为1 ~2 μs）。

（3）确定性：通信是在不断循环的周期中进行的，特定下消息在通信周期中拥有固定位置，因此接收器已经提前知道了消息到达的时间。到达时间的临时偏差幅度会非常小，并能得到保证。

（4）高容错：强大的错误检测和容错性能是FlexRay设计时考虑的重要方面。使用循环冗余校验CRC（Cyclic Redundancy Cheek）来检验通信中的差错，通过双通道通信能够提供冗余功能，并且使用星型拓扑可完全解决容错问题。

（5）灵活性：在FlexRay协议的开发过程中，关注的主要问题是灵活性，反映在如下几个方面：

①支持多种方式的网络拓扑结构。

②消息长度可配置：可根据实际控制应用需求，为其设定相应的数据载荷长度。

③使用双通道拓扑时，既可用以增加带宽，也可用于传输冗余的消息。

④周期内静态、动态消息传输部分的时间都可随具体应用而定。

19.4.5　FlexRay总线的应用

FlexRay总线技术在车辆中的应用主要有以下两个方面。

1. 汽车的车内线控操作（X - by - wire）

FlexRay最常见的应用场景是汽车的车内线控操作（X - by - wire），其中X对应车内线控操作，包括Brake（制动）、Steer（转向）、Accelerate（加速）、Suspension（悬架）等，如在刹车控制系统中，在取消掉原本的机械传动结构基础上，集成为制动 - 转向 - 悬架的电控结构，但正因为取消了传统的液压结构，就会要求现有电子控制线路有足够强的可靠性，能满足严格容错以及确定性的操作。X - by - wire若使用传统CAN总线，就会出现以下情况。

（1）事件触发——报文不确定；
（2）总线负载率——接近极限；
（3）没有带宽储备及对应容错设计。

2. 车载通信骨架

由于 FlexRay 的高速率性，可以利用其成为车载通信骨架，FlexRay 的两条信道最高都能达到 10 Mbit/s 的速率，可以用于连接动力总成、底盘、车身、安全以及多媒体系统等独立系统。

19.5 RS－232/422/485 接口

除了前述的规定了通信协议的总线接口，还有 RS－232/422/485 这类仅仅规定电压、阻抗等通信线缆接口要求，不对软件协议进行定义的总线，由于其结构简单，使用灵活，在实际应用中特别是日常的计算机与外部通信时也经常应用到。

RS－232、RS－422 与 RS－485 都是串行数据接口标准，都是由美国电子工业协会（Electronic Industries Association，EIA）制定并发布的，RS－232 在 1962 年发布。RS－422 由 RS－232 发展而来，为改进 RS－232 通信距离短、速率低的缺点，RS－422 定义了一种平衡通信接口，将传输速率提高到 10 Mbit/s，传输距离延长到 4 000 英尺（速率低于 100 kbit/s 时），并允许在一条平衡总线上连接最多 10 个接收器。RS－422 是一种单机发送、多机接收的单向、平衡传输规范，被命名为 TIA/EIA－422A 标准。为扩展应用范围，EIA 又于 1983 年在 RS－422 基础上制定了 RS－485 标准，增加了多点、双向通信能力，即允许多个发送器连接到同一条总线上，同时增加了发送器的驱动能力和冲突保护特性，扩展了总线共模范围，后来命名为 TIA/EIA－485A 标准。

19.5.1 RS－232 接口

RS－232 是由美国电子工业协会制定的异步传输标准接口。RS－232C 是由美国电子工业协会联合贝尔系统、调制解调器厂家及计算机终端生产厂家等共同制定的用于串行通信的标准。它的全名是“数据终端设备（DTE）和数据通信设备（DCE）之间串行二进制数据交换接口技术标准”，该标准规定采用一个 25 个引脚的 DB－25 连接器，对连接器的每个引脚的信号内容加以规定，还对各种信号的电平加以规定。后来 IBM 的 PC 机将 RS－232 简化成了 DB－9 连接器，从而成为事实标准。RS（Recommended Standard）是英文“推荐标准”的缩写，232 为标识号，C 表示修改次数。RS－232 没有定义连接器的物理特性，因此，有 9 线、25 线等不同的连接方式。RS－232C 总线标准设有 25 条信号线，包括一个主通道和一个辅助通道。在多数情况下主要使用主通道，对于一般双工通信例如单片机系统中，仅需几条信号线就可实现，如一条发送线 TXD、一条接收线 RXD 及一条地线 GND。RS－232C 接口是目前最常用的一种串行通信接口。

1. RS－232C 的接口信号

RS－232C 标准接口有 25 条线，即 4 条数据线、11 条控制线、3 条定时线、7 条备用和未定义线，常用的只有 9 根，它们是联络控制信号线、数据发送与接收线和地线。

（1）联络控制信号线。

数据装置准备好（Data Set Ready，DSR）——有效时（ON）状态，表明 MODEM 处于可以使用的状态。

数据终端准备好（Data Terminal Ready，DTR）——有效时（ON）状态，表明数据终端可以使用。

这两个信号线有时连到电源上，一上电就立即有效。这两个设备状态信号有效，只表示设备本身可用，并不说明通信链路可以开始进行通信了，能否开始进行通信要由下面的控制信号决定。

请求发送（Request to Send，RTS）——用来表示 DTE 请求 DCE 发送数据，即当终端要发送数据时，使该信号有效（ON 状态），向 MODEM 请求发送。它用来控制 MODEM 是否要进入发送状态。

允许发送（Clear to Send，CTS）——用来表示 DCE 准备好接收 DTE 发来的数据，是对请求发送信号 RTS 的响应信号。当 MODEM 已准备好接收终端传来的数据，并向前发送时，使该信号有效，通知终端开始沿发送数据线 TXD 发送数据。

这对 RTS/CTS 请求应答联络信号是用于半双工 MODEM 系统中发送方式和接收方式之间的切换。在全双工系统中作发送方式和接收方式之间的切换。在全双工系统中，因配置双向通道，故不需要 RTS/CTS 联络信号，使其变高。

接收线信号检出（Received Line Signal Detection，RLSD）——用来表示 DCE 已接通通信链路，告知 DTE 准备接收数据。当本地的 MODEM 收到由通信链路另一端（远地）的 MODEM 送来的载波信号时，使 RLSD 信号有效，通知终端准备接收，并且由 MODEM 将接收下来的载波信号解调成数字量数据后，沿接收数据线 RXD 送到终端。此线也叫作数据载波检出（Data Carrier Detection，DCD）线。

振铃指示（Ringing Indication，RI）——当 MODEM 收到交换台送来的振铃呼叫信号时，使该信号有效（ON 状态），通知终端，已被呼叫。

（2）数据发送与接收线。

发送数据（Transmitted Data，TXD）——通过 TXD 终端将串行数据发送到 MODEM（DTE→DCE）。

接收数据（Received Data，RXD）——通过 RXD 终端接收从 MODEM 发来的串行数据（DCE→DTE）。

（3）地线。

有两根线 SG、PG——信号地和保护地信号线，无方向。

上述控制信号线何时有效、何时无效的顺序表示了接口信号的传送过程。例如，只有当 DSR 和 DTR 都处于有效（ON）状态时，才能在 DTE 和 DCE 之间进行传送操作。若 DTE 要发送数据，则预先将 DTR 线置成有效（ON）状态，等 CTS 线上收到有效（ON）状态的回答后，才能在 TXD 线上发送串行数据。这种顺序的规定对半双工的通信线路特别有用，因为半双工的通信才能确定 DCE 已由接收方向改为发送方向，这时线路才能开始发送。

RS-232C 最常用的 9 条引线的信号内容如表 19.2 所示。

表 19.2　RS-232C 的引脚定义

定义引脚号	DCD	RXD	TXD	DTR	GND	DSR	RTS	CTS	RI
DB-9	1	2	3	4	5	6	7	8	9
DB-25	8	3	2	20	7	6	4	5	22

2. RS-232 串行接口标准

目前 RS-232 是 PC 机与通信工业中应用最广泛的一种串行接口。RS-232 被定义为一种在低速率串行通信中增加通信距离的单端标准。RS-232 标准为全双工工作方式，它采取不平衡传输方式，即所谓单端通信。收、发端的数据信号是相对于信号地。在多数情况下主要使用主通道，对于一般双工通信，仅需几条信号线就可实现，如一条发送线、一条接收线及一条地线。

典型的 RS-232 信号在正负电平之间摆动，在发送数据时，发送端驱动器输出正电平在 +5 ~ +15 V 范围，负电平在 -5 ~ -15 V 范围。当无数据传输时，线上为 TTL，从开始传送数据到结束，线上电平从 TTL 电平到 RS－232 电平再返回 TTL 电平。接收器典型的工作电平在 +3 ~ +12 V 与 −3 ~ −12 V 范围。RS－232 标准中，逻辑“1”（传号）的电平低于 −3 V，逻辑“0”（空号）的电平高于 +3 V；对于控制信号，接通状态（ON）即信号有效的电平高于 +3 V、低于 +15 V，断开状态（OFF）即信号无效电平高于 −15 V、低于 −3 V。也就是当传输电平的绝对值大于 3 V 时，电路可以有效地检查出来，介于 −3 V 和 +3 V 之间的电压无意义，低于 −15 V 或高于 +15 V 的电压也认为无意义。因此，实际工作时，应保证电平在 ±(3 ~ 15) V 之间。

RS－232C 标准规定，驱动器允许有 2 500 pF 的电容负载，通信距离将受此电容限制，例如，采用 150 pF/m 的通信电缆时，最大通信距离为 15 m；若每米电缆的电容量减小，通信距离可以增加。此外，由于发送电平与接收电平的差仅为 2 ~ 3 V，所以其共模抑制能力差，再加上双绞线上的分布电容，其传送距离最大约为 15 m，所以 RS－232 适合本地设备之间的通信。

3. RS－232 与 TTL 转换

TTL 电平信号被利用得最多是因为通常数据表示采用二进制规定，+5 V 等价于逻辑“1”，0 V 等价于逻辑“0”，这被称作 TTL（晶体管－晶体管逻辑电平）信号系统，这是计算机处理器控制的设备内部各部分之间通信的标准技术。

TTL 电平信号对于计算机处理器控制的设备内部的数据传输是很理想的，首先计算机处理器控制的设备内部的数据传输对于电源的要求不高以及热损耗也较低，另外 TTL 电平信号直接与集成电路连接而不需要价格昂贵的线路驱动器以及接收器电路；再者，计算机处理器控制的设备内部的数据传输是在高速下进行的，而 TTL 接口的操作恰能满足这个要求。TTL 型通信大多数情况下，是采用并行数据传输方式，而并行数据传输对于超过 10 英尺的距离就不适合了。这是由于可靠性和成本两方面的原因。因为在并行接口中存在着偏相和不对称的问题，这些问题对可靠性均有影响。

TTL 输出高电平 >2.4 V，输出低电平 <0.4 V。在室温下，一般输出高电平是 3.5 V，输出低电平是 0.2 V。最小输入高电平和低电平：输入高电平≥2.0 V，输入低电平≤0.8 V，噪声容限是 0.4 V。

RS－232C 是用正负电压来表示逻辑状态的，与 TTL 以高低电平表示逻辑状态的规定不同。因此，为了能够与计算机接口或终端的 TTL 器件连接，必须在 EIA－RS－232C 与 TTL 电路之间进行电平和逻辑关系的变换。实现这种变换的方法可用分立元件，也可用集成电路芯片。目前较为广泛使用的集成电路转换器件，如 MC1488、SN75150 芯片可完成 TTL 电平到 EIA 电平的转换，而 MC1489、SN75154 可实现 EIA 电平到 TTL 电平的转换。MAX232 芯片可完成 TTL/EIA 双向电平转换。

19.5.2 RS－485 接口

在要求通信距离为几十米到上千米时，广泛采用 RS－485 串行总线标准。与 RS－232 不同，RS－485 标准数据信号采用差分传输方式，也称作平衡传输。RS－485 适用于收发双方共用一对线进行通信，也适用于多个点之间共用一对线路进行总线方式联网，通信只能是半双工的。由于共用一对线路，在任何时刻，只允许有一个发送器发送数据，其他发送器必须处于关闭（高阻）状态，这是通过发送器芯片上的发送允许端控制的。收、发信号通过平衡双绞线对应相连。接收器接收平衡线上的电平范围通常在 ±（200 mV ~6 V）之间。

1. 信号特征

RS－485 的电平定义为：

（1）发送端：逻辑“1”表示两线间的电压差为 +（2 ~ 6）V；逻辑“0”表示两线间的电压差为 -（2 ~ 6）V。

（2）接收端：A 比 B 高 200 mV 以上即认为是逻辑“1”，A 比 B 低 200 mV 以上即认为是逻辑“0”。

2. RS－485 发送器和接收器

RS－485 接口采用发送器和接收器的组合，信号传输采用差分传输方式，使用一对线，将其中一线定义为 A，另一线定义为 B，如图 19.26、图 19.27 所示。由发送器产生的电压出现在一对信号线 A、B 上，两根导线都是反向驱动的，这对信号线只传输一个信号。RS－485 信号传输必须始终有使能控制信号。差分系统具有抗噪性，因为大部分共模信号可以被接收器拒绝。

3. RS－485 传输速率

该接口的最大传输距离标准值为 1 200 m（9 600 bit/s 时），实际上可达 3 000 m，其数据最高传输速率为 10 Mbit/s。平衡双绞线的长度与传输速率成反比，在 100 kbit/s 速率以下，才可能使用规定最长的电缆长度。只有在很短的距离下才能获得最高速率传输。一般 100 m 长双绞线最大传输速率仅为 1 Mbit/s。由于 RS－485 常常要与 PC 机的 RS－232 口通信，所以实际上一般最高传输速率为 115.2 kbit/s。

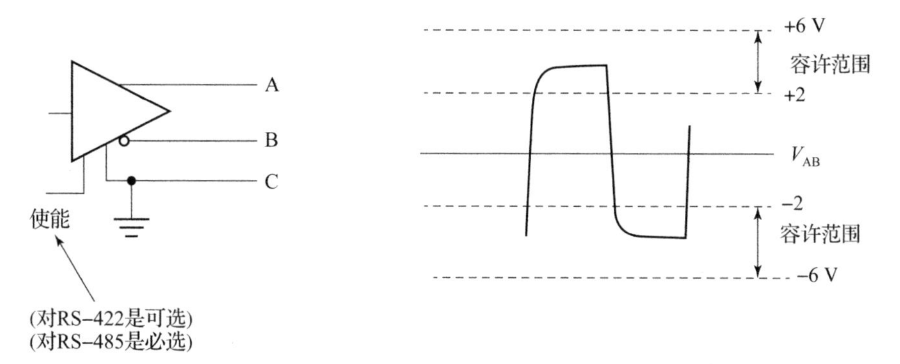

图 19.26　RS－485 发送器示意图

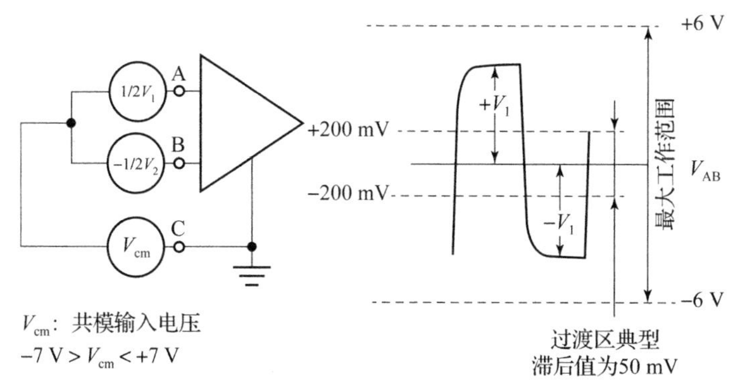

图 19.27　RS－485 接收器示意图

4. RS－485 网络

RS－485 接口在总线上允许连接最多达 128 个收发器，即 RS－485 具有多机通信能力，用户可以利用单一的 RS－485 接口方便地建立设备网络。因 RS－485 接口具有良好的抗噪声干扰性、长的传输距离和多站能力等优点，使其成为首选的串行接口。RS－485 接口组成的半双工网络，一般只需 2 根信号线，如图 19.28 所示，RS－485 的国际标准并没有规定 RS－485 的接口连接器标准，所以采用接线端子或者 DB－9、DB－25 等连接器都可以。RS－485 的远距离通信建议采用屏蔽电缆，并且将屏蔽层作为地线。

19.5.3　RS－422 接口

RS－422 采用 4 线，全双工，差分传输，可实现多点通信，如图 19.29 所示，图中 R_t 为终端匹配电阻，要求其阻值约等于传输电缆的特性阻抗（一般取值为 120 Ω），在短距离或低波特率数据传输时可不安装。它采用平衡传输，

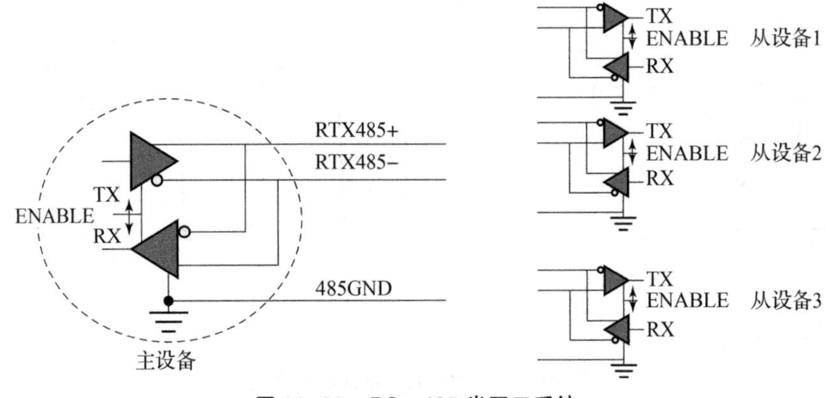

图 19.28　RS－485 半双工系统

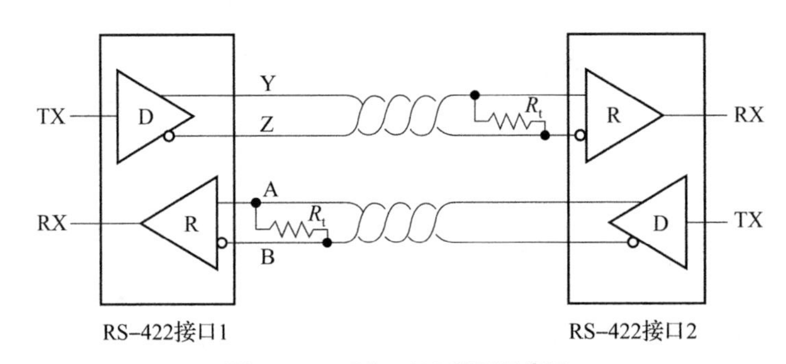

图 19.29　RS－422 接口示意图

采用单向/非可逆、有使能端或没有使能端的传输线。和 RS－485 不同的是，RS－422 不允许出现多个发送端而只能有多个接收端。硬件构成上 RS－422 相当于两组 RS－485，即两个半双工的 RS－485 构成一个全双工的 RS－422。不同 RS－422 芯片会存在有无收发使能区别。

1. RS－422 电气规定

RS－422 标准全称是“平衡电压数字接口电路的电气特性”，由于接收器采用高输入阻抗和发送驱动器比 RS－232 更强的驱动能力，故允许在相同传输线上连接多个接收节点，最多可接 10 个节点。即一个主设备（Master），其余为从设备（Salve），从设备之间不能通信，所以 RS－422 支持一点对多点的双向通信。RS－422 四线接口由于采用单独的发送和接收通道，因此不必控制数据方向，各装置之间任何必需的信号交换均可以按软件方式（XON/XOFF 握手）或硬件方式（一对单独的双绞线）实现。RS－422 需要一个终接电阻，要求其阻值约等于传输电缆的特性阻抗。在短距离传输时可以不需终接电阻，一般在 300 m 以下不需终接电阻。终接电阻接在传输电缆的最远端。

RS－422 的电气性能与 RS－485 完全一样。主要的区别在于：RS－422 有 4 根信号线：两根发送（Y、Z）、两根接收（A、B）。由于 RS－422 的收与发是分开的，所以可以同时收和发（全双工）。

2. RS－422 传输速率

RS－422 的最大传输距离为 4 000 英尺（约 1 219 m），最大传输速率为 10 Mbit/s。其平衡双绞线的长度与传输速率成反比，在 100 kbit/s 速率以下，才可能达到最大传输距离。只有在很短的距离下才能获得最高速率传输。一般 100 m 长的双绞线上所能获得的最大传输速率仅为 1 Mbit/s。

3. RS－422 网络

RS－422 可支持 10 个节点，RS－485 一般可支持 32 个节点，因此多节点构成网络。网络拓扑一般采用终端匹配的总线型结构，不支持环型或星型网络。在构建网络时，应注意如下两点：

（1）采用一条双绞线电缆作总线，将各个节点串接起来，从总线到每个节点的引出线长度应尽量短，以便使引出线中的反射信号对总线信号的影响最低。

（2）应注意总线特性阻抗的连续性，因为在阻抗不连续点会发生信号的反射。下列几种情况易产生这种不连续性：总线的不同区段采用了不同电缆，或某一段总线上有过多收发器紧靠在一起安装，再者是过长的分支线引出到总线。

总之，应该提供一条单一、连续的信号通道作为总线。

19.5.4　RS－485/422 与 RS－232 接口的比较

由于 RS－232 接口标准出现较早，难免有不足之处，主要有以下几点：

（1）接口的信号电平值较高，易损坏接口电路的芯片，又因为与 TTL 电平不兼容，故需使用电平转换电路方能与 TTL 电路连接。

（2）传输速率较低。RS－232C 标准规定的数据传输速率为每秒 50、75、100、150、300、600、1 200、2 400、4 800、9 600、19 200 波特。现在由于采用新的 UART 芯片 16C550 等，波特率可以达到 115.2 kbit/s。

（3）接口使用一根信号线和一根信号返回线而构成共地的传输形式，这种共地传输容易产生共模干扰，所以抗噪声干扰性弱。

（4）传输距离有限，最大传输距离标准值为 50 m，实际上只能用在 15 m 左右。

（5）RS－232 只允许一对一通信，而 RS－485 接口在总线上是允许连接多达 128 个收发器。

区别于 RS－232，RS－485 的特性包括：

（1）RS－485 的电气特性：逻辑“1”以两线间的电压差为＋（2～6）V 表示；逻辑“0”以两线间的电压差为－（2～6）V 表示。接口信号电平比 RS－232C 降低了，这样不易损坏接口电路的芯片，且该电平与 TTL 电平兼容，可方便与 TTL 电路连接。

（2）RS－485 的数据最高传输速率为 10 Mbit/s。

（3）RS－485 接口是采用平衡驱动器和差分接收器的组合，抗共模干扰能力增强，即抗噪声干扰性好，加上总线收发器具有高灵敏度，能检测低至 200 mV 的电压，故传输信号能在千米以外得到恢复。

（4）RS－485 接口的最大传输距离标准值为 4 000 英尺，实际上可达 3 000 m，另外 RS－232C 接口在总线上只允许连接 1 个收发器，即单站能力。而 RS－485 接口在总线上允许连接多达 128 个收发器，即具有多站能力，这样用户可以利用单一的 RS－485 接口方便地建立起设备网络。

（5）RS－485 允许多个发送器连接到同一条总线上，同时增加了发送器的驱动能力和冲突保护特性，用于多点互连时非常方便，可以省掉许多信号线。

RS－422 和 RS－485 电路原理基本相同，都是以差动方式发送和接收，不需要数字地线。差动工作是同速率条件下传输距离远的根本原因，这正是二者与 RS－232 的根本区别，因为 RS－232 是单端输入输出，双工工作时至少需要数字地线、发送线和接收线三条线（异步传输），还可以加其他控制线完成同步等功能。RS－422 通过两对双绞线可以全双工工作，收、发互不影响，而 RS－485 只能半双工工作，发、收不能同时进行，但它只需要一对双绞线。

以上三种接口各有优缺点，在实际工作中可以根据需要灵活选用。因 RS－485 接口具有良好的抗噪声干扰性、长的传输距离和多站能力等优点，使其成为首选的串行接口。

19.6 火控系统与装定器之间的接口选取与设计

基于军事上的需要，现在武器上的电子设备不断增加，如何将电子设备加以有效地综合，从而使之达到资源和功能的综合已成为武器发展的必然要求。武器综合电子系统的基础就是采用数据总线结构，利用数据总线使处理机（包括硬件和软件）、信息传输以及控制显示三个分系统为各种任务所共用。这样就具有以下优点：减少武器设备体积和重量，提高武器系统可靠性，降低成本，提高检测精度等。现代武器对通信系统的要求一般有以下几点：

（1）能有效实现各子系统之间的数据传输，且满足特定的通信特性。

（2）通信子系统相对独立地工作，对应用软件尽可能透明，且占用主机的时间尽可能少。

（3）通信系统灵活，易于修改。

（4）通信子系统具有较强的抗干扰能力。

本章前面介绍了武器系统所采用的常用接口，它们各有优缺点，因此都存在着一定的应用范围，具体选用哪一种方式，需根据武器系统的应用特点来决定。

在火控系统和引信装定器的接口选取中，主要依据以下原则及各种总线或接口的特点来选定。

（1）确保装定信息的实时性。

（2）确保装定数据的可靠性。

（3）适合给定的通信传输特性。

（4）火控系统与装定器通信接口的经济性。

（5）满足应用环境对接口的要求。

在针对现有武器系统改造中，需要增加引信装定的情况，还需要考虑现有武器系统的接口特点和改造成本、难易程度等综合考虑。

以某武器系统内电磁感应装定系统为例，该武器系统中的装定器装定数据来源于火控系统解算相关输入参数计算得出的引信工作时间，采用电磁感应的非接触装定方式完成对引信的信息装定，并要求引信和装定器向火控系统返回装定结果，以确认数据装定的正确性，确保装定可靠。经过论证，确定装定器与火控系统的数据通信采用 RS－422 接口，装定器与火控系统可实现全双工数据通信，数据传输速率为 38 400 bit/s。装定器通过装定线圈与引信感应线圈电磁耦合的方式把火控系统传送的装定数据传送给引信，实现引信的非接触实时信息装定。装定器与火控系统及引信的接口如图 19.30 所示。

图 19.30　电磁感应引信装定器与火控系统及引信的接口

该火控系统与装定器以及引信传递信息的过程为：目标测量单元测量目标的距离、方位、运动状态等信息，并把测量结果传送给火控系统，由火控系统完成解算，确定给引信装定的参数（本实例中装定参数为时间，装定精度为 1 ms），通过 RS－422 接口传送给引信装定器。装定器在接收到装定信息后启动装定程序，完成对引信的信息装定。引信在接收到装定数据后反馈装定信息给装定器，并由装定器通过接口反馈给火控系统，确认装定信息正确与否，以确定再次装定信息或等待时机发火。其结构框图如图 19.31 所示。

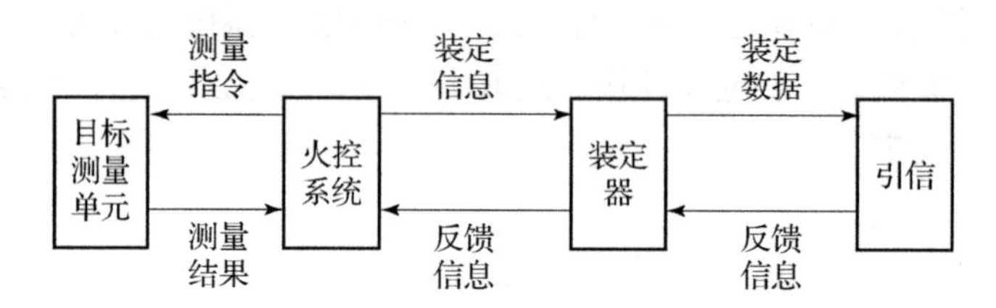

图 19.31　武器系统装定信息传递过程

由于设计引信的工作时间小于 10 s，精度为 1 ms，对于采用 16 进制的数据来说，14 位数据位就能够满足要求。为了确保装定信息的正确性，火控系统在向装定器传送数据时，采用了三重数据防错措施，实际上每一帧传送的数据为 4 个字节。

（1）第一字节固定为 0ABH，该字节为标志字节，表示后面传送的数据是火控系统传送给装定器的装定数据。

（2）第二、第三字节为数据字节，其中第二字节的最高两位固定为 10，后 14 位是需要装定的数据，因此，第二字节的数据格式为 10××××××B，第三字节的数据格式为 ××××××××B。

（3）第四字节作为装定数据的校验字节，该字节数据为第二字节与第三字节的和，不考虑进位位。

装定器在接收到这 4 个字节的信息后，首先确认第一字节是否为 0ABH，其次确认第二字节的最高两位分别是“1”和“0”，最后还会把收到的第二字节和第三字节相加，再与收到的第四字节相比较，如果相同则判断该数据传送正确，立即对引信进行信息装定。在收到引信的反馈数据后再通过 RS－422 接口把反馈信息发送给火控系统。在信息装定及引信反馈给装定器的数据正常的情况下，反馈信息中同样包括 4 个字节，其数据格式除第一字节（反馈标志字节）为 0BAH 外，后 3 个字节格式与火控系统发送给装定器的数据格式相同。如果校验发现数据不相符，则装定器向火控系统返回 0BEH 和 0EBH 两个字节，火控系统在收到这两个字节或者在规定的时间内（本实例中设定为在 5 ms 内接收到有效反馈数据为有效）没有收到任何反馈信息则认为本次装定出现错误，将再次向装定器传送装定数据。信息装定过程中，火控系统、装定器与引信之间的通信流程图如图 19.32 所示。

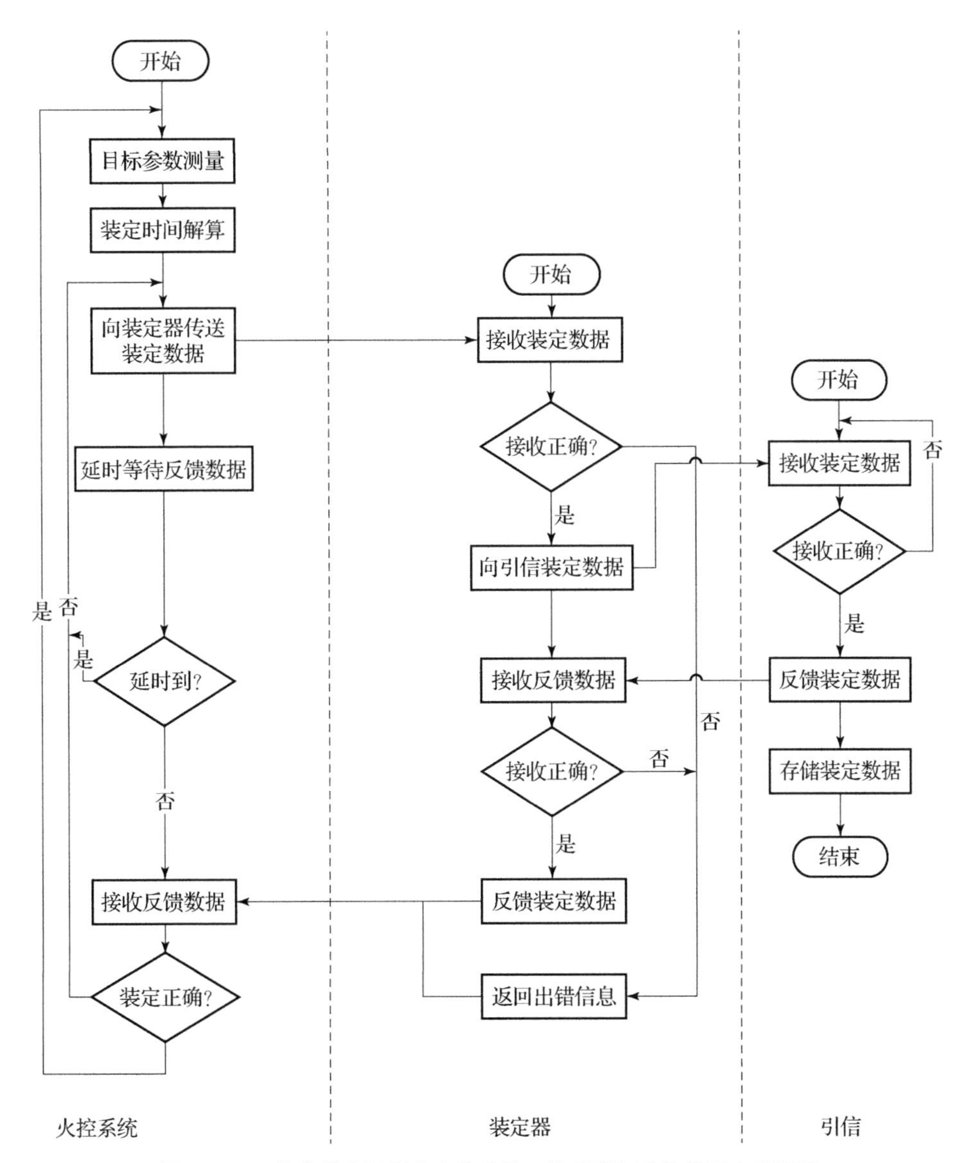

图 19.32　信息装定过程中火控系统、装定器与引信的程序流程图

在完成一次信息装定后，如果因战场情况发生变化，需要更新本次装定的数据，则可以通过重新发送装定指令来完成。

参考文献

[1] 栾恩杰，胡星光．国防科技名词大典兵器卷［M］．北京：航空工业出版社，兵器工业出版社，原子能出版社，2002．

[2] 马宝华．网络技术时代的引信［C］//中国兵工学会第十四届引信学术年会论文集．大连，2005．

[3] 马宝华．马宝华教授学术论文集［M］．北京：国防工业出版社，2003．

[4] 马忠凯，李新龙．炮兵引信研制发展的若干问题［C］//第十一届引信学术年会论文集．北海，1999．

[5] 胡景林，尹健．遥控装定航空引信的作战需求及可行性研究［J］．探测与控制学报，2001（2）：5－8．

[6] 张比升，张河．信息化下的小口径高炮近程防空反导体制中引信发展对策研究［J］．探测与控制学报，2006（2）：1－5．

[7] 李鹏，沈晓军．高新技术防空反导弹药的发展展望［C］//中国兵工学会弹药专业委员会第29届学术年会防空反导与远程弹药技术论文集．成都，2001．

[8] 郑传军．电子时间引信炮口感应装定技术及试验研究［D］．南京：南京理工大学，1999．

[9] 江小华．小口径弹空炸引信计转数定距技术研究—小型存储测试系统设计及应用［D］．南京：南京理工大学，2003．

[10] 丁立波．小口径空炸引信炸点控制技术研究［D］．南京：南京理工大学，2004．

[11] 周晓东．引信能量和信息非接触传输系统设计理论及其应用研究［D］．南京：南京理工大学，2005．

[12] 曹成茂．引信与武器系统信息交联中的遥控装定关键技术研究［D］．南京：南京理工大学，2005．

[13] 王莉．引信与武器系统信息交联中的光学装定技术研究［D］．南京：南京理工大学，2006．

[14] 孙全意．激光近炸引信的体制、定距与识别技术研究［D］．南京：南

京理工大学，2002.
[15] 陈炳林. 破甲弹一次激光定距引信技术研究 [D]. 南京：南京理工大学，2005.
[16] 纪铁刚. 基于激光信息交联的穿甲弹用定距起爆控制技术研究 [D]. 南京：南京理工大学，2005.
[17] 徐学华，王晓鸣，黄正祥. 防空反导武器发展预测分析 [C]//中国兵工学会弹药专业委员会第29届学术年会防空反导与远程弹药技术论文集. 成都，2001.
[18] 美国军用手册引信分册，MIL－HDBK－757，1994.
[19] 张河，周晓东. 基于分离式变压器的能量和信息非接触同步传输理论基础研究 [J]. 国家自然科学基金，项目批准号：50377013.
[20] 郑文荣. 引信遥控装定方法研究 [J]. 海军工程大学学报，2001 (5)：100－103.
[21] 李喆，李杰，李世义. 电子时间引信装定技术的基本原理与方法 [C]//第十二届引信学术年会论文集. 昆明，2001.
[22] 魏维伟，李杰. 一种野外使用的电子引信感应装定器设计 [J]. 兵工自动化，2002 (6)：8－11.
[23] 曲秀杰，李喆，李杰. 电子时间引信装定技术研究 [J]. 探测与控制学报，2001 (3)：21－24.
[24] 张璟，白任鹏，郝新红. 智能卡技术在引信遥控装定装置中的应用研究 [J]. 探测与控制学报，2003 (增刊)：25－28.
[25] 王军波，高敏，李彦学. 单片微机无线电引信装定器 [J]. 测试技术学报，1997 (4)：31－35.
[26] 相干，李世义. 追击炮一维弹道修正引信装定器设计 [C]//第十三届引信学术年会论文集. 重庆，2003.
[27] 周晓东，张河. 用于引信的能量和信息非接触同步传输技术 [J]. 兵工学报，2003 (3)：424－426.
[28] 周晓东，张河. 引信体外射频电源技术研究 [J]. 南京理工大学学报，2003 (2)：148－155.
[29] 郑传军，翟性泉，何振才. 引信作用时间炮口快速装定中火炮涡流特性的探讨 [J]. 兵工自动化，1999 (3)：24－25.
[30] 郑传军，翟性泉，何振才. 炮口电磁感应快速装定引信作用时间装定窗口特性分析 [J]. 弹道学报，1999 (1)：38－43.
[31] 黄学功，王利，赖百坛. 炮口感应装定系统电磁场特性分析 [J]. 弹道

学报，2003（6）：68－72.
[32] 陈仁文. 旋转件非接触信号传输中的通道特性研究 [J]. 传感器技术，2003（10）：9－12.
[33] 李福山. Fe基软磁非晶态合金的研究 [J]. 郑州大学学报（工学版），2002（4）：30－32.
[34] 郭玉彬. 光无线通信系统及其应用 [J]. 长春邮电学院学报，2000（4）：43－48.
[35] 王莉，张河. FSO在引信装定技术中的应用分析 [J]. 弹箭与制导学报，2006（2）：256－258.
[36] 杜安源. 大气激光通信系统中RS码的研究与实现 [D]. 西安：西安理工大学，2005.
[37] 王爱华. 基于USB接口的激光无线通信系统的研究和设计 [D]. 武汉：武汉大学，2004.
[38] 余亚芳，张勇，王化深. RS码的译码算法及软件实现 [J]. 现代电子技术，2003（22）：99－104.
[39] 马慧萍. 移动大气激光通信中的光调制解调技术研究 [D]. 长沙：国防科学技术大学，2003.
[40] 庞志勇，朴大志，邹传云. 光通信中几种调制方式的性能比较 [J]. 桂林电子工业学院学报. 2002（10）：1－4.
[41] 王水平，王家荣. 脉冲激光电源的设计与研制 [J]. 电源技术应用，2003（3）：80－81.
[42] 宁喜发，姚建铨，王鹏，陆颖. 高功率开关型脉冲YAG激光电源 [J]. 激光杂志，2002（5）：63－65.
[43] 陈炳林，张河，孙全意. 微型大电流窄脉宽半导体激光器电源的研究 [J]. 仪器仪表学报，2004（8）：491－493.
[44] 陈力，潘宗仁，马君. 一种新型膛内供电电磁感应物理电源 [J]. 探测与控制学报，2003（4）：39－41.
[45] 闻传花，李玉权. 空间激光通信中的光学系统 [J]. 无线光通信，2003（7）：24－27.
[46] 温涛，魏急波，马东堂. 移动大气激光通信中接收视场角的研究与分析 [J]. 红外技术，2003（5）：60－62.
[47] 陈殿仁. 激光目标识别与通信系统研究 [D]. 长春：中国科学院长春光学精密机械研究所，2000.
[48] 陈桂芬，尹福昌. 光放大器在空间激光通信中的应用研究 [J]. 仪器仪

表学报，2002（5）：234－236.

[49] 徐晓静，元秀华，黄德修．影响激光大气通信距离的诸因素分析［J］．光学精密工程，2002（5）：493－496.

[50] 李澎．光电电流互感器供能电路的研究［D］．北京：清华大学，2003.

[51] 肖洪梅，吴健，陈长庚，等．微弱激光脉冲信号的相关检测［J］．光学与光电技术，2004（1）：61－64.

[52] 马少杰．引信软件可靠性设计技术研究［J］．南京理工大学学报，2003（4）：439－441.

[53] 曹营军．引信软件的安全性［J］．测试技术学报，2000（4）：247－251.

[54] 孙全意，江小华，张河．引信用振荡器使用准则及性能试验研究［J］．弹道学报，2002（1）：37－48.

[55] 陈炳林，张河，纪铁刚．基于自动增益控制的激光近炸引信技术［J］．激光杂志，2004（2）：72－73.

[56] 程德强，陈治国．一种视频自动增益控制电路的应用［J］．电子工程师，2001（10）：36－37.

[57] O'Malley K. Optically set fuze system [P]. US. Patent 5247866 A, 1993.

[58] Robert E K, Randy E H, Becker. Transmitter coil, Improved fuze setter circuitry for adaptively tuning the fuze setter circuit for resonance and current difference difference circuitry for interpreting a fuze talkback message [P]. US: US09/302136, 2001.

[59] Pergolizzi A J, Ward D. A new Electronic Time Fuze For Mortars (ETFM) [C] // The 47th Annual NDIA Fuze Conference, 2003.

[60] Oberlin R P, Soranno R R. Self－correcting inductive fuze setter [P]. US. Patent 584102, 1999.

[61] Heeres B J, Novotny D W, Divan D M. Contactless underwater power delivery [J]. Proceedings of IEEE Annual Power Electronics Specialists Conference, 1994: 4811194.

[62] Adachi S I, Sato F S. Consideration of contactless power station with selective excitation to moving robot [J]. IEEE Transactions on Magnetics, 1999, 35 (5): 3583－3585.

[63] G. A. Covic, G. Elliott, O. H. Sttielau. The design of a contat－less energy transfer system for a people mover system [C] // Proceedings of IEEE international conference on Power System technology, 2000: 6923975.

[64] Murakami J, Stao F, Watanabe T, Matsuki H. Consideration on cordless power station – Contactless power transmission system [J]. IEEE Transactions on Magnetics, 1996, 32 (5): 5037 – 5039.

[65] J. Hirai, Tae – Woong Kim, A. Kawamura. Study on intelligent battery charging using inductive transmission pf power and information [J]. IEEE Transactions on Power Electronics, 2000, 15 (2): 335 – 345.

[66] Jang Y, Jovanovic M M. A contactless electrical energy transmission system for portable – telephone battery chargers [J]. IEEE Transaction on Industrial Electronics. 2003, 50 (3): 520 – 527.

[67] C. G. Kim, D. H. Seo. Design of a contactless battery for cellular phone [J]. IEEE Transactions on Industrial Electronics, 2001: 1238 – 1247.

[68] Nakao F, Matsuo Y, Kitaoka M, Sakamoto H. Ferrite core couplers for inductive chargers [J]. Proceedings of IEEE Power Conversion Conference, 2002: 850 – 854.

[69] Lowe R A, Landis G A. Response of photovoltaic cells to pulsed laser illumination [J]. IEEE Transactions on Electron Devices, 1995, 42 (4): 744 – 751.

[70] Yatert J A, Lowe R A, Jenkins P P, et al. pulsed laser illumination of photovoltaic cells [C]//Photovoltaic Energy Conversion, 1994: 5189152.

[71] Jain R K, Landis G A. Transient response of Gallium arsenide and Silicon solar cells under laser pulse [C]//IEEE, US, 1994: 5189082.

[72] Shiozaki A, Truong T K, Cheung K M, et al. A Fast transforms decoding of nonsysthematic Reed – Solomon codes [J]. IEEE Proceedings E: Computer and Digital Techniques, 1990, 137 (2): 139 – 143.

[73] Zhang J. Modulation analysis for outdoors applications of optical wireless communications [C] // 2000 International Conference on Communication Technology Proceedings, 2000: 1483 – 1487.

[74] Hamkins J. The Capacity of Avalanche Photodiode – Detected Pulse – Position Modulation [C]//Conference on Free – Space Laser Communication Technologies XII, 2000, 3932: 90 – 101.

[75] Aldibbiat N M, Ghassemlooy Z, McLaughlin R. Error performance of dual header pulse interval modulation (DH – PIM) in optical wireless communications [J]. IEE Proc. Optoelectronics, 2001, 148 (2): 91 – 96.

[76] Chen B L, Zhang H, Ji T G. The design of the LD's driving circuit in Laser

proximity fuze system based on the double range Gate Detection [C] // IEEE International Symposium on Electron Devices for Microwave & Optoelectronic Applications. IEEE, 2004: 8014668.

[77] Landis G A. Photovoltaic receivers for laser beam power in space [C] // IEEE Photovoltaic Specialists Conference. IEEE, 1991: 4259690.

[78] Bieler T, Perrottet M, Nguyen V, Perriard Y. Contactless power and information transmission [J]. IEEE Transactions on Industry Applications, 2002, 38 (5): 1266 - 1272.

[79] 张猛，章策珉，等．射频接收机整机噪声与增益可预测性设计 [J]．无线电工程，2004，34 (11)：59 - 61.

[80] 郑伟，金仲和，等．接收机整机最小噪声系数的实现 [J]．电路与系统学报，2004，9 (4)：45 - 49.

[81] 陈邦媛．射频通信电路 [M]．北京：科学出版社，2006.

[82] Yuan Ping, Zhang He, Chen Binglin, Sun Lei. Research and Application of Multifunction Electronic Fuze [C]. The 47th IEEE Internation Midwest Symposium on Circuits and Systems, Hiroshima, Japan, July 25 - 28, 2004.

[83] 夏新仁，邓发升．等离子体隐身技术的特点及应用 [J]．雷达与对抗，2002 (1)：296 - 298.

[84] 杨立明，曹祥玉．人工等离子体抗巡航导弹的可行性分析 [J]．航天电子对抗，2001 (3)：132 - 135.

[85] Gregoire D J, Santoru J, Schumacher R W. Electromagnetic wave propagation in unmagnetized plasma [M]. AD - A250710, 1992.

[86] Aleceff I, Kang W L, et al. Plasma stealth antenna fox the U. S. levy [C] // Plasma Science, 1998: 6033099.

[87] Kawamura A, Ishioka K, Hirai J. Wireless transmission of power and information through one high - frequency resonant AC link inverter for robot manipulator applications [J]. IEEE Transactions on Industry Applications, 1996, 32 (3): 503 - 508.

[88] 刘宝宏．微带天线的分析和宽频带设计 [D]．南京：南京理工大学，2002.

[89] 钟顺时．矩形微带天线的带宽和宽频带技术 [J]．电子科学学刊，1985，2：98 - 107.

[90] 孟维晓，王纲．现代无线电测控技术 [M]．北京：电子工业出版社，2003.

[91] 韩传利，等. 无线电引信的信道干扰和机理研究 [J]. 航天电子对抗，1999 (3)：30 - 34.

[92] 李仲辉，等. 遥控设备中的抗干扰问题 [J]. 信息与控制，1997 (6)：459 - 461.

[93] 梅文华. 跳频通信地址编码理论 [M]. 北京：中国铁道出版社，1996.

[94] 任宏滨. 软件无线电引信的实现方法及关键技术 [J]. 飞航导弹，2002 (3)：58 - 61.

[95] 王学慧. 感应供能与信息加载一体化传输技术研究——引信静态感应装定器耦合回路研究 [D]. 南京：南京理工大学，2004.

[96] 郝允群，庄奕琪，李小明. 高效率 E 类射频功率放大器 [J]. 半导体技术，2004，29 (2)：74 - 76，79.

[97] 周启煌，等. 陆战平台电子信息系统 [M]. 北京：国防工业出版社，2006.

[98] 马春茂，等. 弹炮结合防空武器系统总体设计 [M]. 北京：国防工业出版社，2008.

[99] 廖翔. 基于能量和信息同步传输的引信高精度动态开环控制技术 [D]. 南京：南京理工大学，2019.

[100] 张绪欢. 网络化弹药引信安全控制与信息接口技术研究 [D]. 南京：南京理工大学，2021.

[101] 李长生，张合. 基于磁共振的引信用能量和信息无线同步传输方法研究 [J]. 兵工学报，2011，32 (5)：537 - 542.

[102] 李长生. 电磁能量和信息近场耦合理论及其同步传输技术研究 [D]. 南京：南京理工大学，2012.

[103] Marshall D，Blot A. Breech mechanism sliding contact assembly [P]. US，US8826794B1，2014.

[104] Dietrich S. Remote setting for electronic systems in a projectile for chambered ammunition [P]. US：US8166881B2，2011.

[105] Albrecht J，Woelfersheim M，Palage M，et al. Wedge - type breechblock bidirectional make - break assembly [P]. US：US8371206B1，2013.

[106] 上官垠黎，刘大卫，等. 网络化弹药任务规划与弹群协同作战技术初探 [C]. 2013 中国指挥控制大会论文集 (S1)：430 - 436.

[107] 曾鹏，花梁修宇，陈军燕，廖龙文. 美国 DARPA 无人机集群技术研究进展 [J]. 军事文摘，2020 (05)：23 - 27.

[108] 马宝华，李杰，游宁，何光林，申强. 云弹药引信的技术命题 [J].

探测与控制学报，2017. 39（0－6）：1－5.
[109] 杨中英，王毓龙，赖传龙. 无人机蜂群作战发展现状及趋势研究［J］. 飞航导弹，2019（05）：34－38.
[110] 贾高伟，侯中喜. 美军无人机集群项目发展［J］. 国防科技，2017，38（04）：53－56.
[111] 焦士俊，王冰切，刘剑豪，刘锐，周栋栋. 国内外无人机蜂群研究现状综述［J］. 航天电子对抗，2019，35（01）：61－64.
[112] 张合. 引信—时空识别与过程控制［J］. 探测与控制学报，2020，42（1）：1－5.
[113] 张合. 弹药发展对引信技术的需求与推动［J］. 兵器装备工程学报，2018，39（3）：1－5.

索　引

0～9（数字）

A～Z、Δ、η、λ

A～B

C

D

E ~ F

G

H

J

K

L ~ M

N

N～P

Q ~ R

S

T

W

X

Y

set　　　　　　　　　　　　　　　　　　UNIIS:MM
FOCAL LENGTH=19.96　　N_A=0.300 6　DES:OSLO

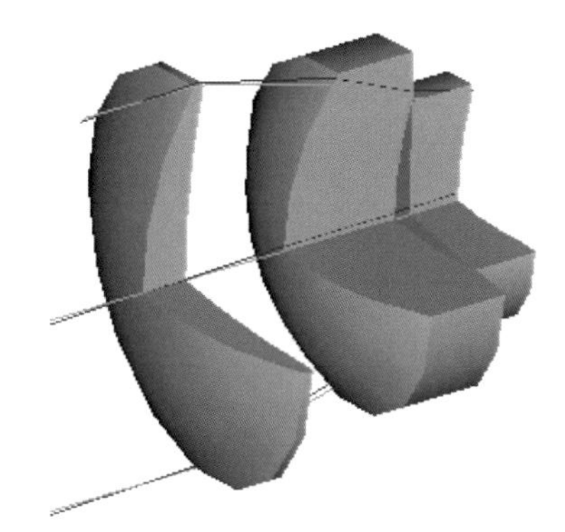

图 7.22　发射端光学窗口结构图（书后附彩插）

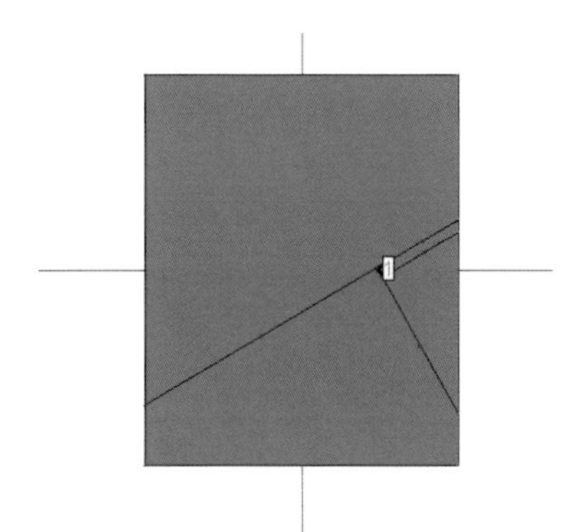

图 10.11　矩形贴片图（书后附彩插）

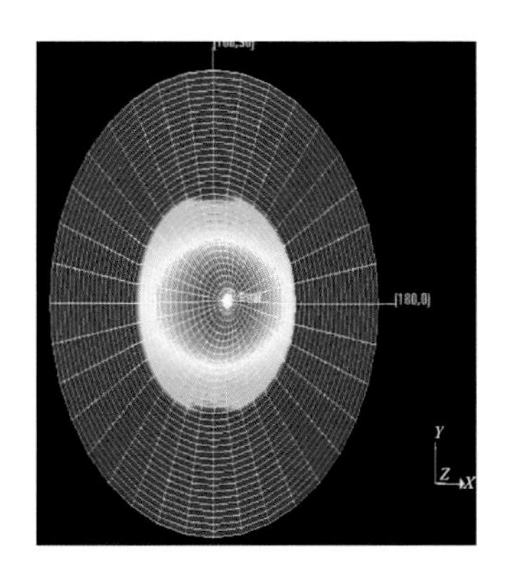

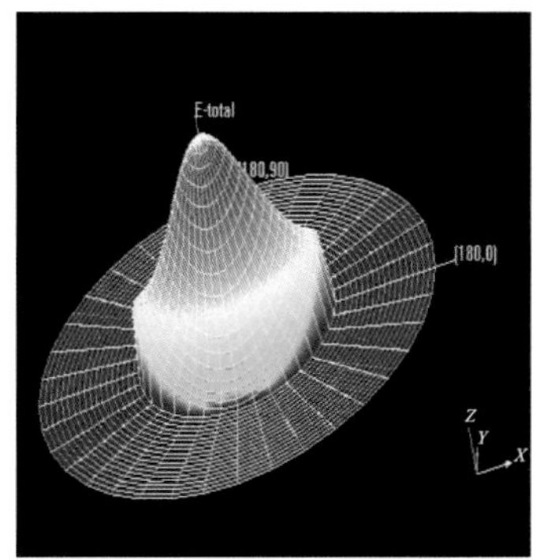

图 10.12　三维方向图（书后附彩插）

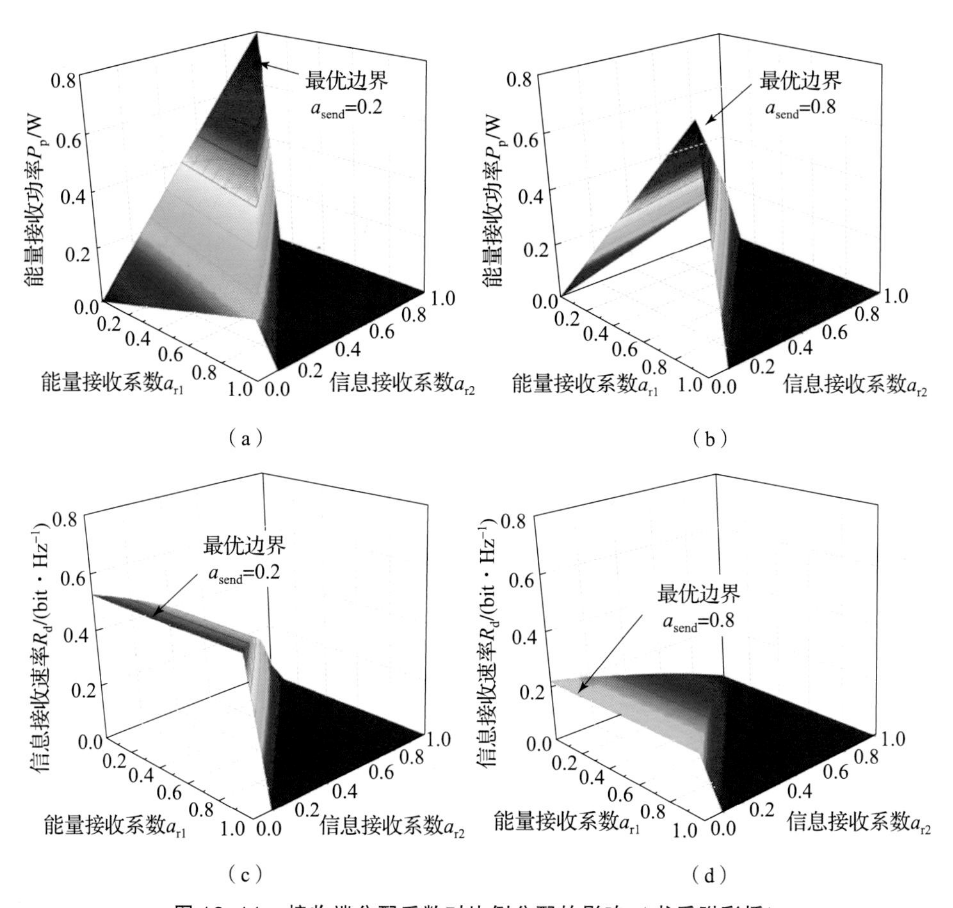

图 16.11　接收端分配系数对比例分配的影响（书后附彩插）

(a) 对能量接收功率的影响（$a_{send}=0.2$）；(b) 对能量接收功率的影响（$a_{send}=0.8$）

(c) 对信息接收速率的影响（$a_{send}=0.2$）；(d) 对信息接收速率的影响（$a_{send}=0.8$）

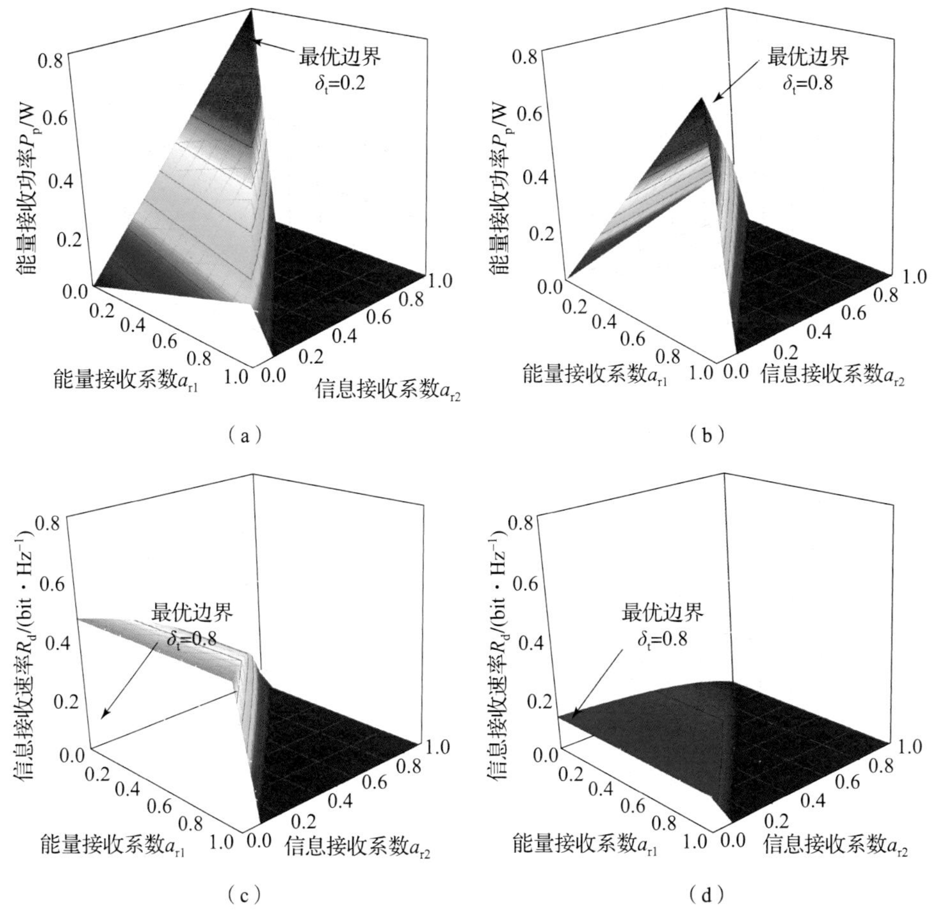

图 16.12　接收端分配系数对分时分配的影响（书后附彩插）

(a) 对能量接收功率的影响（$\delta_t=0.2$）；(b) 对能量接收功率的影响（$\delta_t=0.8$）

(c) 对信息接收速率的影响（$\delta_t=0.2$）；(d) 对信息接收速率的影响（$\delta_t=0.8$）

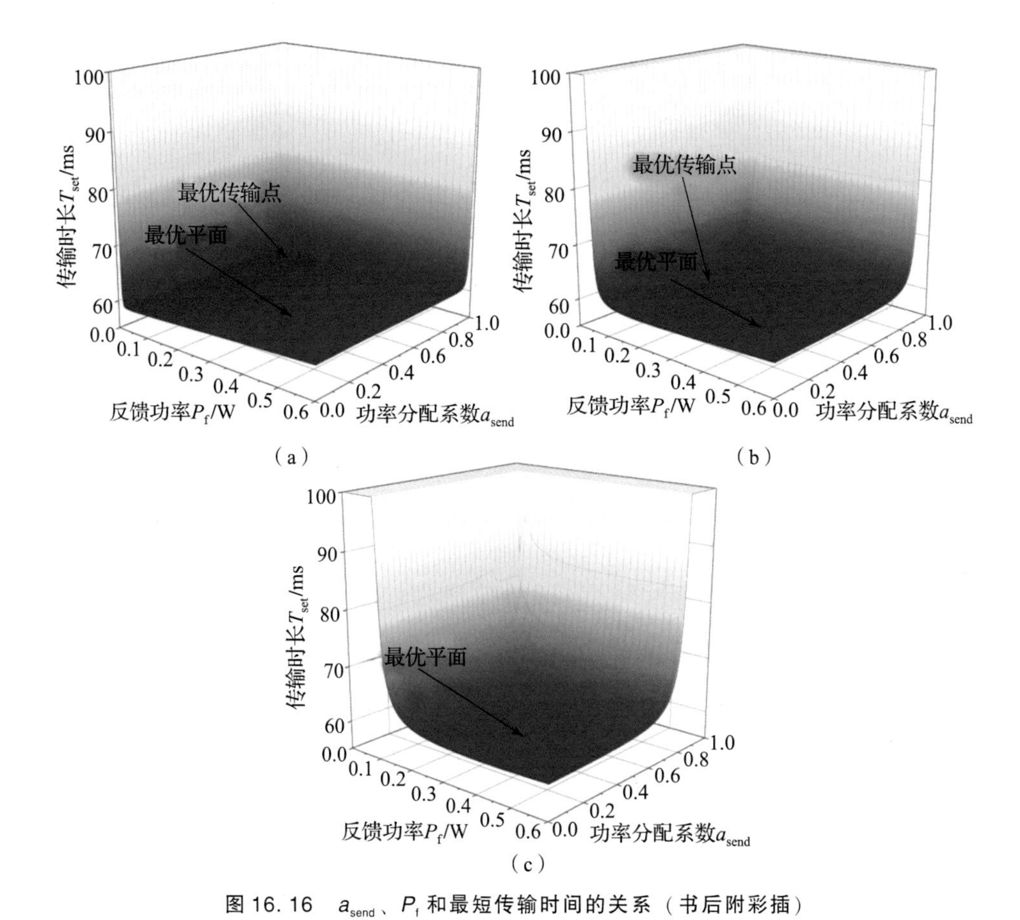

图 16.16 a_{send}、P_f 和最短传输时间的关系（书后附彩插）

（a）$\sigma_{as} = \sigma_{ds} = \sigma_{af} = \sigma_{df} = -20$ dBW；（b）$\sigma_{as} = \sigma_{ds} = \sigma_{af} = \sigma_{df} = -13$ dBW；

（c）$\sigma_{as} = \sigma_{ds} = \sigma_{af} = \sigma_{df} = -10$ dBW

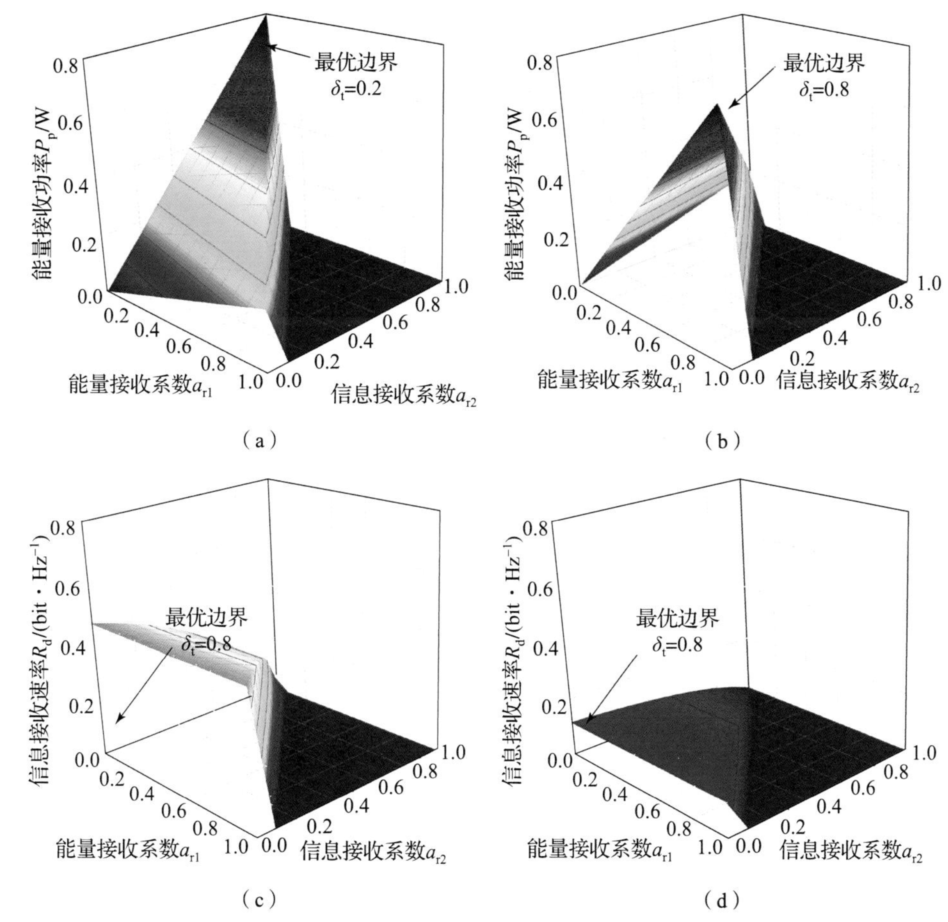

图 16.12　接收端分配系数对分时分配的影响（书后附彩插）

(a) 对能量接收功率的影响（$\delta_t = 0.2$）；(b) 对能量接收功率的影响（$\delta_t = 0.8$）

(c) 对信息接收速率的影响（$\delta_t = 0.2$）；(d) 对信息接收速率的影响（$\delta_t = 0.8$）

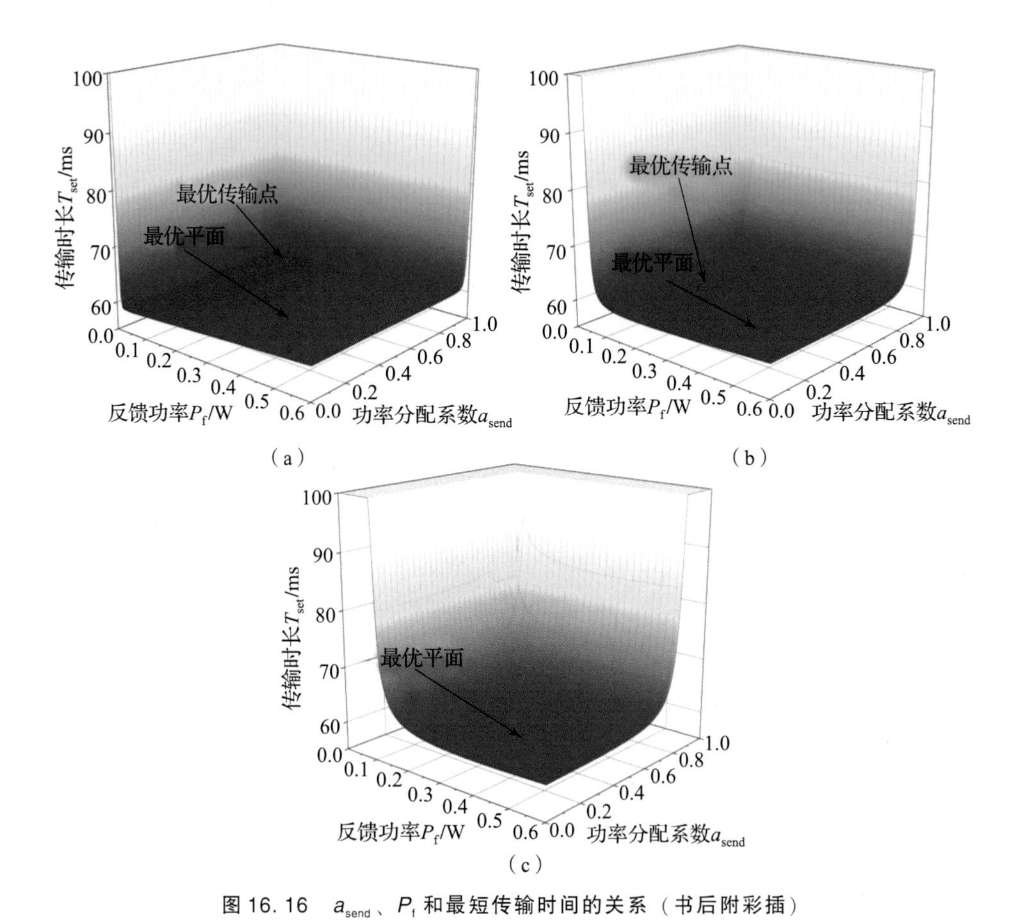

图 16.16　a_{send}、P_f 和最短传输时间的关系（书后附彩插）

(a) $\sigma_{as} = \sigma_{ds} = \sigma_{af} = \sigma_{df} = -20$ dBW；(b) $\sigma_{as} = \sigma_{ds} = \sigma_{af} = \sigma_{df} = -13$ dBW；
(c) $\sigma_{as} = \sigma_{ds} = \sigma_{af} = \sigma_{df} = -10$ dBW